ANÁLISE REAL

Blucher

Maurício Zahn

ANÁLISE REAL

Lisiane Ramires Meneses

Revisora técnica

Análise real

Publisher Edgard Blücher
Editor Eduardo Blücher
Coordenação editorial Jonatas Eliakim
Produção editorial Thaís Costa
Diagramação Autor
Revisão de texto Maurício Katayama
Capa Leandro Cunha
Imagem da capa Autor

Editora Blucher
Rua Pedroso Alvarenga, 1245, 4º andar
CEP 04531-934 – São Paulo – SP – Brasil
Tel.: 55 11 3078-5366
contato@blucher.com.br
www.blucher.com.br

Segundo o Novo Acordo Ortográfico, conforme 5. ed. do *Vocabulário Ortográfico da Língua Portuguesa*, Academia Brasileira de Letras, março de 2009.

Dados Internacionais de Catalogação na Publicação (CIP)
Angélica Ilacqua CRB-8/7057

Zahn, Maurício
Análise real / Maurício Zahn. – São Paulo : Blucher, 2022.
456 p.: il.
ISBN 978-65-5506-542-8 (impresso)
ISBN 978-65-5506-539-8 (eletrônico)
1. Matemática 2. Análise 3. Funções de uma variável real. Título
22-1300 CDD 510

Índices para catálogo sistemático:
1. Matemática

Prefácio

Este livro é fruto das notas de aulas das disciplinas de Análise Real I e Análise Real II que ministrei entre 2016 e 2021 para o curso de Licenciatura Matemática da UFPel.

A obra abrange o conteúdo clássico de um primeiro curso de Análise Real, ou seja, contempla os conteúdos de conjuntos, funções, corpos, sequências e séries numéricas e de funções, topologia na reta, limite e continuidade, derivação e integração.

O pré-requisito para a leitura deste livro é um estudo preliminar de Cálculo diferencial e integral. Também é interessante o leitor ter feito um primeiro curso de Aritmética, que o auxiliará a compreender várias demonstrações e resultados que exigem de algum conhecimento sobre os conjuntos dos números naturais, inteiros e racionais.

Apresentamos ao longo do livro uma rica coleção de exercícios para o leitor exercitar o que aprendeu. Alguns destes, devidamente identificados, correspondem a questões de processos seletivos para ingresso em alguns programas de Pós-graduação em Mestrado em Matemática de diversas universidades: UFRGS, UFBA, UFSM, USP, UFRJ, UFV e UFAL (essas quatro últimas pelo exame *Extramuro*). Ao final da obra inserimos um anexo onde apresentamos respostas e resoluções de alguns exercícios presentes no livro, aqueles indicados com um asterisco.

Agradeço à Professora Dra. Lisiane Ramires Meneses, do IFSul, campus Pelotas, pela revisão técnica dos originais.

Desejo a todos bons estudos e aprendizados!

Prof. Maurício Zahn

Dedico esta obra a Lisiane Ramires Meneses e Luísa Meneses Zahn, minhas vidas, meus amores!

Conteúdo

1 Conjuntos e funções **13**

1.1 Conjuntos e operações . . . 13
1.2 Conjunto das partes de um conjunto . . . 24
1.3 Produto cartesiano . . . 25
1.4 Família de conjuntos . . . 28
1.5 Funções . . . 32
1.6 Composição de funções . . . 37
1.7 Funções injetiva, sobrejetiva e bijetiva . . . 39
1.8 Restrição de uma função . . . 41
1.9 Inversa de uma função . . . 42
1.9.1 Inversas à esquerda e à direita . . . 42
1.9.2 Função inversa . . . 45

2 O corpo dos números reais **49**

2.1 Definição de corpo e propriedades . . . 49
2.2 Exemplos e contraexemplos de corpos . . . 54
2.3 Potência . . . 57
2.4 Corpos ordenados . . . 59
2.4.1 Relação de ordem . . . 60
2.5 Intervalos . . . 63
2.6 Módulo ou valor absoluto . . . 65
2.7 Corpo dos números reais . . . 69
2.8 Densidade . . . 85

3 Cardinalidade e enumerabilidade **87**

3.1 Conjuntos equivalentes . . . 87
3.2 Cardinalidade . . . 89
3.3 Conjuntos enumeráveis e não enumeráveis . . . 95
3.4 Operações com números cardinais . . . 106
3.4.1 Soma de cardinais . . . 106
3.4.2 Produto de cardinais . . . 108

3.4.3 Potência de cardinais 109

4 Sequências numéricas **113**

4.1 Primeiros conceitos 113
4.2 Limite de sequência 115
4.3 Sequências limitadas 118
4.4 Propriedades dos limites 121
4.5 Sequências monótonas 124
4.6 Dinâmica das convergências 134
4.7 Limites infinitos 142
4.8 O Teorema de Bolzano-Weierstrass 144
4.9 Sequência de Cauchy 147
4.10 Ponto aderente. limsup e liminf 152

5 Séries numéricas **157**

5.1 Introdução 157
5.2 Série geométrica 160
5.3 Propriedades das séries 161
5.4 Testes de convergência 167
5.4.1 Teste da comparação 167
5.4.2 Teste da comparação do limite 169
5.4.3 Teste da razão 170
5.4.4 Teste da raiz 173
5.5 Séries absolutamente convergentes 176
5.6 Série alternada 178
5.6.1 Teste da série alternada 179
5.6.2 Outros testes para séries alternadas 181
5.7 Rearranjo de séries 182

6 Noções topológicas na reta **185**

6.1 $\mathbb{R}$ como um espaço métrico 185
6.2 Sequências em um espaço métrico 187
6.3 Pontos interiores. Conjuntos abertos 188
6.4 Pontos aderentes e conjuntos fechados 195
6.5 Fronteira de um conjunto 202
6.6 Ponto de acumulação 205
6.7 Subconjuntos compactos 208

7 Teoria dos limites **213**

7.1 Definição e exemplos 213
7.2 Propriedades dos limites 218
7.3 Limites laterais 226

7.4 Limites infinitos e no infinito 230
7.5 Limites notáveis 235

8 Continuidade **243**
8.1 Continuidade 243
8.2 Exemplos de funções contínuas 247
8.3 Funções contínuas em intervalos 255
8.4 Continuidade uniforme 260
8.5 Funções de Lipschitz 263

9 Derivada **267**
9.1 Derivada 267
9.2 Derivadas laterais 271
9.3 A derivada como uma aproximação linear 273
9.4 Regra da Cadeia 276
9.5 Máximo e mínimo local 279
9.6 Funções deriváveis em intervalos 282
9.7 Fórmula de Taylor 293
9.7.1 Derivadas sucessivas e a classe de funções C^n 293
9.7.2 Fórmula de Taylor 294
9.8 Funções convexas 303

10 Integrais **311**
10.1 A integral definida 311
10.1.1 Preliminares 311
10.1.2 Integrais superior e inferior 314
10.1.3 Funções integráveis 315
10.1.4 Critério de integrabilidade 321
10.2 Outras propriedades da integral 331
10.3 O Teorema Fundamental do Cálculo 332
10.4 Fórmula de Taylor com resto integral 342
10.5 Teoremas do Valor Médio para integrais 345
10.6 Soma de Riemann 349
10.7 Teste da integral para séries numéricas 352

11 Sequências de funções **357**
11.1 Conceito 357
11.2 Convergência simples e uniforme 358
11.3 Propriedades da convergência uniforme 364

12 Séries de funções **375**
12.1 Conceitos 375
12.2 Teste M de Weierstrass 376
12.3 Séries de Potências 381
12.4 Derivação termo a termo. Série de Taylor 384
12.4.1 Algumas séries de potências usuais 389

A Resolução de alguns exercícios **395**

Índice remissivo **451**

Referências **455**

Capítulo 1

Conjuntos e funções

"A História contou que o jovem Dirichlet tinha como companhia constante em todas as suas viagens, como um homem devoto tem seu livro de orações, um velho e usado exemplar do Disquisitiones Arithmeticæ, de Gauss."

- Heinrich Tietze -

Neste primeiro capítulo, revisaremos alguns fatos principais sobre conjuntos e funções que serão necessários para o estudo da Análise.

1.1 Conjuntos e operações

Não definimos o que vem a ser um *conjunto*. É simplesmente um sinônimo para uma coleção de elementos.

Para relacionar conjunto com elemento, usamos a relação de *pertinência*, anotada pelo símbolo $\in$. Os elementos de um conjunto são representados, normalmente, por letras minúsculas de nosso alfabeto e os conjuntos são normalmente representados por letras maiúsculas. Assim, para dizer que um elemento x **pertence** a um conjunto A, escrevemos $x \in A$ e, para dizer que um elemento y **não pertence** ao conjunto A, escrevemos $y \notin A$.

Uma maneira de expressar um conjunto X é dizendo qual a regra que decide se um dado elemento pertence ou não pertence ao referido conjunto. Por exemplo, seja X o conjunto de todas as matrizes quadradas de ordem 2 cuja diagonal principal não tem zeros. Desta maneira, temos que

$$I_2 = \begin{pmatrix} 1 & 0 \\ 0 & 1 \end{pmatrix} \in X, \begin{pmatrix} -2 & 0 \\ 5 & 3 \end{pmatrix} \in X; \text{ mas, } \begin{pmatrix} 0 & 3 \\ 2 & 1 \end{pmatrix} \notin X.$$

Uma maneira simples de representar o conjunto X dado acima é

$$X = \{A = (a_{ij})_{2\times 2} \ : \ a_{kk} \neq 0\}.$$

De maneira geral, dado X um conjunto qualquer cujos elementos de X satisfazem uma propriedade p, escrevemos

$$X = \{x\colon \; x \text{ satisfaz propriedade } p\}.$$

Utilizaremos os símbolos clássicos para denotar os conjuntos numéricos:

- $\mathbb{N}$ para o conjunto dos números naturais

$$\mathbb{N} = \{1, 2, 3, 4, ...\},$$

- $\mathbb{Z}$ para o conjunto dos números inteiros

$$\mathbb{Z} = \{..., -3, -2, -1, 0, 1, 2, 3, ...\},$$

- $\mathbb{Q}$ para o conjunto dos números racionais,

$$\mathbb{Q} = \{\frac{p}{q} : p \in \mathbb{Z} \;\text{ e }\; q \in \mathbb{N}\}.$$

Estes serão os conjuntos numéricos que vamos assumir já conhecidos[1]. No próximo capítulo vamos considerar o conjunto dos números irracionais $\mathbb{I}$ e o conjunto dos números reais $\mathbb{R}$, sendo este último como um *corpo ordenado completo.*

O conjuntos de todos os conjuntos que ocorrem numa dada discussão é chamado de *conjunto universo* ou *espaço fundamental* E.

Na teoria dos conjuntos, também é importante a noção de *conjunto vazio.* O conjunto vazio é o conjunto que não possui elementos. Ele é representado pelo símbolo $\emptyset$ ou por $\{\}$. O conjunto vazio aparece em diversos contextos, por exemplo,

$$\emptyset = \{n \in \mathbb{N} : n \neq n\}.$$

É importante observar que não se deve confundir $\emptyset$ com $\{\emptyset\}$. O primeiro trata-se do conjunto vazio e, portanto, não tem elemento algum; já o segundo é um conjunto que possui um elemento: o conjunto vazio.

Para relacionar conjuntos usamos o símbolo de *contenção* $\subset$, c.f. a definição abaixo.

[1] O leitor deve ter estudado amplamente estes conjuntos em um curso de Aritmética.

Definição 1.1 Sejam A e B dois conjuntos em um universo E. Dizemos que A *está contido* em B, e escreveremos $A \subset B$, se todo elemento de A for elemento de B. Mais precisamente,

$$A \subset B \Leftrightarrow (\forall x \in E)\,[x \in A \Rightarrow x \in B].$$

Quando $A \subset B$, dizemos que A é um *subconjunto* ou *parte* de B.

Para dizer que A **não está contido** em B, basta exibir um elemento de A que não esteja em B, ou seja,

$$A \not\subset B \Leftrightarrow (\exists\, x_0 \in A), \text{ tal que } [x_0 \notin B].$$

Uma propriedade que segue imediatamente da definição de contenção é a descrita na proposição a seguir.

Proposição 1.2 *O conjunto vazio é subconjunto de qualquer conjunto.*

Demonstração. Seja A um conjunto qualquer em um universo E. Por absurdo, suponhamos que $\emptyset \not\subset A$. Assim, $\exists\, x_0 \in \emptyset$ tal que $x_0 \notin A$. Mas, $x_0 \in \emptyset$ é um absurdo, pois viola a definição de conjunto vazio. Portanto, $\emptyset \subset A$, qualquer que seja o conjunto A.

□

A seguir, definimos a igualdade de conjuntos.

Definição 1.3 Dizemos que dois conjuntos A e B em um universo E são *iguais* se todo elemento de A for elemento de B e todo elemento de B for elemento de A. Mais precisamente,

$$A = B \Leftrightarrow A \subset B \text{ e } B \subset A.$$

Proposição 1.4 *Sejam A, B e C conjuntos em um universo E. Então, valem as seguintes propriedades para a contenção de conjuntos:*

(i) *reflexiva: $A \subset A$;*

(ii) *antissimétrica: se $A \subset B$ e $B \subset A$, então $A = B$;*

(iii) *transitiva: se $A \subset B$ e $B \subset C$, então $A \subset C$.*

Demonstração. Sejam A, B e C conjuntos em um universo E. Mostramos cada item da proposição acima.
(i) Reflexiva: $A \subset A$. De fato, dado $x \in A$ um elemento qualquer em A, segue, por repetição, que $x \in A$. Portanto, $A \subset A$, ou seja, segue a reflexividade.
(ii) Antissimétrica: segue diretamente da definição 1.3 de igualdade de conjuntos

dada acima.
(iii) Transitiva: Sejam A, B e C em E, tais que $A \subset B$ e $B \subset C$. Como $A \subset B$, segue que, dado um $x \in A$, implica que $x \in B$. Porém, como $B \subset C$, segue que $x \in C$. Como esse x é um elemento qualquer em A, temos provado que $A \subset C$ e a prova da transitividade está completa.

□

Definição 1.5 Chama-se *diagrama de Venn* toda figura fechada usada para representar graficamente um conjunto, onde os elementos no interior da figura serão elementos pertencentes ao dado conjunto e os elementos fora da figura serão elementos não pertencentes ao conjunto em questão.

Apresentamos a seguir, em diagramas de Venn, uma representação para ilustrar $A \subset B$. Note que o retângulo que os contêm também é um diagrama de Venn, e está representando o conjunto universo E. Também destacamos dois elementos a e b, onde $a \in A$ e $b \notin A$, mas $b \in B$.

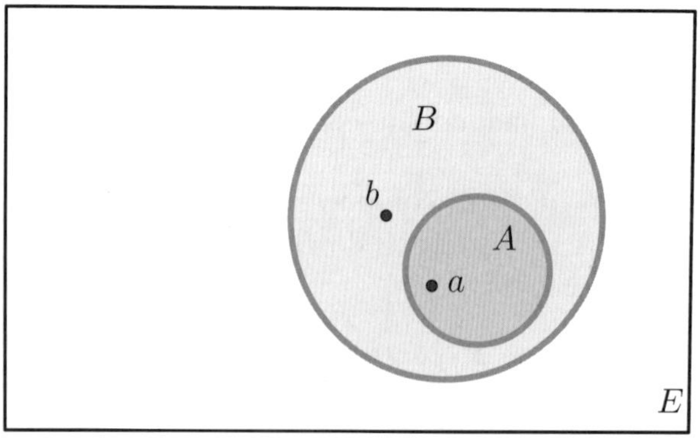

A seguir, apresentamos as principais operações entre conjuntos, bem como suas propriedades.

Definição 1.6 Sejam A e B conjuntos de um universo E. Definimos a *união* entre A e B, e anotamos por $A \cup B$, o conjunto dos elementos de E que pertencem a pelo menos um dos dois conjuntos. Mais precisamente,

$$A \cup B = \{x \in E : x \in A \text{ ou } x \in B\}.$$

A seguir, temos uma representação em diagrama de Venn, onde a parte sombreada ilustra $A \cup B$.

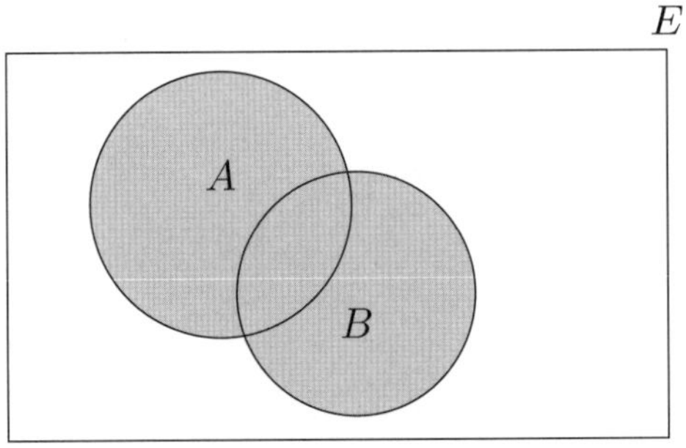

Para mostrar que um dado elemento não está na união entre A e B, é preciso mostrar que esse elemento não está em nenhum deles, ou seja,

$$x_0 \notin A \cup B \Leftrightarrow x_0 \notin A \text{ e } x_0 \notin B.$$

Proposição 1.7 *Sejam A e B conjuntos em E. Então, $A \subset A \cup B$ e $B \subset A \cup B$.*

Demonstração. Faremos apenas a prova da primeira contenção, visto que a outra é análoga. Por absurdo, se $A \not\subset A \cup B$, então, $\exists\, x_0 \in A$ tal que $x_0 \notin A \cup B$. Mas então $x_0 \notin A$ e $x_0 \notin B$. Logo, $x_0 \in A$ e $x_0 \notin A$. Absurdo! Portanto, $A \subset A \cup B$.

□

Definição 1.8 Chama-se *interseção* entre dois conjuntos A e B, e escrevemos $A \cap B$, ao conjunto dos elementos comuns a A e a B. Mais precisamente,

$$A \cap B = \{x \in E : x \in A \text{ e } x \in B\}.$$

Da definição acima, temos que, para um elemento não pertencer à interseção, basta ele não pertencer a pelo menos um dos conjuntos, ou seja,

$$x_0 \notin A \cap B \Leftrightarrow x_0 \notin A \text{ ou } x_0 \notin B.$$

A seguir, temos uma representação em diagramas de Venn para $A \cap B$, que se encontra sombreada.

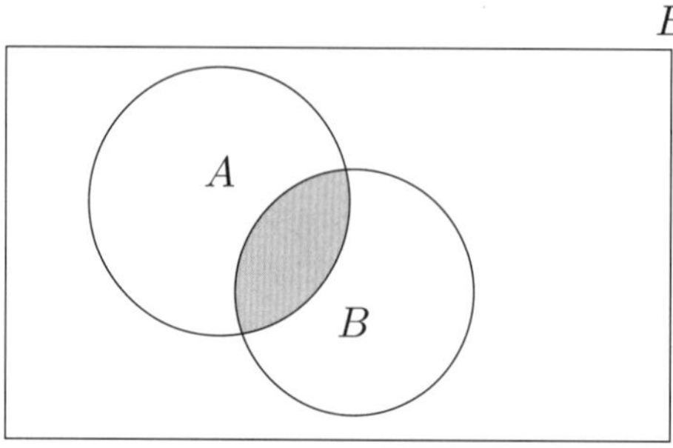

Deixaremos para o leitor a prova da proposição seguinte.

Proposição 1.9 *Sejam A e B conjuntos em um universo E. Então, $A \cap B \subset A$ e $A \cap B \subset B$.*

A seguir, apresentamos as principais propriedades envolvendo a união e a intersecção de conjuntos.

Proposição 1.10 *Sejam A, B, C, M e N conjuntos em um universo E. Valem as seguintes propriedades:*

(a) $A \cup A = A$; $A \cap A = A$.

(b) $A \cup \emptyset = A$; $A \cap \emptyset = \emptyset$.

(c) $A \cup B = B \cup A$; $A \cap B = B \cap A$.

(d) $A \cup (B \cup C) = (A \cup B) \cup C$; $A \cap (B \cap C) = (A \cap B) \cap C$.

(e) *Se $A \subset B$ e $M \subset N$, então $A \cup M \subset B \cup N$. Se $A \subset B$ e $M \subset N$, então $A \cap M \subset B \cap N$.*

(f) $A \cap (B \cup C) = (A \cap B) \cup (A \cap C)$; $A \cup (B \cap C) = (A \cup B) \cap (A \cup C)$.

Demonstração. Faremos a prova de algumas e as demais ficam para o leitor.
(a) Mostraremos que $A \cup A = A$. Para provar esta igualdade, precisamos provar duas contenções: $A \cup A \subset A$ e $A \subset A \cap A$. Faremos isto em duas afirmações.
Af 01. $A \subset A \cup A$: segue diretamente pela proposição 1.7.

Af 02. $A \cup A \subset A$: por absurdo, suponhamos que $A \cup A \not\subset A$. Assim, segue que $\exists\, x_0 \in A \cup A$, tal que $x_0 \notin A$. Mas de $x_0 \in A \cup A$, segue que $x_0 \in A$. Logo, $x_0 \in A$ e $x_0 \notin A$. Absurdo! Portanto, $A \cup A \subset A$.
Pelas afirmações 01 e 02, segue o resultado.

(c) Mostraremos $A \cap B = B \cap A$, i.e., a comutatividade da intersecção.
Af 01. $A \cap B \subset B \cap A$:
Dado $x \in A \cap B$, segue que $x \in A$ e $x \in B$, ou seja, $x \in B$ e $x \in A$ e, portanto, $x \in B \cap A$.

Af 02. $B \cap A \subset A \cap B$: prova-se analogamente.

Portanto, vale a comutatividade da intersecção.

(e) Provaremos que $A \subset B$ e $M \subset N \Rightarrow A \cup M \subset B \cup N$.
Suponhamos que $A \subset B$ e $M \subset N$. Precisamos mostrar que $A \cup M \subset B \cup N$. Para tanto, basta mostrar que, dado um elemento no primeiro conjunto, este deve estar no segundo. Assim, seja $x_0 \in A \cup M$. Logo, $x_0 \in A \subset B$ ou $x_0 \in M \subset B$ (as contenções são devidas às hipóteses). Logo, temos $x_0 \in B \cup N$, o que prova o que queríamos.

(f) Provaremos que $A \cup (B \cap C) = (A \cup B) \cap (A \cup C)$.
Af 01. $A \cup (B \cap C) \subset (A \cup B) \cap (A \cup C)$:
Seja $x_0 \in A \cup (B \cap C)$. Assim, $x_0 \in A$ ou $x_0 \in B \cap C$.
Se $x_0 \in A$, pela proposição 1.7, temos que $x_0 \in A \subset A \cup B$ e também $x_0 \in A \cup C$. Portanto, $x_0 \in (A \cup B) \cap (A \cup C)$ e vale a afirmação 01. Por outro lado, se $x_0 \in B \cap C$, segue que $x_0 \in B \subset B \cup C$ e $x_0 \in C \subset A \cup C$ e, portanto, $x_0 \in (A \cup B) \cap (A \cup C)$ e vale a afirmação 01.
Af 02. $(A \cup B) \cap (A \cup C) \subset A \cup (B \cap C)$:
Por absurdo, suponhamos que $(A \cup B) \cap (A \cup C) \not\subset A \cup (B \cap C)$. Assim, $\exists x_0 \in (A \cup B) \cap (A \cup C)$ tal que $x_0 \notin A \cup (B \cap C)$. Assim,

$$x_0 \in A \cup B \text{ e } x_0 \in A \cup C \tag{1.1}$$

Como $x_0 \notin A \cup (B \cap C)$, segue que

$$x_0 \notin A \text{ e } x_0 \notin B \cap C \tag{1.2}$$

Por (7.5) e (7.6), temos

$$x_0 \in B \text{ e } x_0 \in C \Rightarrow x_0 \in B \cap C$$

Mas isto é um absurdo, pois contradiz (7.6).
Logo, vale a afirmação 02.
As afirmações 01 e 02 provam a igualdade requerida.

□

Definição 1.11 Sejam A e B conjuntos não vazios em um universo E. Definimos a *diferença* entre A e B, e escrevemos $A \setminus B$ ou $A - B$, por

$$A \setminus B = \{x \in E : x \in A \text{ e } x \notin B\}.$$

Em outras palavras, a diferença $A \setminus B$ é o conjunto dos elementos de A que não estão em B. Abaixo, temos uma representação em diagrama de Venn, onde $A \setminus B$ está sombreado.

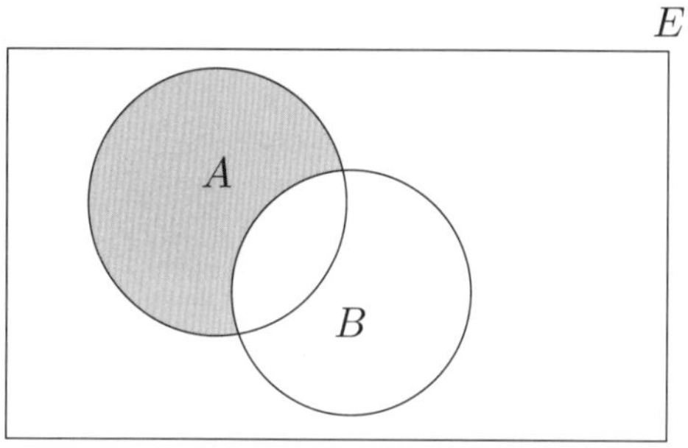

Convém observar que a operação de diferença entre conjuntos não é comutativa, ou seja, em geral, $A \setminus B \neq B \setminus A$. Deixamos para o leitor a confirmação deste fato.

Quando $B \subset A$, a diferença entre A e B, é chamada de *complementar de B em relação a A*, e escrevemos

$$\complement_A B = A \setminus B.$$

Neste caso, se considerarmos A como sendo o conjunto universo, temos a definição que segue.

Definição 1.12 Seja B um conjunto qualquer em um universo E. Definimos o *complementar de B*, e escrevemos $B^{\complement}$, como o conjunto de todos os elementos que estão fora de B, ou seja,

$$B^{\complement} = \complement_E B = E \setminus B = \{x \in E : x \notin B\}.$$

Na proposição abaixo, apresentamos as principais propriedades do complementar de um conjunto.

Proposição 1.13 *Sejam A e B dois conjuntos em um universo E. Então, valem as seguintes propriedades:*

(a) $A \cup A^{\complement} = E$; $A \cap A^{\complement} = \emptyset$.

(b) $(A^{\complement})^{\complement} = A$ *(idempotência).*

(c) $A \subset B \Leftrightarrow B^{\complement} \subset A^{\complement}$.

(d) $(A \cup B)^{\complement} = A^{\complement} \cap B^{\complement}$; $(A \cap B)^{\complement} = A^{\complement} \cup B^{\complement}$. *(leis de De Morgan).*

(e) $A = \emptyset \Leftrightarrow A^{\complement} = E$.

Demonstração.

(a) Mostraremos que $A \cup A^{\complement} = E$.
Note que $A \cup A^{\complement} \subset E$ é óbvio, c.f. a definição de espaço fundamental. Resta mostrar que $E \subset A \cup A^{\complement}$.
Por absurdo, se $E \not\subset A \cup A^{\complement}$, segue que $\exists x_0 \in E$ tal que $x_0 \notin A \cup A^{\complement}$. Então, $x_0 \notin A$ e $x_0 \notin A^{\complement}$. Mas $x_0 \notin A^{\complement} \Rightarrow x_0 \in A^{\complement}$. Absurdo. Logo, $E \subset A \cap A^{\complement}$.
Portanto, vale que $A \cup A^{\complement} = E$.

(b) Podemos provar as duas contenções simultaneamente:

$$x \in A \Leftrightarrow x \notin A^{\complement} \Leftrightarrow x \in (A^{\complement})^{\complement}.$$

(c) Suponhamos que $A \subset B$. Precisamos mostrar que $B^{\complement} \subset A^{\complement}$. Dado $x_0 \in B^{\complement}$, temos que $x_0 \notin B$. Como $A \subset B$, segue que $x_0 \notin A$, ou seja, $x_0 \in A^{\complement}$. Logo, $B^{\complement} \subset A^{\complement}$.
Reciprocamente, suponhamos que $B^{\complement} \subset A^{\complement}$. Mostraremos que $A \subset B$. Por absurdo, se $A \not\subset B$, então, $\exists x_0 \in A$ tal que $x_0 \notin B$. Mas $x_0 \notin B$ equivale a $x_0 \in B^{\complement}$. Assim, pela hipótese de que $B^{\complement} \subset A^{\complement}$, segue que $x_0 \in A^{\complement}$, ou seja, $x_0 \notin A$. Mas isto é um absurdo, pois $x_0 \in A$. Logo, $A \subset B$.
Isto conclui a prova desta propriedade.

(d) Mostraremos que $(A \cup B)^{\complement} = A^{\complement} \cap B^{\complement}$. Podemos provar as duas contenções simultaneamente:

$$x_0 \in (A \cup B)^{\complement} \Leftrightarrow x_0 \notin A \cup B \Leftrightarrow x_0 \notin A \text{ e } x_0 \notin B \Leftrightarrow$$

$$\Leftrightarrow x_0 \in A^{\complement} \text{ e } x_0 \in B^{\complement} \Leftrightarrow x_0 \in A^{\complement} \cap B^{\complement}.$$

A demonstração da outra lei de De Morgan é análoga a esta. Fica como exercício.

(e) Suponhamos que $A = \emptyset$.
Af 1: $A^{\complement} \subset E$. De fato, esta contenção é trivial, pois qualquer conjunto é subconjunto de E, uma vez que E é o espaço fundamental. Logo, vale a afirmação 1.
Af 2: $E \subset A^{\complement}$. Por absurdo, se $E \not\subset A^{\complement}$, segue que $\exists x_0 \in E$ tal que $x_0 \notin A^{\complement}$, ou seja, $x_0 \in A = \emptyset \Rightarrow x_0 \in \emptyset$, mas isto é um absurdo, pois viola a definição de vazio. Logo, vale a afirmação 2. Estas duas afirmações provam que $A^{\complement} = E$.
Reciprocamente, suponhamos que $A^{\complement} = E$. Precisamos mostrar que $A = \emptyset$. Por absurdo, se $A \neq \emptyset$, segue que $\exists x_0 \in A$, tal que $x_0 \notin \emptyset$ (o que é óbvio!). Mas $x_0 \in A$, então $x_0 \notin A^{\complement} = E$. Mas isto é um absurdo, pois E é o espaço fundamental. Logo, vale que $A = \emptyset$.

□

A proposição que se segue estabelece outra forma de representar diferença de conjuntos, ligando-os com a noção de complementar.

Proposição 1.14 *Sejam A e B conjuntos de um espaço E. Vale a igualdade*

$$A - B = A \cap B^{\complement}$$

Demonstração. Fica como exercício.

Definição 1.15 Sejam A e B dois conjuntos em um universo E. Definimos a *diferença simétrica* entre A e B e escrevemos $A \Delta B$, ao conjunto

$$\begin{aligned} A\Delta B = & \{x \in E : (x \in A \text{ e } x \notin B) \text{ ou } (x \in B \text{ e } x \notin A)\} = \\ & = (A - B) \cup (B - A). \end{aligned}$$

Em outras palavras: definimos a diferença simétrica entre dois conjuntos como sendo o conjunto dos elementos que *não são comuns* a ambos.

Em diagramas de Venn, temos $A \Delta B$ hachurado:

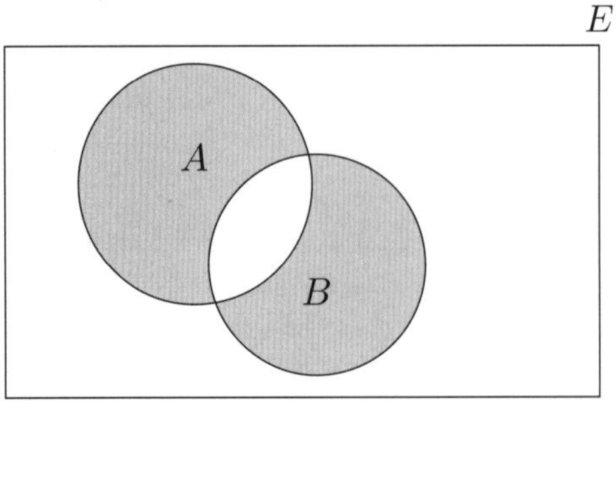

Proposição 1.16 *A diferença simétrica é uma operação comutativa.*

Demonstração. Sejam A e B dois conjuntos em E. Vamos mostrar que $A\Delta B = B\Delta A$. De fato, basta notar que, tendo em vista a comutatividade da união, temos

$$A\Delta B = (A - B) \cup (B - A) = (B - A) \cup (A - B) = B\Delta A.$$

□

Proposição 1.17 *Sejam A e B conjuntos de um espaço E. Vale a igualdade*

$$A\Delta B = (A \cup B) - (A \cap B).$$

Demonstração. Utilizando-se das propriedades de conjuntos até então apresentadas, temos

$$\begin{aligned} A\Delta B &= (A - B) \cup (B - A) = (A \cap B^{\complement}) \cup (B \cap A^{\complement}) = \\ &= \Big((A \cap B^{\complement}) \cup B\Big) \cap \Big((A \cap B^{\complement}) \cup A^{\complement}\Big) = \\ &= \Big((A \cup B) \cap (B^{\complement} \cup B)\Big) \cap \Big((A \cup A^{\complement}) \cap (B^{\complement} \cup A^{\complement})\Big) = \\ &= ((A \cup B) \cap E) \cap (E \cap (B^{\complement} \cup A^{\complement})) = (A \cup B) \cap (B^{\complement} \cup A^{\complement}) = \\ &= (A \cup B) \cap (B \cap A)^{\complement} = (A \cup B) - (A \cap B). \end{aligned}$$

□

Exercícios

1. Demonstrar que $B - A$ é subconjunto de $A^{\complement}$.

2. Prove que, se $A \subset B^{\complement}$, então $A \not\subset B$. A recíproca é verdadeira? Justifique.

3. Sejam A, B e C conjuntos tais que $A \cup B = A \cup C$ e $A \cap B = A \cap C$. Prove que $B = C$.

4. Sejam $A, B \subset E$. Prove que $A \cap B = \emptyset$ se, e somente se, $A \subset B^{\complement}$. Prove também que $A \cup B = E$ se, e somente se, $A^{\complement} \subset B$.

5. Sejam A e B subconjuntos do universo E. Prove que, se $A \cap B = \emptyset$ e $A \cup B = E$, então $B = A^{\complement}$ e $A = B^{\complement}$.

6. Prove a propriedade da distributividade em relação à diferença simétrica:

$$A \cap (B\Delta C) = (A \cap B)\Delta(A \cap C).$$

7. Prove que $A\Delta B = C \Leftrightarrow B = A\Delta C$.

1.2 Conjunto das partes de um conjunto

Definição 1.18 Seja X um conjunto não vazio em um universo E. Definimos o *conjunto das partes de* X, e denotamos por $\mathcal{P}(X)$, o conjunto

$$\mathcal{P}(X) = \{A \in E : A \subset X\}.$$

Em outras palavras, o conjunto $\mathcal{P}(X)$ denota o conjunto de todos os subconjuntos do conjunto X.

Da definição acima, temos que $A \in \mathcal{P}(X) \Leftrightarrow A \subset X$.

Observe que $\mathcal{P}(X)$ está bem definido. Realmente, como pela proposição 1.2 temos que $\emptyset \subset X$, e pela reflexividade da contenção temos $X \subset X$, segue que $\emptyset \in \mathcal{P}(X)$ e $X \in \mathcal{P}(X)$. Logo, o conjunto das partes de um conjunto sempre possui pelo menos dois elementos: o conjunto vazio e o próprio conjunto.

Proposição 1.19 *Sejam X e Y conjuntos em um universo E. Então,*

(a) *se $X \subset Y$, então $\mathcal{P}(X) \subset \mathcal{P}(Y)$.*

(b) $\mathcal{P}(X \cap Y) = \mathcal{P}(X) \cap \mathcal{P}(Y)$.

Demonstração. Faremos a prova de (a) e deixaremos (b) para o leitor. Sejam X e Y conjuntos em E tais que $X \subset Y$. Dado $A \in \mathcal{P}(X)$ um conjunto qualquer em $\mathcal{P}(X)$. Precisamos mostrar que $A \in \mathcal{P}(Y)$. Como $A \in \mathcal{P}(X)$, então segue que $A \subset X$; e como $X \subset Y$, por hipótese, concluímos pela transitividade da conteção que $A \subset Y$, donde segue que $A \in \mathcal{P}(Y)$.

Como a escolha de A foi arbitrária, segue o resultado.

□

Proposição 1.20 Seja X um conjunto finito contendo n elementos. Então, o número de elementos de $\mathcal{P}(X)$ é 2^n.

Demonstração. Seja X um conjunto finito com $\#(X) = n$, onde o símbolo $\#(A)$ designa o número de elementos do conjunto A. De acordo com a análise combinatória, temos que:

- o número de subconjuntos de X com nenhum elemento é dado por

$$C_{n,0} = 1 \text{ (refere-se ao conjunto } \emptyset \text{);}$$

- o número de subconjuntos de X com 1 elemento é dado por

$$C_{n,1} = n;$$

- o número de subconjuntos de X com 2 elementos é dado por

$$C_{n,2} = \frac{n!}{2!(n-2)!};$$

....

- o número de subconjuntos de X com p elementos ($p \leq n$) é dado por

$$C_{n,p} = \frac{n!}{p!(n-p)!};$$

....

- o número de subconjuntos de X com n elementos é dado por

$$C_{n,n} = 1 \,(\text{refere-se ao próprio conjunto } X).$$

Assim, temos, de acordo com a teoria do Binômio de Newton, que o número total de subconjuntos de X será dado por

$$\#\mathcal{P}(X) = C_{n,0} + C_{n,1} + \ldots + C_{n,n} = \binom{n}{0} + \binom{n}{1} + \binom{n}{2} + \ldots + \binom{n}{n} = 2^n$$

Isto prova a proposição.

□

Exercícios

1. Sabendo que X é um conjunto qualquer de um espaço E, diga quais das sentenças abaixo são verdadeiras, justificando:

   (a) $X \in \mathcal{P}(X)$. (b) $X \subset \mathcal{P}(X)$.

   (c) $\{X\} \subset \mathcal{P}(X)$. (d) $\{X\} \in \mathcal{P}(X)$.

2. Seja $A = \{1, 2, \{1, 2\}\}$. Quantos elementos possui $\mathcal{P}(A)$? Liste-os.

3. Prove a propriedade (b) da Proposição 1.19.

1.3 Produto cartesiano

Nesta seção apresentamos a definição de produto cartesiano, bem como algumas propriedades.

Definição 1.21 Sejam A e B dois conjuntos não vazios em E. Definimos o *produto cartesiano* ou *direto* entre A e B, e denotamos por $A \times B$, como

$$A \times B = \{(a, b) \,:\, a \in A \text{ e } b \in B\}.$$

Os elementos $(a, b) \in A \times B$ são chamados de *pares ordenados*. Note que, em geral, $A \times B \neq B \times A$, i.e., o produto cartesiano não é comutativo. Por exemplo, sejam $A = \{1, 2, 3\}$ e $B = \{2, 5\}$. Temos

$$A \times B = \{(1, 2); (1, 5); (2, 2); (2, 5); (3, 2); (3, 5)\}$$

e

$$B \times A = \{(2, 1); (2, 2); (2, 3); (5, 1); (5, 2); (5, 3)\}.$$

Nitidamente, percebemos que $A \times B \neq B \times A$ pois, por exemplo, $(1, 2) \in A \times B$, mas $(1, 2) \notin B \times A$.

Para representar graficamente $A \times B$, procedemos da seguinte maneira: traçamos duas retas perpendiculares entre si, uma horizontal e outra vertical, fazendo coincidir suas origens. Na reta horizontal, marcamos os elementos $a \in A$ e, na vertical, os elementos $b \in B$. Tracejamos uma linha vertical passando por $a \in A$, e uma linha horizontal passando por $b \in B$. O encontro dessas duas nos dará a localização de $(a, b) \in A \times B$, na qual demarcamos com um ponto. Esta representação chama-se *representação no plano cartesiano*.

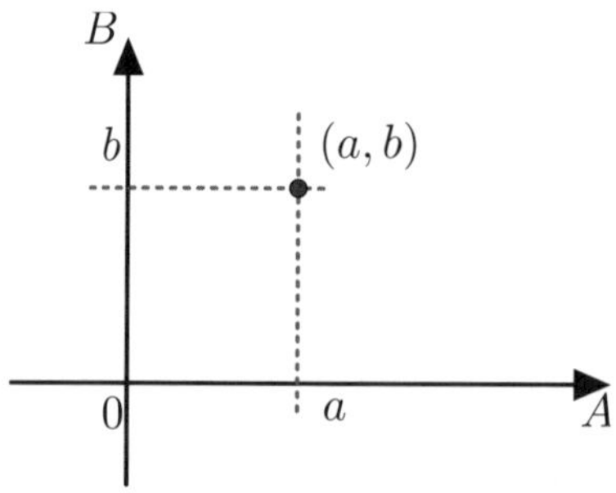

Considerando $A = \{1, 2, 3\}$ e $B = \{2, 4\}$, temos

$$A \times B = \{(1, 2); (1, 4); (2, 2); (2, 4); (3, 2); (3, 4)\}$$

e sua representação gráfica no plano cartesiano é apresentada na figura abaixo.

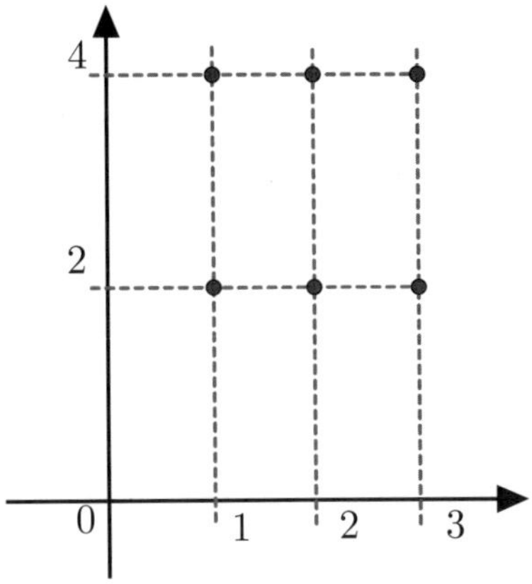

Proposição 1.22 *Sejam A, B e C conjuntos não vazios em um universo E. O produto cartesiano goza das seguintes propriedades:*

(a) $(A \cup B) \times C = (A \times C) \cup (B \times C)$.

(b) $A \times (B \setminus C) = (A \times B) \setminus (A \times C)$.

(c) $(A \setminus B) \times C = (A \times C) \setminus (B \times C)$.

Demonstração. Faremos apenas a demonstração da primeira e deixaremos as demais para o leitor.
Queremos mostrar que $(A \cup B) \times C = (A \times C) \cup (B \times C)$. Faremos isto provando duas contenções, c.f. as afirmações abaixo.

Af 01. $(A \cup B) \times C \subset (A \times C) \cup (B \times C)$:
Dado $(x, y) \in (A \cup B) \times C$. Logo, pela definição de produto cartesiano, temos que $x \in A \cup B$ e $y \in C$. Pela definição de união de conjuntos, segue que $x \in A$ ou $x \in B$ e, ainda, temos $y \in C$. Portanto, $x \in A$ e $y \in C$ ou $x \in B$ e $y \in C$, i.e., $(x, y) \in A \times C$ ou $(x, y) \in B \times C$, ou seja, $(x, y) \in (A \times C) \cup (B \times C)$.
Logo, vale a afirmação 01.

Af 02. $(A \times C) \cup (B \times C) \subset (A \cup B) \times C$:
Dado $(x, y) \in (A \times C) \cup (B \times C)$. Então, $(x, y) \in A \times C$ ou $(x, y) \in B \times C$, i.e., $x \in A$ e $y \in C$ ou $x \in B$ e $y \in C$, mas isto é o mesmo que $x \in A$ ou $x \in B$ e $y \in C$, ou seja, $x \in A \cup B$ e $y \in C$, i.e., $(x, y) \in (A \cup B) \times C$. Logo, vale a afirmação 2.
Pelas afirmações 01 e 02, segue o resultado.

□

1.4 Família de conjuntos

Nesta seção vamos apresentar o conceito de família de conjuntos, bem como suas principais propriedades.

Definição 1.23 Seja Λ um conjunto cujos elementos $\lambda \in \Lambda$ são chamados de *índices* e suponha que $\forall \lambda \in \Lambda$, $\exists\, A_\lambda$, conjunto de que depende o índice λ.
O conjunto de todos os A_λ, onde $\lambda \in \Lambda$, chama-se uma *família de conjuntos* indexada por λ, e denotamos por

$$\mathfrak{F} = (A_\lambda)_{\lambda \in \Lambda} = \{A_\lambda : \lambda \in \Lambda\}.$$

O caso mais simples de família indexada é quando $\Lambda \subseteq \mathbb{N}$.

Exemplo. Defina a família $(F_n)_{n \in \mathbb{N}}$ por

$$F_n = \{k \in \mathbb{Z} : k^2 \leq n, \forall n \in \mathbb{N}\}.$$

Fazendo n variar no conjunto dos números naturais, vamos determinando os conjuntos F_n da família indexada por n:

- $n = 1$: $F_1 = \{k \in \mathbb{Z} : k^2 \leq 1\} = \{-1, 0, 1\}$.
- $n = 2$: $F_2 = \{k \in \mathbb{Z} : k^2 \leq 2\} = \{-1, 0, 1\} = F_1$.
- $n = 3$: $F_3 = \{k \in \mathbb{Z} : k^2 \leq 3\} = \{-1, 0, 1\} = F_1 = F_2$.
- $n = 4$: $F_4 = \{k \in \mathbb{Z} : k^2 \leq 4\} = \{-2, -1, 0, 1, 2\}$.

$$\vdots$$

- $n = 20$: $F_{20} = \{k \in \mathbb{N} : k^2 \leq 20\} = \{-4, -3, -2, -1, 0, 1, 2, 3, 4\}$.

$$\vdots$$

Aproveitando o exemplo dado acima, perguntamos: seria possível fazer a união de todos os elementos da família dada? E a intersecção? Isto nos motiva a apresentar a definição que segue, que generaliza o conceito de união e intersecção de conjuntos.

Definição 1.24 Seja Λ um conjunto de índices λ e considere $(A_\lambda)_{\lambda\in\Lambda}$ uma família de conjuntos indexada por $\lambda \in \Lambda$. Definimos a *união* e a *intersecção* dos elementos desta família, respectivamente, por

$$\bigcup_{\lambda\in\Lambda} A_\lambda = \{x \in A_\lambda, \text{para} \quad \text{algum } \lambda \in \Lambda\}$$

e

$$\bigcap_{\lambda\in\Lambda} A_\lambda = \{x \in A_\lambda, \ \forall \lambda \in \Lambda\}$$

Da definição acima observamos que

$$x_0 \notin \bigcup_{\lambda\in\Lambda} A_\lambda \Leftrightarrow x_0 \notin A_\lambda, \ \forall \lambda \in \Lambda$$

e

$$x_0 \notin \bigcap_{\lambda\in\Lambda} A_\lambda \Leftrightarrow x_0 \notin A_{\lambda_0}, \quad \text{para algum } \lambda_0 \in \Lambda.$$

Como aplicação dessa definição vejamos um interessante exemplo.

Exemplo. Seja $\Lambda = \mathbb{N}$ e defina a família $\mathfrak{F} = (A_\lambda)_{\lambda\in\mathbb{N}}$ por

$$A_\lambda = \{x \in \mathbb{Z} : x > \lambda\}.$$

Então, temos os conjuntos

- $A_1 = \{x \in \mathbb{Z} : x > 1\} = \{2, 3, 4, ...\}$
- $A_2 = \{x \in \mathbb{Z} : x > 2\} = \{3, 4, 5, ...\}$

$$\vdots$$

- $A_n = \{x \in \mathbb{Z} : x > n\} = \{n + 1, n + 2, ...\}$

$$\vdots$$

Vamos determinar $\bigcup_{\lambda\in\mathbb{N}} A_\lambda$ e $\bigcap_{\lambda\in\mathbb{N}} A_\lambda$.

É fácil ver que $A_1 \supset A_2 \supset A_3 \supset ...$, e então

$$\bigcup_{\lambda\in\mathbb{N}} A_\lambda = A_1 = \{2, 3, 4, ...\}.$$

Mas o que resulta em $\bigcap_{\lambda\in\mathbb{N}} A_\lambda$? Essa interseção não é tão imediata de se obter, neste caso. Como $A_1 \supset A_2 \supset A_3 \supset ...$, então, fixando $n > 1$ temos

$$A_1 \cap A_2 \cap ... \cap A_n = \{n + 1, n + 2, ...\},$$

o que nos faz pensar que a interseção infinita $\bigcap_{\lambda \in \mathbb{N}} A_\lambda$ possuirá também infinitos elementos. No entanto, o que poderá "chocar" o leitor é afirmar que essa interseção infinita será vazia!

Ou seja, afirmamos que

$$\bigcap_{\lambda \in \mathbb{N}} A_\lambda = \emptyset. \tag{1.3}$$

De fato, como $\emptyset \subset \bigcap_{\lambda \in \mathbb{N}} A_\lambda$, é suficiente mostrar que $\bigcap_{\lambda \in \mathbb{N}} A_\lambda \subset \emptyset$.

E, como tal afirmação é "forte demais", vamos provar por absurdo.

Por absurdo, suponha que $\bigcap_{\lambda \in \mathbb{N}} A_\lambda \not\subset \emptyset$. Então, $\exists\, x_0 \in \bigcap_{\lambda \in \mathbb{N}} A_\lambda$ tal que $x_0 \notin \emptyset$ (o que é óbvio!).

Assim, sendo x_0 um número inteiro, defina o índice $\lambda_0 = |x_0| + 1 \in \mathbb{N}$. E, como $x_0 \in \bigcap_{\lambda \in \mathbb{N}} A_\lambda$, em particular tem-se que

$$x_0 \in A_{\lambda_0} = \{x \in \mathbb{Z} : x > \lambda_0\},$$

mas então teríamos $x_0 > |x_0| + 1$, o que é um absurdo! Portanto, $\bigcap_{\lambda \in \mathbb{N}} A_\lambda \subset \emptyset$, donde segue (1.3).

A seguir apresentamos algumas propriedades envolvendo famílias de conjuntos.

Proposição 1.25 *Sejam A um conjunto qualquer num universo E e $(B_\lambda)_{\lambda \in \Lambda}$ uma família de conjuntos indexada por $\lambda \in \Lambda$, também definida em E. Então, valem as igualdades:*

(a) $A \cap \left(\bigcup_{\lambda \in \Lambda} B_\lambda \right) = \bigcup_{\lambda \in \Lambda} (A \cap B_\lambda);$

(b) $A \cup \left(\bigcap_{\lambda \in \Lambda} B_\lambda \right) = \bigcap_{\lambda \in \Lambda} (A \cup B_\lambda);$

(c) $\left(\bigcup_{\lambda \in \Lambda} B_\lambda \right)^{\complement} = \bigcap_{\lambda \in \Lambda} B_\lambda^{\complement};$

(d) $\left(\bigcap_{\lambda \in \Lambda} B_\lambda \right)^{\complement} = \bigcup_{\lambda \in \Lambda} B_\lambda^{\complement}.$

Obs.: Note que as igualdades (a) e (b) são extensões das distributividades da intersecção e da união, e as igualdades (c) e (d) são extensões das leis de De Morgan.

Demonstração. Faremos apenas as provas (a) e de (c), deixando as outras duas a encargo do leitor.
(a)

Af 01. $A \cap \left(\bigcup_{\lambda\in\Lambda} B_\lambda\right) \subset \bigcup_{\lambda\in\Lambda}(A \cap B_\lambda)$:

Dado $x \in A \cap \left(\bigcup_{\lambda\in\Lambda} B_\lambda\right)$, segue que $x \in A$ e $x \in \bigcup_{\lambda\in\Lambda} B_\lambda$. Logo, temos que $x \in A$ e $x \in B_\lambda$, para algum $\lambda \in \Lambda$.
Portanto $x \in A \cap B_\lambda \subset \bigcup_{\lambda\in\Lambda} A \cap B_\lambda$, e então vale a afirmação 01.

Af 02. $\bigcup_{\lambda\in\Lambda}(A \cap B_\lambda) \subset A \cap \left(\bigcup_{\lambda\in\Lambda} B_\lambda\right)$:

Dado $x \in \bigcup_{\lambda\in\Lambda}(A \cap B_\lambda)$, segue que $\exists\,\lambda \in \Lambda$ tal que $x \in A \cap B_\lambda$ e então $x \in A$ e $x \in B_\lambda$, para algum $\lambda \in \Lambda$. Portanto, temos que $x \in A$ e $x \in \bigcup_{\lambda\in\Lambda} B_\lambda$, ou seja, $x \in A \cap \left(\bigcup_{\lambda\in\Lambda} B_\lambda\right)$, e então vale a afirmação 02.
Pelas afirmações 01 e 02 segue a igualdade de (a).

(c) Neste caso podemos provar as duas contenções simultaneamente como segue:

$$x \in \left(\bigcup_{\lambda\in\Lambda} B_\lambda\right)^{\complement} \Leftrightarrow x \notin \bigcup_{\lambda\in\Lambda} B_\lambda \Leftrightarrow x \notin B_\lambda,\ \forall\lambda \in \Lambda \Leftrightarrow$$

$$\Leftrightarrow x \in B_\lambda^{\complement},\ \forall\lambda \in \Lambda \Leftrightarrow x \in \bigcap_{\lambda\in\Lambda} B_\lambda^{\complement}.$$

Isto conclui a prova da proposição.

□

Exercícios

1. Demonstrar que

   (a) $\forall\lambda \in \Lambda,\ A_\lambda \subset B \Rightarrow \bigcup_{\lambda\in\lambda} A_\lambda \subset B.$

   (b) $\forall\lambda \in \Lambda,\ A_\lambda \subset B_\lambda \Rightarrow \bigcap_{\lambda\in\Lambda} A_\lambda \subset \bigcap_{\lambda\in\Lambda} B_\lambda$

2. Sejam L e M conjuntos não vazios e considere, respectivamente, as famílias $(A_\ell)_{\ell\in L}$ e $(B_\mu)_{\mu\in M}$. Prove que

$$\left(\bigcap_{\ell\in L} A_\ell\right) \cup \left(\bigcap_{\mu\in M} B_\mu\right) = \bigcap_{(\ell,\mu)\in L\times M} (A_\ell \cup B_\mu).$$

1.5 Funções

Definição 1.26 Sejam A e B dois conjuntos não vazios. Chama-se *função* $f : A \to B$ a regra f que leva **todos** elementos de A **a** elementos de B de maneira **única**.

Obs.: $f : A \to B$ é lido como: "f é a função de A em B".

Usaremos os seguintes termos como sinônimos para nos referirmos à função: *função*, *aplicação* ou *transformação*.

Definição 1.27 Dada uma função $f : A \to B$, chamamos A de *domínio* da f, ou *campo de existência*, e chamamos B de *contradomínio* da f. O conjunto dos valores em B que recebem os elementos de A, mediante a transformação f, é chamado de *imagem* da f.

Notações:
$\mathrm{D}(f) = A$: Domínio da f;
$\mathrm{CD}(f)=B$: contradomínio da f;
$\mathrm{Im}(f)=f(A)$: imagem da f.

Chamamos os elementos do domínio da f de *variáveis independentes* e os elementos da imagem da f de *variáveis dependentes*. Isto porque cada imagem *depende* de um domínio, i.e., $y = f(x)$, ou seja, a variável y da imagem é função de um elemento x do domínio.

Obs.: Chamamos a atenção para não confundir os símbolos "f" e "$f(x)$": o primeiro denota a função f e o segundo denota a imagem do elemento x do domínio mediante f.

Definição 1.28 Sejam A e B dois conjuntos não vazios, $X \subset A$ e $f : A \to B$ uma função. Definimos a *imagem direta* de X por f, e denotamos por $f(X)$ o conjunto de todos $y \in B$, tais que $y = f(x)$, com $x \in X$.
Mais precisamente,

$$f(X) = \{f(x) : x \in X\}.$$

Abaixo, temos uma representação em diagramas para ilustrar geometricamente a definição de imagem direta.

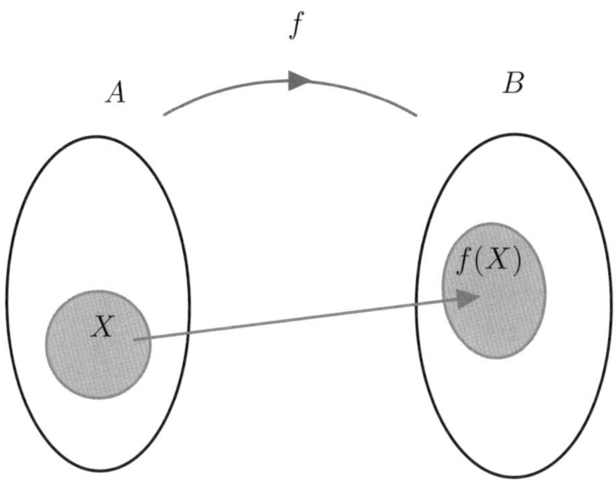

Na proposição a seguir, encerramos as principais propriedades da imagem direta de um conjunto por uma função.

Proposição 1.29 *Sejam $f : A \to B$ uma função, $X, Y \subset A$. Valem as propriedades:*

(a) $f(X \cup Y) = f(X) \cup f(Y)$.

(b) $f(X \cap Y) \subset f(X) \cap f(Y)$.

(c) $X \subset Y \Rightarrow f(X) \subset f(Y)$.

(d) $f(\emptyset) = \emptyset$.

Antes de provar a proposição acima, observe que a propriedade (b) não é uma igualdade, mas apenas uma contenção. Mostraremos através de um exemplo que a contenção contrária pode ser falsa, não valendo, portanto, uma igualdade como em (a). Considere $f : \mathbb{Q} \to \mathbb{Q}$ dada por $f(x) = x^2$ e sejam os subconjuntos X e Y do domínio dados por: $X = (-\infty, 0] \subset \mathbb{Q}$ e $Y = [0, +\infty) \subset \mathbb{Q}$, i.e., X é o conjunto dos números racionais não positivos e Y o conjunto dos números racionais não negativos. Como $f(x) = x^2 \geq 0$, $\forall x \in \mathbb{Q}$, segue que

$$f(X) = [0, +\infty) = f(Y).$$

Assim, temos $f(X) \cap f(Y) = [0, +\infty)$, mas sendo $X \cap Y = \{0\}$, obtemos $f(X \cap Y) = \{0\}$, ou seja,

$$f(X) \cap f(Y) \not\subset f(X \cap Y),$$

portanto, não vale, em geral, a contenção contrária.

Demonstração. Faremos apenas as provas de (a) e (d), e deixaremos as demais para o leitor.
(a) Para provar (a), precisamos mostrar duas contenções:
$f(X \cup Y) \subset f(X) \cup f(Y)$ e $f(X) \cup f(Y) \subset f(X \cup Y)$.
Af 01. $f(X \cup Y) \subset f(X) \cup f(Y)$:
De fato, dado $y \in f(X \cup Y)$, segue da definição de imagem direta que $\exists\, x \in X \cup Y$ tal que $y = f(x)$. Então, $x \in X$ ou $x \in Y$.
Se $x \in X$, temos $f(x) \in f(X) \subset f(X) \cup f(Y)$.
Por outro lado, se $x \in Y$, temos $f(x) \in f(Y) \subset f(X) \cup f(Y)$.
Em qualquer dos casos, concluímos que $y = f(x) \in f(X) \cup f(Y)$, o que prova a afirmação 01.
Af 02. $f(X) \cup f(Y) \subset f(X \cup Y)$:
De fato, dado $y \in f(X) \cup f(Y)$, segue que $y \in f(X)$ ou $y \in f(Y)$.
Se $y \in f(X)$, segue que $\exists\, x \in X \subset X \cup Y$, tal que $f(x) = y$. Assim,

$$x \in X \subset X \cup Y \Rightarrow y = f(x) \in f(X \cup Y).$$

Analogamente, por outro lado, se $y \in f(Y)$, segue que $\exists\, z \in Y \subset X \cup Y$, tal que $f(z) = y$. Assim,

$$z \in X \subset X \cup Y \Rightarrow y = f(z) \in f(X \cup Y).$$

Em qualquer dos casos, concluímos a afirmação 02.
Por estas duas afirmações, provamos (a).

(d) Para mostrar a iguadade requerida, iremos provar as afirmações:
Af 01. $\emptyset \subset f(\emptyset)$:
Imediato por propriedade, pois lembremos que o conjunto vazio é subconjunto de qualquer conjunto.
Af 02. $f(\emptyset) \subset \emptyset$:
Por absurdo, se $f(\emptyset) \not\subset \emptyset$, então, $\exists y_0 \in f(\emptyset)$, tal que $y_0 \notin \emptyset$. Como $y_0 \in f(\emptyset)$, segue que $\exists x_0 \in \emptyset$, tal que $f(x_0) = y_0$. Mas $x_0 \in \emptyset$ é um absurdo, pois viola a definição de conjunto vazio. Portanto, vale a afirmação 02.
Pelas afirmações 01 e 02, fica provado que $f(\emptyset) = \emptyset$.

$\square$

Definição 1.30 Sejam $f : A \to B$ uma função e $Y \subset B$. Definimos a *imagem inversa* do conjunto Y pela f ou *pré-imagem* de Y por f como o conjunto de todos os domínios de Y pela f. Em símbolos,

$$f^{-1}(Y) = \{x \in A : f(x) \in Y\}.$$

O esquema a seguir serve para ilustrar a definição dada.

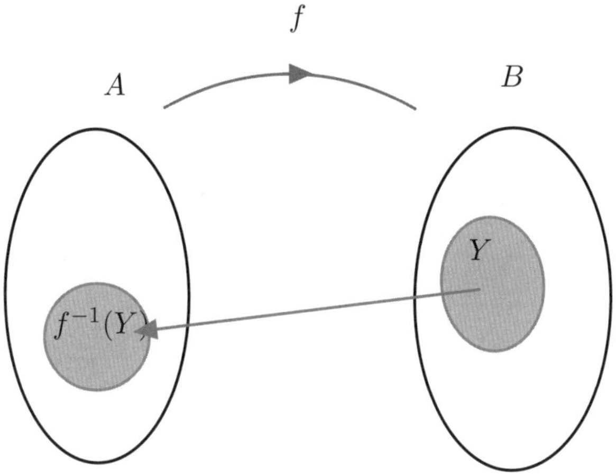

Observe, porém, que pode ocorrer que o conjunto das imagens inversas seja vazio, mesmo que $Y \subset B$ não seja. Temos a proposição seguinte que nos prova esta afirmação.

Proposição 1.31 *Sejam $f : A \to B$ e $Y \subset B$. Temos que $f^{-1}(Y) = \emptyset$ se, e somente se, $f(A) \cap Y = \emptyset$.*

Demonstração. Suponhamos que $f(A) \cap Y = \emptyset$. Mostraremos que $f^{-1}(Y) = \emptyset$. Por absurdo, se $f^{-1}(Y) \neq \emptyset$, então, $\exists\, x_0 \in A$ tal que $f(x_0) \in Y$. Mas $f(x_0) \in f(A)\,(= \text{Im}(f))$. Logo, concluímos que $f(A) \cap Y \neq \emptyset$, o que contradiz a hipótese. Absurdo. Logo, concluímos que $f^{-1}(Y) = \emptyset$.

Reciprocamente, suponhamos que $f^{-1}(Y) = \emptyset$. Mostraremos que $f(A) \cap Y = \emptyset$. Por absurdo, suponhamos que $f(A) \cap Y \neq \emptyset$. Assim, temos que $\exists\, y_0 \in B$, tal que $y_0 \in f(A)$ e $y_0 \in Y$. Sendo $y_0 \in f(A)$, segue que $\exists x_0 \in A$ tal que $f(x_0) = y_0$. Assim, temos $f(x_0) = y_0 \in Y$, e com isso $x_0 \in f^{-1}(Y) = \emptyset$, um absurdo! Logo, vale a recíproca e, com isto, concluímos a prova da proposição.

□

Observe no exemplo a seguir uma aplicação da proposição acima.

Exemplo. Denotemos por $A = \mathbb{Q}^+ = \{x \in \mathbb{Q} : x > 0\} = (0, +\infty)$, e considere $f : A \to \mathbb{Q}$ dada por $f(x) = x^2$. Então, observamos que $f(A) = (0, +\infty) = \mathbb{Q}^+$.

Assim, se tomarmos, por exemplo, $Y = \mathbb{Q}^- := \{x \in \mathbb{Q} : x < 0\}$, então

$$f(A) \cap Y = \emptyset \Leftrightarrow f^{-1}(Y) = \emptyset.$$

A proposição abaixo encerra as principais propriedades da imagem inversa.

Proposição 1.32 *Sejam $f : A \to B$ uma função e $Y, Z \subset B$. Valem as propriedades:*

(a) $f^{-1}(Y \cup Z) = f^{-1}(Y) \cup f^{-1}(Z)$;

(b) $f^{-1}(Y \cap Z) = f^{-1}(Y) \cap f^{-1}(Z)$;

(c) $f^{-1}(Y^{\complement}) = \left(f^{-1}(Y)\right)^{\complement}$;

(d) $Y \subset Z \Rightarrow f^{-1}(Y) \subset f^{-1}(Z)$.

Demonstração. Faremos apenas as demonstrações de (a) e (d). As demais ficam como exercício.
(a) Podemos provar as duas contenções simultaneamente:

$$x \in f^{-1}(Y \cup Z) \Leftrightarrow f(x) \in Y \cup Z \Leftrightarrow f(x) \in Y \text{ ou } f(x) \in Z \Leftrightarrow$$

$$\Leftrightarrow x \in f^{-1}(Y) \text{ ou } x \in f^{-1}(Z) \Leftrightarrow x \in f^{-1}(Y) \cup f^{-1}(Z).$$

(d) Suponhamos que $Y \subset Z$. Mostraremos que $f^{-1}(Y) \subset f^{-1}(Z)$. Por absurdo, se $f^{-1}(Y) \not\subset f^{-1}(Z)$, então $\exists\, x_0 \in f^{-1}(Y)$ tal que $x_0 \notin f^{-1}(Z)$.
Mas, então, $x_0 \in f^{-1}(Y) \Rightarrow f(x_0) \in Y \subset Z$, i.e., $f(x_0) \in Z$, ou seja, $x_0 \in f^{-1}(Z)$. Mas, temos $x_0 \notin f^{-1}(Z)$. Absurdo! Logo, concluímos que $f^{-1}(Y) \subset f^{-1}(Z)$, ou seja, vale (d).

□

Exercícios

1. Sejam A e B dois conjuntos quaisquer em um universo E e $(M_i)_{i \in I}$ uma família de conjuntos indexada por $i \in I$ em E tal que $M_i \subset A, \forall i \in I$. Considere $f : A \to B$ uma função. Mostre que

$$f\left(A \cap \left(\bigcup_{i \in I} M_i\right)\right) \subset \bigcup_{i \in I} f\left(A \cap M_i\right).$$

2. Sejam $(X_\lambda)_{\lambda\in\Lambda}$ uma família de conjuntos, com $X_\lambda \subset A, \forall\lambda \in \Lambda$ e $f : A \to B$ uma função. Mostre que
$$f(\bigcup_{\lambda\in\Lambda} X_\lambda) = \bigcup_{\lambda\in\Lambda} f(X_\lambda).$$

3. *Seja $f : A \to B$ uma função e $M, N \subset B$. Mostre que
$$f^{-1}(M \setminus N) = f^{-1}(M) \setminus f^{-1}(N).$$

4. Seja $f : A \to B$ uma função e $(B_i)_{i\in I}$ uma família de conjuntos indexada por $i \in I$, tal que $B_i \subset B$, $\forall i \in I$. Mostre que
$$f^{-1}(\bigcup_{i\in I} B_i) = \bigcup_{i\in I} f^{-1}(B_i) \quad \text{e que} \quad f^{-1}(\bigcap_{i\in I} B_i) = \bigcap_{i\in I} f^{-1}(B_i).$$

1.6 Composição de funções

Nesta seção apresentaremos o importante conceito de composição de funções.

Definição 1.33 Sejam $f : A \to B_1$ e $g : B_2 \to C$ funções, onde $f(A) \subset B_2$. Definimos a *função composta* $g \circ f : A \to C$ por
$$(g \circ f)(x) = g(f(x)).$$

Abaixo temos um esquema em diagramas ilustrando a definição acima.

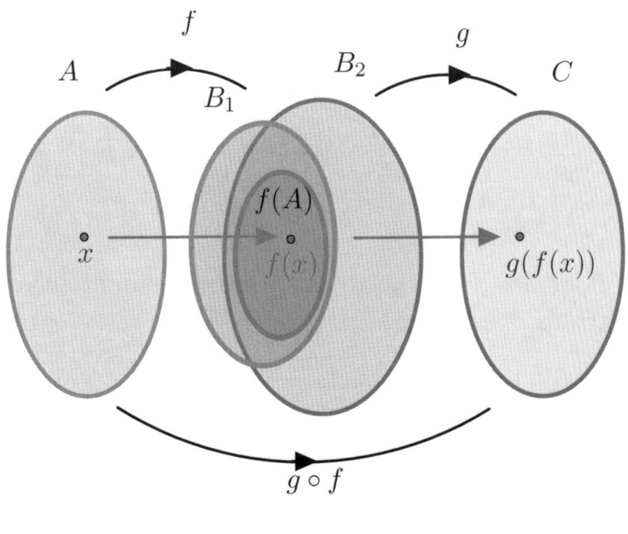

Note que a composição $g \circ f$ toma os valores de A e leva diretamente para o conjunto C. *Grosso modo*, poderíamos dizer que a composição de funções é um "atalho".

Um caso particular de composição pode ocorrer quando $B_1 = B_2 = B$, ou seja, quando tivermos $f : A \to B$ e $g : B \to C$. Neste caso, temos

$$A \xrightarrow{f} B \xrightarrow{g} C,$$

$$x \in A \Longrightarrow y = f(x) \in B \Longrightarrow g(y) = g(f(x)) \in C,$$

e, portanto,

$$x \in A \Longrightarrow (g \circ f)(x) \in C$$

Proposição 1.34 *A composição de funções é associativa.*

Demonstração. Sejam $f : A \to B_1$, $g : B_2 \to C_1$ e $h : C_2 \to D$ funções, com

$$f(A) \subset B_2 \quad \text{e} \quad g(B_2) \subset C_2.$$

Mostraremos que

$$h \circ (g \circ f) = (h \circ g) \circ f.$$

De fato, $\forall x \in A$, temos

$$(h \circ (g \circ f))(x) = h((g \circ f)(x)) = h(g(f(x))) = (h \circ g)(f(x)) = ((h \circ g) \circ f)(x).$$

□

Proposição 1.35 *Sejam $f : A \to B$ e $g : B \to C$ funções. Se $W \subset C$, então,*

$$(g \circ f)^{-1}(W) = f^{-1}(g^{-1}(W))$$

Demonstração. Podemos provar as duas contenções simultaneamente.
Assim, $\forall x \in A$, temos

$$x \in f^{-1}(g^{-1}(W)) \Leftrightarrow f(x) \in g^{-1}(W) \Leftrightarrow g(f(x)) \in W \Leftrightarrow (g \circ f)(x) \in W \Leftrightarrow$$

$$\Leftrightarrow x \in (g \circ f)^{-1}(W).$$

□

1.7 Funções injetiva, sobrejetiva e bijetiva

Nesta seção, apresentaremos as noções de injetividade, sobrejetividade e bijetividade de funções. Estes conceitos serão amplamente usados quando estudarmos a cardinalidade de conjuntos no capítulo seguinte.

Definição 1.36 Dizemos que uma função $f : A \to B$ é *injetiva* se

$$f(x) = f(y) \Rightarrow x = y, \forall x, y \in A.$$

Uma forma equivalente de definir injetividade é

$$\forall x, y \in A \, x \neq y \Rightarrow f(x) \neq f(y)$$

Em outras palavras, dizemos que uma função $f : A \to B$ é injetiva se domínios diferentes assumirem imagens também diferentes.

Exemplo 01. A função $f : \mathbb{Q}^+ = \{x \in \mathbb{Q} : x \geq 0\} \to \mathbb{Q}$ dada por $f(x) = x^2$ é injetiva, pois dados $x, y \in \mathbb{Q}^+$, digamos, $0 \leq x < y$, teremos $f(x) = x^2 < y^2 = f(y)$, ou seja, $f(x) \neq f(y)$.

Exemplo 02. A função $id : A \to A$ dada por $id(x) = x$ é injetiva. De fato, $\forall x, y \in A$, se $id(x) = id(y)$, implica diretamente que $x = y$.

Essa função será de extrema importância para nós e chama-se *função identidade*. Note que a função identidade deixa o x "invariante", ou seja, $id(x) = x$.

Exemplo 03. A função $f : \mathbb{Q} \to \mathbb{Q}$ dada por $f(x) = x^2$ **não é** injetiva. Para verificar isto, basta tomar domínios simétricos. Assim, $x \neq -x$, mas $f(-x) = (-x)^2 = x^2 = f(x)$. Logo, há domínios diferentes que possuem a mesma imagem. Logo, f não é injetiva.

Definição 1.37 Dizemos que uma função $f : A \to B$ é *sobrejetiva* se $\forall z \in B$, $\exists x \in A$, tal que $f(x) = z$.

Outra maneira de dizer que f é sobrejetiva é dizer que $\text{Im}(f) = f(A) = B$. Sobrejetividade, como o nome indica, significa que todo o conjunto B é imagem do conjunto A mediante a função $f : A \to B$.

Exemplo 01. A função identidade $id : A \to A$, $id(x) = x$ é sobrejetiva, pois $\forall z \in B$, $\exists x \in B = A$, tal que $id(z) = x$. Basta tomar como x o próprio z dado.

Exemplo 02. A função $f : \mathbb{Q} \to \mathbb{Q}$ dada por $f(x) = x^2 + 1$ **não é** sobrejetiva, pois $\forall x \in \mathbb{Q}$, temos que $f(x) = x^2 + 1 \geq 1$. Portanto,

$$\text{Im}(f) = \{x \in \mathbb{Q} : x \geq 1\} \neq \mathbb{Q}.$$

Definição 1.38 Dizemos que uma função $f : A \to B$ é *bijetiva* se for injetiva e sobrejetiva. Mais precisamente, $f : A \to B$ é bijetiva se $\forall z \in B$, $\exists!\, x \in A$, tal que $f(x) = z$.

Exemplo. Já vimos que a função identidade $id : A \to A$, $id(x) = x$ é injetiva e sobrejetiva e, portanto, bijetiva.

Proposição 1.39 *A composição de funções injetivas é também injetiva.*

Demonstração. Sejam $f : A \to B$ e $g : B \to C$ funções injetivas. Precisamos mostrar que a composta $g \circ f : A \to C$ também é injetiva.
Dados $x, y \in A$, segue que

$$(g \circ f)(x) = (g \circ f)(y) \Longrightarrow g(f(x)) = g(f(y)) \underbrace{\Longrightarrow}_{g \text{ é inj.}} f(x) = f(y) \underbrace{\Longrightarrow}_{f \text{ é inj.}} x = y.$$

Portanto, segue que $g \circ f$ também é injetiva.

□

Proposição 1.40 *A composição de funções sobrejetivas também é sobrejetiva.*

Demonstração. Sejam $f : A \to B$ e $g : B \to C$ funções sobrejetivas. Precisamos mostrar que a composta $g \circ f : A \to C$ também é sobrejetiva.
Dado $z \in C$, como g é sobrejetiva, segue que $\exists\, y \in B$, tal que $g(y) = z$.
Da mesma forma, como f é também sobrejetiva, segue que $\exists\, x \in A$, tal que $f(x) = y$.

Assim, temos que $\forall z \in C$, obtemos $x \in A$, tal que

$$z = g(y) = g(f(x)) = (g \circ f)(x),$$

ou seja, a composta $g \circ f$ é sobrejetiva. Isto prova a proposição.

□

Corolário 1.41 *A composição de funções bijetivas também é bijetiva.*

Demonstração. Imediato da definição de função bijetiva e das duas proposições anteriores.

□

Exercícios

1. Mostre que se $f : A \to B$ é estritamente crescente, então f é injetiva. Idem para estritamente decrescente.

2. Considere a aplicação $f : \mathbb{Z}^2 \to \mathbb{Z}^2$ definida por $f(x, y) = (3x - 2, 2y + 5)$. Prove que f é injetiva. A função f é sobrejetiva? Justifique.

3. Verifique mediante um exemplo que a composição de funções, em geral, não é comutativa.

4. Sejam $f : A \to B$ e $g : B \to D$. Supondo g bijetiva, prove que f é injetiva se, e somente se, $g \circ f$ é injetiva.

5. Sejam as aplicações $f : A \to B$, $g : A \to B$ e $h : B \to D$. Prove que se h é injetiva e $h \circ g = h \circ f$, então $g = f$.

6. Mostre que se $f : A \to B$ é injetiva e $E \subset A$, então $f^{-1}(f(E)) = E$.

7. Sejam $f : A \to B$ e $g : B \to C$ funções.

   (a) Mostre que se $g \circ f$ é injetiva, então f é injetiva.

   (b) Mostre que se $g \circ f$ é sobrejetiva, então g é sobrejetiva

8. Seja $f : X \to Y$ uma função e $A \subset X$. Definimos a *função característica* de A por

$$\chi_A(x) = \begin{cases} 1 & \text{se} \quad x \in A \\ 0 & \text{se} \quad x \notin A \end{cases}$$

   Prove que

   (a) $A \subset B \Rightarrow \chi_A \leq \chi_B$.

   (b) $\chi_{A \cap B} = \chi_A \cdot \chi_B$.

   (c) $\chi_{A^\complement} = 1 - \chi_A$.

9. Seja $\{0, 1\}^X$ o conjunto de todas as funções reais de X em $\{0, 1\}$, também denotado por $\mathbf{2}^X$. Defina a função $\varphi : \mathcal{P}(X) \to \mathbf{2}^X$ por $\varphi(A) = \chi_A$. Mostre que φ é uma bijeção.

1.8 Restrição de uma função

Definição 1.42 Sejam $f : A \to B$ uma função e $X \subset A$. Definimos a *restrição* de f em X por

$$f_{|X} : X \to B.$$

Ou seja, a restrição de uma função $f : A \to B$ em um subconjunto X do domínio A é uma nova função $f_{|_X}$ em X com valores em B cuja regra que a define é a mesma que define f, porém, *restrita* ao conjunto X.

Por exemplo, dada a função $f : \mathbb{Q} \to \mathbb{Q}$ definida por $f(x) = x^2$, uma restrição de f , por exemplo, é $f_{|_{[0,+\infty)}} : [0, +\infty) \to \mathbb{Q}$, $f_{|_{[0,+\infty)}}(x) = x^2$, onde $[0, +\infty) = \{x \in \mathbb{Q} : x > 0\}$.

Observe neste caso que f não é injetiva, mas a f restrita em $[0, +\infty)$, ou seja, $f_{|_{[0,+\infty)}}$, é injetiva.

1.9 Inversa de uma função

1.9.1 Inversas à esquerda e à direita

Recorde do estudo de matrizes que uma matriz quadrada M possui uma matriz *inversa* B se B satisfizer
$$M \cdot B = B \cdot M = I_n,$$
onde I_n é a matriz *identidade* de ordem n.
De fato, o que se definiu acima é bem mais amplo do que parece: para dizer que B é a matriz inversa de M, precisamos mostar que B é matriz *inversa à esquerda* para M, i.e., $B \cdot M = I_n$ e, também, precisamos mostrar que B é matriz *inversa à direita* para M, i.e., $M \cdot B = I_n$.

Por exemplo, a matriz $M = \begin{pmatrix} 1 & 2 \\ 0 & 1 \\ 1 & 1 \end{pmatrix}$ não é inversível, pois não é quadrada, embora possua inversa à esquerda $B = \begin{pmatrix} 0 & -1 & 1 \\ -1 & 2 & 1 \end{pmatrix}$:
$$B \cdot M = \begin{pmatrix} 0 & -1 & 1 \\ -1 & 2 & 1 \end{pmatrix} \cdot \begin{pmatrix} 1 & 2 \\ 0 & 1 \\ 1 & 1 \end{pmatrix} = \begin{pmatrix} 1 & 0 \\ 0 & 1 \end{pmatrix} = I_2,$$
esta inversa à esquerda não é inversa à direita, pois
$$M \cdot B = \begin{pmatrix} 1 & 2 \\ 0 & 1 \\ 1 & 1 \end{pmatrix} \cdot \begin{pmatrix} 0 & -1 & 1 \\ -1 & 2 & 1 \end{pmatrix} = \begin{pmatrix} -2 & 3 & 3 \\ -1 & 2 & 1 \\ -1 & -1 & 2 \end{pmatrix} \neq I_2.$$

Analogamente, teremos estes conceitos para funções, onde matrizes serão substituídas por funções e o produto de matrizes será substituído por composição de funções.

Queremos, nesta seção, responder a seguinte questão: Dada $f : A \to B$, $x \mapsto f(x) = y$, quando é possível encontrar uma transformação $g : B \to A$, tal que $g(y) = x$? Ou seja, dada a aplicação f de A em B, quando é possível obter uma aplicação g que leva "de volta" os valores de B em A? Se existir tal função g, ela será chamada de *função inversa da f*.

Pelo exemplo matricial dado acima e os demais comentários feitos, apresentamos as definições e resultados que seguem.

Definição 1.43 Sejam $f : A \to B$ e $g : B \to A$ funções. Dizemos que g é uma *inversa à esquerda* para f se

$$g \circ f = id_A : A \to A, \text{ i.e.,}$$

$$g(f(x)) = x\,,\ \forall x \in A.$$

Exemplo. Seja $A = \mathbb{Q}^+ = \{x \in \mathbb{Q} : x \geq 0\}$ e defina as funções $f : A = \mathbb{Q}^+ \to \mathbb{Q}$ por $f(x) = 3x - 1$ e $g : \mathbb{Q} \to \mathbb{Q}^+$ por

$$g(y) = \begin{cases} \frac{y+1}{3}, & \text{se } y \geq -1 \\ 0, & \text{se } y < -1 \end{cases}$$

Então g é uma inversa à esquerda para f, pois $\forall x \in \mathbb{Q}^+$, e temos

$$(g \circ f)(x) = g(f(x)) = \begin{cases} \frac{f(x)+1}{3}, & \text{se } f(x) \geq -1 \\ 0, & \text{se } f(x) < -1 \end{cases} =$$

$$= \begin{cases} \frac{3x-1+1}{3}, & \text{se } 3x - 1 \geq -1 \\ 0, & \text{se } 3x - 1 < -1 \end{cases} = \begin{cases} x, & \text{se } x \geq 0 \\ 0, & \text{se } x < 0 \end{cases} = id_A(x)$$

Portanto, $g \circ f = id_A$.

Observe que a inversa à esquerda **não é única**. De fato, note que, por exemplo, a função $\tilde{g} : \mathbb{Q} \to \mathbb{Q}^+$ dada por

$$\tilde{g}(y) = \begin{cases} \frac{y+1}{3}, & \text{se } y \geq -1 \\ 1, & \text{se } y < -1 \end{cases}$$

também é inversa à esquerda para f.(Verifique!)

Definição 1.44 Dizemos que $g : B \to A$ é uma *inversa à direita* para $f : A \to B$ se

$$f \circ g = id_B : B \to B, \text{ i.e.,}$$

$$f(g(y)) = y,\ \forall y \in B.$$

Assim como a inversa à esquerda, a inversa à direita de uma função pode não ser única. Como um bom exercício, procure criar um exemplo para ilustrar este fato.

A seguir, apresentamos dois teoremas importantes.

Teorema 1.45 *Uma função $f : A \to B$ possui inversa à esquerda se, e somente se, f for injetiva.*

Demonstração. Suponhamos que f seja injetiva. Vamos mostrar que f possui uma inversa à esquerda.

Como, por hipótese, f é injetiva, segue que $\forall y \in f(A)$, $\exists! x \in A$ tal que $y = f(x)$.

Como $A \neq \emptyset$, escolha $a \in A$ qualquer.

Escreva $x = \tilde{g}(y)$.

Isto define a função $\tilde{g} : f(A) \to A$ tal que $\tilde{g}(f(x)) = x$, $\forall x \in A$.

Finalmente, definimos $g : B \to A$ por

$$g(y) = \begin{cases} x = \tilde{g}(y); \forall y \in f(A) \\ a; \forall y \in B - f(A) \end{cases}$$

Então,

$$(g \circ f)(x) = g(f(x)) = g(y) = x, \forall x \in A,$$

logo, g é inversa à esquerda para f, o que queríamos mostrar.

Reciprocamente, suponhamos que f possua uma inversa à esquerda $g : B \to A$. Vamos mostrar que f é injetiva.
Como por hipótese $\exists g : B \to A$ tal que $g \circ f = id_A : A \to A$, então, dados $x_1, x_2 \in A$,

$$f(x_1) = f(x_2) \Rightarrow g(f(x_1)) = g(f(x_2)) \Rightarrow x_1 = x_2,$$

e, portanto, f é injetiva. Isto conclui a prova do teorema.

□

Teorema 1.46 *Uma função $f : A \to B$ possui inversa à direita se, e somente se, f for sobrejetiva.*

Demonstração. Suponhamos que f seja sobrejetiva. Vamos mostrar que f possui uma inversa à direita.

Se f é sobrejetiva, então $\forall y \in B$, o conjunto $f^{-1}(\{y\})$(o conjunto das imagens inversas de y mediante f) é não vazio.

Escolha, $\forall y$, um $x \in f^{-1}(\{y\}) \subset A$ tal que $f(x) = y$ e ponha $g(y) = x$.

Isto define a função $g : B \to A$ tal que

$$f(g(y)) = f(x) = y.$$

Então, g é inversa à direita de f, o que prova a primeira parte.

Reciprocamente, suponhamos que f possua uma inversa à direita $g : B \to A$. Vamos mostrar que f é sobrejetiva.
Se $\exists\, g : B \to A$ com $f \circ g = id_B : B \to B$, então, $\forall y \in B$, pondo $x = g(y)$, temos

$$f(x) = f(g(y)) = y,$$

ou seja, f é sobrejetiva. Isto conclui a prova do teorema.

□

1.9.2 Função inversa

Nesta seção vamos apresentar o importante conceito de função inversa, bem como algumas propriedades.

Definição 1.47 Uma função $g : B \to A$ é *inversa* de $f : A \to B$ quando $g \circ f = id_A$ e $f \circ g = id_B$, i.e., quando g é inversa à esquerda e à direita para f.

Obs.: Confronte esta definição com o conceito de matriz inversa dado no início desta seção.

Notação: a inversa de $f : A \to B$ costuma ser denotada por $f^{-1} : B \to A$; $x = f^{-1}(y)$.

O teorema que enunciaremos a seguir nos dá condições necessárias e suficientes para decidir se uma função admite inversa.

Teorema 1.48 *A função $f : A \to B$ possui inversa se, e somente se, f for bijetiva.*

Obs.: Quando uma função f possui inversa f^{-1}, dizemos que f é *inversível.*

Demonstração. Imediato pelos teoremas e definições anteriores.

□

Recorde que inversas à direita e à esquerda não são únicas. Porém, felizmente, o teorema a seguir garante a unicidade da inversa:

Teorema 1.49 *A inversa de $f : A \to B$, se existir, é única.*

Demonstração. Sejam $g : B \to A$ e $h : B \to A$ inversas de $f : A \to B$. Vamos mostrar que $g = h$. Note que, usando a associatividade da composição, podemos escrever

$$h = h \circ id_B = h \circ (f \circ g) = (h \circ f) \circ g = id_A \circ g = g,$$

o que conclui a prova do teorema.

□

Por fim, resumindo, temos o seguinte resultado principal: Seja $f : A \to B$ bijetiva. Assim, por teorema $\exists f^{-1} : B \to A$ inversa de f, que é única, tal que

$$f \circ f^{-1} = id_B : B \to B \quad \text{e} \quad f^{-1} \circ f = id_A : A \to A$$

onde

$$(f \circ f^{-1})(y) = f(f^{-1}(y)) = f(x) = y = id_B(y) \ \text{ e}$$
$$(f^{-1} \circ f)(x) = f^{-1}(f(x)) = f^{-1}(y) = x = id_A(x).$$

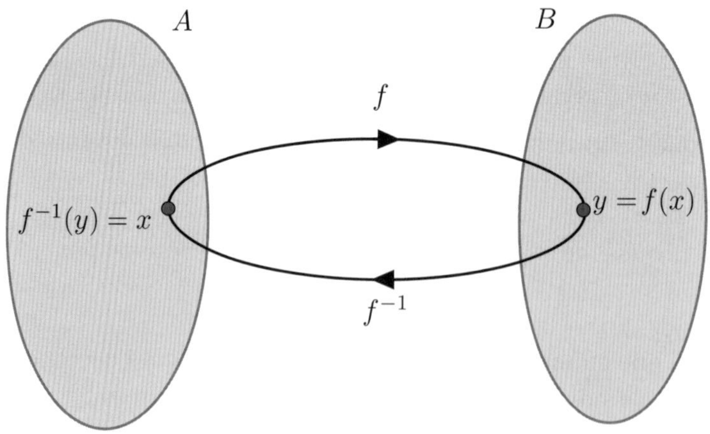

Vejamos um exemplo de obtenção de inversa.

Exemplo. Mostre que $f : \mathbb{Q} \to \mathbb{Q}$ dada por $f(x) = 1 - 3x$ é inversível e obtenha a inversa f^{-1}.

Solução. De acordo com o teorema (1.48), f admite inversa se, e só se, for bijetiva. Assim, precisamos mostrar que f é injetiva e sobrejetiva.

Afirmação 01. f é injetiva:
De fato, $\forall x, y \in \mathbb{Q}$, temos

$$f(x) = f(y) \Rightarrow 1 - 3x = 1 - 3y \Rightarrow -3x = -3y \Rightarrow x = y.$$

Afirmação 02. f é sobrejetiva:
De fato, $\forall z \in \mathbb{Q}$, $\exists\, x \in \mathbb{R}$ tal que $f(x) = z$. Basta tomar $x = \dfrac{1-z}{3}$:

$$f(x) = 1 - 3\left(\frac{1-z}{3}\right) = 1 - 1 + z = z.$$

Logo, f é bijetiva e, pelo Teorema (1.48), $\exists\, f^{-1} : \mathbb{Q} \to \mathbb{Q}$.
Obtenção de f^{-1}:
De $y = 1 - 3x$, como $x = f^{-1}(y)$ (pois $\exists\, f^{-1}$), tiramos

$$y = 1 - 3f^{-1}(y) \Rightarrow f^{-1}(y) = \frac{1-y}{3}.$$

Portanto, a inversa $f^{-1} : \mathbb{Q} \to \mathbb{Q}$ é dada por $f^{-1}(y) = \dfrac{1-y}{3}$.

Exercícios

1. Mostre que $f : \mathbb{Q} \to \mathbb{Q}$ dada por $f(x) = 2 + 3x$ é inversível e obtenha a sua inversa f^{-1}.

2. Mostre que a função $f : \mathbb{N} \to \mathbb{Z}$ dada por $f(x) = \begin{cases} \frac{x-1}{2}, & \text{se } x \text{ for ímpar} \\ -\frac{x}{2}, & \text{se } x \text{ for par} \end{cases}$

   é inversível, e obtenha a sua inversa f^{-1}.

Capítulo 2

O corpo dos números reais

" Amor a gente tem para multiplicar. Felicidade é coisa pra se dividir. E quantos mais amigos a gente somar, é certo que a tristeza vai diminuir."

- Matemagicamente - Mundo Bita.

No capítulo anterior revisamos vários resultados acerca da Teoria dos Conjuntos, que serão vitais nos capítulos seguintes, bem como uma revisão sobre o estudo de funções. Observe que consideramos no Capítulo 1 apenas os conjuntos numéricos $\mathbb{N}$, $\mathbb{Z}$ e $\mathbb{Q}$, ou seja, assumimos que eles já foram devidamente apresentados, por exemplo, em um curso de Aritmética.

Nosso objetivo neste capítulo é estudar o *corpo ordenado e completo dos números reais* e suas propriedades. Primeiramente, apresentaremos uma definição geral sobre corpo, em seguida o corpo dos números racionais e, finalmente, o corpo dos números reais.

2.1 Definição de corpo e propriedades

Definição 2.1 Um *corpo* é um conjunto não vazio $\mathbb{K}$ munido de duas operações binárias, chamadas *adição* $+ : \mathbb{K} \times \mathbb{K} \to \mathbb{K}$, $(a, b) \mapsto a + b \in \mathbb{K}$ e *multiplicação* $\cdot : \mathbb{K} \times \mathbb{K} \to \mathbb{K}$, $(a, b) \mapsto a \cdot b \in \mathbb{K}$, que satisfazem os dez axiomas a seguir:

Associatividade: $\forall x, y, z \in \mathbb{K}$,

$$\text{A1:} \quad (x + y) + z = x + (y + z),$$

$$\text{M1:} \quad (x \cdot y) \cdot z = x \cdot (y \cdot z).$$

Comutatividade: $\forall x, y \in \mathbb{K}$,

$$\text{A2:} \quad x + y = y + x,$$

$$\text{M2:} \quad x \cdot y = y \cdot x.$$

Elemento Neutro:

$$\text{A3:} \quad \exists\, 0 \in \mathbb{K} \quad \text{tal que} \quad x + 0 = x, \forall x \in \mathbb{K}.$$

O elemento 0 chama-se *zero*.

$$\text{M3:} \quad \exists\, 1 \in \mathbb{K} \ \text{tal que} \ 1 \neq 0 \ \text{e} \ x \cdot 1 = x, \forall x \in \mathbb{K}.$$

O elemento 1 chama-se *um*.

Simétrico:

$$\text{A4:} \quad \forall x \in \mathbb{K}, \exists -x \in \mathbb{K} \ \text{tal que} \ x + (-x) = 0.$$

Inverso Multiplicativo:

$$\text{M4:} \quad \forall x \neq 0\,, x \in \mathbb{K}, \exists x^{-1} \in \mathbb{K} \ \text{tal que} \ x \cdot x^{-1} = 1.$$

Distributividade: $\forall x, y, z \in \mathbb{K}$ tem-se

$$\text{D1:} \quad x \cdot (y + z) = x \cdot y + x \cdot z.$$

$$\text{D2:} \quad (x + y) \cdot z = x \cdot z + y \cdot z.$$

Observações.

- Um corpo $\mathbb{K}$, munido com as operações $+$ e $\cdot$, geralmente é representado por $(\mathbb{K}, +, \cdot)$, mas sempre que não houver confusão vamos simplesmente escrever $\mathbb{K}$ e as operações ficam subentendidas.

- Note que das comutatividades seguem: $0+x = x$, $-x+x = 0$, $x \cdot 1 = 1 \cdot x = x$ $\forall x \in \mathbb{K}$ e que $x \cdot x^{-1} = x^{-1} \cdot x = 1$, $\forall x \neq 0, x \in \mathbb{K}$.

No que segue, apresentaremos algumas das várias propriedades dos corpos.

Proposição 2.2 *Os neutros aditivo e multiplicativo de um corpo são únicos.*

Demonstração. De fato, mostremos que o neutro aditivo é único: Sejam 0 e θ neutros aditivos num corpo $\mathbb{K}$. Assim,

$$0 = 0 + \theta = \theta,$$

onde a primeira igualdade acima decorre do fato de θ ser o neutro aditivo e a segunda decorre do fato de que 0 é neutro aditivo. Ou seja, mostramos a unicidade, i.e., $0 = \theta$.

Analogamente se mostra que o neutro multiplicativo 1 é único.

□

Definição 2.3 Vamos indicar a soma $x + (-y)$ pela notação $x - y$ e a esta notação dá-se o nome de *diferença* entre x e y. A operação $- : \mathbb{K} \times \mathbb{K} \to \mathbb{K}$, $(x, y) \mapsto x - y$ chama-se *subtração.*

Somando-se y a ambos os lados de uma igualdade do tipo $x - y = z$, obtém-se $x = y + z$. *Simili modo*, se $x = y + z$ então, somando-se $-y$ a ambos os lados obtém-se $x - y = z$. Disso segue que $x - y = z \Leftrightarrow x = y + z$.

Proposição 2.4 *O simétrico aditivo de $x \in \mathbb{K}$ é único.*

Observação. Atente-se de que, cf. a propriedade A4 da definição de corpo, temos que todo elemento $x \in \mathbb{K}$ possui o seu simétrico. O que vamos mostrar agora é que cada x possui um **único** simétrico!

Demonstração. Sejam $\alpha, \beta \in \mathbb{K}$ simétricos de um mesmo elemento $x \in \mathbb{K}$. Vamos mostrar que $\alpha = \beta$. De fato, sendo α e β simétricos de x, segue que

$$\alpha + x = 0 \quad \text{e} \quad \beta + x = 0.$$

Assim, usando associatividade e comutatividade em K e as igualdades acima, podemos escrever

$$\alpha = \alpha + 0 = \alpha + (\beta + x) = (\alpha + \beta) + x = (\beta + \alpha) + x = \beta + (\alpha + x) = \beta + 0 = \beta,$$

como queríamos mostrar.

□

Proposição 2.5 *O inverso multiplicativo de $x \in \mathbb{K} \setminus \{0\}$ é único.*

Demonstração. Deixamos a encargo do leitor, observando apenas que segue exatamente a mesma ideia da prova da proposição anterior.

□

Proposição 2.6 *Seja x um elemento em um corpo $\mathbb{K}$. Então, $-(-x) = x$, ou seja, o simétrico do simétrico de um elemento de um corpo é ele próprio.*

Demonstração. De fato, como $(-x) + x = 0$, somando-se $-(-x)$ em ambos os membros da igualdade vem $-(-x) + (-x) + x = -(-x) + 0 = -(-x)$. Pela associatividade podemos escrever

$$[-(-x) + (-x)] + x = -(-x) \Rightarrow 0 + x = -(-x) \Rightarrow -(-x) = x.$$

□

Dados $x, y \in \mathbb{K}$, com $y \neq 0$, escrevemos, também, $\frac{x}{y}$, ao invés de $x \cdot y^{-1}$. A operação $(x, y) \mapsto \frac{x}{y}$, com $y \neq 0$ chama-se *divisão* e o resultado chama-se *quociente*. Note que não se divide por zero[1].
Se $y \neq 0$, temos $\frac{x}{y} = z \Leftrightarrow x = y \cdot z$.

Proposição 2.7 *Em um corpo $\mathbb{K}$, vale a lei do corte para a adição:*

$$x + z = y + z \Rightarrow x = y,$$

e a lei do corte para a multiplicação (desde que $z \neq 0$):

$$x \cdot z = y \cdot z \Rightarrow x = y.$$

Demonstração. Mostraremos a lei do corte para a adição e deixaremos a lei do corte da multiplicação como exercício para o leitor. Dados $x, y, z \in \mathbb{K}$ e assuma a igualdade

$$x + z = y + z.$$

Somando-se o simétrico aditivo de z, ou seja, $-z$, em ambos os membros da igualdade, vamos obter

$$(x + z) - z = (y + z) - z,$$

[1]Na "tentativa" de se dividir por zero, geramos vários absurdos, como por exemplo: se $A = B$, então

$$(A - B)^2 = A^2 - 2AB + B^2 = A^2 - 2B^2 + B^2 = A^2 - B^2 = (A - B)(A + B) \Rightarrow$$

$$\Rightarrow (A - B)^2 = (A - B)(A + B) \underbrace{\Longrightarrow}_{\star} A - B = A + B \Rightarrow -B = B \Rightarrow -1 = 1.$$

O absurdo surgiu porque em $\star$, ao simplificar toda a igualdade por $A - B$, fizemos uma divisão por zero, já que $A = B$ e então $A - B = 0$.

e por associatividade, segue que

$$x + (z - z) = y + (z - z),$$

e, como $z - z = 0$, segue que $x = y$.

□

Proposição 2.8 *Em um corpo $\mathbb{K}$, vale a igualdade $x \cdot 0 = 0, \forall x \in \mathbb{K}$.*

Demonstração. De fato, basta observar que

$$x \cdot 0 + x \cdot 0 = x \cdot (0 + 0) = x \cdot 0 = x \cdot 0 + 0,$$

ou seja,

$$x \cdot 0 + x \cdot 0 = x \cdot 0 + 0,$$

e pela lei do corte para a adição segue o resultado.

□

Proposição 2.9 *Se $x, y \in \mathbb{K}$, então $x(-y) = -xy$.*

Demonstração. Pela distributividade, temos

$$x(-y) + xy = x(-y + y) = x \cdot 0,$$

e, como pela proposição anterior $x \cdot 0 = 0$, segue que

$$x(-y) + xy = 0.$$

Somando $-(xy)$ em ambos os membros da igualdade, vem

$$[x(-y) + xy] - xy = 0 - xy.$$

Pela associatividade, vem $x(-y) + [xy - xy] = -xy$, ou seja, $x(-y) = -xy$.

□

Proposição 2.10 *Dados $x, y \in \mathbb{K}$. Se $x \cdot y = 0$, então $x = 0$ ou $y = 0$.*

Demonstração. Suponhamos que $x \cdot y = 0$. Se $y \neq 0$, segue que $\exists \frac{1}{y} \neq 0$. Disso, multiplicando a igualdade $x \cdot y = 0$ por $\frac{1}{y}$ temos

$$x \cdot y \cdot \frac{1}{y} = 0 \cdot \frac{1}{y} = 0 \Rightarrow x\left(y \cdot \frac{1}{y}\right) = 0 \Rightarrow x \cdot 1 = 0 \Rightarrow x = 0.$$

Analogamente, se $x \neq 0$, mostra-se que $y = 0$.

□

Vemos disso que em um corpo $\mathbb{K}$, temos que $x \cdot y \neq 0$ se, e somente se, $x, y \neq 0$.

Note que se $\mathbb{K}$ não for um corpo esta última propriedade não vale. Por exemplo, seja $\mathbb{K} = M_{2,2}(\mathbb{Q})$ o conjunto das matrizes 2×2 com entradas racionais e com as operações usuais de adição de matrizes e multiplicação de matrizes. Note que o elemento neutro para a adição é a matriz nula $0 = \begin{pmatrix} 0 & 0 \\ 0 & 0 \end{pmatrix}$ e o neutro para a multiplicação é a matriz identidade

$$1 = I = \begin{pmatrix} 1 & 0 \\ 0 & 1 \end{pmatrix}.$$

Note também que, em geral $A \cdot B \neq B \cdot A$, i.e., o produto de matrizes não comuta. Além disso, sabe-se também que nem toda matriz A possui uma inversa A^{-1}. Logo, o conjunto $\mathbb{K} = M_{2,2}(\mathbb{Q})$ não é um corpo e, portanto, podem existir (e de fato existem) elementos $A, B \neq 0$ tais que $A \cdot B = 0$. Por exemplo, para A e B dados por

$$A = \begin{pmatrix} 1 & 0 \\ 0 & 0 \end{pmatrix} \quad \text{e} \quad B = \begin{pmatrix} 0 & 0 \\ 2 & 4 \end{pmatrix}$$

temos que $A \cdot B = 0 = \begin{pmatrix} 0 & 0 \\ 0 & 0 \end{pmatrix}$(verifique!).

Isto ocorre pois cf. observado acima, vimos que $\mathbb{K} = M_{2,2}(\mathbb{Q})$ não é um corpo.

Mais propriedades sobre corpos estão contempladas na lista de exercícios.

2.2 Exemplos e contraexemplos de corpos

Vejamos nesta seção alguns exemplos e contraexemplos de corpos.
Exemplo 01. Observamos nos comentários anteriores que $(M_{2,2}(\mathbb{Q}), +, \cdot)$ não é corpo, onde $+$ é a adição usual de matrizes e $\cdot$ é o produto usual de matrizes.

Exemplo 02. Os conjuntos $\mathbb{N}$ e $\mathbb{Z}$, com as operações usuais de adição e multiplicação, não formam corpos.

No caso dos naturais $\mathbb{N}$, por exemplo, dado $n \in \mathbb{N}$, segue que, exceto[2] 1, nenhum outro elemento de $\mathbb{N}$ possui inverso multiplicativo, i.e., dado $n \in \mathbb{N}$, $n > 1$, $\nexists n^{-1}$ tal que $n \cdot n^{-1} = 1$.

[2]Excluímos $1 \in \mathbb{N}$ pois este possui inverso em $\mathbb{N}$, que é ele próprio: $1 \cdot 1 = 1$.

Verifique o que falha no caso dos inteiros $\mathbb{Z}$.

Exemplo 03. O conjunto $\mathbb{Q}$ dos números racionais, com as operações dadas por

$$+ : \mathbb{Q} \times \mathbb{Q} \to \mathbb{Q},$$

$$\frac{a}{b} + \frac{m}{n} = \frac{an + bm}{bn},$$

$$\cdot : \mathbb{Q} \times \mathbb{Q} \to \mathbb{Q},$$

$$\frac{a}{b} \cdot \frac{m}{n} = \frac{am}{bn},$$

Fica como exercício mostrar que $(\mathbb{Q}, +, \cdot)$ é um corpo.

No caso do corpo dos números racionais, observamos que todo número racional pode ser representado por uma fração decimal finita ou infinita periódica. Note que uma fração finita pode ser representada como uma fração infinita com *período* 0 ou 9. Por exemplo:

$$2,73 = 2,7300000000000... = 2,7299999999999999...$$

Para entender a última igualdade acima, basta representar o número $2,729999999...$ como uma soma de potências de base dez, considerando a soma de uma progressão geométrica infinita.

Sejamos mais precisos: considere a seguinte fração decimal periódica

$$a = a_0, a_1 a_2 ... a_n b_1 b_2 ... b_\ell b_1 b_2 ... b_\ell b_1 b_2 ... b_\ell ...,$$

que costuma ser representada por

$$a = a_0, a_1 a_2 ... a_n \overline{b_1 b_2 ... b_\ell},$$

onde $a_0, a_1, ..., a_n, b_1, ... b_\ell \in \{0, 1, 2, ..., 9\}$ são chamados de dígitos.

Mostraremos que este número é racional. De fato, podemos expandi-lo da seguinte forma:

$$a = a_0 + \frac{a_1 ... a_n}{10^n} + \frac{b_1 ... b_\ell}{10^{n+\ell}} + \frac{b_1 ... b_\ell}{10^{n+2\ell}} + \frac{b_1 ... b_\ell}{10^{n+3\ell}} + ... =$$

$$= a_0 + \frac{a_1 ... a_n}{10^n} + \frac{b_1 ... b_\ell}{10^{n+\ell}} \left(\underbrace{1 + \frac{1}{10^\ell} + \frac{1}{10^{2\ell}} + \frac{1}{10^{3\ell}} + ...}_{\text{soma de uma P.G. infinita}} \right) =$$

$$= a_0 + \frac{a_1...a_n}{10^n} + \frac{b_1...b_\ell}{10^{n+\ell}} \cdot \frac{1}{1 - \frac{1}{10^\ell}} =$$

$$= a_0 + \frac{a_1...a_n}{10^n} + \frac{b_1...b_\ell}{10^\ell(10^n - 1)} \in \mathbb{Q},$$

pois é uma soma de números racionais.

Já o número

$$b = 0,101001000100001000001000000 1...$$

não é racional, pois repare que entre dois dígitos não nulos há uma quantidade de zeros que vai aumentando, não sendo possível, então, representá-lo sob a forma de uma fração, pois tal representação decimal não é periódica. Outros exemplos mais interessantes de números que não são racionais são: $\sqrt{2}$, a constante matemática $\pi = 3,1415926535...$, o número de ouro $\varphi = \frac{1+\sqrt{5}}{2}$ e o número de Euler $e = 2,7182818284590...$. Tais números não racionais são chamados de *irracionais* e mais adiante trataremos desse conjunto.

Exemplo 04. O conjunto $\mathbb{Q}(i) = \{(a,b); a, b \in \mathbb{Q}\}$ com as operações de adição e multiplicação dadas respectivamente por:

$$+ : \mathbb{Q}(i) \times \mathbb{Q}(i) \to \mathbb{Q}(i),$$

$$(x,y) + (u,v) = (x+u, y+v),$$

$$\cdot : \mathbb{Q}(i) \times \mathbb{Q}(i) \to \mathbb{Q}(i),$$

$$(x,y) \cdot (u,v) = (xu - yv, xv + yu)$$

Afirmamos que $\mathbb{Q}(i)$ é um corpo. Note que o elemento neutro para a adição é $(0,0)$ pois, sendo (a,b) o neutro aditivo, temos $\forall (x,y) \in \mathbb{Q}(i)$:

$$(x,y) + (a,b) = (x,y) \Leftrightarrow (x+a, y+b) = (x,y) \Leftrightarrow a = b = 0 \Leftrightarrow (a,b) = (0,0).$$

Note também que o neutro multiplicativo é $(1,0)$, o simétrico de (x,y) é $(-x,-y)$ e o inverso de $(x,y) \neq (0,0)$ é $(x,y)^{-1} = \left(\frac{x}{x^2+y^2}, -\frac{y}{x^2+y^2}\right)$

Escrevendo $1 = (1,0)$ e $i = (0,1)$, notamos que $\forall (x,y) \in \mathbb{Q}(i)$, $(x,y) = x(1,0) + y(0,1) = x + yi$, e disso identificamos a notação (x,y) com a notação $x + iy$.

Notamos ainda que, cf. as definições dadas,

$$i^2 = i \cdot i = (0,1) \cdot (0,1) = (0 \cdot 0 - 1 \cdot 1, 0 \cdot 1 + 1 \cdot 0) = (-1,0) = -(1,0) = -1,$$

ou seja,

$$i^2 = -1$$

O corpo $(\mathbb{Q}(i), +, \cdot)$ chama-se *corpo dos números complexos com componentes racionais*.

2.3 Potência

Definição 2.11 Se $x \in \mathbb{K} \setminus \{0\}$ e $n \in \mathbb{N} \cup \{0\}$, definimos a *potência* x^n por

$$x^0 = 1;$$

$$x^1 = x;$$

$$x^n = x^{n-1} \cdot x, \ \forall n \geq 1;$$

$$x^{-n} = \frac{1}{x^n}.$$

Desta definição segue a seguinte proposição.

Proposição 2.12 *Para quaisquer $x, y \in \mathbb{K} \setminus \{0\}$, onde $\mathbb{K}$ é um corpo, e para quaisquer $m, n \in \mathbb{N}$, valem as igualdades:*

(a) $x^m \cdot x^n = x^{m+n}$;

(b) $(x^m)^n = x^{m \cdot n}$;

(c) $(x \cdot y)^n = x^n \cdot y^n$.

Demonstração. Todas estas igualdades são provadas usando o princípio da indução matemática. Faremos apenas a demonstração de (a) e as demais ficam como exercício. Fixemos $m \in \mathbb{N}$ e vamos trabalhar com $n \in \mathbb{N}$. Note que
(i) para $n = 1$ temos $x^m \cdot x^1 = x^m \cdot x = x^{m+1}$. Logo, vale (i).
(ii) Suponhamos que a igualdade valha para $n = k$, i.e., que $x^m \cdot x^k = x^{m+k}$. Precisamos mostrar que $x^m \cdot x^{k+1} = x^{m+(k+1)}$. Note que

$$x^m \cdot x^{k+1} = x^m \cdot x^k \cdot x = x^{m+k} \cdot x = x^{(m+k)+1} = x^{m+(k+1)},$$

portanto, vale (ii).

Disso, segue que vale (a), $\forall n \in \mathbb{N}$ e para $m \in \mathbb{N}$ fixado.

Analogamente se mostra quando fixarmos n e variarmos m.

$\square$

Exercícios

1. Seja E o espaço fundamental e considere o conjunto $F = \{A : A \subset E\}$, munido com as operações de união e intersecção de conjuntos. Mostre que $(F, \cup, \cap)$ não é um corpo.

2. Seja $\mathbb{K}$ um corpo. Utilizando-se os axiomas, prove cada igualdade a seguir:

   (a) $(-x) \cdot y = x \cdot (-y) = -(x \cdot y)$

   (b) $(-x) \cdot (-y) = x \cdot y$

   (c) $-(-x) = x$

   (d) $-(x - y) = y - x$

3. *Mostre que $(x^{-1})^{-1} = x\,, \forall x \in \mathbb{K} \setminus \{0\}$, onde $\mathbb{K}$ é um corpo.

4. Mostre que, num corpo $\mathbb{K}$, se $a \cdot b = 0$, então $a = 0$ ou $b = 0$.

5. Seja $\mathbb{K}$ um corpo. Prove os seguintes fatos:

   (a) (*Unicidade do zero*) Se $0^{'} \in \mathbb{K}$ é tal que $x + 0^{'} = x\,, \forall x \in \mathbb{K}$, então $0^{'} = 0$.

   (b) (*Unicidade da unidade*) Se $1^{'} \in \mathbb{K}$ é tal que $x \cdot 1^{'} = x\,, \forall x \in \mathbb{K}$, então $1^{'} = 1$.

   (c) Dados $a, b \in \mathbb{K}$, mostre que a equação $a + x = b$ tem solução única.

   (d) Dados $a, b \in \mathbb{K}$, mostre que a equação $a \cdot x = b$ tem solução única.

6. *Sejam $\mathbb{K}$ e $\mathbb{L}$ corpos. Um *monomorfismo* de $\mathbb{K}$ em $\mathbb{L}$ é uma aplicação injetiva $\varphi : \mathbb{K} \to \mathbb{L}$ que preserva adição e multiplicação, ou seja, tal que $\varphi(a + b) = \varphi(a) + \varphi(b)$ e $\varphi(a \cdot b) = \varphi(a) \cdot \varphi(b)$, $\forall a, b \in \mathbb{K}$. Se, além disso, φ for também sobrejetiva, ela é chamada de *isomorfismo* de $\mathbb{K}$ sobre $\mathbb{L}$. Neste caso dizemos que os corpos $\mathbb{K}$ e $\mathbb{L}$ são ditos *isomorfos*, e escrevemos $\mathbb{K} \sim \mathbb{L}$.

   (a) Se $\varphi : \mathbb{K} \to \mathbb{L}$ for um monomorfismo de corpos, mostre que $\varphi(1) = 1'$, onde 1 e $1'$ denotam, respectivamente, os neutros multiplicativos de $\mathbb{K}$ e $\mathbb{L}$.

   (b) Para $x \in \mathbb{K} \setminus \{0\}$, mostre que $(\varphi(x))^{-1} = \varphi(x^{-1})$, onde φ é um monomorfismo do corpo $\mathbb{K}$ no corpo $\mathbb{L}$.

   (c) Se $\varphi : \mathbb{K} \to \mathbb{L}$ for um isomorfismo de corpos, mostre que a aplicação inversa $\varphi^{-1} : \mathbb{L} \to \mathbb{K}$ também é um isomorfismo.

2.4 Corpos ordenados

Definição 2.13 Dizemos que um corpo $\mathbb{K}$ é *ordenado* quando é possível destacar um subconjunto $P \subset \mathbb{K}$, chamado de o *conjunto dos positivos de* $\mathbb{K}$ tal que satisfaça as condições:

(i) $\forall x, y \in P$, $x + y \in P$ e $x \cdot y \in P$;

(ii) $\forall x \in \mathbb{K}$, $x \in P$ ou $-x \in P$ ou $x = 0$.

Indicando por $-P$ o conjunto dos elementos $-x$ tais que $x \in P$, temos que $\mathbb{K} = P \cup (-P) \cup \{0\}$, sendo estes três conjuntos que compõe $\mathbb{K}$ dois a dois disjuntos. Dizemos que $-P$ é o conjunto dos elementos *negativos* de $\mathbb{K}$.

Note que, em um corpo ordenado, se $\alpha \neq 0$, então $\alpha^2 \in P$. De fato, se $a \neq 0$, segue que $a \in P$ ou $-a \in P$. Se $a \in P$, então $a^2 = a \cdot a \in P$, e se $-a \in P$, temos por propriedades de corpo que

$$(-a) \cdot (-a) = -(a) \cdot (-a) = -(-a) \cdot a = a \cdot a = a^2,$$

ou seja,

$$a^2 = (-a) \cdot (-a) \in P,$$

pois $-a \in P$ e $\mathbb{K}$ é ordenado.

Por exemplo, vejamos que $\mathbb{Q}$ é um corpo ordenado, no qual o conjunto P dos elementos positivos é formado pelos racionais $\frac{p}{q}$ com $p, q \in \mathbb{N}$. De fato, seja P o subconjunto de $\mathbb{Q}$ definido por

$$P = \{\frac{p}{q} : p, q \in \mathbb{N}\} \subset \mathbb{Q}.$$

Então, dados $x, y \in P$, temos que $\exists \alpha, \beta, m, n \in \mathbb{N}$ tais que $x = \frac{\alpha}{\beta}$ e $y = \frac{m}{n}$, e são tais que

(i) $x + y = \dfrac{\alpha}{\beta} + \dfrac{m}{n} = \dfrac{\alpha n + \beta m}{\beta n} \in P$, e $x \cdot y = \dfrac{\alpha}{\beta} \cdot \dfrac{m}{n} = \dfrac{\alpha m}{\beta n} \in P$.

(ii) $\forall x \in \mathbb{Q}$, então $\exists \alpha \in \mathbb{Z}$ e $\exists \beta \in \mathbb{N}$ tais que $x = \frac{\alpha}{\beta}$, e como $\mathbb{N} \subset \mathbb{Z}$, então

- se $\alpha \in \mathbb{N}$, segue que $x = \frac{\alpha}{\beta} \in P$; ou
- se $\alpha = 0$, segue que $x = 0$; ou
- se $\alpha \notin \mathbb{N}$, então $-\alpha \in \mathbb{N}$, e daí $-x = \frac{-\alpha}{\beta} \in P$.

Logo, de (i) e (ii) segue que o corpo $\mathbb{Q}$ dos números racionais é ordenado.

2.4.1 Relação de ordem

Definição 2.14 Em um corpo ordenado $\mathbb{K}$, dizemos que x é *menor do que* y e escrevemos $x < y$, quando $y - x \in P$.

Se $x > 0$ então $x = x - 0 \in P$, ou seja, x é positivo. Da mesma forma, se $x < 0$ temos que $-x > 0$, então $-x \in P$, i.e., x é negativo.

Podemos dizer também que $x < y$ se existir $b \in P$ tal que $x + b = y$. De fato, sendo $x < y$, então $y - x \in P$. Logo, $y - x > 0$. Dessa forma, denote $b = y - x > 0$, temos $b \in P$ e então

$$x + b = x + (y - x) = (x + y) - x = (y + x) - x =$$

$$= y + (x - x) = y + 0 = y,$$

como queríamos mostrar.

Da mesma forma se define $x > y$.

Proposição 2.15 *A relação de ordem $<$ goza das seguintes propriedades:*

O1: *Transitividade: se $x < y$ e $y < z$ então $x < z$.*

O2: *Tricotomia: dados $x, y \in \mathbb{K}$, exatamente uma das três afirmativas a seguir ocorre: ou $x = y$, ou $x < y$ ou $x > y$.*

O3: *Monotonicidade da adição: se $x < y$ então, $\forall z \in \mathbb{K}$, $x + z < y + z$.*

O4: *Monotonicidade da multiplicação: se $x < y$ então, $\forall z > 0 \in \mathbb{K}$, $x \cdot z < y \cdot z$. Se $z < 0$ então $x \cdot z > y \cdot z$.*

Demonstração. Faremos apenas O1 e O3. As demais ficam como exercício.

O1. Suponhamos que $x < y$ e $y < z$. Vamos mostrar que $x < z$. De $x < y$ segue que $y - x \in P$ e de $y < z$ segue que $z - y \in P$. Assim,

$$(z - y) + (y - x) \in P \Rightarrow z - x \in P \Rightarrow x < z,$$

ou seja, vale O1.

O3. Como $x < y$, por hipótese, então $y - x \in P$. Assim, $\forall z \in \mathbb{K}$,

$$P \ni y - x = y + z - z - x = (y + z) - (z + x),$$

ou seja,

$$(y + z) - (x + z) \in P \Rightarrow x + z < y + z, \ \forall z \in \mathbb{K}.$$

□

Corolário 2.16 *Em um corpo ordenado* $\mathbb{K}$, $x < y$ *é equivalente a* $-y < -x$.

Demonstração. Este fato é verificado facilmente a partir de O4, tomando $z = -1 < 0$.

□

O próximo resultado estabelece um importante fato a respeito de corpo ordenado: sempre temos um conjunto similar ao conjunto dos números naturais contido em um corpo ordenado.

Proposição 2.17 *Todo corpo ordenado contém uma cópia de* $\mathbb{N}$.

Demonstração. Seja $\mathbb{K}$ um corpo ordenado e considere e o seu elemento neutro multiplicativo. Como $\mathbb{K}$ é ordenado, podemos considerar os números

$$e < e + e < e + e + e < ...$$

Assim, considere o conjunto

$$\tilde{\mathbb{N}} = \{e, e + e, e + e + e, ...\} \subset \mathbb{K}$$

definido pelos elementos acima. Isto posto, defina a função $\varphi : \mathbb{N} \to \mathbb{K}$ por

$$\varphi(1) = e$$

$$\varphi(n + 1) = \varphi(n) + e\,, \forall n \geq 1$$

(por exemplo, tem-se $\varphi(2) = \varphi(1) + e = e + e$, $\varphi(3) = \varphi(2) + e = e + e + e$, ...)

Note que, redefinindo $\varphi : \mathbb{N} \to \varphi(\mathbb{N}) = \tilde{\mathbb{N}}$, temos que φ é sobrejetiva por construção. Além disso, φ é injetiva pois, dados $m, n \in \mathbb{N}$, com $n < m$, segue que $\exists p \in \mathbb{N}$ tal que $m = n + p$. Assim, para $n < m$, tem-se

$$\varphi(m) - \varphi(n) = \varphi(n + p) - \varphi(n) = \varphi(n + p - 1) + e - \varphi(n) =$$

$$= \varphi(n + p - 2) + e + e - \varphi(n) = \varphi(n + p - 3) + e + e + e - \varphi(n) = ...$$

$$... = \varphi(n) + \underbrace{e + e + ... + e}_{p \text{ aditivos}} - \varphi(n) = e + e + ... + e > 0,$$

ou seja, mostramos que $n < m$, implica que $\varphi(n) < \varphi(m)$, ou seja, φ é injetiva.

Portanto, $\varphi : \mathbb{N} \to \varphi(\mathbb{N}) = \tilde{\mathbb{N}}$ é bijetiva, e disso segue que o conjunto $\tilde{\mathbb{N}}$ é uma cópia natural de $\mathbb{N}$ em $\mathbb{K}$, visto que através de φ identificamos

$$\varphi(1) = e;\ \varphi(2) = e + e;\ \varphi(3) = e + e + e; ...$$

□

De posse da proposição acima podemos denotar, devido à bijeção construída, o próprio conjunto $\mathbb{N}$ dos números naturais contido em todo corpo ordenado $\mathbb{K}$.

Definição 2.18 Sejam $\mathbb{K}$ um corpo ordenado e $x, y \in \mathbb{K}$. Dizemos que $x \leq y$ se $x < y$ ou $x = y$.

Um corpo ordenado pela relação $\leq$ é *parcialmente ordenado* pois valem as propriedades

(i) $x \leq x$, $\forall x \in \mathbb{K}$ (reflexividade);

(ii) $x \leq y$ e $y \leq x \Rightarrow x = y, \forall x, y \in \mathbb{K}$ (antissimetria);

(iii) $x \leq y$, $y \leq z \Rightarrow x \leq z \, \forall x, y, z \in \mathbb{K}$ (transitividade).

Estas propriedades são facilmente demonstradas e ficam como exercício.

Convém observar, também, que para provar que $x = y$ é preciso mostrar que $x \leq y$ e que $x \geq y$.

E, mais do que isso, como num corpo ordenado, dados quaisquer dois elementos x e y, vale que $x \leq y$ ou $y \leq x$ (devido à tricotomia de $<$ juntamente com a igualdade), ou seja, que dois elementos quaisquer x e y são sempre *comparáveis*, segue que um corpo ordenado é *totalmente ordenado*.

Exercícios

1. Sejam x e y, ambos positivos em um corpo ordenado $\mathbb{K}$, com $x < y$. Prove que $y^{-1} < x^{-1}$.

2. Seja $\mathbb{K}$ um corpo ordenado. Prove as seguintes propriedades:

   (a) $x > y$ e $y > z \;\Rightarrow x > z$.

   (b) $x > 0$ e $y < 0 \;\Rightarrow x \cdot y < 0$.

   (c) $0 < a < b \Rightarrow 0 < \dfrac{1}{b} < \dfrac{1}{a}$.

3. *Em um corpo ordenado, se $a < b$, mostre que $a < \frac{1}{3}a + \frac{2}{3}b < b$. Mais geralmente, mostre que

$$a < ra + (1-r)b < b,$$

   sempre que $a < b$ e $0 < r < 1$.

4. (Desigualdade de Bernoulli[3]) Em um corpo ordenado, seja x qualquer elemento tal que $x \geq -1$. Prove que

$$(1+x)^n \geq 1+nx,$$

para todo inteiro positivo n.

2.5 Intervalos

Em um corpo ordenado temos a importante noção de *intervalo*. As definições a seguir encerram os tipos de intervalos que podemos ter em um corpo ordenado $\mathbb{K}$.

Para cada definição abaixo, seja $\mathbb{K}$ um corpo ordenado e $a, b \in \mathbb{K}$ tais que $a < b$.

Definição 2.19 O intervalo fechado $[a, b]$ é definido por

$$[a, b] := \{x \in \mathbb{K} : a \leq x \leq b\}.$$

Tal intervalo representa o conjunto de todos os elementos de $\mathbb{K}$ que estão entre a e b, **inclusive** os extremos a e b. Geometricamente, representamos o intervalo $[a, b]$ por

Repare que os extremos a e b são representados por *bolas pintadas*. Esta simbologia serve para indicar que a e b também pertencem ao intervalo.

Definição 2.20 O intervalo aberto (a, b) é definido por

$$(a, b) := \{x \in \mathbb{K} : a < x < b\}.$$

Neste caso, tal intervalo representa o conjunto de todos os elementos de $\mathbb{K}$ que estão entre a e b, **menos** os extremos a e b. Geometricamente, representamos o intervalo (a, b) por

[3] Esta desigualdade será importante no estudo de sequências numéricas.

Repare que os extremos a e b são representados por *bolas "furadas"*. Esta simbologia serve para indicar que a e b não pertencem ao intervalo, são apenas limitantes dele.

Definição 2.21 Os intervalos mistos $[a, b)$ e $(a, b]$, respectivamente, são definidos por

$$[a, b) := \{x \in \mathbb{K} : a \leq x < b\}$$

e

$$(a, b] := \{x \in \mathbb{K} : a < x \leq b\}$$

Definição 2.22 O intervalo ilimitado à esquerda $(-\infty, b]$ é definido por

$$(-\infty, b] := \{x \in \mathbb{K} : x \leq b\}$$

Tal intervalo representa o conjunto de todos os elementos de $\mathbb{K}$ que são menores ou iguais a b, cuja representação geométrica é dada por

O símbolo $-\infty$, que se lê "menos infinito", não é um número. Representa apenas o significado: qualquer que seja $x \in \mathbb{K}$, existe $y \in \mathbb{K}$ que é menor que ele. O símbolo $+\infty$, que se lê "mais infinito", apresentado em seguida, tem o mesmo sentido que $-\infty$, porém, significando que: qualquer que seja $x \in \mathbb{K}$, existe $y \in \mathbb{K}$ que é maior que ele.

Definição 2.23 Definimos os demais tipos de intervalos:

1. $(-\infty, b) := \{x \in \mathbb{K} : x < b\}$ (intervalo ilimitado à esquerda)

2. $[a, +\infty) := \{x \in \mathbb{K} : x \geq a\}$ (intervalo ilimitado à direita)

3. $(a, +\infty) := \{x \in \mathbb{K} : x > a\}$ (intervalo ilimitado à direita)

4. $(-\infty, +\infty) := \mathbb{K}$

Propositalmente não representamos geometricamente alguns intervalos definidos acima, pois são conhecidos do Cálculo. Deixamos como exercício para o leitor.

Note que todo intervalo em um corpo ordenado é infinito, ou seja, possui infinitos elementos. Vamos mostrar este fato. Primeiramente é fácil ver que $\forall\, x,\, y \in \mathbb{K}$, com $x < y$, segue que

$$x < \frac{x+y}{2} < y.$$

De fato, basta notar que

$$x = \frac{x+x}{2} < \frac{x+y}{2} < \frac{y+y}{2} = y.$$

Assim, dados $x, y \in \mathbb{K}$, com $x < y$, tome $x_0 = \dfrac{x+y}{2}$. Logo, temos $x < x_0 < y$. Da mesma forma, como $x < x_0$, tome $x_1 = \dfrac{x+x_0}{2}$. Portanto, $x < x_1 < x_0 < y$.

Seguindo este raciocínio por Indução Matemática, obtemos $x < ... < x_3 < x_2 < x_1 < x_0 < y$, ou seja, no intervalo de extremos x e y há infinitos pontos pertencentes a $\mathbb{K}$ (Obs.: Afirmamos aqui que cada elemento x_i, $i \in \mathbb{N}$ está em $\mathbb{K}$. Justifique esta observação).

Assim, se x e y estiverem em algum dos intervalos apresentados nas definições acima, como há infinitos elementos de $\mathbb{K}$ entre x e y, então há infinitos elementos de $\mathbb{K}$ no referido intervalo.

2.6 Módulo ou valor absoluto

Definição 2.24 Seja $\mathbb{K}$ um corpo ordenado e $x \in \mathbb{K}$. Chama-se *módulo* ou *valor absoluto* de x o maior dos valores $x, -x$, e indicamos

$$|x| = \max\{-x, x\}.$$

Considerando os elementos de $\mathbb{K}$ sobre uma reta, podemos dizer, geometricamente, que o módulo de x, $|x|$, representa a *distância* de x até a origem 0. Note que $\forall x \in \mathbb{K}$, $-|x| \leq x \leq |x|$. (Verifique!)

Uma outra maneira de se definir o módulo de um elemento $x \in \mathbb{K}$ é

$$|x| = \begin{cases} x\,, & \text{se } x \geq 0 \\ -x\,, & \text{se } x < 0 \end{cases}$$

Teorema 2.25 *Sejam $\mathbb{K}$ um corpo ordenado e $a, x \in \mathbb{K}$, com $a > 0$. São equivalentes as afirmações:*

(i) $-a \leq x \leq a$;

(ii) $-x \leq a$ *e* $x \leq a$;

(iii) $|x| \leq a$.

Demonstração. Note que podemos provar todas as afirmações simultaneamente:

$$-a \leq x \leq a \Leftrightarrow -a \leq x \text{ e } x \leq a \Leftrightarrow -x \leq a \text{ e } x \leq a \Leftrightarrow |x| \leq a.$$

Note que a última bicondicional foi devido ao fato de $|x|$ ser o máximo dos elementos x e $-x$. Isto prova o Teorema.

□

Corolário 2.26 *Sejam $\mathbb{K}$ um corpo ordenado e $a, b, x \in \mathbb{K}$, com $b > 0$. Então*

$$|x-a| \leq b \Leftrightarrow a-b \leq x \leq a+b.$$

Demonstração. Basta usar o teorema acima. De fato,

$$|x-a| \leq b \Leftrightarrow -b \leq x-a \leq b.$$

Pela monotonicidade da adição para $\leq$, somando a a toda a *cadeia de desigualdades* acima, obtemos

$$a-b \leq x \leq a+b,$$

que conclui a prova do corolário.

□

Obs.: Significado geométrico de $|x-a| \leq b$. Geometricamente, definindo o conjunto $X = \{x \in \mathbb{K} : |x-a| \leq b\}$, tal conjunto respresenta todos os pontos $x \in \mathbb{K}$ cuja distância de a é menor ou igual a b, ou seja, trançando-se uma reta que represente o corpo ordenado $\mathbb{K}$, temos que X é um intervalo *centrado* em a de *raio* b, uma vez que $\forall x \in X$, $-b \leq x-a \leq b$, e, portanto, $a-b \leq x \leq a+b$.

Teorema 2.27 *Seja $\mathbb{K}$ um corpo ordenado e sejam $x, a \in \mathbb{K}$ com $a > 0$. Então, são equivalentes as afirmações:*

(i) $|x| \geq a$;

(ii) $x \leq -a$ *ou* $x \geq a$.

Antes de provar este teorema, observe que este é justamente o "contrário" do Teorema (2.25).

Demonstração. Considere o conjunto $X = \{x \in \mathbb{K} : |x| < a\}$. Note que este conjunto é o conjunto de todos os elementos que satisfazem a condição estrita do Teorema 2.25, considerando a desigualdade estrita.

Assim, os elementos que estão fora do conjunto X, i.e., em $X^{\complement}$, satisfazem a condição $|x| \not< a$, ou seja, $|x| \geq a$. Repare ainda que

$$X^{\complement} = \{x \in \mathbb{K} : |x| \not< a\} = \{x \in \mathbb{K} : |x| \geq a\} =$$

$$= \{x \in \mathbb{K} : x \leq -a \quad \text{ou} \quad x \geq a\}.$$

Ou seja, concluímos que $|x| \geq a \Leftrightarrow x \leq -a$ ou $x \geq a$, o que prova o teorema.

□

O teorema seguinte encerra propriedades fundamentais sobre módulo.

Teorema 2.28 *Seja $\mathbb{K}$ um corpo ordenado. Então, para quaisquer $x, y, z \in \mathbb{K}$, valem as propriedades:*

(i) $|x + y| \leq |x| + |y|$; *(conhecida como desigualdade triangular)*

(ii) $|x \cdot y| = |x| \cdot |y|$;

(iii) $|x - z| \leq |x - y| + |y - z|$;

(iv) $|x - y| \geq |x| - |y|$.

Demonstração. Sejam $x, y, z \in \mathbb{K}$, onde $\mathbb{K}$ é ordenado.
(i) Primeiramente note que, se $x = y = 0$, então temos que

$$|x + y| = 0 = |x| + |y|,$$

e então vale (i). Consideremos então que $x \neq 0$ ou $y \neq 0$.

Neste caso, de acordo com a definição de módulo, temos

$$-|x| \leq x \leq |x| \tag{2.1}$$

e

$$-|y| \leq y \leq |y|. \tag{2.2}$$

Somando (2.1) e (2.2), obtemos

$$-(|x| + |y|) \leq x + y \leq |x| + |y|,$$

que é justamente, de acordo com o Teorema (2.25),

$$|x + y| \leq |x| + |y|.$$

Logo, vale (i).

(ii) Primeiramente, notemos que, $\forall x \in \mathbb{K}$, $x^2 = |x|^2$. De fato, basta observar que $|x| = \max\{-x, x\}$, então $|x|^2 = (\max\{-x, x\})^2 = x^2$, pois $(-x)^2 = x^2$.
Assim, temos

$$|x \cdot y|^2 = (x \cdot y)^2 = x^2 y^2 = |x|^2 |y|^2 = (|x| \cdot |y|)^2.$$

Logo, segue que $|x \cdot y| = \pm|x| \cdot |y|$. Como $|x \cdot y|$, $|x|$, $|y|$ são todos não negativos, segue que

$$|x \cdot y| = |x| \cdot |y|,$$

donde vale (*ii*).

(iii) Basta notar que $-y + y = 0$ e, assim,

$$|x - z| = |x - y + y - z| = |(x - y) + (y - z)|.$$

Aplicando agora a propriedade (i) obtemos

$$|x - z| = |(x - y) + (y - z)| \leq |x - y| + |y - z|,$$

o que prova (*iii*).

(iv) Vamos fazer o mesmo "truque sujo" feito acima:

$$|x| = |x - y + y| = |(x - y) + y| \leq |x - y| + |y|.$$

Logo, subtraindo $|y|$ nesta desigualdade obtemos

$$|x| - |y| \leq |x - y|,$$

que conclui a prova de (*iv*).

Isto conclui a prova do teorema.

□

Proposição 2.29 Seja $\mathbb{K}$ um corpo ordenado e $a \in \mathbb{K}$ um elemento qualquer. Então, vale a igualdade

$$|a| = \sqrt{a^2}.$$

Demonstração. Se $a \geq 0$ não temos nada a fazer (é imediato). Se $a < 0$, então, $|a| = -a$. Elevando ambos os membros ao quadrado, obtemos $|a|^2 = (-a)^2 = a^2$. Estaremos então no primeiro caso (de $a \geq 0$). Passando a raiz quadrada, obtemos

$$\sqrt{a^2} = \sqrt{|a|^2} = |a|.$$

Isto conclui a prova da proposição.

□

Exercícios

1. Dados a, b, ε em um corpo ordenado $\mathbb{K}$, onde $\varepsilon > 0$. Prove que

$$|a - b| < \varepsilon \Longrightarrow |b| - \varepsilon < |a| < |b| + \varepsilon.$$

2. Dados x, y num corpo ordenado $\mathbb{K}$, com $y \neq 0$, prove que $|x \cdot y^{-1}| = |x| \cdot |y|^{-1}$.

3. Prove que, em um corpo ordenado $\mathbb{K}$, dados $a_1, a_2, a_3 \in \mathbb{K}$, tais que $a_1 < a_2 < a_3$, vale que

$$|x - a_1| + |x - a_2| + |x - a_3| \geq a_3 - a_1$$

2.7 Corpo dos números reais

Como motivação para esta seção, consideremos o corpo ordenado $\mathbb{Q}$ dos números racionais e o subconjunto definido pelo intervalo $(0, 1] = \{x \in \mathbb{Q} : 0 < x \leq 1\}$. Repare que este intervalo possui como elemento máximo o valor 1, mas não possui elemento mínimo. Na tentativa de sanar esta dificuldade vamos definir o *ínfimo* e o *supremo* de um conjunto.

Seja X um subconjunto de um corpo ordenado $\mathbb{K}$. Temos as seguintes definições:

Definição 2.30 Dizemos que X é *limitado superiormente* se existir $b \in \mathbb{K}$ tal que $x \leq b$, $\forall x \in X$. Ou seja, temos que $X \subset (-\infty, b]$ e, neste caso, dizemos que b é uma *cota superior* para o conjunto X.

Repare que se X tem uma cota superior b, então ele tem infinitas cotas superiores: $x \leq b < b + 1 < b + 2 < ...$

Definição 2.31 Dizemos que X é *limitado inferiormente* se existir $a \in \mathbb{K}$ tal que $x \geq a$, $\forall x \in X$. Ou seja, temos que $X \subset [a, +\infty)$ e, neste caso, dizemos que a é uma *cota inferior* para o conjunto X.

Repare também que se X tem uma cota inferior a, então ele tem infinitas cotas inferiores: $x \geq a > a - 1 > a - 2 > ...$

Definição 2.32 Um subconjunto X de um corpo ordenado chama-se *limitado* se for limitado superiormente e inferiormente, i.e., se $\exists a, b \in \mathbb{K}$ tais que $X \subset [a, b]$.

Exemplo. Consideremos no corpo ordenado $\mathbb{Q}$ dos números racionais o conjunto $\mathbb{N}$ dos naturais. Note que $\mathbb{N} \subset [0, +\infty)$, portanto, $\mathbb{N}$ é limitado inferiormente em

$\mathbb{Q}$ e temos que 0 é uma cota inferior para $\mathbb{N}$. Mas $\mathbb{N}$ não é limitado superiormente em $\mathbb{Q}$, pois para qualquer $\frac{p}{q} \in \mathbb{Q}$, temos

$$\frac{p}{q} \leq \frac{|p|}{|q|} \leq |p| < |p| + 1 \in \mathbb{N},$$

ou seja, temos que $\forall \frac{p}{q} \in \mathbb{Q}$, $\exists\, |p| + 1 \in \mathbb{N}$ tal que $|p| + 1 > \frac{p}{q}$. Em palavras: para qualquer número racional, sempre encontramos um número natural que é maior que o racional escolhido. Mais geralmente, definimos:

Definição 2.33 Dizemos que um subconjunto $X \subset \mathbb{K}$ é *ilimitado superiormente* no corpo ordenado $\mathbb{K}$ se, e só se, para todo $\omega \in \mathbb{K}$, existir $x \in X$ tal que $\omega < x$.

A Definição que segue estabelece o importante conceito de *corpo arquimediano*.

Definição 2.34 Dizemos que um corpo ordenado $\mathbb{K}$ é *arquimediano* se, e somente se, para todo $x \in \mathbb{K}$, $x > 0$, existir $n_0 \in \mathbb{N}$ tal que $0 < \frac{1}{n_0} < x$.

Por exemplo, mostremos que o corpo ordenado $\mathbb{Q}$ é arquimediano. De fato, dado $x = \frac{p}{q} \in \mathbb{Q}$, $x > 0$. Então, temos que $p \geq 1$ e $q \in \mathbb{N}$. Tomando $n_0 = q + 1 \in \mathbb{N}$, segue que

$$0 < \frac{1}{n_0} = \frac{1}{q+1} < \frac{1}{q} \leq \frac{p}{q} = x,$$

ou seja, $\mathbb{Q}$ é arquimediano.

Proposição 2.35 *Um corpo ordenado $\mathbb{K}$ é arquimediano se, e somente se, $\mathbb{N} \subset \mathbb{K}$ for ilimitado superiormente.*

Demonstração. Suponha que $\mathbb{K}$ seja arquimediano. Dado $x \in \mathbb{K}$, com $x > 0$. Tomando o seu inverso temos que $\frac{1}{x} > 0$. Como $\mathbb{K}$ é arquimediano, segue que $\exists n_0 \in \mathbb{N}$ tal que

$$0 < \frac{1}{n_0} < \frac{1}{x},$$

ou seja, segue que $\forall x \in \mathbb{K}$, com $x > 0$, $\exists n_0 \in \mathbb{N}$ tal que $x < n_0$, ou seja, acabamos de mostrar que $\mathbb{N}$ é ilimitado superiormente em $\mathbb{K}$.

Reciprocamente, suponha que $\mathbb{N} \subset \mathbb{K}$ seja ilimitado superiormente. Então, $\forall x \in \mathbb{K}$, com $x > 0$, $\exists n_0 \in \mathbb{N}$ tal que $\frac{1}{x} > n_0$. Tomando os inversos, vamos obter

$$0 < \frac{1}{n_0} < x,$$

ou seja, $\mathbb{K}$ é arquimediano.

□

A proposição acima pode, à primeira vista, parecer um tanto "desnecessária", pois em qual contexto $\mathbb{N}$ seria limitado superiormente? Isso seria de fato possível? Afirmamos que, se o corpo ordenado $\mathbb{K}$ no qual $\mathbb{N}$ estará inserido (pelo menos uma cópia dele) não for arquimediano, $\mathbb{N}$ pode ficar limitado superiormente. Veja comentários mais no final dessa seção.

No que segue, apresentaremos as importantes definições de *ínfimo* e *supremo* de um conjunto.

Definição 2.36 Seja $\mathbb{K}$ um corpo ordenado e $X \subset \mathbb{K}$ um conjunto limitado superiormente. Dizemos que $M \in \mathbb{K}$ é *supremo* para o conjunto X quando ele for a menor das cotas superiores. Mais precisamente, $M \in \mathbb{K}$ é supremo para X se satisfizer os axiomas:

1. $\forall x \in X$, temos $x \leq M$; (i.e., M é uma cota superior para X)
2. $\forall \varepsilon > 0$, $\exists x_0 \in X$ tal que $M - \varepsilon < x_0 \leq M$. (i.e., M é a menor das cotas superiores para X).

Notação para o supremo: $M = \sup X$.

Definição 2.37 Seja $\mathbb{K}$ um corpo ordenado e $X \subset \mathbb{K}$ um conjunto limitado inferiormente. Dizemos que $m \in \mathbb{K}$ é *ínfimo* para o conjunto X quando ele for a maior das cotas inferiores. Mais precisamente, $m \in \mathbb{K}$ é ínfimo para X se satisfizer os axiomas:

1. $\forall x \in X$, temos $x \geq m$; (i.e., m é uma cota inferior para X)
2. $\forall \varepsilon > 0$, $\exists x_0 \in X$ tal que $m \leq x_0 < m + \varepsilon$. (i.e., m é a maior das cotas inferiores para X).

Notação para o ínfimo: $m = \inf X$.

Observemos das definições acima um fato: se $X = \emptyset$, então qualquer $b \in \mathbb{K}$ serve como cota superior para X. Como num corpo ordenado não existe um menor elemento, concluímos que o conjunto vazio não possui supremo em $\mathbb{K}$. Analogamente quanto ao ínfimo.

Exemplo 1. Seja $\mathbb{Q}$ o corpo ordenado dos números racionais e tomemos o intervalo $X = (0, 1] \subset \mathbb{Q}$ apresentado no início dessa seção.

Como já vimos, o conjunto $X = (0,1]$ possui máximo $\max X = 1$. Logo, existe supremo e é tal máximo. Porém, X não possui mínimo, mas mostraremos que X tem ínfimo e o mesmo é 0.

De fato, observamos que:

(i) $\forall x \in X = (0,1]$, $x \geq 0$. Logo, 0 é uma cota inferior para o conjunto X.

(ii) Mostraremos que $\forall \varepsilon > 0$, $\exists x_0 \in X$ tal que $0 \leq x_0 < 0 + \varepsilon$ (ou seja, 0 é a maior cota inferior para o conjunto X). De fato, se por absurdo isso for falso, ou seja, se

$$\exists \varepsilon_0 > 0 \text{ tal que, } \forall x \in X, x \geq \varepsilon_0. \tag{2.3}$$

Então, ε_0 também seria uma cota inferior. Como $X = (0,1] \subset \mathbb{Q}$, e $\mathbb{Q}$ é arquimediano, segue que, para tal $\varepsilon_0 > 0$, existe $n_0 \in \mathbb{N}$ tal que

$$0 < \frac{1}{n_0} < \varepsilon_0;$$

mas $\frac{1}{n_0} \in \mathbb{Q}$, o que é uma contradição com (2.3). Portanto, vale (ii), ou seja, 0 é a maior cota inferior para o conjunto X.

Assim, por (i) e (ii) segue que $\inf X = 0$.

Exemplo 2. Considere o conjunto $X = \left\{ \frac{5n^2 - 5}{2n^2 + 3} : n \in \mathbb{N} \right\} \subset \mathbb{Q}$. Vamos determinar o ínfimo e o supremo de X.

Primeiramente, denotando os elementos de X por x_n, $n \in \mathbb{N}$, observamos que $x_1 = 0$, $x_2 = \frac{15}{11}$, etc. (é o que chamaremos de *uma sequência numérica*).

Afirmamos que $x_n < x_{n+1}$, para todo n. De fato, avaliando a diferença $x_{n+1} - x_n$, vamos obter

$$x_{n+1} - x_n = \frac{5(n+1)^2 - 5}{2(n+1)^2 + 3} - \frac{5n^2 - 5}{2n^2 + 3} = \frac{25(2n+1)}{(2(n+1)^2 + 3)(2n^2 + 3)} > 0, \forall n.$$

Logo, $x_1 = 0$ é o menor elemento do conjunto X, ou seja, o conjunto X possui um mínimo, donde segue que $\inf X = x_1 = 0$.

Como X não tem máximo, pois $x_{n+1} > x_n$, para cada $n \in \mathbb{N}$, precisamos determinar o seu supremo.

Afirmamos que $\sup X = \frac{5}{2}$. De fato, temos que:

(i) $\forall x \in X$,

$$x = \frac{5n^2 - 5}{2n^2 + 3} \leq \frac{5n^2}{2n^2 + 3} \leq \frac{5n^2}{2n^2} = \frac{5}{2} := M,$$

ou seja, $M = \frac{5}{2}$ é uma cota superior para o conjunto X.

(ii) Dado $\varepsilon > 0$, afirmamos que $\exists x_0 \in X$ tal que

$$\frac{5}{2} - \varepsilon < x_0 \leq \frac{5}{2},$$

onde $x_0 = \frac{5n_0^2 - 5}{2n_0^2 + 3}$, para um certo $n_0 \in \mathbb{N}$ (ou seja, que qualquer outra candidata a cota superior menor do que $M = \frac{5}{2}$ não serve).

De fato, se por absurdo $\exists \varepsilon_0 > 0$ tal que, $x \leq M - \varepsilon_0$, $\forall x \in X$, então, para $x = \frac{5n^2 - 5}{2n^2 + 3}$, $\forall n \in \mathbb{N}$, temos

$$\frac{5n^2 - 5}{2n^2 + 3} \leq \frac{5}{2} - \varepsilon_0, \ \forall n \in \mathbb{N}, \ \text{ i.e.,}$$

$$\frac{5n^2 - 5}{2n^2 + 3} - \frac{5}{2} + \varepsilon_0 \leq 0, \ \forall n \in \mathbb{N},$$

donde segue

$$\frac{-25 + (4n^2 - 6)\varepsilon_0}{2(2n^2 + 3)} \leq 0,$$

ou seja, temos um quociente que é não positivo, o que ocorre se, e somente se, o numerador for não positivo (pois o denominador, neste caso, é sempre positivo). Assim,

$$-25 + (4n^2 - 6)\varepsilon_0 \leq 0 \Leftrightarrow n^2 \leq \frac{25}{4\varepsilon_0} + \frac{3}{2},$$

ou seja, se, e somente se,

$$n \leq \sqrt{\frac{25}{4\varepsilon_0} + \frac{3}{2}}, \ \forall n \in \mathbb{N},$$

um absurdo, pois "concluímos" que o conjunto $\mathbb{N}$ dos naturais seria limitado superiormente em $\mathbb{Q}$, mas $\mathbb{Q}$ é arquimediano!

Logo, vale (ii)

Por (i) e (ii) segue que $\sup X = \frac{5}{2}$.

No que segue, para encerrar esta seção, mostremos o quanto é importante um corpo ordenado ser arquimediano. De fato, se $\mathbb{K}$ for um corpo ordenado, mas não arquimediano, então, pela Definição 2.34 segue que $\exists x_0 \in \mathbb{K}$, $x_0 > 0$ tal que $\frac{1}{n} \geq x_0$, $\forall n \in \mathbb{N}$, ou seja,

$$n \leq \frac{1}{x_0}, \forall n \in \mathbb{N},$$

concluindo assim que $\mathbb{N} \subset \mathbb{K}$ é limitado superiormente!

Dessa forma, seja $M \in \mathbb{K}$ uma cota superior para $\mathbb{N}$. Então, temos que $n \leq M$, $\forall n \in \mathbb{N}$. Em particular, $n+1 \leq M$, $\forall n$, ou seja, $n \leq M-1$, $\forall n \in \mathbb{N}$. Logo, $M-1$ também é uma cota superior para o conjunto $\mathbb{N}$ dos naturais.

Isso segue indutivamente, ou seja,

$$M-2, M-3, M-4, ...$$

são todas cotas superiores para $\mathbb{N}$, e então não conseguimos obter uma menor cota superior, concluindo assim que: *Se $\mathbb{K}$ é um corpo ordenado não arquimediano, então, mesmo $\mathbb{N} \subset \mathbb{K}$ sendo limitado superiormente, tem-se que $\mathbb{N}$ não possui supremo em $\mathbb{K}$!*

Exercícios

1. *Seja $\mathbb{K}$ um corpo ordenado arquimediano e $a, b \in \mathbb{K}$ tais que $0 < a < b$. Prove que
$$\exists n_0 \in \mathbb{N} \text{ tal que } b < n_0 \cdot a.$$

2. Seja $\mathbb{K}$ um corpo ordenado. Dados $a, b \in \mathbb{K}$, com $a > 0$, prove que $\mathbb{K}$ é arquimediano se, e somente se, $\exists n_0 \in \mathbb{N}$ tal que
$$0 < \frac{1}{2^{n_0}} < a.$$

3. ***(Sel. Mestrado UFSM 2011/1)** Considere o conjunto $X = \{1 - \frac{1}{3n^2} : n \in \mathbb{N}\}$. Mostre que $\sup X = 1$.

4. Dado o conjunto $X = \{1 - \dfrac{(-1)^n}{n} : n \in \mathbb{N}\}$, conclua que $\sup X = 2$ e $\inf X = \frac{1}{2}$.

5. Seja $A = \left\{\frac{m+n}{m+n+1} : m, n \in \mathbb{N}\right\}$. Mostre que $\sup A = 1$ e que $\inf A = \frac{2}{3}$.

A insuficiência do conjunto dos racionais

No final da seção anterior mostramos um fato intrigante: que se um dado corpo ordenado $\mathbb{K}$ não for arquimediano, então podem existir conjuntos que, mesmo sendo limitados superiormente, não possuem supremo. Bom, então podemos, a priori, pensar que, se $\mathbb{K}$ ordenado for arquimediano, essa "anomalia" de um dado conjunto limitado superiormente não possuir supremo (ou limitado inferiormente não possuir ínfimo) deva ser sanada. No entanto, mesmo sendo arquimediano, ainda pode ocorrer esta questão anômala, à qual chamaremos de *insuficiência*.

Por exemplo, considere o corpo ordenado dos números racionais, que sabemos ser arquimediano. Temos um fato importante a respeito do conjunto dos números racionais: **existem conjuntos limitados superiormente que não possuem supremo.** Do mesmo modo, **existem conjuntos que são limitados inferiormente, mas que não possuem ínfimo**. Por exemplo, mostraremos adiante que o conjunto

$$A = \{x \in \mathbb{Q} \ : \ x^2 > 2 \ \text{ e } \ x > 0\},$$

embora seja limitado inferiormente, não possuirá ínfimo em $\mathbb{Q}$.

O fato acima mencionado se dá por força da inexistência de raízes quadradas racionais de certos números racionais. Só para ilustrar esta última observação, temos por exemplo a afirmação que segue.

Afirmação: Não existe número racional tal que seu quadrado seja 2 (em outras palavras: $\sqrt{2}$ não é racional).
Provemos esta afirmação. Por absurdo, suponhamos que $\sqrt{2}$ seja racional. Assim, $\exists p \in \mathbb{Z}, \exists\, q \in \mathbb{N}$ tais que

$$\sqrt{2} = \frac{p}{q}, \tag{2.4}$$

com mdc(p, q)=1 (isto para dizer que $\frac{p}{q}$ está na forma *irredutível*, ou seja, simplificada ao máximo, não havendo fatores primos em comum).
Elevando (2.4) ao quadrado, obtemos

$$2 = \frac{p^2}{q^2} \Rightarrow p^2 = 2q^2.$$

Logo, concluímos que p^2 é par e, portanto, segue que p também é par(verifique!), ou seja, $p = 2m$, $m \in \mathbb{Z}$. Com isso, obtemos

$$2 = \frac{(2m)^2}{q^2} \Rightarrow q^2 = 2m^2,$$

ou seja, q^2 também é par, donde segue que q é par, i.e., $q = 2n$, $n \in \mathbb{N}$.
Logo, obtemos

$$\sqrt{2} = \frac{p}{q} = \frac{2m}{2n},$$

mas isto é um absurdo, pois mdc(p, q)=1.
Logo, $\sqrt{2}$ não é racional.

□

Vejamos um exemplo mais interessante que justificará a introdução dada no início desta seção.

Afirmação. O conjunto $A = \{x \in \mathbb{Q} : x^2 > 2, \, x > 0\}$ não possui ínfimo em $\mathbb{Q}$!

De fato, defina o conjunto auxiliar

$$B = \{x \in \mathbb{Q} : x^2 < 2 \, , \, x > 0\}.$$

Note que $A \cap B = \emptyset$, i.e., tais conjuntos são disjuntos, por construção.

Como já mostramos na afirmação anterior, temos que não existe $r \in \mathbb{Q}$ tal que $r^2 = 2$. Logo, dado $r \in \mathbb{Q}^+$, segue que $r \in A$ ou $r \in B$.

Temos, pois, dois fatos a verificar:
Fato 1. se $x \in A$, então existe $y \in A$ tal que $y < x$.

Fato 2. se $x \in B$, então existe $y \in B$ tal que $x < y$.

Faremos a prova do Fato 1, visto que a prova do outro é análoga. Assim, como $x \in A$, escreva $x = \frac{p}{q}$, com $p, q \in \mathbb{N}$. Então $\left(\frac{p}{q}\right)^2 > 2$, ou seja, $p^2 - 2q^2 > 0$.

Tome $y = \dfrac{p}{q} - \dfrac{1}{nq}$, $n \in \mathbb{N}$, ou seja,

$$y = \frac{np - 1}{nq},$$

com $n \in \mathbb{N}$.

Afirmamos que para n suficientemente grande teremos $y \in A$. De fato,

$$y \in A \Leftrightarrow \left(\frac{np-1}{nq}\right)^2 > 2 \Leftrightarrow (p^2 - 2q^2)n^2 - 2pn + 1 > 0 \Leftrightarrow$$

$$\Leftrightarrow n > \frac{p + q\sqrt{2}}{p^2 - 2q^2} > \frac{p}{p^2 - 2q^2}.$$

Ou seja, basta tomar $n > \frac{p}{p^2-2q^2}$ para que $y = \frac{np-1}{nq} \in A$.

Assim, $y \in A$ é tal que

$$y = \frac{np-1}{nq} = \frac{np}{nq} - \frac{1}{nq} < \frac{np}{nq} = \frac{p}{q} = x,$$

ou seja, $y < x$, e então vale o Fato 1.

Agora, suponha por absurdo que exista $x_0 = \inf A$.

Então, $x_0 \leq x$, $\forall x \in A$. Pelo Fato 1 segue que $x_0 \notin A$. Então $x_0 \in B$, e pelo Fato 2 existirá $z \in B$ tal que $z^2 < 2$ e então z é uma cota inferior para A, um absurdo, pois $x_0 < z$, ou seja, temos uma cota inferior maior do que aquela já considerada como o ínfimo!

Portanto, não existe $\inf A$, embora A seja limitado inferiormente!

Percebemos, então, que no corpo dos racionais existem "buracos", ou seja, existem conjuntos que, mesmo sendo limitados inferiormente, não possuem ínfimo e, também, existem conjuntos que são limitados superiormente mas não possuem supremo!

Queremos obter um corpo ordenado em que não haja essa problemática de insuficiência, como ocorre nos racionais. De fato, tal corpo será o *corpo dos Reais*. Como já foi mencionado, iremos apenas enunciar um axioma, pois foge de nossos propósitos construir este corpo. A título de curiosidade, há duas formas clássicas para construir o corpo dos reais a partir dos racionais: uma delas é através da noção de *cortes* e outra maneira é através de *sequências de Cauchy*[4].

Antes de continuar, porém, façamos uma outra representação para $\sqrt{2}$:

$$\sqrt{2} = 1 + \sqrt{2} - 1 = 1 + \cfrac{1}{\cfrac{1}{\sqrt{2}-1}} = 1 + \cfrac{1}{1+\sqrt{2}} = 1 + \cfrac{1}{1+1+\cfrac{1}{1+\sqrt{2}}} =$$

$$= 1 + \cfrac{1}{2+\cfrac{1}{1+\sqrt{2}}} = 1 + \cfrac{1}{2+\cfrac{1}{2+\cfrac{1}{2+\cfrac{1}{1+\sqrt{2}}}}} = 1 + \cfrac{1}{2+\cfrac{1}{2+\cfrac{1}{2+\ldots}}}$$

A esta representação dá-se o nome de *fração contínua*. Notemos que, como vimos acima, $\sqrt{2}$ não é racional e, portanto, a soma dada acima deve ser infinita,

[4] O conceito de sequência de Cauchy será amplamente estudado no próximo capítulo.

pois, se fosse finita, $\sqrt{2}$ seria racional.

Tomando as seguintes aproximações da fração acima, por *truncamento*, temos $x_1 = 1$; $x_2 = 1 + \dfrac{1}{2} = \dfrac{3}{2} = 1,5$; $x_3 = 1 + \dfrac{1}{2+\frac{1}{2}} = 1 + \dfrac{2}{5} = \dfrac{7}{5} = 1,4$;
$x_4 = ... = \dfrac{17}{12} = 1,41666...$; etc.
Ou seja, estamos aproximando o número $\sqrt{2}$ por uma *sequência* de números racionais.

A seguir apresentamos a definição de corpo ordenado completo[5].

Definição 2.38 Dizemos que um corpo ordenado $\mathbb{K}$ é *completo* quando todo subconjunto não vazio X, limitado superiormente, possuir um supremo (ou, equivalentemente, quando todo subconjunto não vazio X limitado inferiormente possuir ínfimo).

Note que, da definição acima, o corpo dos racionais não é completo por força da insuficiência. Finalmente, enunciaremos o axioma fundamental.

Axioma: Existe um corpo ordenado e completo, chamado *corpo dos números reais*, denotado por $\mathbb{R}$.

Assim, todas as propriedades estudadas em corpos ordenados valerão para o corpo ordenado dos reais.

O corpo dos números reais, como mencionamos anteriormente, é construído a partir do corpo dos racionais. O "completamento" dos racionais para obtermos o corpo dos reais é denominado *conjunto dos números irracionais*, que denotaremos por $\mathbb{I}$ ou $\mathbb{R} \setminus \mathbb{Q}$. Já mostramos que $\sqrt{2}$ não é racional, no qual foi construído a partir de uma sequência (de Cauchy) de números racionais. Esse número é irracional. Ou seja, pelo que já discutimos, segue que, no corpo dos reais, um número é irracional quando ele não for racional, ou seja, quando não existe uma representação em fração finita ou fração infinita periódica para ele.

Proposição 2.39 *O corpo ordenado dos números reais é arquimediano.*

[5]Uma outra maneira de dizer que um corpo ordenado $\mathbb{K}$ é completo é quando toda sequência de Cauchy em $\mathbb{K}$ for convergente em $\mathbb{K}$, mas isto será estudado com cuidado no próximo capítulo. Mesmo assim, continuando esta observação, note que $\mathbb{Q}$ não é completo pois a sequência (x_n) definida recursivamente por $x_1 = 1$, $x_{n+1} = 1 + \dfrac{1}{1+x_n}$ é de Cauchy em $\mathbb{Q}$, porém ela converge para $\sqrt{2} \notin \mathbb{Q}$. Disso segue que realmente $\mathbb{Q}$ não é completo.

Demonstração. De fato, basta observar que $\mathbb{N} \subset \mathbb{R}$ é ilimitado superiormente, ou seja, $\forall x \in \mathbb{R}$, com $x > 0$, tem-se que existe $n_0 \in \mathbb{N}$ tal que $x < n_0$. Basta tomar $n_0 = \lfloor x \rfloor + 1$, onde $\lfloor x \rfloor$ denota a parte inteira de x. Então, pela Proposição 2.35 segue o resultado.

□

A proposição a seguir será extremamente importante quando estudarmos a integral de Riemann. Antes, porém, provaremos um lema básico, mas que será muito importante em diversas demonstrações, a começar pela proposição seguinte.

Lema 2.40 *Sejam $a, b \in \mathbb{R}$ tais que $a < b + \varepsilon$, $\forall \varepsilon > 0$. Então $a \leq b$.*

Demonstração. Dados $a, b \in \mathbb{R}$ tais que $a < b + \varepsilon$, $\forall \varepsilon > 0$. Por absurdo, suponha que $a > b$. Temos dois casos a considerar:

Caso 1: Se $a > 0$, então, tome em particular $\varepsilon = a - b > 0$. Como $a < b + \varepsilon$, $\forall \varepsilon > 0$, para o $\varepsilon = a - b > 0$ escolhido teremos

$$a < b + (a - b) \Rightarrow a < a,$$

um absurdo!

Caso 2: Se $a < 0$, então, temos $b < a < 0$ e, daí, $-b > -a > 0$. Assim, tomando em particular $\varepsilon = -b - (-a) = a - b$, teremos

$$a < b + \varepsilon = b + (a - b) = a \Rightarrow a < a,$$

um absurdo!

Concluímos então que, independente do caso, sempre chegamos a um absurdo, o que mostra que não vale $a > b$, ou seja, segue que $a \leq b$.

□

Proposição 2.41 *Sejam $A, B \subset \mathbb{R}$ conjuntos não vazios tais que, $\forall x \in A$, $\forall y \in B$, $x \leq y$. Então, $\sup A \leq \inf B$. Além disso, vale a igualdade se, e somente se, $\forall \varepsilon > 0$, $\exists x \in A$, $\exists y \in B$ tais que $y - x < \varepsilon$.*

Demonstração. Sejam A, B subconjuntos não vazios de $\mathbb{R}$ tais que, $\forall x \in A$, $\forall y \in B$, tem-se que $x \leq y$.

Então, $\forall x \in A$ fixado, tem-se que tal x é uma cota inferior para o conjunto B. Logo, temos que $x \leq \inf B$, $\forall x \in A$. Portanto, $\inf B$ é uma cota superior para o conjunto A, i.e., concluímos que

$$\sup A \leq \inf B. \tag{2.5}$$

Por fim resta mostrar a segunda parte, ou seja, mostrar que

$$\sup A = \inf B \Leftrightarrow \forall \varepsilon > 0, \exists x \in A \text{ e } \exists y \in B \text{ tais que } y - x < \varepsilon.$$

Primeiramente, suponha que $\sup A = \inf B$. Assim, dado $\varepsilon > 0$, tome $\frac{\varepsilon}{2} > 0$. Então, temos que

$$\exists x \in A \text{ tal que } x > \sup A - \frac{\varepsilon}{2},$$

i.e.,

$$-x < -\sup A + \frac{\varepsilon}{2}. \tag{2.6}$$

Ainda,

$$\exists y \in B \text{ tal que } y < \inf A + \frac{\varepsilon}{2}. \tag{2.7}$$

Somando (2.6) com (2.7), vem

$$y - x < \inf A - \sup A + \varepsilon, \ \forall \varepsilon > 0,$$

e, como por hipótese $\sup A = \inf B$, segue que

$$y - x < \varepsilon, \ \forall \varepsilon > 0.$$

Reciprocamente, suponha que

$$\forall \varepsilon > 0, \ \exists x \in A, \ \exists y \in B \text{ tais que } y - x < \varepsilon.$$

Então, $y < x + \varepsilon$, e ainda,

$$\inf B \leq y < x + \varepsilon \leq \sup A + \varepsilon,$$

ou seja,

$$\inf B < \sup A + \varepsilon, \ \forall \varepsilon > 0,$$

donde, cf. o Lema 2.40, segue que

$$\inf B \leq \sup A,$$

e como a desigualdade contrária é sempre verdadeira, devido a (2.5), segue a igualdade desejada, ou seja, que

$$\sup A = \inf B.$$

□

Para encerrar esta seção vejamos um exemplo de aplicação do conceito de supremo de conjuntos em um conjunto no corpo $\mathbb{R}$ dos números reais.

Exemplo. Sejam $A, B \subset \mathbb{R}$ subconjunto não vazios e limitados superiormente. Defina o conjunto

$$A + B = \{a + b \,:\, a \in A \text{ e } b \in B\}.$$

Mostre que $A + B$ é não vazio, limitado superiormente e que

$$\sup(A + B) = \sup A + \sup B.$$

Solução. Como $A, B \neq \emptyset$, existem $a_0 \in A$ e $b_0 \in B$. Então, pela definição do conjunto $A + B$ segue que $A + B \neq \emptyset$, pois $a_0 + b_0 \in A + B$.

Além disso, como A e B são limitados superiormente e como $\mathbb{R}$ é completo, segue que existem $M = \sup A$ e $N = \sup B$. Assim, $\forall x \in A$, $x \leq M$ e $\forall y \in B$, $y \leq N$, e disso segue que

$$x + y \leq M + N, \quad \text{onde} \quad x + y \in A + B. \tag{2.8}$$

Ou seja, mostramos que $A + B$ também é limitado superiormente, e como $A + B \subset \mathbb{R}$ e $\mathbb{R}$ é completo, segue que existe $\sup(A + B)$.

Resta mostrar que $\sup(A + B) = \sup A + \sup B$.

De (2.8), temos que $x + y \leq M + N$, $\forall x + y \in A + B$, ou seja,

$$M + N = \sup A + \sup P$$

é cota superior para o conjunto $A + B$, e como $\sup(A + B)$ será a menor das cotas superiores, segue que

$$\sup(A + B) \leq M + N = \sup A + \sup B. \tag{2.9}$$

Resta mostrar a desigualdade contrária. Dado $\varepsilon > 0$, temos que

$$\exists x_1 \in A \text{ tal que } x_1 > M - \frac{\varepsilon}{2}, \tag{2.10}$$

onde $M = \sup A$, e

$$\exists y_1 \in B \text{ tal que } y_1 > N - \frac{\varepsilon}{2}, \tag{2.11}$$

onde $N = \sup B$.

Assim, somando (2.10) e (2.11), obtemos

$$x_1 + y_1 > M - \frac{\varepsilon}{2} + N + \frac{\varepsilon}{2} = M + N - \varepsilon, \forall \varepsilon > 0,$$

i.e.,

$$x_1 + y_1 > (M + N) - \varepsilon, \forall \varepsilon > 0.$$

Como $\sup(A + B) \geq x_1 + y_1$, segue que

$$\sup(A + B) > (M + N) - \varepsilon, \forall \varepsilon > 0,$$

ou seja, obtemos

$$\sup(A + B) \geq M + N = \sup A + \sup B. \tag{2.12}$$

De (2.9) e (2.12) segue a igualdade desejada.

Exercícios

1. Prove cada afirmação a seguir caso seja verdadeira, ou exiba um contraexemplo caso seja falsa:

   (a) A soma de dois números racionais é sempre racional.

   (b) A soma de dois números irracionais é sempre irracional[6].

2. Prove que $\sqrt{3}$ é irracional.

3. *Mostre que o logaritmo de 3 na base 2 é irracional.

4. Mostre que $\sqrt{4 + 2\sqrt{3}} = 1 + \sqrt{3}$.

5. Responda formalmente cada item a seguir.

   (a) Prove que $\sqrt{2} - 1$ não é racional.

   (b) Justifique que $\sqrt{3 - 2\sqrt{2}} = \sqrt{2} - 1$.

   (c) Mostre que o conjunto $A = \{x \in \mathbb{Q} : x^2 > 3 - 2\sqrt{2}, x > 0\}$ é limitado inferiormente, mas não possui ínfimo em $\mathbb{Q}$.

6. Representar $\sqrt{5}$ sobre a forma de fração contínua.
   Sugestão: Escreva $\sqrt{5} = 2 + \sqrt{5} - 2$.

[6] A resposta deste item, como você deve observar, é negativa. Desse modo, o conjunto dos números irracionais não é um corpo, pois a soma, em geral, *não é fechada*, ou seja, existem números irracionais cuja soma deixa de ser irracional.

7. Se $0 < c < 1$, mostre que $0 < c^2 < c < 1$.

8. Se $c > 1$, mostre que $1 < c < c^2$.

9. Sejam a, b no corpo dos reais e $0 < r < 1$ tais que $|b-a| < r|a|$. Mostre que

$$|b| > (1-r)|a|.$$

A hipótese $0 < r < 1$ poderia ser retirada? Justifique.

10. Demonstre, no corpo dos reais, as seguintes desigualdades:

    (a) $|xy - ab| \leq |x||y-b| + |b||x-a|$
    (b) $|xy - ab| \leq (|x-a| + |a|)|y-b| + |b||x-a|$
    (c) $|xy - ab| < (1+|a|)|y-b| + |b|$, se $|x-a| < 1$.

11. Considerando o corpo ordenado dos reais, determine δ_1 e δ_2 tais que

$$|x - \sqrt{2}| < \delta_1 \text{ e } |y - \sqrt{3}| < \delta_2 \Rightarrow |xy - \sqrt{2}\sqrt{3}| < \varepsilon,$$

para $\varepsilon > 0$ dado. Sugestão: utilize o item (b) do exercício anterior.

12. *Mostre que, para todo número real $y > 0$,

$$\bigcap_{n=1}^{\infty} (0, \frac{y}{n}] = \emptyset.$$

13. Prove que $(0,1) = \displaystyle\bigcup_{n\in\mathbb{N}} \left[\frac{1}{n+2}, 1 - \frac{1}{n+2}\right]$.

14. Sejam $B_n = \{[1, 1+\frac{1}{n}] : n \in \mathbb{N}\}$ conjuntos de $\mathbb{R}$. Determine $\cup_{n\in\mathbb{N}} B_n$ e $\cap_{n\in\mathbb{N}} B_n$.

15. Dados $A, B \in \mathbb{R}$ não vazios e limitados. Seja $A+B = \{a+b : a \in A \text{ e } b \in B\}$. Prove que:

    (a) $A + B$ é limitado;
    (b) $\sup(A+B) = \sup A + \sup(B)$;
    (c) $\inf(A+B) = \inf A + \inf B$.

16. Seja $X \subset \mathbb{R}$. Uma função $f : X \to \mathbb{R}$ é dita *limitada superiormente* se sua imagem $f(X) = \{f(X) : x \in X\}$ for um subconjunto de $\mathbb{R}$ limitado superiormente. Neste caso define-se o supremo de f, e denotamos por $\sup f$, como sendo o supremo do conjunto $f(X)$. Dadas dua funções $f, g : X \to \mathbb{R}$, a soma $f+g$ é a função $f+g : X \to \mathbb{R}$, definida por $(f+g)(x) = f(x)+g(x)$.

(a) Prove que, se $f+g : X \to \mathbb{R}$ são limitadas superiormente, então $f+g$ também é limitada superiormente, com

$$\sup(f+g) \leq \sup f + \sup g.$$

(b) Mostre com um exemplo que no item anterior a desigualdade pode ser estrita (Sugestão: tome $X = [-1, 1]$, $f(x) = x$ e $g(x) = -1$).

17. Sejam $f, g : A \to \mathbb{R}$ funções tais que $|f(x)| \leq M_1$ e $|g(x)| \leq M_2$. Prove as seguintes propriedades:

    (a) $\sup\limits_{x\in A}(f(x)+g(x)) \leq \sup\limits_{x\in A} f(x) + \sup\limits_{x\in A} g(x)$.

    (b) $\inf\limits_{x\in A}(f(x)+g(x)) \geq \inf\limits_{x\in A} f(x) + \inf\limits_{x\in A} g(x)$.

    (c) $\sup\limits_{x\in A}(-f(x)) = -\inf\limits_{x\in A} f(x)$.

    (d) $\sup\limits_{x\in A}(f(x)-g(x)) = \sup\limits_{x\in A} f(x) - \inf\limits_{x\in A} g(x)$.

18. *Sejam $f, g : X \to \mathbb{R}$ definidas em $X \subset \mathbb{R}$, não negativas e limitadas superiormente. Mostre que $fg : X \to \mathbb{R}$ também é limitada superiormente e que
$$\sup(fg) \leq \sup f \cdot \sup g.$$

19. *Para $A \subset \mathbb{R}$ limitado e não vazio e $c > 0$, definindo $c \cdot A = \{cx : x \in A\}$, prove que $\sup(c \cdot A) = c \cdot \sup A$ e $\inf(c \cdot A) = c \cdot \inf A$.

20. Dados A e B subconjuntos de $\mathbb{R}^+$ limitados e não vazio, definindo $A \cdot B = \{xy : x \in A \text{ e } y \in B\}$, prove que $\sup(A \cdot B) = (\sup A) \cdot (\sup B)$ e $\inf(A \cdot B) = (\inf A) \cdot (\inf B)$.

21. Seja $A \subset \mathbb{R}^+$ um conjunto não vazio e limitado superiormente. Defina o conjunto $B = \{x^2 : x \in A\}$. Mostre que B também é limitado superiormente e que $\sup B = (\sup A)^2$.

22. Seja $A \subset \mathbb{R}$ um conjunto limitado inferiormente, com $\inf A > 0$. Defina o conjunto B por $B = \left\{\dfrac{1}{x} : x \in A\right\}$. Prove que B é limitado e que $\sup B = \dfrac{1}{\inf A}$.

23. Sejam A e B conjuntos não vazios de números reais e seja

$$\delta(A, B) = \inf\{|a-b| : a \in A,\, b \in B\},$$

chamado de *"distância"* entre os conjuntos A e B.

(a) Se $A = \mathbb{N}$ e $B = \mathbb{R} \setminus \mathbb{N}$, determine $\delta(A, B)$.

(b) Se A e B forem conjuntos finitos, o quê $\delta(A, B)$ representa?

(c) Seja $B = [0, 1]$. O que a afirmação $\delta(\{x\}, B) = 0$ nos diz sobre o ponto x?

(d) Seja $B = (0, 1)$. O que a afirmação $\delta(\{x\}, B) = 0$ nos diz sobre o ponto x?

2.8 Densidade

Nesta seção apresentamos o importante conceito de densidade, que é vital para diversos estudos da Análise.

Definição 2.42 Dizemos que um subconjunto X de $\mathbb{R}$ é *denso* em $\mathbb{R}$ quando, para todos $a, b \in \mathbb{R}$, com $a < b$, existir $x \in X$ tal que $a < x < b$.

Teorema 2.43 *Sejam $x, y \in \mathbb{R}$ com $x < y$. Então, existe $r \in \mathbb{Q}$ tal que $x < r < y$ (ou seja, $\mathbb{Q}$ é denso em $\mathbb{R}$).*

Demonstração. Sem perda de generalidade, assuma que $x > 0$. Então, temos $y - x > 0$.

Como $\mathbb{R}$ é arquimediano (Proposição 2.39), segue que $\exists n_0 \in \mathbb{N}$ tal que $0 < \frac{1}{n_0} < y - x$, ou seja,

$$1 < n_0 y - n_0 x.$$

Então

$$n_0 x + 1 < n_0 y. \tag{2.13}$$

Como $n_0 x > 0$, segue que $\exists m \in \mathbb{N}$ tal que

$$m - 1 \leq n_0 x < m. \tag{2.14}$$

Somando 1 e usando (2.13), vem

$$m \leq n_0 x + 1 < n_0 y \Rightarrow m < n_0 y,$$

ou seja,

$$y > \frac{m}{n_0}. \tag{2.15}$$

Ainda, de (2.14), temos $n_0 x < m$, donde vem:

$$x < \frac{m}{n_0}. \tag{2.16}$$

De (2.15) e (2.16) segue que, tomando $r = \frac{m}{n_0} \in \mathbb{Q}$, $x < r < y$.

□

Denotando por $\mathbb{I}$ o conjunto dos números irracionais, temos o seguinte resultado:

Corolário 2.44 *Sejam $x, y \in \mathbb{R}$ tais que $x < y$. Então, existe $z \in \mathbb{I}$ tal que $x < z < y$ (ou seja, o conjunto $\mathbb{I}$ dos irracionais é denso em $\mathbb{R}$).*

Demonstração. Como $x < y$ são reais, considere os números reais: $\frac{x}{\sqrt{2}}$ e $\frac{y}{\sqrt{2}}$. Como $x < y$, segue que $\frac{x}{\sqrt{2}} < \frac{y}{\sqrt{2}}$. Pelo teorema da densidade dos racionais em reais acima, segue que $\exists r \in \mathbb{Q}$ tal que

$$\frac{x}{\sqrt{2}} < r < \frac{y}{\sqrt{2}},$$

e então

$$x < r\sqrt{2} < y,$$

onde $z := r\sqrt{2} \in \mathbb{I}$, como queríamos mostrar.

□

Exercícios

1. *Sejam $a > 0$ um número real qualquer fixado e $x, y \in \mathbb{R}$ tais que $x < y$. Mostre que existe $q \in \mathbb{Q}$ tal que $x < qa < y$.

2. *Seja o conjunto $A = \left\{\frac{m}{2^n} : m \in \mathbb{Z}, n \in \mathbb{N}\right\}$. Mostre que ele é denso em $\mathbb{R}$.

3. Prove que se A é denso em B e $C \subset B$, então A é denso em C.

Capítulo 3

Cardinalidade e enumerabilidade

"A essência da Matemática reside precisamente em sua liberdade".

- George Cantor -

Este capítulo consiste em uma continuação direta do anterior. Neste capítulo vamos estudar o importante conceito de cardinalidade de conjuntos, o que será vital para definirmos os conceitos de enumerabilidade e não enumerabilidade, que classificam os conjuntos em duas classes principais – a dos conjuntos que serão, num certo sentido, equivalentes aos naturais e a dos conjuntos que serão equivalentes ao conjunto dos números reais. Salientamos que existem muitas outras classes além dessas, mas que não são foco de um curso de Análise Real. O leitor interessado em aprofundar pode consultar livros como [05] e [09].

3.1 Conjuntos equivalentes

Definição 3.1 Dizemos que dois conjuntos A e B são *equivalentes* ou *possuem a mesma potência*, e escrevemos $A \sim B$, se existir $f : A \to B$ bijetora.

Apresentamos a seguir alguns exemplos de conjuntos equivalentes.

Exemplos.

(a) O conjunto dos números naturais pares $P = \{2, 4, 6, 8, ...\}$ é equivalente ao conjunto dos números naturais $\mathbb{N} = \{1, 2, 3, 4, ...\}$, pois basta definir $f : \mathbb{N} \to P$ por $f(x) = 2x$, que obviamente é uma bijeção.

(b) $\mathbb{N} \sim \mathbb{Z}$. De fato, basta definir $f : \mathbb{N} \to \mathbb{Z}$, pondo

$$f(x) = \begin{cases} \frac{x}{2} & \text{se } x \text{ é par,} \\ 0 & \text{se } x = 1 \\ \frac{1-x}{2} & \text{se } x \text{ é ímpar e } x \neq 1 \end{cases}$$

uma bijeção.

(c) $(0,1) \sim \mathbb{R}$. De fato, note que $g : (-\frac{\pi}{2}, \frac{\pi}{2}) \to \mathbb{R}$ dada por $g(x) = \tan x$ é bijetora e que $f : (0,1) \to (-\frac{\pi}{2}, \frac{\pi}{2})$ dada por $f(x) = \pi x - \frac{\pi}{2}$ é bijetora, e como vimos no Corolário 1.41, sendo a composição de funções bijetoras também bijetora, concluímos que $g \circ f : (0,1) \to \mathbb{R}$ é uma bijeção, donde segue que $(0,1) \sim \mathbb{R}$.

Um resultado básico sobre conjuntos equivalentes é a proposição abaixo.

Proposição 3.2 *A equivalência (i.e., potência) entre conjuntos é reflexiva, simétrica e transitiva, ou seja, valem as propriedades:*

(a) $A \sim A$;

(b) $A \sim B \Leftrightarrow B \sim A$;

(c) se $A \sim B$ *e* $B \sim C$, *então,* $A \sim C$.

Demonstração. A prova de (a) é trivial, basta considerar a aplicação identidade $id : A \to A$, $id(x) = x$, que é bijetora. Logo, $A \sim A$.
Provemos (b). Se $A \sim B$, então, existe $f : A \to B$ bijetora. Sendo bijetora, ela é inversível, ou seja, existe $f^{-1} : B \to A$ bijeção, donde segue que $B \sim A$. A recíproca é análoga.
Por fim, provemos (c). Suponha que $A \sim B$ e $B \sim C$. Logo, existem $f : A \to B$ e $g : B \to C$ bijeções. Como a composição de funções bijetoras é bijetora, temos que $g \circ f : A \to C$ também é bijetora, donde segue que $A \sim C$.

□

Exercícios

1. Mostre que dois intervalos abertos (a, b) e (c, d) são equivalentes.

2. *Sejam A, B, M e N conjuntos, tais que $A \sim M$ e $B \sim N$. Mostre que $A \times B \sim M \times N$.

3. *Prove que $f : (0,1) \to (0,1]$ dada por

$$f(x) = \begin{cases} \frac{1}{n-1} & \text{se } x = \frac{1}{n},\ n \geq 2, \\ x & \text{caso contrário,} \end{cases}$$

é bijetora (disso, concluímos que $(0,1) \sim (0,1]$).

3.2 Cardinalidade

Definição 3.3 Um conjunto *infinito* é todo aquele que é equivalente a um subconjunto próprio de si mesmo. Caso contrário, é chamado de conjunto *finito*. [1]

Por exemplo, $\mathbb{R}$ é um conjunto infinito, pois, por exemplo, $(0,1) \subset \mathbb{R}$, $(0,1) \neq \emptyset$, $(0,1) \neq \mathbb{R}$ e $(0,1) \sim \mathbb{R}$.

Da mesma forma, temos que $\mathbb{N}$ é um conjunto infinito, pois $P \subset \mathbb{N}$ e $\mathbb{N} \sim P$, onde $P = \{2, 4, 6, 8, ...\}$ denota o conjunto de todos os números pares.

Dado um conjunto finito $A = \{a_1, a_2, ..., a_n\}$ com n elementos, temos que qualquer outro conjunto finito $B = \{b_1, b_2, ..., b_n\}$, também com n elementos, será equivalente ao conjunto A, pois basta considerar a correspondência bijetora $f : A \to B$ dada por

$$f(a_1) = b_1,\ f(a_2) = b_2, ..., f(a_n) = b_n.$$

Definição 3.4 Dizemos que dois conjuntos A e B têm a mesma *cardinalidade* ou o mesmo *número cardinal*, e escrevemos card A = card B, se, e somente se, eles tiverem a mesma potência (i.e., se forem equivalentes).

A cardinalidade é um conceito que categoriza os conjuntos em *classes*, sendo que conjuntos que possuem a mesma cardinalidade estarão numa mesma classe, e tal classe é denotada por um número cardinal.

Dessa forma, como vimos na seção anterior, temos que card $\mathbb{N}$ = card $\mathbb{Z}$ e que card $\mathbb{R}$ = card $(0,1)$. Logo, $\mathbb{N}$ e $\mathbb{Z}$ estão em uma mesma classe, que será a classe de todos os conjuntos que são equivalentes ao conjunto $\mathbb{N}$, o qual possuirá um importante número cardinal associado a ele; enquanto que $\mathbb{R}$ e $(0,1)$ estão em uma outra classe, a classe de todos os conjuntos que serão equivalentes ao conjunto dos números reais (veremos mais detalhes na próxima seção).

As notações para indicar o número cardinal de um dado conjunto X podem ser: card X, $|X|$ ou $\overline{X}$. Usaremos neste livro a primeira notação, que foi dada na definição.

Quando o conjunto X for finito, a cardinalidade de X corresponderá ao número de elementos de X. Assim, por exemplo,

---

[1] Dizemos que um subconjunto S de X é *próprio* em X se $S \subset X$ com $S \neq X$ e $S \neq \emptyset$.

- $\text{card}\, \emptyset = 0$;
- $\text{card}\, \{\emptyset\} = 1$;
- $\text{card}\, \{\emptyset, \{\emptyset\}\} = 2$;
- $\text{card}\, \{\emptyset, \{\emptyset\}, \{\emptyset, \{\emptyset\}\}\} = 3$;
- $\cdots$

Cantor denotou o cardinal do conjunto $\mathbb{N}$ dos números naturais por $\aleph_0$, ou seja,

$$\text{card}\, \mathbb{N} = \aleph_0.$$

$\aleph_0$ é o primeiro número cardinal infinito. O símbolo $\aleph$ (lê-se *aleph*) é a primeira letra do alfabeto hebraico.

Pelo definido acima e as observações anteriores, temos, por exemplo, que $\text{card}\, \mathbb{N} = \aleph_0$ e $\text{card}\, \mathbb{Z} = \aleph_0$. Ou seja, os conjuntos $\mathbb{N}$ e $\mathbb{Z}$ estão numa mesma classe, na classe do cardinal $\aleph_0$.

Os números cardinais de conjuntos infinitos são chamados *números transfinitos* ou *números cardinais infinitos.*

Outra definição importante que temos é a seguinte:

Definição 3.5 Sejam A e B dois conjuntos. Dizemos que a cardinalidade de A é *menor ou igual* à cardinalidade de B, e escrevemos $\text{card}\, A \leq \text{card}\ B$, se existir um subconjunto $S \subset B$, tal que $A \sim S$, ou seja, se existir $f : A \to B$ injetora (e daí, $\tilde{f} : A \to f(A) := S$ bijetora). Também dizemos que a cardinalidade de A é *maior ou igual* à cardinalidade de B, e escrevemos $\text{card}\, A \geq \text{card}\, B$, se existir uma função sobrejetora $g : A \to B$.

A seguir, apresentamos o enunciado de um lema técnico que será importante para a prova do próximo teorema.

Lema 3.6 *Sejam* A_1, A *e* B *conjuntos, tais que* $A_1 \subseteq B \subseteq A$. *Se* $\text{card}\, A_1 = \text{card}\, A$, *então,* $\text{card}\, B = \text{card}\, A$.

Demonstração. Como $\text{card}\, A = \text{card}\, A_1$, então $A \sim A_1$ e disso segue que existe $f : A \to A_1$ bijetiva.

Como $B \subset A$, então a restrição $f_{|_B} : B \to f(B) \subset A_1$ é bijetiva.

Escreva $f(B) = B_1 \subset A_1$. Então, $B \sim B_1$ e, além disso, como $B \subset A$, então

$$B_1 = f(B) \subset f(A) = A_1.$$

Ou seja, temos $B_1 \subset A_1 \subset B \subset A$, com $B \sim B_1$.

Então, repetindo os argumentos acima, com $B_1 \subset A_1 \subset B$, $B \sim B_1$, segue que a restrição

$$f_{|A_1} : A_1 \to f(A_1) := A_2$$

é bijetiva e é tal que $A_2 \sim A_1$, e como

$$A_1 \subset B \Rightarrow A_2 = f(A_1) \subset f(B) = B_1,$$

obtemos a seguinte cadeia de desigualdades:

$$A_2 \subset B_1 \subset A_1 \subset B \subset A.$$

Seguindo indutivamente, obtemos duas famílias de conjuntos

$$A, A_1, A_2, A_3, ... \quad \text{e} \quad B, B_1, B_2, B_3, ...$$

tais que

$$...B_2 \subset A_2 \subset B_1 \subset A_1 \subset B \subset A,$$

onde $A \sim A_1$; $B \sim B_1$; $A_2 \sim A_1$; $B_2 \sim B_1$; ..., ou seja,

$$A \sim A_1 \sim A_2 \sim ... \quad \text{e} \quad B \sim B_1 \sim B_2 \sim ...$$

e são tais que

$$f(B_n) = B_{n+1} \quad \text{e} \quad f(A_n) = A_{n+1}, \forall n \in \mathbb{N}. \tag{3.1}$$

O esquema abaixo ilustra a construção das famílias de conjuntos definidas acima, onde denotamos $A = A_0$ e $B = B_0$.

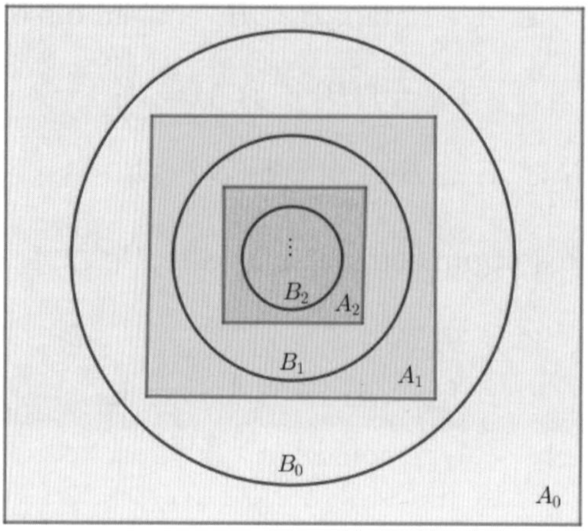

Para todo $n \in \mathbb{N}$, escreva

$$C_n = A_n \setminus B_n; \quad C = \bigcup_{n=0}^{\infty} C_n \quad \text{e} \quad D = A \setminus C. \tag{3.2}$$

De (3.1) e (3.2), obtemos

$$f(C_n) = f(A_n \setminus B_n) = f(A_n) \setminus f(B_n) = A_{n+1} \setminus B_{n+1} = C_{n+1}.$$

Disso,

$$f(C) = f(\bigcup_{n=0}^{\infty} C_n) = \bigcup_{n=0}^{\infty} f(C_n) = \bigcup_{n=0}^{\infty} C_{n+1} = \bigcup_{n=1}^{\infty} C_n$$

Abaixo ilustramos o conjunto $f(C)$ pontilhado.

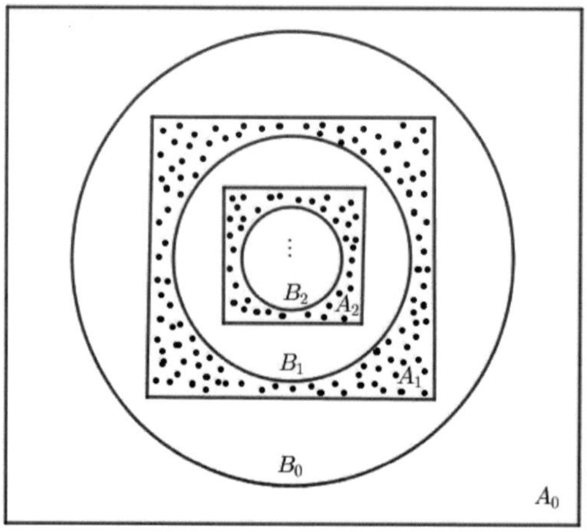

Defina $\varphi : A \to A$ por

$$\varphi(x) = \begin{cases} f(x), & \text{se } x \in C \\ x, & \text{se } x \in D = A \setminus C \end{cases}$$

Então, por construção $\varphi_{|_C}$ e $\varphi_{|_D}$ são injetivas e suas imagens são disjuntas. Logo, $\tilde{\varphi} : A \to f(C) \cup D = B$ é bijetiva, i.e., $A \sim B$.

Ou seja, acabamos de mostrar que $\text{card}\, A = \text{card}\, B$.

$\square$

Teorema 3.7 *(Cantor-Bernstein) Sejam X e Y conjuntos, tais que* $\text{card}\, X \leq \text{card}\, Y$ *e* $\text{card}\, Y \leq \text{card}\, X$. *Então,* $\text{card}\, X = \text{card}\, Y$.

Demonstração. Como $\text{card}\, X \leq \text{card}\, Y$, segue que existe $f : X \to Y$ injetora.

Do mesmo modo, como $\text{card}\, Y \leq \text{card}\, X$, segue que existe $g : Y \to X$ injetora.

Logo, temos que a composição $g \circ f : X \to X$ também é injetora.

Note que

$$(g \circ f)(X) = g(f(X)) \subseteq g(Y) \subseteq X. \tag{3.3}$$

Sendo $g \circ f : X \to X$ injetora, temos que $g \tilde{\circ} f : X \to g(f(X))$ é bijetora, e daí temos que X e $g(f(X))$ são equivalentes, logo

$$\text{card}\, X = \text{card}\,(g(f(X))). \tag{3.4}$$

Do mesmo modo, sendo $g : Y \to X$ injetora, temos que $\tilde{g} : Y \to g(Y)$ é bijetora e daí, temos que $Y \sim g(Y)$, ou seja,

$$\text{card}\, Y = \text{card}\,(g(Y)). \tag{3.5}$$

Observando (3.3) e (3.4), segue do Lema 3.6 que

$$\text{card}\,(g(Y)) = \text{card}\, X,$$

e como vale também (3.5), concluímos que $\text{card}\, Y = \text{card}\, X$.

$\square$

O Teorema de Cantor-Bernstein acima pode parecer, no seu enunciado, bastante trivial, mas podemos observá-lo de uma forma mais interessante: como $\text{card}\, X \leq \text{card}\, Y$ nos diz que existe uma $f : X \to Y$ injetiva e que $\text{card}\, Y \leq \text{card}\, X$ nos diz que existe uma $g : Y \to X$ injetiva, o teorema acima pode ser reformulado como:

Teorema 3.7'. *Se existirem $f : X \to Y$ e $g : Y \to X$ injetoras, então, existe uma bijeção $h : X \to Y$.*

Proposição 3.8 *Se X é um conjunto infinito, então,* card $X > n$, $\forall n \in \mathbb{N}$.

Demonstração. Faremos a prova por indução sobre n.
(i) card $X \geq 1$. De fato, como X é infinito, escolha qualquer $x \in X$ e daí, temos que $1 \mapsto x$ define uma injeção de $\{1\}$ em X, ou seja, $\exists\, f : \{1\} \to X$ injetora, portanto,

$$\text{card}\, X \geq \text{card }\{1\} = 1,$$

ou seja, vale a base da indução.

(ii) Suponha que a afirmação seja verdadeira para um certo $n = k$ fixado, ou seja, que card $X \geq k$. Precisamos mostrar que card $X \geq k + 1$.

Como card $X \geq k$, segue que existe uma função $f : \{1, ..., k\} \to X$ injetora.

Como X é infinito, segue que $\exists x \in X \setminus \text{Im}\, f$.

Defina $g : \{1, ..., k, k + 1\} \to X$ por

$$g(x) = \begin{cases} f(x) & \text{se} \quad x \in \{1, 2, ..., k\} \\ x & \text{se} \quad x = k + 1 \end{cases}$$

Assim, g é obviamente injetora de $\{1, ..., k, k + 1\}$ em X. Logo, card $X \geq k + 1$.

Portanto, card $X > n$, $\forall n \in \mathbb{N}$. □

Exercícios

1. Sejam A e B conjuntos, tais que $A \subset B$. Mostre que card $A \leq$ card B.

2. *Dados A, B e C conjuntos, tais que card $A \leq$ card B e card $B \leq$ card C. Mostre que card $A \leq$ card C.

3. *Mostre que se card $A =$ card C e card $B =$ card D, com $A \cap B = \emptyset = C \cap D$, então card $(A \cup B) =$ card $(C \cup D)$. Dê um contra-exemplo mostrando que o resultado não vale quando os conjuntos não são disjuntos.

4. Prove que $\text{card}\,(a, +\infty) = \text{card}\,(-\infty, 0)$, onde $a \in \mathbb{R}$.

5. *Seja $X \subset \mathbb{R}$ um conjunto denso em $\mathbb{R}$. O que se pode dizer sobre a cardinalidade de X?

3.3 Conjuntos enumeráveis e não enumeráveis

Os conjuntos infinitos podem ser classificados em *enumeráveis* e *não enumeráveis*, cf. a definição abaixo.

Definição 3.9 Dizemos que um conjunto A é *enumerável* ou *contável*, se é finito ou se existir $f : A \to \mathbb{N}$ bijeção, ou seja, se A for equivalente ao conjunto $\mathbb{N}$ dos números naturais. Caso contrário, A chama-se *não enumerável*.

Como a definição acima nos diz, um caso de um conjunto ser enumerável é quando ele for finito. Esse caso é simples e não nos preocuparemos aqui. O caso interessante é quando o conjunto em questão é infinito. Nesse caso, devemos obter uma bijeção deste com o conjunto $\mathbb{N}$ dos números naturais.

Em outras palavras, um conjunto infinito é dito ser enumerável se todos os seus elementos podem ser listados, tais como os elementos do conjunto dos naturais o são: $\mathbb{N} = \{1, 2, 3, ...\}$. Ou ainda, um conjunto X será enumerável se ele estiver na classe do número cardinal $\aleph_0$, i.e., se $\text{card}\, X = \aleph_0$.

Exemplos. Pelos exemplos (a) e (b) analisados na seção anterior, temos que $\mathbb{Z}$ e $P = \{0, 2, 4, 6, ...\}$ são enumeráveis. Analogamente, o conjunto dos ímpares positivos também é enumerável. Obviamente, o próprio conjunto $\mathbb{N}$ dos números naturais é enumerável, visto que a aplicação identidade $id : \mathbb{N} \to \mathbb{N}$, dada por $id(n) = n$, é uma bijeção.

Proposição 3.10 *Se A e B forem conjuntos enumeráveis, então, $A \cup B$ será enumerável.*

Demonstração. Sendo A e B enumeráveis, segue que existem $f : A \to \mathbb{N}$ e $g : B \to \mathbb{N}$ bijetoras.

Defina $h : A \cup B \to \mathbb{N}$ por

$$h(x) = \begin{cases} 2f(x) & \text{se } x \in A, \\ 2g(x) + 1 & \text{se } x \in B \setminus A. \end{cases}$$

Observe que $h(A) \cap h(B \setminus A) = \emptyset$, pois, por construção, temos que os elementos de $h(A)$ são números pares e os elementos de $h(B \setminus A)$ são números ímpares. Note também que h é bijetora, donde segue que $A \cup B$ é enumerável.

□

Podemos estender o resultado acima para um número finito de conjuntos, cf. o resultado abaixo.

Corolário 3.11 *A união finita de conjuntos enumeráveis é enumerável.*

Demonstração. Sejam $A_1, A_2, ..., A_k$ enumeráveis, onde k é finito. Assim, podemos listar todos os elementos de todos esses k conjuntos:

$$A_1 = \{a_{11}, a_{12}, a_{13}, ...\}$$

$$A_2 = \{a_{21}, a_{22}, a_{23}, ...\}$$

$$A_3 = \{a_{31}, a_{32}, a_{33}, ...\}$$

$$\vdots$$

$$A_k = \{a_{k1}, a_{k2}, a_{k3}, ...\}$$

Em seguida, montamos o conjunto união $A = \cup_{j=1}^{k} A_j$ da seguinte forma: como cada coluna do esquema acima é finita com k elementos, listamos primeiramente todos os primeiros termos a_{i1}, $i = 1, 2, ..., k$, em seguida, listamos todos os segundos termos a_{i2}, $i = 1, 2, ..., k$, e assim por diante. Conseguimos, então, montar uma lista infinita

$$A = \{a_{11}, a_{21}, ..., a_{k1}, a_{12}, a_{22}, ..., a_{k_2}, a_{13}, a_{23}, ...a_{k3}, ...\}$$

que contém todos os elementos de todos os A_i, $i = 1, 2, ...k$, ou seja, $A = \cup_{j=1}^{k} A_j$ é enumerável.

□

A Proposição 3.10 pode ser provada também usando a ideia da prova do corolário acima. Fica como exercício.

O corolário anterior pode ser estendido para uma união enumerável de enumeráveis, cf. a proposição que segue.

Proposição 3.12 *A união enumerável de enumeráveis é enumerável, i.e., se A_n é enumerável, $\forall n \in \mathbb{N}$, então, $\bigcup_{n=1}^{\infty} A_n$ é enumerável.*

Demonstração. Sejam $A_1, A_2, ..., A_n, ...$ uma coleção enumerável de conjuntos enumeráveis. Assim, cada um dos conjuntos A_j, $j \in \mathbb{N}$, pode ter seus respectivos elementos apresentados numa lista. Iremos denotar por $A_j = \{a_{j1}, a_{j2}, a_{j3}, ...\}$ a enumeração do conjunto A_j, para cada j natural. Assim, temos as enumerações:

$$
\begin{aligned}
A_1 &= \{a_{11}, a_{12}, a_{13}, ...\},\\
A_2 &= \{a_{21}, a_{22}, a_{23}, ...\},\\
A_3 &= \{a_{31}, a_{32}, a_{33}, ...\},\\
&\vdots\\
A_n &= \{a_{n1}, a_{n2}, a_{n3}, ...\},\\
&\vdots
\end{aligned}
$$

A união de todos os A_j, denotada por $\bigcup_{n=1}^{\infty} A_n$, é o conjunto formado por todos os elementos de todos os A_j's, os quais podem ser postos numa lista infinita, considerando o seguinte diagrama, onde cada linha j corresponde à enumeração do conjunto A_j:

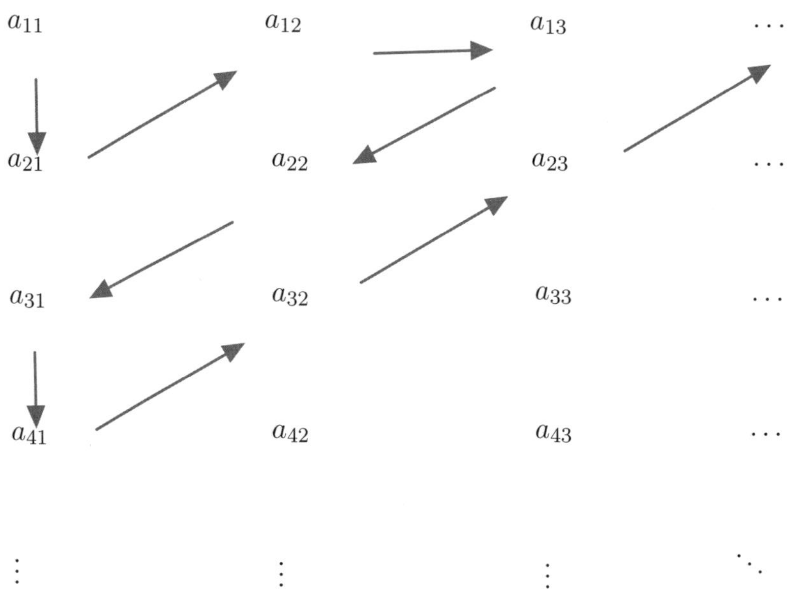

Ou seja, montamos a enumeração

$$\bigcup_{n=1}^{\infty} A_n = \{a_{11}, a_{21}, a_{12}, a_{13}, a_{22}, a_{31}, a_{41}, a_{32}, ...\},$$

donde segue que é enumerável, ou seja, a união enumerável de conjuntos enumeráveis é enumerável.

□

A seguir, apresentamos alguns resultados importantes sobre enumerabilidade.

Teorema 3.13 *Todo subconjunto do conjunto dos naturais é enumerável, i.e., se $X \subset \mathbb{N}$, então, X é enumerável.*

Demonstração. Seja $X \subset \mathbb{N}$. Se X for finito, já será enumerável. Suponha, então, que X seja infinito. Assim, defina a função $f : \mathbb{N} \to X$ pondo

$$f(1) = \min X,$$

$$f(2) = \min\{X \setminus \{f(1)\}\},$$
$$f(3) = \min\{X \setminus \{f(1), f(2)\}\},$$
$$\vdots$$

onde $\min Z$ denota o mínimo do conjunto Z. Logo, temos que tal f é crescente, ou seja,

$$f(1) < f(2) < f(3) < ...$$

Disso, f é injetiva.

Resta mostrar que f é sobrejetiva. Para isso, dado $n_0 \in X$, basta mostrar que n_0 é imagem de algum número natural de 1 a n_0, devido à construção da f. Ou seja, precisamos mostrar que $n_0 \in \{f(1), ..., f(n_0)\}$. Antes, porém, precisamos provar a afirmação:

Afirmação: $n \leq f(n)$, $\forall n \in \mathbb{N}$.
Provamos tal afirmação por indução sobre n. De fato, temos que

(i) $f(1) = \min X \geq 1$, ou seja, temos que $1 \leq f(1)$. Logo, vale a base da indução.

(ii) Suponha que a desigualdade seja verdadeira para $n = k$, i.e., vale que $k \leq f(k)$. Precisamos mostrar que $k + 1 \leq f(k + 1)$. De fato, avaliando a diferença:

$$f(k+1) - (k+1) = f(k+1) - k - 1 \geq f(k+1) - f(k) - 1 \geq 1 - 1 \geq 0,$$

ou seja, $f(k+1) \geq k+1$.

Assim, por (i) e (ii) segue por indução matemática a prova da afirmação.

Continuemos na prova da sobrejetividade da f. Por absurdo, suponha que $n_0 \notin \{f(1), ..., f(n_0)\}$. Então, segue que $n_0 \in X \setminus \{f(1), ..., f(n_0)\}$. Logo, segue que

$$f(n_0 + 1) = \min(X \setminus \{f(1), f(2), ..., f(n_0)\}) \leq n_0, \tag{3.6}$$

Mas pela afirmação acima, temos que, em particular,

$$n_0 \leq f(n_0). \tag{3.7}$$

Logo, de (3.6) e (3.7), temos

$$f(n_0 + 1) \leq n_0 \leq f(n_0) \Rightarrow f(n_0 + 1) \leq f(n_0),$$

mas isto é um absurdo, pois f é crescente. Portanto, f é também sobrejetora. Assim, concluímos que $f : \mathbb{N} \to X$ é bijetora. Portanto, X é enumerável.

□

Proposição 3.14 *Seja $f : A \to B$ injetiva. Se B é enumerável, então, A é enumerável.*

Demonstração. Como B é enumerável, segue que existe $g : B \to \mathbb{N}$ bijeção. Em particular, temos que g é injetora.

Como $f : A \to B$ e $g : B \to \mathbb{N}$ são injetoras, segue que a composta $g \circ f : A \to \mathbb{N}$ também é injetora. Assim, a função $v = g \circ f : A \to (g \circ f)(A) \subset \mathbb{N}$ é bijetora.

Além disso, como $(g \circ f)(A) \subset \mathbb{N}$, segue do teorema anterior que $(g \circ f)(A)$ é enumerável. Logo, existe $h : (g \circ f)(A) \to \mathbb{N}$ bijeção.

Como a composição de bijeções é uma bijeção, temos que $h \circ v : A \to \mathbb{N}$ é bijetora, donde segue que A é enumerável.

□

Proposição 3.15 *Seja $f : A \to B$ sobrejetiva. Se A for enumerável, então, B também será enumerável.*

Demonstração. Como f é sobrejetora, então, $\forall z \in B$, escolha $x \in A$ tal que $f(x) = z$ e ponha $g(z) = x$.

Isto define $g : B \to A$, tal que $f(g(z)) = f(x) = z, \forall z \in B$. Então, g é injetiva. E como A é enumerável, segue pelo corolário anterior que B é enumerável.

□

Da proposição acima, segue o corolário:

Corolário 3.16 *Seja $f : A \to B$ sobrejetiva. Se B for não enumerável, então, A é não enumerável.*

Demonstração. Por absurdo, suponha que A seja enumerável. Assim, segue que existe uma função $g : \mathbb{N} \to A$ bijetora. Em particular, temos que g é sobrejetora.

Defina agora a função $h : \mathbb{N} \to B$ por $h(x) = (f \circ g)(x)$.

Note que h é sobrejetora, pois é uma composição de funções sobrejetoras.

Logo, obtemos $h : \mathbb{N} \to B$ sobrejetora com $\mathbb{N}$ enumerável, donde segue pela proposição 3.15 que B é enumerável. Mas, temos, por hipótese, que B é não enumerável. Absurdo! Portanto, A é não enumerável.

□

Proposição 3.17 *O conjunto $\mathbb{Q}$ dos números racionais é enumerável.*

Demonstração. Primeiramente, mostraremos que $\mathbb{N} \times \mathbb{N}$ é enumerável. Para isto, basta observar o diagrama, onde vemos que é possível percorrer (listar) todos os elementos de $\mathbb{N} \times \mathbb{N}$, cf. as setas indicam no esquema:

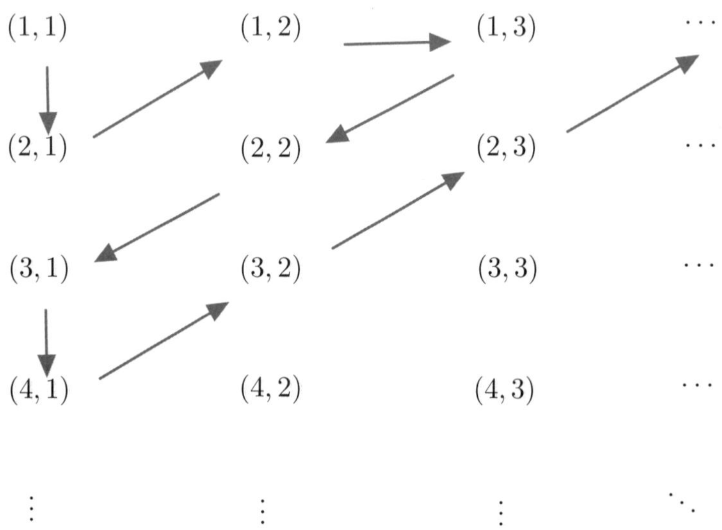

Isto indica que podemos definir $\varphi : \mathbb{N} \to \mathbb{N} \times \mathbb{N}$, pondo
$\varphi(1) = (1,1)$, $\varphi(2) = (2,1)$, $\varphi(3) = (1,2)$, $\varphi(4) = (1,3)$, $\varphi(5) = (2,2)$, ...

uma bijeção.

Logo, temos que $\mathbb{N} \times \mathbb{N}$ é enumerável. Denote por $\mathbb{Q}^+$ o conjunto dos números racionais positivos. Como $f : \mathbb{N} \times \mathbb{N} \to \mathbb{Q}^+$, dada por

$$f(m, n) = \frac{m}{n},$$

é sobrejetora, devido à enumerabilidade de $\mathbb{N} \times \mathbb{N}$, segue pela Proposição 3.15 que $\mathbb{Q}^+$ é enumerável.

Analogamente, mostramos que o conjunto dos números racionais negativos $\mathbb{Q}^-$ é enumerável. Agora, como

$$\mathbb{Q} = \mathbb{Q}^+ \cup \{0\} \cup \mathbb{Q}^-,$$

e a união finita de enumeráveis é enumerável, segue que $\mathbb{Q}$ é enumerável.

□

Vimos acima que $\mathbb{N} \times \mathbb{N}$ é enumerável. De fato, temos o resultado mais geral com relação à enumerabilidade em produtos cartesianos:

Proposição 3.18 *Sejam A e B dois conjuntos enumeráveis. Então, $A \times B$ também é enumerável.*

Demonstração. Sejam A e B conjuntos enumeráveis. Então, temos que existem funções $f : A \to \mathbb{N}$ e $g : B \to \mathbb{N}$ bijetivas.
Com isso, defina $h : A \times B \to \mathbb{N} \times \mathbb{N}$ por

$$h(x, y) = (f(x), g(y)).$$

Afirmamos que h é injetiva. De fato, dados (x, y) e (a, b) em $A \times B$, tais que

$$h(x, y) = h(a, b),$$

temos que

$$h(x, y) = h(a, b) \Rightarrow (f(x), g(y)) = (f(a), g(b)),$$

e, pela igualdade dos pares ordenados, segue que $f(x) = f(a)$ e $g(y) = g(b)$. Como f e g são injetivas (pois são bijetivas), segue que $x = a$ e $y = b$, ou seja, obtemos

$$(x, y) = (a, b).$$

Portanto, h é injetora.

Assim, temos $h : A \times B \to \mathbb{N} \times \mathbb{N}$ injetora. Como $\mathbb{N} \times \mathbb{N}$ é enumerável, segue pela Proposição 3.14 que $A \times B$ é enumerável.

□

A proposição acima pode ser ampliada no seguinte resultado:

Corolário 3.19 *O produto cartesiano finito de n conjuntos enumeráveis é enumerável, i.e., se* $A_1, A_2, ..., A_n$ *são n (n finito) conjuntos enumeráveis, então,*

$$\prod_{i=1}^{n} A_i = A_1 \times ... \times A_n$$

é enumerável.

Infelizmente, o Corolário acima não pode ser estendido para um produto cartesiano enumerável, ou seja, temos a proposição abaixo, cuja demonstração deixamos como exercício, visto que é necessário ver o *método da diagonal de Cantor* para sua prova, e esse método será apresentado na demonstração da Proposição 3.21.

Proposição 3.20 *O produto cartesiano enumerável de conjuntos enumeráveis é não enumerável.*

O resultado abaixo nos fornece um importante exemplo de conjunto não enumerável.

Proposição 3.21 *O conjunto* $\mathbb{R}$ *dos números reais é não enumerável.*

Demonstração. Para provar isto, é suficiente mostrar que $(0, 1)$ é não enumerável, visto que $(0, 1) \sim \mathbb{R}$. Faremos uma prova por absurdo. Usaremos um método chamado de *método da diagonal de Cantor.*

Suponha, por absurdo, que $(0, 1)$ seja enumerável. Assim, temos que todos os elementos de $(0, 1)$ podem ser listados, ou seja,

$$(0, 1) = \{x_1, x_2, x_3, ...\},$$

onde

$$x_1 = 0, a_{11}a_{12}a_{13}...$$

$$x_2 = 0, a_{21}a_{22}a_{23}...$$

$$x_3 = 0, a_{31}a_{32}a_{33}...$$

$$\vdots$$

$$x_n = 0, a_{n1}a_{n2}a_{n3}...$$

$$\vdots$$

tal que $a_{ij} \in \{0, 1, 2, ..., 9\}$ e cada decimal x_i possui um número infinito de elementos diferentes de zero, ou seja, representaremos, por exemplo,

$$0,50000... = 0,49999...$$

Construímos o seguinte número decimal:

$$z = 0, b_1 b_2 b_3...,$$

tal que $b_1 \neq a_{11}$ e $b_1 \neq 0$, $b_2 \neq a_{22}$ e $b_2 \neq 0$, e assim por diante.

Logo, temos que $z \in (0, 1)$.

Por outro lado, observe que $z \neq x_i$, $\forall i \in \mathbb{N}$, visto que $b_i \neq a_{ii}$ e $b_i \neq 0$. Logo, temos que $z \notin (0, 1)$. Absurdo! Assim, $(0, 1)$ é não enumerável.

□

A Proposição acima nos diz que existem conjuntos que possuem cardinalidade maior que $\aleph_0$, a cardinalidade dos conjuntos enumeráveis. Motivados pelo resultado acima, definimos:

Definição 3.22 A classe dos conjuntos não enumeráveis equivalentes a $\mathbb{R}$ chama-se número cardinal $\mathfrak{c}$, denominado *contínuo.*

Na Matemática, em especial na Teoria dos Conjuntos, a cardinalidade do contínuo é a cardinalidade do conjunto dos números reais. Esse cardinal costuma ser representado por $\mathfrak{c}$. Assim, card $\mathbb{R} = \mathfrak{c}$. Pelo estudado anteriormente concluímos que card $(a, b) = \mathfrak{c}$, pois todo intervalo aberto é equivalente ao conjunto $\mathbb{R}$ dos números reais.

Proposição 3.23 *O conjunto dos números irracionais é não enumerável.*

Demonstração. De fato, denotemos por $\mathbb{I}$ o conjunto dos números irracionais. Por absurdo, se $\mathbb{I}$ fosse enumerável, então, como

$$\mathbb{R} = \mathbb{Q} \cup \mathbb{I},$$

concluiríamos que $\mathbb{R}$ deveria ser enumerável, pois seria uma união de conjuntos enumeráveis. Mas isso é um absurdo pela Proposição 3.21.

□

Lembramos que o conjunto das partes de um conjunto A é o conjunto de todos os subconjuntos de A, e é denotado por $\mathcal{P}(A)$. Assim,

$$\mathcal{P}(A) = \{X : X \subseteq A\}.$$

Com isso, enunciamos o seguinte resultado importante.

Proposição 3.24 *Se A é um conjunto enumerável, então, o conjunto $\mathcal{P}(A)$ das partes de A é não enumerável.*

Demonstração. Seja A enumerável. Então, temos que $A \sim \mathbb{N}$. Assim, para provar a proposição, é suficiente mostrar que $\mathcal{P}(\mathbb{N})$ é não enumerável.

Por absurdo, suponha que $\mathcal{P}(\mathbb{N})$ seja enumerável. Logo, podemos escrever seus elementos numa lista infinita. Assim, seja

$$\{N_1, N_2, N_3, ...\}$$

uma enumeração de $\mathcal{P}(\mathbb{N})$.

Seja $B = \{j \in \mathbb{N} : j \notin N_j\}$ um subconjunto de $\mathbb{N}$.

Logo, $B \in \mathcal{P}(\mathbb{N})$, e disso segue que $B = N_i$, para algum $i \in \mathbb{N}$.
Como $N_i = B$, pela definição de B temos que $i \in N_i \Leftrightarrow i \notin N_i$, que é um absurdo!

Portanto, $\mathcal{P}(\mathbb{N})$ é não enumerável.

□

Da própria prova da proposição acima, temos o corolário abaixo.

Corolário 3.25 *O conjunto das partes de $\mathbb{N}$, $\mathcal{P}(\mathbb{N})$, é não enumerável.*

Exercícios

1. *Mostre que o conjunto $A = \{1, \frac{1}{2}, \frac{1}{3}, ...\} = \{\frac{1}{n} : n \in \mathbb{N}\}$ é enumerável.

2. O conjunto $X = \{1 + \sqrt{2},\ 2 + \sqrt{2},\ 3 + \sqrt{2}, ...\}$ é enumerável ou não enumerável? Justifique.

3. Prove que o conjunto $X = \{\ln(n) : n \in \mathbb{N}\} \subset \mathbb{R}$ é enumerável.

4. Prove a Proposição: *"O produto cartesiano enumerável de conjuntos enumeráveis é não enumerável"*. (Dica: Suponha, por absurdo, que o produto cartesiano enumerável de enumeráveis $A_1 \times A_2 \times ...$ seja enumerável. Use o método da diagonal de

Cantor e construa um elemento $b = (b_1, b_2, ...)$ que pertenceria ao produto enumerável, mas que não é nenhum elemento $x_i = (x_{i1}, x_{i2}, ...)$ da lista infinita construída para o produto, chegando, assim, numa contradição.)

5. Use o método da diagonal de Cantor para mostrar que o conjunto de todas as sequências infinitas formadas apenas pelos dígitos 0 e 1 é não enumerável.

6. Prove que $\mathbb{N} \times \mathbb{R}$ é não enumerável.

7. Prove que $f : \mathbb{Q}^+ \to \mathbb{N}$, dada por
$$f(\frac{m}{n}) = 2^m \cdot 3^n,$$
é injetora. Disso, conclua que $\mathbb{Q}^+$ é enumerável.

8. Mostre que a cardinalidade de $\mathbb{R}^2$ é $\mathfrak{c}$. Conclua daí que a cardinalidade do conjunto $\mathbb{C}$ dos números complexos também é o contínuo $\mathfrak{c}$. (Dica: Para a primeira parte do exercício, defina $f : [0,1] \times [0,1] \to [0,1]$ por: para $a = 0, a_1a_2a_3...$ e $b = 0, b_1b_2b_3...$, (onde suas representações decimais possuem infinitos dígitos diferentes de zero i.e., não usaremos $0,5$, mas $0,499999...$)
$$f(a,b) = \begin{cases} 0, a_1b_1a_2b_2a_3b_3... & \text{se } (a,b) \neq (0,0) \\ 0 & \text{se } (a,b) = (0,0) \end{cases}.$$
Mostre que f é bijetora e daí, card $([0,1] \times [0,1]) = \mathfrak{c}$. Como $[0,1] \sim (0,1) \sim \mathbb{R}$, conclui-se que card $\mathbb{R}^2 = \mathfrak{c}$.)
Obs.: Note que a primeira parte deste exercício mostra que uma reta e um plano possuem a mesma cardinalidade, o contínuo $\mathfrak{c}$.

9. *Se $X \subset \mathbb{R}$ for enumerável, mostre que $X^{\complement}$ é denso em $\mathbb{R}$.

10. **Definição.** Dizemos que um conjunto $X \subset Y$ é *separável* em Y quando for denso (em Y) e enumerável.

    Por exemplo, temos que $\mathbb{Q}$ é separável em $\mathbb{R}$ pois $\mathbb{Q}$ é denso em $\mathbb{R}$ e é também enumerável.

    (a) Prove que o conjunto $X = \{\frac{m}{2^n} : m, n \in \mathbb{N}\}$ é separável em $\mathbb{R}^+$.
    (b) O conjunto $A = \{\ln n : n \in \mathbb{N}\} \subset \mathbb{R}^+$ é separável em $\mathbb{R}^+$? Justifique.
    (c) Seja $\mathbb{R}^\infty$ o conjunto de todas as listas infinitas de números reais. O conjunto X de todas as listas infinitas formadas apenas por *zeros* e *uns* é separável em $\mathbb{R}^\infty$? Justifique, provando sua conclusão.

11. **(Sel. Mestrado UFRGS 2008/2)** (a) Sejam A e B conjuntos enumeráveis. Mostre que existe uma bijeção entre A e o conjunto dos números pares positivos $\{2, 4, 6, ...\}$ e uma bijeção entre B e o conjunto dos números ímpares positivos $\{1, 3, 5, ...\}$.
(b) Prove que $A \cup B$ é enumerável.

3.4 Operações com números cardinais

Apresentaremos nesta seção[2] a soma, o produto e a potência de números cardinais. Antes, porém, convém salientar aqui que vamos utilizar uma notação clássica para denotar os números cardinais: letras góticas (germânicas), como por exemplo $\mathfrak{a}$, $\mathfrak{b}$, $\mathfrak{c}$, $\mathfrak{d}$, etc. Naturalmente, o cardinal do conjunto $\mathbb{N}$ dos números naturais (e de conjuntos equivalentes a este, é claro!) é representado de forma especial pelo símbolo $\aleph_0$, derivado da primeira letra do alfabeto hebraico.

Apenas para constar, o alfabeto em letras góticas é apresentado abaixo:

$$\mathfrak{a},\ \mathfrak{b},\ \mathfrak{c},\ \mathfrak{d},\ \mathfrak{e},\ \mathfrak{f},\ \mathfrak{g},\ \mathfrak{h},\ \mathfrak{i},\ \mathfrak{j},\ \mathfrak{k},\ \mathfrak{l},\ \mathfrak{m},\ \mathfrak{n},\ \mathfrak{o},\ \mathfrak{p},\ \mathfrak{q},\ \mathfrak{r},\ \mathfrak{s},\ \mathfrak{t},\ \mathfrak{u},\ \mathfrak{v},\ \mathfrak{x},\ \mathfrak{y},\ \mathfrak{w},\ \mathfrak{z}.$$

3.4.1 Soma de cardinais

Sejam $\mathfrak{m}$ e $\mathfrak{n}$ dois números cardinais. Assim, $\mathfrak{m}$ corresponde a uma certa classe de conjuntos equivalentes. Analogamente para $\mathfrak{n}$. Sejam M um conjunto qualquer que pertence à classe $\mathfrak{m}$ (i.e., card $M = \mathfrak{m}$) e N qualquer conjunto que pertente à classe $\mathfrak{n}$ (i.e., card $N = \mathfrak{n}$).

Assuma também que $M \cap N = \emptyset$.

Defina o conjunto $S = M \cup N$.

Sejam M_1 e N_1 outros dois conjuntos disjuntos, tais que

$$\operatorname{card} M_1 = \mathfrak{m} \quad \text{e} \operatorname{card} N_1 = \mathfrak{n}.$$

Defina $S_1 = M_1 \cup N_1$.

Como $M \sim M_1$ e $N \sim N_1$, e como $M \cap N = M_1 \cap N_1 = \emptyset$, segue que

$$M \cup N \sim M_1 \cup N_1,$$

ou seja,

$$S \sim S_1.$$

Assim, os conjuntos S e S_1 estão numa mesma classe e disso segue que existe um cardinal $\mathfrak{s}$, tal que

$$\operatorname{card} S = \operatorname{card} S_1 = \mathfrak{s}.$$

[2]Esta seção pode ser omitida pois não consta em nenhuma ementa nacional de um curso de Análise na Reta.

Logo, dois números cardinais $\mathfrak{m}$ e $\mathfrak{n}$ estão associados a um número cardinal $\mathfrak{s}$ bem definido, de modo que se M e N são tais que card $M = \mathfrak{m}$ e card $N = \mathfrak{n}$, então,

$$\text{card}\,(M \cup N) = \mathfrak{s}.$$

Definimos, assim, a soma de cardinais, onde a união de M e N é disjunta:

$$\mathfrak{s} = \text{card}\,(M \cup N) = \text{card}\,M + \text{card}\,N = \mathfrak{m} + \mathfrak{n}.$$

Se $\mathfrak{m}$ e $\mathfrak{n}$ forem finitos, então, $\mathfrak{s}$ também será finito e $\mathfrak{s} = \mathfrak{m} + \mathfrak{n}$.

Assim, temos que dois números cardinais $\mathfrak{m}$ e $\mathfrak{n}$ possuem uma soma bem definida, que é um número cardinal dependente de $\mathfrak{m}$ e $\mathfrak{n}$.

Como $M \cup N = N \cup M$ (i.e., a união de conjuntos é comutativa), segue que

$$\mathfrak{m} + \mathfrak{n} = \mathfrak{n} + \mathfrak{m},$$

ou seja, a soma de cardinais é comutativa.

Mostremos também que a soma de cardinais é associativa. De fato, sejam M, N e P conjuntos, dois a dois disjuntos, tais que card $M = \mathfrak{m}$, card $N = \mathfrak{n}$ e card $P = \mathfrak{p}$. Como a união de conjuntos é associativa, ou seja,

$$(M \cup N) \cup P = M \cup (N \cup P),$$

segue que

$$(\mathfrak{m} + \mathfrak{n}) + \mathfrak{p} = \mathfrak{m} + (\mathfrak{n} + \mathfrak{p}),$$

ou seja, vale a associatividade da soma de números cardinais.

De posse do conceito de adição de números cardinais, temos o seguinte resultado:

Proposição 3.26 $\aleph_0 + \aleph_0 = \aleph_0$.

Demonstração. Escreva o conjunto $\mathbb{N}$ dos números naturais como uma união disjunta entre os números naturais pares P e os números naturais ímpares I, ou seja,

$$\mathbb{N} = P \cup I, \quad \text{com} \quad P \cap I = \emptyset.$$

Então,

$$\aleph_0 = \text{card}\mathbb{N} = \text{card}(P \cup I) = \text{card}P + \text{card I} = \aleph_0 + \aleph_0,$$

pois $P \sim I \sim \mathbb{N}$

□

Proposição 3.27 *A cardinalidade do conjunto dos números irracionais é maior do que* $\aleph_0$*, ou seja,* $\operatorname{card} \mathbb{I} > \aleph_0$.

Demonstração. Escreva $\mathbb{I} = \mathbb{R} \setminus \mathbb{Q}$. Por absurdo, suponha que $\operatorname{card} (\mathbb{R} \setminus \mathbb{Q}) \leq \aleph_0$. Como $\mathbb{R} = (\mathbb{R} \setminus \mathbb{Q}) \cup \mathbb{Q}$ é uma união disjunta, segue que

$$\operatorname{card} \mathbb{R} = \operatorname{card} (\mathbb{R} \setminus \mathbb{Q}) + \operatorname{card} \mathbb{Q} \leq \aleph_0 + \aleph_0 = \aleph_0,$$

ou seja, teríamos que $\operatorname{card} \mathbb{R} \leq \aleph_0$, o que contradiz a Proposição 3.21. Absurdo! Logo, concluímos que $\operatorname{card} \mathbb{I} > \aleph_0$.

□

3.4.2 Produto de cardinais

Sejam $\mathfrak{m}$ e $\mathfrak{n}$ dois cardinais. Assim, cf. mencionamos anteriormente, segue que existem M e N conjuntos, tais que $\operatorname{card} M = \mathfrak{m}$ e $\operatorname{card} N = \mathfrak{n}$.

Defina o produto cartesiano $P = M \times N$ com $\operatorname{card} P = \mathfrak{p}$.

A cardinalidade de $M \times N$ é definida como

$$\operatorname{card} (M \times N) = \operatorname{card} M \cdot \operatorname{card} N = \mathfrak{m} \cdot \mathfrak{n} = \mathfrak{p} = \operatorname{card} P.$$

Observamos que o cardinal $\mathfrak{p}$ independe da escolha de M e de N. De fato, se M_1 e N_1 são tais que $\operatorname{card} M_1 = \mathfrak{m}$ e $\operatorname{card} N_1 = \mathfrak{n}$, temos que $M \sim M_1$ e $N \sim N_1$.

Logo, temos que $M \times N \sim M_1 \times N_1$.

Se $\mathfrak{p}_1 = \operatorname{card} (M_1 \times N_1)$, segue que $\mathfrak{p}_1 = \mathfrak{p}$. Logo, $\mathfrak{p}$ independe da escolha de M e N (ou seja, quaisquer representantes das respectivas classes servem).

Se $\mathfrak{m}$ e $\mathfrak{n}$ são finitos, então o produto $\mathfrak{p} = \mathfrak{m} \cdot \mathfrak{n}$ também é finito. Assim, dois números cardinais têm um produto bem definido, que também é um número cardinal.

Mostremos que o produto de cardinais é associativo e distributivo. De fato, dados M, B e P com $\operatorname{card} M = \mathfrak{m}$, $\operatorname{card} N = \mathfrak{n}$ e $\operatorname{card} P = \mathfrak{p}$, como

$$(M \times N) \times P = M \times (N \times P),$$

segue que

$$(\mathfrak{m} \cdot \mathfrak{n}) \cdot \mathfrak{p} = \mathfrak{m} \cdot (\mathfrak{n} \cdot \mathfrak{p});$$

e como $M \times (N \cup P) = (M \times N) \cup (M \times P)$, segue que

$$\mathfrak{m} \cdot (\mathfrak{n} + \mathfrak{p}) = \mathfrak{m} \cdot \mathfrak{n} + \mathfrak{m} \cdot \mathfrak{p}.$$

Por fim, como $M \times N \sim N \times M$, segue que[3]

$$\mathfrak{m} \cdot \mathfrak{n} = \mathfrak{n} \cdot \mathfrak{m}.$$

Ou seja, o produto de números cardinais é também comutativo.

3.4.3 Potência de cardinais

No que segue definiremos a potência de cardinais $\mathfrak{m}^{\mathfrak{n}}$. Antes, porém, apresentaremos um resultado preliminar. Lembrando da teoria dos conjuntos, B^A denota o conjunto de todas as funções de A em B, ou seja,

$$B^A = \{f : A \to B\}.$$

Assim, estamos em condições de enunciar:

Proposição 3.28 *Sejam A, B, M e N conjuntos, tais que $A \sim M$ e $B \sim N$. Então, $B^A \sim N^M$.*

Demonstração. Como $A \sim M$ e $B \sim N$, segue que existem $f : A \to M$ e $g : B \to N$ bijeções.

Defina $F : B^A \to N^M$ do seguinte modo (observe o esquema abaixo): se $u \in B^A$, então, $F(u) = h \in N^M$ é tal que $F(u) = h = g \circ u \circ f^{-1}$.

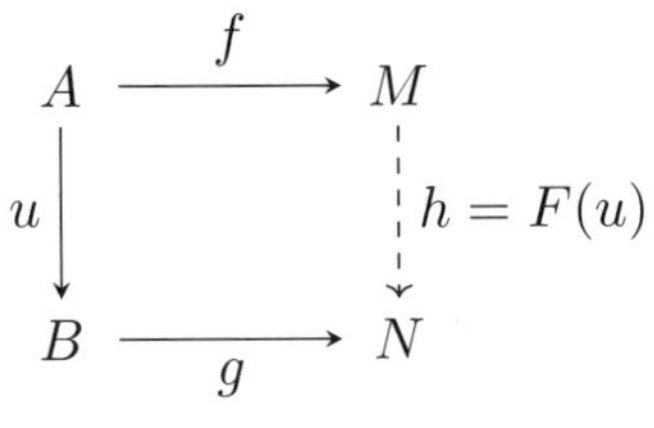

Afirmamos que F assim definida é bijetiva. De fato, F é injetiva, pois

$$F(u) = F(v) \Rightarrow g \circ u \circ f^{-1} = g \circ v \circ f^{-1},$$

e sendo f e g inversíveis (pois são bijetivas), podemos fazer as composições à esquerda e à direita como segue:

$$g^{-1} \circ (g \circ u \circ f^{-1}) \circ f = g^{-1} \circ (g \circ v \circ f^{-1}) \circ f \Rightarrow u = v.$$

Ainda, F também é sobrejetiva, pois, dado $m \in N^M$ (i.e., $m : M \to N$), temos que existe $u \in B^A$, tal que $F(u) = m$. De fato, basta tomar $u = g^{-1} \circ m \circ f$:

$$F(u) = F(g^{-1} \circ m \circ f) = g \circ (g^{-1} \circ m \circ f) \circ f^{-1} = m.$$

Portanto, F é bijetiva, donde segue que $B^A \sim N^M$.

[3]Pois $f : M \times N \to N \times M$, dada por $f(x, y) = (y, x)$,é bijetiva. Logo, $M \times N \sim N \times M$.

□

Sejam $\mathfrak{m}$ e $\mathfrak{n}$ cardinais. Assim, temos que existem M e N conjuntos, tais que $\operatorname{card} M = \mathfrak{m}$ e $\operatorname{card} N = \mathfrak{n}$.

Seja $P = M^N = \{f : N \to M\}$. Se M_1 e N_1 são tais que $\operatorname{card} M_1 = \mathfrak{m}$ e $\operatorname{card} N_1 = \mathfrak{n}$, temos que $M \sim M_1$ e que $N \sim N_1$, donde segue pela Proposição 3.28 que $M_1^{N_1} \sim M^N$.

Logo, o número cardinal $\mathfrak{p} = \operatorname{card}(M^N)$ depende apenas dos números cardinais $\mathfrak{m}$ e $\mathfrak{n}$, e não da escolha de M e N, desde que $\operatorname{card} M = \mathfrak{m}$ e $\operatorname{card} N = \mathfrak{n}$.

Definimos, então, a potência $\operatorname{card} M^N = (\operatorname{card} M)^{\operatorname{card} N} = \mathfrak{m}^{\mathfrak{n}}$.

Se $\mathfrak{m}$ e $\mathfrak{n}$ são finitos, então, a potência $\mathfrak{p} = \mathfrak{m}^{\mathfrak{n}}$ também será finita.

Uma propriedade importante da potência de cardinais é dada na proposição abaixo.

Proposição 3.29 *Dados $\mathfrak{m}, \mathfrak{n}$ e $\mathfrak{p}$ números cardinais. Então*

$$\mathfrak{m}^{\mathfrak{n}+\mathfrak{p}} = \mathfrak{m}^{\mathfrak{n}} \cdot \mathfrak{m}^{\mathfrak{p}}.$$

Demonstração. Sejam os conjuntos M, N_1 e N_2, tais que card $M = \mathfrak{m}$, card $N_1 = \mathfrak{n}$ e card $N_2 = \mathfrak{p}$ tais que $N_1 \cap N_2 = \emptyset$ (i.e., que N_1 e N_2 sejam disjuntos).

Pela definição de potência dada acima temos que

$$\mathfrak{m}^{\mathfrak{n}+\mathfrak{p}} = \operatorname{card}(M^{N_1 \cup N_2})$$

e

$$\mathfrak{m}^{\mathfrak{n}} \cdot \mathfrak{m}^{\mathfrak{p}} = \operatorname{card}(M^{N_1}) \cdot \operatorname{card}(M^{N_2}) = \operatorname{card}(M^{N_1} \times M^{N_2}).$$

Para provar a igualdade desejada precisamos mostrar que

$$M^{N_1 \cup N_2} \sim M^{N_1} \times M^{N_2},$$

onde

$$M^{N_1 \cup N_2} = \{f : N_1 \cup N_2 \to M\}$$

e

$$M^{N_1} \times M^{N_2} = \{(u, v) \,|\, u : N_1 \to M \text{ e } v : N_2 \to M\}.$$

Dado $f \in M^{N_1 \cup N_2}$, temos que $f : N_1 \cup N_2 \to M$, e como N_1 e N_2 são disjuntos, temos que tal aplicação f induz outras duas aplicações através das restrições:

$$f_{|_{N_1}} : N_1 \to M \quad \text{e} \quad f_{|_{N_2}} : N_2 \to M.$$

E isso vale para toda $f \in N_1 \cup N_2$. Assim, a partir destas restrições podemos definir a aplicação

$$\varphi : M^{N_1 \cup N_2} \to M^{N_1} \times M^{N_2}$$

por

$$\varphi(f) = (f_{|_{N_1}}, f_{|_{N_2}}).$$

Vamos mostrar que tal φ é bijetiva.

Primeiramente, dado $(u, v) \in M^{N_1} \times M^{N_2}$, então tem-se que $u : N_1 \to M$ e $v : N_2 \to M$, e como $N_1 \cap N_2 = \emptyset$, segue que podemos definir $h : N_1 \cup N_2 \to M$ por

$$h(x) = \begin{cases} u(x) & \text{se } x \in N_1 \\ v(x) & \text{se } x \in N_2 \end{cases},$$

ou seja, temos que $\exists\, h \in M^{N_1 \cup N_2}$ tal que $h_{|_{N_1}} = u$ e $h_{|_{N_2}} = v$, ou seja, mostramos que $\exists h \in M^{N_1 \cup N_2}$ tal que

$$\varphi(h) = (h_{|_{N_1}}, h_{|_{N_2}}) = (u, v),$$

ou seja, mostramos que φ é sobrejetiva.

Vejamos a injetividade de φ. Dados quaiquer $f, g \in M^{N_1 \cup N_2}$, temos que

$$\varphi(f) = \varphi(g) \Rightarrow (f_{|_{N_1}}, f_{|_{N_2}}) = (g_{|_{N_1}}, g_{|_{N_2}}),$$

e então $f_{|_{N_1}} = g_{|_{N_1}}$ e $f_{|_{N_2}} = g_{|_{N_2}}$, e como $N_1 \cap N_2 = \emptyset$, concluímos que $f(x) = g(x)$, $\forall x \in N_1 \cup N_2$, i.e., $f = g$.

Logo, φ é injetiva.

Portanto, $\varphi : M^{N_1 \cup N_2} \to M^{N_1} \times M^{N_2}$ é bijetiva, donde segue que

$$M^{N_1 \cup N_2} \sim M^{N_1} \times M^{N_2},$$

ou seja, concluímos que

$$\mathfrak{m}^{\mathfrak{n}+\mathfrak{p}} = \mathfrak{m}^{\mathfrak{n}} \cdot \mathfrak{m}^{\mathfrak{p}}.$$

$\square$

Exercícios

1. Prove que $\aleph_0 + \mathfrak{c} = \mathfrak{c}$ e que $\mathfrak{c} + \mathfrak{c} = \mathfrak{c}$.

2. Prove que a união enumerável de conjuntos de cardinalidade $\mathfrak{c}$ tem cardinalidade $\mathfrak{c}$. Em outras palavras, mostre que $\mathfrak{c} + \mathfrak{c} + \mathfrak{c} + \mathfrak{c} + \ldots = \mathfrak{c}$.

3. Se $\mathfrak{m}$ é um número cardinal, tal que $\mathfrak{m} > 1$, mostre que existe um número cardinal $\mathfrak{n}$, tal que $2^{\mathfrak{m}} = 2\mathfrak{n}$.

4. *Dados $\mathfrak{m}$ e $\mathfrak{n}$ cardinais, tais que $\mathfrak{m} \leq \mathfrak{n}$. Mostre que, para todo cardinal $\mathfrak{p}$, tem-se que $\mathfrak{m} + \mathfrak{p} \leq \mathfrak{n} + \mathfrak{p}$.

5. Dados $\mathfrak{m}$ e $\mathfrak{n}$ cardinais, tais que $\mathfrak{m} \leq \mathfrak{n}$. Mostre que, para todo cardinal $\mathfrak{p}$, tem-se que $\mathfrak{m} \cdot \mathfrak{p} \leq \mathfrak{n} \cdot \mathfrak{p}$.

6. *Dados $\mathfrak{m}, \mathfrak{n}$ e $\mathfrak{p}$ números cardinais, mostre a propriedade de potência abaixo:

$$(\mathfrak{m}^{\mathfrak{n}})^{\mathfrak{p}} = \mathfrak{m}^{\mathfrak{n} \cdot \mathfrak{p}}.$$

Capítulo 4

Sequências numéricas

"De que me irei ocupar no céu, durante toda a Eternidade, se não me derem uma infinidade de problemas de Matemática para resolver?"

- Augustin Louis Cauchy -

Neste capítulo vamos definir um tipo especial de função, chamado *sequência*, bem como suas principais propriedades de convergência. Comecemos com a definição de sequência.

4.1 Primeiros conceitos

Definição 4.1 Uma sequência numérica $(x_n)_n$ é definida como uma lista infinita de números reais

$$(x_n)_n = (x_1, x_2, x_3, ...),$$

onde os $x_i \in \mathbb{R}$, para todo $i \in \mathbb{N}$.

Outra maneira equivalente de definir uma sequência é considerá-la como uma função de variável natural $x_n = x(n) : \mathbb{N} \to \mathbb{R}$ à qual, para cada $n \in \mathbb{N}$, associa uma imagem x_n, e o conjunto imagem, ordenadamente, $x_1, x_2, ...$, define a sequência (x_n).

Os números x_n da imagem de uma sequência são chamados de termos ou elementos da sequência. Podemos denotar os termos da sequência tanto por $x(n)$ como x_n, sendo que esta última é a mais usada.

Como o domínio de uma sequência é sempre o conjunto dos naturais, simplesmente consideramos a expressão que a define.

Exemplo. Se $x_n = \dfrac{n}{2n+1}$, então $x_1 = \dfrac{1}{3}$, $x_2 = \dfrac{2}{3}$, $x_3 = \dfrac{3}{7}$, $x_4 = \dfrac{4}{9}$ e assim por diante. A figura abaixo ilustra o comportamento gráfico desta sequência.

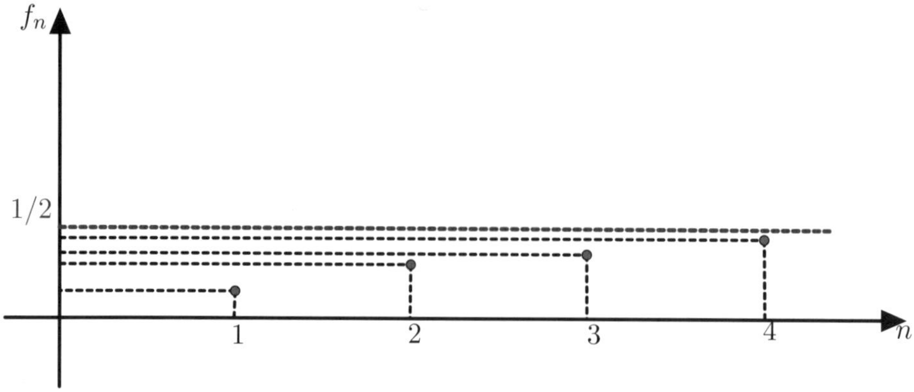

A sequência $(x_n)_n$ dada acima pode ser representada pela lista ordenada infinita enumerável de seus termos:

$$(x_n)_{n\in\mathbb{N}} = (x_1, x_2, x_3, ...) = (\frac{1}{3}, \frac{2}{5}, \frac{3}{7}, \frac{4}{9}, ..., \frac{n}{2n+1}, ...).$$

Definição 4.2 Dizemos que duas sequências $(x_n)_n$ e $(y_n)_n$ são iguais se, e somente se, $x_i = y_i$, $\forall i \in \mathbb{N}$.

A definição acima pode parecer um tanto ingênua, no entanto atente-se ao fato de que duas sequências serão iguais somente quando os termos de mesma posição de ambas forem iguais, ou seja, (x_n) será igual a (y_n) somente quando $x_1 = y_1$, $x_2 = y_2$, e assim por diante. Um contraexemplo interessante de se ver, por exemplo, é considerar a sequência (x_n) definida por

$$x_n = \frac{1}{n}$$

e a sequência $(y_n)_n$ definida por

$$y_n = \begin{cases} 1, \text{ se } n \text{ é ímpar} \\ \dfrac{2}{n+2}, \text{ se } n \text{ for par} \end{cases}$$

Embora ambas possuam mesmos elementos, elas não são iguais, pois ao listarmos ordenadamente os termos de (x_n) e os termos de (y_n) vamos obter

$$(x_n) = (1, \frac{1}{2}, \frac{1}{3}, ..., \frac{1}{n}, ...)$$

e

$$(y_n) = (1, \frac{1}{2}, 1, \frac{1}{3}, 1, \frac{1}{4}, ...),$$

e com isso já observamos, por exemplo, que $x_3 = \frac{1}{3}$, enquanto que $y_3 = 1$. Então, as sequências (x_n) e (y_n) não são iguais.

Definição 4.3 Seja (x_n) uma sequência. Tomando-se um subconjunto infinito de índices $n_1 < n_2 < n_3 < ...$ de $\mathbb{N}$, definimos a partir da sequência dada, uma *subsequência* $(x_{n_k}) = (x_{n_1}, x_{n_2}, x_{n_3}, ...)$.

Como uma sequência, além de ser uma lista infinita de números reais, também é definida como uma função de uma variável natural, à primeira vista podemos pensar que uma subsequência de uma sequência não seria, nesse sentido, uma sequência, visto que o conjunto de índices dessa subsequência não seria mais $\mathbb{N}$, mas o subconjunto infinito

$$\{n_1 < n_2 < n_3 < ...\} \subset \mathbb{N}.$$

Porém, tal subconjunto de $\mathbb{N}$ é enumerável, conforme o Teorema 3.13.

Logo, existe uma bijeção $\varphi : \mathbb{N} \to \{n_1 < n_2 < n_3 < ...\}$ pondo

$$1 \mapsto x_{n_1}, 2 \mapsto x_{n_2}, ..., k \mapsto x_{n_k}, ...$$

e, portanto, toda subsequência de uma sequência é também uma sequência.

Exemplo. Dada a sequência $x_n = (-1)^n$ temos $x_1 = x_3 = x_5 = ... = x_{2n-1} = ... = -1$ e $x_2 = x_4 = x_6 = ... = x_{2n} = ... = 1$, ou seja, destacamos da sequência original duas subsequências: a subsequência (x_{2n-1}) dos termos ímpares e a subsequência (x_{2n}) dos termos pares.

4.2 Limite de sequência

Como sequências são funções, podemos indagar sobre os seus limites. Porém, como a sequência (x_n) está definida para valores inteiros de n, o único limite que faz sentido é o de x_n quando $n \to +\infty$.

Por exemplo, note que os elementos da sequência $(x_n)_n$ definida por

$$x_n = \frac{n}{2n+1}$$

estão cada vez mais próximos de $\dfrac{1}{2}$, embora nenhum elemento da sequência assuma o valor $\dfrac{1}{2}$. Intuitivamente vemos que podemos obter um elemento da sequência tão próximo de $\dfrac{1}{2}$ quanto desejarmos, bastando tomar um número de elementos suficientemente grande. Expressando de outra forma, temos que $\left|\dfrac{n}{2n+1} - \dfrac{1}{2}\right|$

pode se tornar menor que qualquer número positivo ε, contanto que n seja suficientemente grande. Por isso, dizemos que o limite da sequência $\dfrac{n}{2n+1}$ é $\dfrac{1}{2}$.

Inspirados no expresso acima, podemos definir limite de uma sequência (x_n) como segue.

Definição 4.4 Seja $(x_n) \subset \mathbb{R}$ uma sequência de números reais. Dizemos que $L \in \mathbb{R}$ é o *limite* da sequência (x_n) quando n tender para o infinito, e escrevemos $\lim\limits_{n \to +\infty} x_n = L$, se, e somente se, para qualquer $\varepsilon > 0$ existir um número $n_0 \in \mathbb{N}$, tal que para todo $n \in \mathbb{N}$ tal que $n \geq n_0$, então $|x_n - L| < \varepsilon$.
Simbolicamente, escrevemos:

$$\lim_{n \to +\infty} x_n = L \Leftrightarrow \forall \varepsilon > 0, \exists n_0 \in \mathbb{N} \text{ tal que } \forall n \geq n_0 \Rightarrow |x_n - L| < \varepsilon.$$

Dada uma sequência (x_n), dizer que $\lim\limits_{n \to +\infty} x_n = L$ significa que, dada uma aproximação positiva $\varepsilon > 0$, vai existir um índice n_0 ao qual, a partir deste, todos os termos da sequência ficam próximos de L a menos de ε, ou seja, $|x_n - L| < \varepsilon$, para todo $n \geq n_0$, i.e., a partir do índice n_0, todos os termos da sequência (x_n) ficam dentro da faixa $(L - \varepsilon, L + \varepsilon)$ e se aproximando do valor $L \in \mathbb{R}$ à medida que o índice n aumenta. Veja na ilustração a seguir.

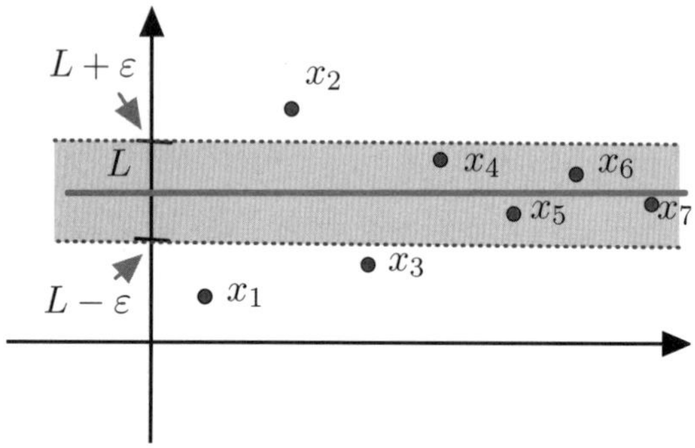

Vejamos alguns exemplos de aplicação.

Exemplo 01. Prove que a sequência (x_n) dada por $x_n = \frac{n}{2n+1}$ tem limite $\frac{1}{2}$.

Solução. Dado $\varepsilon > 0$. Precisamos achar $n_0 \in \mathbb{N}$ tal que, $\forall n \geq n_0$, implique em

$$|x_n - \frac{1}{2}| < \varepsilon.$$

Vamos estimar $|x_n - \frac{1}{2}|$. Assim,

$$|x_n - \frac{1}{2}| = \left|\frac{n}{2n+1} - \frac{1}{2}\right| = \left|\frac{-1}{2(2n+1)}\right| = \frac{1}{2(2n+1)}.$$

Como queremos achar um $n \geq n_0$, então, supondo determinado, podemos escrever

$$2n+1 \geq 2n_0 + 1 > 2n_0,$$

e daí

$$2(2n+1) > 2(2n_0) = 4n_0,$$

e, portanto,

$$\frac{1}{2(2n+1)} < \frac{1}{4n_0}.$$

Assim, como queremos que $|x_n - \frac{1}{2}| < \varepsilon$, se impormos que $\frac{1}{4n_0} < \varepsilon$, vamos obter $n_0 > \frac{1}{4\varepsilon}$.

Ou seja, acabamos de mostrar que, $\forall \varepsilon > 0$, $\exists\, n_0 \in \mathbb{N}$ (e é tal que $n_0 > \frac{1}{4\varepsilon}$), tal que, $\forall n \geq n_0$, implique em $|x_n - \frac{1}{2}| < \varepsilon$, ou seja, acabamos de provar que

$$\lim_{n\to\infty} x_n = \lim_{n\to\infty} \frac{n}{2n+1} = \frac{1}{2}.$$

Neste caso, na prática, podemos tomar $n_0 = \lfloor \frac{1}{4\varepsilon} \rfloor + 1$, onde $\lfloor a \rfloor$ denotará a parte inteira do número real a.

Apenas para ilustrar a prova acima, se tomarmos $\varepsilon = 0,1$, então teremos que $n_0 > \frac{1}{4 \cdot 0,1} = 2,5$, ou seja, neste caso, tomaremos $n_0 = \lfloor 2,5 \rfloor + 1 = 3$. Assim, segue que, a partir do índice $n = 3$, a distância do termo x_n da sequência $x_n = \frac{n}{2n+1}$ ao valor $\frac{1}{2}$ fica menor do que $0,1$.

Por exemplo, se tomarmos $n = 4$ vamos notar que

$$|x_4 - \frac{1}{2}| = \left|\frac{4}{9} - \frac{1}{2}\right| = \frac{1}{18} \approx 0,056 < 0,1 = \varepsilon.$$

Exemplo 02. Prove que a sequência (x_n) dada por

$$x_n = \frac{\ln n}{n^3}$$

tem limite 0.

Solução. Dado $\varepsilon > 0$, basta tomar $n_0 > \frac{1}{\sqrt{\varepsilon}}$. De fato, $\forall n \geq n_0$ temos que $\dfrac{1}{n} \leq \dfrac{1}{n_0}$, e então

$$\frac{1}{n^2} \leq \frac{1}{n_0^2}.$$

Assim, observando que $\ln n \leq n$, temos que

$$|\frac{\ln n}{n^3} - 0| = \frac{\ln n}{n^3} < \frac{n}{n^3} = \frac{1}{n^2} \leq \frac{1}{n_0^2} < (\sqrt{\varepsilon})^2 = \varepsilon, \quad \forall n \geq n_0,$$

ou seja, mostramos que

$$\lim_{n\to\infty} \frac{\ln n}{n^3} = 0.$$

Definição 4.5 Se a sequência $(x_n)_{n\in\mathbb{N}}$ tiver um limite, dizemos que ela é *convergente*, e converge para o limite. Se a sequência não for convergente, ela é dita *divergente*.

Por exemplo, a sequência (x_n) definida por $x_n = (-1)^n$ é divergente (Justifique!). Já os dois exemplos anteriores são de sequências convergentes.

Notação. Quando uma sequência for convergente e tiver um limite a, podemos escrever

$$x_n \to a$$

para denotar que

$$\lim_{n\to\infty} x_n = a.$$

4.3 Sequências limitadas

Definição 4.6 O número L é chamado de *cota inferior* da sequência (x_n) se $L \leq x_n$ para todo n inteiro positivo, e o número S é chamado de *cota superior* da sequência (x_n) se $x_n \leq S$ para todo n inteiro positivo.

No caso, quando uma sequência (x_n) possuir uma cota inferior, dizemos que a mesma é *limitada inferiormente*, e no caso de possuir uma cota superior, dizemos que ela é *limitada superiormente.*

Definição 4.7 Dizemos que uma sequência (x_n) é limitada se, e somente se, ela tiver cotas superior e inferior, ou seja, quando for limitada superiormente e inferiormente.

Ou seja, (x_n) é dita limitada se, e somente se, $\exists a, b \in \mathbb{R}$ tais que $a \leq x_n \leq b$, $\forall n \in \mathbb{N}$. Ou, de uma maneira mais simples, dizemos que (x_n) é limitada se existir

$M > 0$ tal que $|x_n| \leq M$, $\forall n \in \mathbb{N}$.

Exemplo 1. Para a sequência $x_n = \dfrac{1}{n}$ cujos elementos são $1, \dfrac{1}{2}, \dfrac{1}{3}, \dfrac{1}{4}, ..., \dfrac{1}{n}, ...$, podemos considerar 1 uma cota superior, assim como 30 também é uma cota superior. 0 é uma cota inferior.

Como o conjunto $X = \{x_n : n \in \mathbb{N}\}$ dos termos dessa sequência assume valor máximo 1, temos que o supremo de X é 1, ou seja, $\sup\limits_{n\in\mathbb{N}} x_n = 1$. Vamos mostrar que o ínfimo de X é 0. De fato, basta notar que

(a) $x_n = \frac{1}{n} > 0$, $\forall n \in \mathbb{N}$. Logo, 0 é uma cota inferior para $X = \{x_n = \frac{1}{n} : n \in \mathbb{N}\}$.

(b) Vamos mostrar que 0 é a maior cota inferior para o conjunto X; i.e., mostraremos que

$$\forall \varepsilon > 0, \exists n_0 \in \mathbb{N} \text{ tal que } 0 \leq x_{n_0} < 0 + \varepsilon. \tag{4.1}$$

De fato, se por absurdo $\exists \varepsilon_0 > 0$ tal que $x_n \geq \varepsilon_0$, $\forall n \in \mathbb{N}$, então temos que

$$\frac{1}{n} \geq \varepsilon_0, \ \forall n \in \mathbb{N}.$$

Tomando os inversos, vem que $n \leq \frac{1}{\varepsilon_0}$, $\forall n \in \mathbb{N}$.

Então, segue que $\mathbb{N} \subset \mathbb{R}$ fica limitado superiormente por $\frac{1}{\varepsilon_0}$, o que é um absurdo, pois $\mathbb{R}$ é arquimediano.

Logo, vale (4.1), ou seja, vale (b).

Portanto, de (a) e (b) segue que $0 = \inf\limits_{n\in\mathbb{N}} x_n$.

Proposição 4.8 *Se (x_n) for uma sequência convergente, então (x_n) é limitada.*

Demonstração. Seja $\lim\limits_{n\to\infty} x_n = a$. Tome $\varepsilon = 1$. Então, $\exists n_0 \in \mathbb{N}$ tal que, $\forall n \geq n_0$, implica em $|x_n - a| < 1$, ou seja,

$$-1 < x_n - a < 1, \ \forall n \geq n_0,$$

isto é,

$$a - 1 < x_n < a + 1, \ \forall n \geq n_0.$$

Defina o conjunto $X = \{x_1, x_2, ..., x_{n_0-1}, a-1, a+1\}$. Como este conjunto é finito segue que existem

$$M = \max X \quad \text{e} \quad m = \min X,$$

e, portanto, concluímos que

$$m \leq x_n \leq M, \forall n \in \mathbb{N},$$

ou seja, (x_n) é limitada.

□

Observamos, porém, que o fato de uma sequência ser limitada não implica que ela seja convergente. Por exemplo, a sequência (x_n) dada por $x_n = (-1)^n$ é limitada, visto que seus termos são sempre -1 e 1, os ímpares e os pares, respectivamente. Portanto, $\nexists \lim\limits_{n\to+\infty} x_n$. A convergência não ocorreu neste caso pois os seus termos oscilam nos seus valores. A garantia da convergência de uma sequência limitada é adicionar a hipótese da sequência, além de limitada, ser também monótona. Isto será provado no Teorema 4.12.

Exercícios

1. Prove cada limite a seguir pela definição.

(a) $\lim\limits_{n\to+\infty} \dfrac{2n-1}{3-5n} = -\dfrac{2}{5}$ (b) $\lim\limits_{n\to+\infty} \dfrac{n}{3n-1} = \dfrac{1}{3}$

(c) $\lim\limits_{n\to+\infty} \sqrt{n+1} - \sqrt{n} = 0$ (d) $\lim\limits_{n\to+\infty} \dfrac{2-4n}{4n-7} = -1$

(e) $\lim\limits_{n\to\infty} \dfrac{1}{\ln(n+1)} = 0$ (f) $\lim\limits_{n\to\infty} \dfrac{e^n}{e^n+1} = 1$

2. Prove o seguinte teorema, versão para sequências do Teorema do Sanduíche: **Teorema.** *Sejam* (x_n), (y_n) *e* (z_n) *sequências tais que* $x_n \leq y_n \leq z_n$, $\forall n \in \mathbb{N}$. *Se* $\lim\limits_{n\to+\infty} x_n = \lim\limits_{n\to+\infty} z_n = a$, *então* $\lim\limits_{n\to+\infty} y_n = a$.

3. Utilize o teorema anterior para provar que $\dfrac{\cos n}{n} \to 0$.

4. *Seja a sequência (x_n) dada por $x_n = \dfrac{n!}{n^n}$. Prove que $x_n \to 0$.

5. Prove por Indução Matemática que $n^2 \leq 2^n$, $\forall n \geq 4$. Em seguida, use isto para provar que a sequência (x_n) dada por $x_n = \dfrac{n^2}{4^n}$ é convergente. Para quanto converge (x_n)?

6. *Cálculo do limite da sequência* $x_n = \sqrt[n]{n}$. Os itens a seguir nos fornecem uma forma de determinar o limite da sequência (x_n) dada por $x_n = \sqrt[n]{n}$.

(a) Mostre que $\sqrt[n]{n} \geq 1$, $\forall n \in \mathbb{N}$.

(b) Se $r \in \mathbb{R}$, com $r \geq 0$, prove por indução sobre n que

$$(1+r)^n \geq 1 + nr + \frac{n(n-1)}{2}r^2.$$

Em seguida, conclua que $(1+r)^n \geq \dfrac{n(n-1)}{2}r^2$.

(c) Usando os itens acima, prove que $\lim\limits_{n\to\infty} \sqrt[n]{n} = 1$.

7. *Seja (x_n) a sequência definida por $x_n = \sqrt[n]{2}$. Calcule $\lim\limits_{n\to\infty} x_n$.

8. *Sendo $a, b \geq 0$, mostre que $\lim\limits_{n\to+\infty} \sqrt[n]{a^n + b^n} = \max\{a, b\}$.

9. ***(Sel. Mestrado UFRGS 2010/1)** Prove que se $\lim\limits_{n\to\infty} a_n = 0$ e $(b_n)_{n\geq 0}$ é uma sequência limitada, então $\lim\limits_{n\to\infty} a_n b_n = 0$. Mostre com um contraexemplo que a conclusão acima não é válida se retirarmos a hipótese de $(b_n)_{n\geq 0}$ ser limitada.

10. Prove que se (x_n) for uma sequência tal que $\lim\limits_{n\to\infty} x_n = a$, então toda subsequência de (x_n) tem o mesmo limite a.

11. Seja (x_n) uma sequência tal que $\lim\limits_{n\to\infty} x_n = a$. Prove que

$$\lim_{n\to\infty} \frac{x_1 + x_2 + \ldots + x_n}{n} = a.$$

12. *Sejam (x_n) uma sequência limitada e seja $M = \sup\{x_n : n \in \mathbb{N}\}$. Mostre que se $M \notin \{x_n : n \in \mathbb{N}\}$, então existe uma subsequência de (x_n) convergente para M.

4.4 Propriedades dos limites

As propriedades de limites de sequências são análogas às propriedades de limites de funções, estudadas num curso de Cálculo.

Proposição 4.9 *O limite de uma sequência, se existir, é único.*

Demonstração. Por absurdo, seja (x_n) sequência tal que $\lim\limits_{n\to\infty} x_n = a$ e $\lim\limits_{n\to\infty} x_n = b$, com $a \neq b$.

Assim, tome $\varepsilon = \dfrac{|b-a|}{2} > 0$.

Disso, de $\lim\limits_{n\to\infty} x_n = a$, segue que $\exists n_0 \in \mathbb{N}$ tal que $\forall n \geq n_0 \Rightarrow |x_n - a| < \frac{\varepsilon}{2}$.

Ainda, se $\lim\limits_{n\to\infty} x_n = b$, segue que $\exists n_1 \in \mathbb{N}$ tal que $\forall n \geq n_1 \Rightarrow |x_n - b| < \frac{\varepsilon}{2}$.

Tomando $\tilde{n} = \max\{n_0, n_1\}$, segue que valem $|x_n - a| < \dfrac{\varepsilon}{2}$ e $|x_n - b| < \dfrac{\varepsilon}{2}$. Disso, $\forall n \geq \tilde{n}$, temos

$$|b-a| = |b - x_n + x_n - a| \leq |x_n - b| + |x_n - a| < \frac{\varepsilon}{2} + \frac{\varepsilon}{2} = \varepsilon = \frac{|b-a|}{2}$$

$$\Rightarrow 1 < \frac{1}{2}. \quad \text{(Absurdo!)}$$

Portanto, $a = b$.

□

Proposição 4.10 *(Propriedades aritméticas dos limites de sequências) Sejam (x_n) e (y_n) duas sequências tais que $\lim\limits_{n\to\infty} x_n = a$ e $\lim\limits_{n\to\infty} y_n = b$, então*

(i) $\lim\limits_{n\to\infty} (x_n + y_n) = a + b$;

(ii) $\lim\limits_{n\to\infty} (x_n - y_n) = a - b$;

(iii) $\lim\limits_{n\to\infty} (x_n \cdot y_n) = a \cdot b$;

(iv) $\lim\limits_{n\to\infty} \dfrac{x_n}{y_n} = \dfrac{a}{b}$, *desde que* $b \neq 0$.

Demonstração. Faremos as provas de (i), (iii) e (iv), visto que a prova de (ii) é análoga à de (i).

(i) Dado $\varepsilon > 0$.
Como $\lim\limits_{n\to\infty} x_n = a$, segue que $\exists n_0 \in \mathbb{N}$ tal que, $\forall n \geq n_0 \Rightarrow |x_n - a| < \frac{\varepsilon}{2}$.
Como $\lim\limits_{n\to\infty} y_n = b$, segue que $\exists n_1 \in \mathbb{N}$ tal que, $\forall n \geq n_1 \Rightarrow |y_n - b| < \frac{\varepsilon}{2}$.
Tomando $\tilde{n} = \max\{n_0, n_1\} > 0$ temos que $\forall n \geq \tilde{n}$ valem as duas desigualdades acima, e daí

$$|(x_n + y_n) - (a+b)| = |x_n - a + y_n - b| \leq |x_n - a| + |y_n - b| < \frac{\varepsilon}{2} + \frac{\varepsilon}{2} = \varepsilon,$$

ou seja, para $\varepsilon > 0$ determinamos $\tilde{n} \in \mathbb{N}$ tal que

$$\forall n \geq \tilde{n} \Rightarrow |(x_n + y_n) - (a+b)| < \varepsilon,$$

isto é, vale (i).

(iii) Primeiramente, como existe o limite $\lim\limits_{n\to\infty} x_n = a$, segue que (x_n) é limitada, ou seja, existe $M > 0$ tal que $|x_n| \leq M$, $\forall n \in \mathbb{N}$.

Dado $\varepsilon > 0$. Como $\lim\limits_{n\to\infty} x_n = a$ e $\lim\limits_{n\to\infty} y_n = b$, segue que existem n_0 e n_1 naturais tais que

- para todo $n \geq n_0$, implica em $|x_n - a| < \dfrac{\varepsilon}{2(|b|+1)}$,

- para todo $n \geq n_1$, implica em $|y_n - b| < \dfrac{\varepsilon}{2M}$.

Assim, tome $\tilde{n} = \max\{n_0, n_1\}$. Disso, segue que $\forall n \geq \tilde{n}$, valem ambas as desigualdades acima. Dessa forma, avaliando $|x_n y_n - ab|$, vamos obter

$$|x_n y_n - ab| = |x_n y_n - x_n b + x_n b - ab| =$$

$$= |(x_n y_n - x_n b) + (x_n b - ab)| \leq |x_n| \cdot |y_n - b| + |b| \cdot |x_n - a| \leq$$

$$< M \cdot |y_n - b| + (|b|+1) \cdot |x_n - a| <$$

$$< M\frac{\varepsilon}{2M} + (|b|+1)\frac{\varepsilon}{2(|b|+1)} = \varepsilon,$$

para todo $n \geq \tilde{n}$, o que prova (iii).

(iv) Dado $\varepsilon > 0$. Sem perda de generalidade, vamos considerar o caso quando $b > 0$.

Como $y_n \to b$, temos que $\exists \tilde{n} \in \mathbb{N}$ tal que, $\forall n \geq \tilde{n}$, implique em $y_n > \frac{b}{2}$, e daí

$$\frac{1}{y_n} < \frac{2}{b}, \ \forall n \geq \tilde{n}.$$

Como $\lim\limits_{n\to\infty} x_n = a$, segue que $\exists n_0 \in \mathbb{N}$ tal que, $\forall n \geq n_0 \Rightarrow |x_n - a| < \frac{\varepsilon \cdot b}{4}$.

Do mesmo modo, como $y_n \to b$, segue que $\exists n_1 \in \mathbb{N}$, tal que, $\forall n \geq n_1 \Rightarrow |y_n - b| < \dfrac{\varepsilon \cdot b^2}{4(|a|+1)}$.

Assim, para todo $n \geq \overline{n} := \max\{\tilde{n}, n_0, n_1\}$, temos

$$\left|\frac{x_n}{y_n} - \frac{a}{b}\right| = \left|\frac{x_n \cdot b - a \cdot y_n}{y_n \cdot b}\right| < \frac{2|x_n \cdot b - a \cdot y_n|}{b \cdot b} = 2\frac{|x_n \cdot b - a \cdot b + a \cdot b - a \cdot y_n|}{b^2}$$

$$\leq \frac{2(|b| \cdot |x_n - a| + |a| \cdot |y_n - b|)}{b^2} < \frac{2(|b| \cdot |x_n - a| + (|a|+1) \cdot |y_n - b|)}{b^2} =$$

$$= 2\frac{|x_n - 1|}{b} + 2\frac{(|a|+1)}{b^2}|y_n - b| < \frac{2}{b}\frac{\varepsilon b}{4} + 2\frac{(|a|+1)}{b^2}\frac{\varepsilon b^2}{4(|a|+1)} = \varepsilon$$

□

4.5 Sequências monótonas

Definição 4.11 Dizemos que uma sequência (a_n) é

(i) *crescente*, se $a_n \leq a_{n+1}$ para todo $n \in \mathbb{N}$;

(ii) *decrescente*, se $a_n \geq a_{n+1}$ para todo $n \in \mathbb{N}$.

Chamamos de *monótona* uma sequência que seja crescente ou decrescente. Se $a_n < a_{n+1}$, $\forall n \in \mathbb{N}$, a sequência é chamada de *estritamente crescente* e se $a_n > a_{n+1}$, $\forall n \in \mathbb{N}$, a sequência é chamada de *estritamente decrescente.*

Exemplo. Determine se a sequência (x_n) dada por $x_n = \frac{n}{2n+1}$ é crescente, decrescente ou não monótona.

Solução. Sabemos que os quatro primeiros elementos desta sequência são $\frac{1}{3}$, $\frac{2}{5}$, $\frac{3}{7}$, $\frac{4}{9}$, ..., o que nos leva a considerar que a sequência pode ser crescente.

Assim, temos:

$$x_{n+1} - x_n = \frac{n+1}{2n+3} - \frac{n}{2n+1} = \frac{2n^2 + 2n + n + 1 - 2n^2 - 3n}{(2n+3)(2n+1)} =$$

$$= \frac{1}{(2n+3)(2n+1)} > 0,$$

ou seja, obtemos

$$x_{n+1} > x_n, \ \forall n \in \mathbb{N}.$$

mostrando que a sequência (x_n) é estritamente crescente.

Aproveitando este exemplo, examinemos o supremo e o ínfimo de (x_n), caso existam. Temos que (x_n) é crescente e que $x_n = \frac{n}{2n+1} > 0$, $\forall n \in \mathbb{N}$. Logo, temos que 0 é uma cota inferior para (x_n). Além disso, como (x_n) é crescente, segue que

$$\inf_{n \in \mathbb{N}} x_n = \min_{n \in \mathbb{N}} x_n = x_1 = \frac{1}{3}.$$

Afirmamos que $\sup_{n \in \mathbb{N}} x_n = \frac{1}{2}$. De fato, defina $X = \{x_n : n \in \mathbb{N}\}$. Temos que

(a) $x_n = \dfrac{n}{2n+1} \leq \dfrac{n}{2n} = \dfrac{1}{2}$. Logo, $\frac{1}{2}$ é uma cota superior para o conjunto X dos termos da sequência.
Então, como possui uma cota superior, já sabemos que X possui um supremo, pois $X \subset \mathbb{R}$, e $\mathbb{R}$ é completo.

(b) $\forall \varepsilon > 0$, $\exists x_n \in X$ tal que $\frac{1}{2} - \varepsilon < x_n$ (ou seja, $\frac{1}{2}$ é a menor das cotas superiores para o conjunto X dos termos da sequência):
De fato, por absurdo, se $\exists \varepsilon_0 > 0$ tal que

$$\frac{1}{2} - \varepsilon_0 \geq x_n, \forall n \in \mathbb{N},$$

então

$$\frac{1}{2} - \varepsilon_0 \geq \frac{n}{2n+1},$$

onde obtemos

$$n \leq \frac{1-\varepsilon_0}{2\varepsilon_0}, \forall n \in \mathbb{N},$$

onde $\varepsilon_0 > 0$ está fixado, ou seja, concluiríamos que o conjunto $\mathbb{N}$ dos números naturais seria limitado superiormente em $\mathbb{R}$, um absurdo, pois $\mathbb{R}$ é arquimediano!
Logo, vale (b).

Portanto, por (a) e (b) segue que $\sup\limits_{n \in \mathbb{N}} x_n = \dfrac{1}{2}$.

ta seção 4.3 vimos a Proposição 4.8, que estabelece que se uma sequência (x_n) for convergente, então (x_n) é limitada. Vimos também que a recíproca dessa proposição, em geral, é falsa. Porém, se adicionarmos a hipótese de que, além de ser limitada, (x_n) também for monótona, garantimos a convergência da sequência (x_n). Isso é provado no Teorema a seguir.

Teorema 4.12 *Toda sequência monótona e limitada é convergente.*

Demonstração. Seja (x_n) uma sequência monótona e limitada. Sem perda de generalidade, suponhamos que tal sequência seja crescente, i.e., $x_n \leq x_{n+1}$, $\forall n \in \mathbb{N}$. Como (x_n) é limitada, em particular, é limitada superiormente. Seja $A \in \mathbb{R}$ uma cota superior para (x_n), i.e., $x_n \leq A$, $\forall n \in \mathbb{N}$.

Defina o conjunto de todos os termos da sequência por $X = \{x_n : n \in \mathbb{N}\}$. Obviamente $X \neq \emptyset$ pois, por exemplo, $x_1 \in X$.

Então, X é limitado superiormente por A. Logo, existe uma menor cota superior, a qual denotaremos por L, ou seja, existe $L = \sup X$.

Afirmamos que $\lim\limits_{n\to\infty} x_n = L$. De fato, tome $\varepsilon > 0$. Como L é cota superior para X segue que $x_n \leq L$, $\forall n \in \mathbb{N}$. Além disso, como $L - \varepsilon < L = \sup X$, segue que $L - \varepsilon$ não é cota superior para X. Portanto, segue que $\exists\, n_0 \in \mathbb{N}$ tal que $L - \varepsilon < x_{n_0}$.

E, como (x_n) é crescente, temos que

$$\forall n \geq n_0 \Rightarrow L - \varepsilon < x_{n_0} \leq x_n \leq L,$$

ou seja,

$$L - \varepsilon < x_n \leq L < L + \varepsilon,$$

i.e.,

$$|x_n - L| < \varepsilon,$$

provando que $\lim_{n \to \infty} x_n = L$.

□

Obs.: A demonstração do teorema acima nos fornece um outro resultado importante: se (x_n) for uma sequência crescente e limitada superiormente, então existe o limite de x_n, e, além disso,

$$\lim_{n \to \infty} x_n = \sup_{n \in \mathbb{N}} x_n,$$

e se (x_n) for decrescente e limitada inferiormente, então

$$\lim_{n \to \infty} x_n = \inf_{n \in \mathbb{N}} x_n.$$

Exemplo 1. Voltando ao exemplo anterior ao teorema acima, como $x_n = \frac{n}{2n+1}$ é estritamente crescente e limitada superiormente por 1, por exemplo, segue que tal sequência é convergente, e, pela prova do teorema acima, temos que

$$\sup_{n \in \mathbb{N}} x_n = \lim_{n \to \infty} x_n = \lim_{n \to \infty} \frac{n}{2n+1} = \frac{1}{2}.$$

Exemplo 2. Considere a sequência (b_n) dada por

$$b_n = \sum_{k=0}^{n} \frac{1}{k!} = 1 + 1 + \frac{1}{2!} + \frac{1}{3!} + ... + \frac{1}{n!}.$$

Afirmamos que esta sequência é convergente. De fato, precisamos mostrar que:

(i) (b_n) *é monótona (de fato, estritamente crescente)*. Realmente, basta notar que

$$b_{n+1} = \sum_{k=0}^{n+1} \frac{1}{k!} = \sum_{k=0}^{n} \frac{1}{k!} + \frac{1}{(n+1)!} = b_n + \frac{1}{(n+1)!} > b_n,$$

e, portanto, monótona.

(ii) (b_n) *é limitada superiormente por 3, i.e.,* $b_n < 3$, $\forall n \in \mathbb{N}$.
De fato,

$$b_n = 1 + 1 + \frac{1}{2!} + \frac{1}{3!} + \frac{1}{4!} + ... + \frac{1}{n!} < 1 + 1 + \left[\frac{1}{2} + \frac{1}{2^2} + \frac{1}{2^3} + ... + \frac{1}{2^{n-1}}\right],$$

e como entre colchetes temos a soma de $n-1$ termos de uma progressão geométrica de razão $\frac{1}{2}$, pela fórmula da soma dos $k-1$ primeiros termos de uma P.G. de razão q, temos

$$S_{k-1} = \frac{a_1(q^{k-1} - 1)}{q - 1} = \frac{a_1}{1 - q} - \frac{a_1 q^{k-1}}{1 - q},$$

e, portanto,

$$b_n = 1 + 1 + \left[\frac{1}{2} + \frac{1}{2^2} + \frac{1}{2^3} + ... + \frac{1}{2^{n-1}}\right] = 2 + \left[\frac{\frac{1}{2}}{1 - \frac{1}{2}} - \frac{\frac{1}{2}\left(\frac{1}{2}\right)^{n-1}}{\frac{1}{2}}\right] =$$

$$= 2 + 1 - \frac{1}{2^{n-1}} = 3 - \frac{1}{2^{n-1}} < 3.$$

(iii) (b_n) *é limitada inferiormente por* 2. De fato, basta notar que

$$b_n = 1 + 1 + \frac{1}{2!} + \frac{1}{3!} + ... + \frac{1}{n!} > 1 + 1 = 2.$$

Portanto, concluímos que $2 < b_n < 3$, $\forall n \in \mathbb{N}$ e que (b_n) é monótona. Portanto, pelo Teorema 4.12 segue que existe o limite da sequência (b_n), e denotaremos por

$$e = \lim_{n\to\infty} b_n = \lim_{n\to\infty} 1 + 1 + \frac{1}{2!} + \frac{1}{3!} + ... + \frac{1}{n!}. \tag{4.2}$$

Exemplo 3. Seja (a_n) a sequência definida por

$$a_n = \left(1 + \frac{1}{n}\right)^n.$$

Afirmação 1. (a_n) *é estritamente crescente.*

Vamos mostrar que $a_{n+1} > a_n$, o que equivale mostrar que $\dfrac{a_{n+1}}{a_n} > 1$. Note que

$$a_n = \left(\frac{n+1}{n}\right)^n = \frac{(n+1)^n}{n^n}.$$

Assim,

$$\frac{a_{n+1}}{a_n} = \frac{\dfrac{(n+2)^{n+1}}{(n+1)^{n+1}}}{\dfrac{(n+1)^n}{n^n}} = \frac{(n+2)^{n+1}}{(n+1)^{n+1}} \cdot \frac{n^n}{(n+1)^n} = \frac{(n+2)^n(n+2)n^n}{(n+1)^{2n}(n+1)} =$$

$$= \frac{[(n+2)n]^n\,(n+2)}{[(n+1)^2]^n\,(n+1)} = \frac{(n^2+2n)^n}{(n^2+2n+1)^n} \cdot \frac{n+2}{n+1} =$$

$$= \left(\frac{n^2+2n+1-1}{n^2+2n+1}\right)^n \cdot \frac{n+2}{n+1} = \left(1 - \frac{1}{n^2+2n+1}\right)^n \cdot \frac{n+2}{n+1}.$$

Aplicando a desigualdade de Bernoulli $(1+x)^n \geq 1+nx$, $\forall n \in \mathbb{N}$ e $\forall x \geq -1$ (no caso, tomando $x = -\frac{1}{n^2+2n+1} \geq -1$), vamos obter

$$\frac{a_{n+1}}{a_n} = \left(1 - \frac{1}{n^2+2n+1}\right)^n \cdot \frac{n+2}{n+1} \geq \left(1 - \frac{n}{n^2+2n+1}\right) \cdot \frac{n+2}{n+1} =$$

$$= \frac{n^2+n+1}{n^2+2n+1} \cdot \frac{n+2}{n+1} = \frac{n^3+3n^2+3n+2}{n^3+3n^2+3n+1} > 1.$$

Afirmação 2. $a_n < b_n = \sum_{k=0}^{n} \frac{1}{k!}$, $\forall n \geq 2$.

De fato, abrindo a soma com o desenvolvimento binomial para a_n, obtemos

$$a_n = \left(1 + \frac{1}{n}\right)^n = \sum_{j=0}^{n} \binom{n}{j} (1)^{n-j} \left(\frac{1}{n}\right)^j = \sum_{j=0}^{n} \binom{n}{j} \frac{1}{n^j} =$$

$$= \binom{n}{0}\frac{1}{n^0} + \binom{n}{1}\frac{1}{n^1} + \binom{n}{2}\frac{1}{n^2} + \ldots + \binom{n}{n}\frac{1}{n^n} =$$

$$= 1 + n\frac{1}{n} + \frac{n!}{2!(n-2)!}\frac{1}{n^2} + \frac{n!}{3!(n-3)!}\frac{1}{n^3} + \ldots + \frac{n!}{n!(0!)}\frac{1}{n^n} =$$

$$= 1 + 1 + \frac{n(n-1)}{2!}\frac{1}{n^2} + \frac{n(n-1)(n-2)}{3!}\frac{1}{n^3} + \ldots + \frac{1}{n!}\frac{n!}{n^n} =$$

$$= 1 + 1 + \frac{1}{2!} \cdot \frac{n-1}{n} + \frac{1}{3!} \cdot \frac{(n-1)(n-2)}{n^2} + \ldots + \frac{1}{n!} \cdot \frac{n(n-1)!}{n^n} =$$

$$= 1 + 1 + \frac{1}{2!}\left(1 - \frac{1}{n}\right) + \frac{1}{3!}\left(1 - \frac{1}{n}\right)\left(1 - \frac{2}{n}\right) + \ldots$$

$$\ldots + \frac{1}{n!}\left(1 - \frac{1}{n}\right)\left(1 - \frac{2}{n}\right)\ldots\left(1 - \frac{n-1}{n}\right).$$

Como cada multiplicador de cada fator $\frac{1}{k!}$ é menor do que 1, obtemos a estimativa

$$a_n = 1 + 1 + \frac{1}{2!}\left(1 - \frac{1}{n}\right) + \frac{1}{3!}\left(1 - \frac{1}{n}\right)\left(1 - \frac{2}{n}\right) + \ldots$$

$$\ldots + \frac{1}{n!}\left(1 - \frac{1}{n}\right)\left(1 - \frac{2}{n}\right)\ldots\left(1 - \frac{n-1}{n}\right) <$$

$$< 1 + 1 + \frac{1}{2!} + \frac{1}{3!} + ... + \frac{1}{n!} = b_n < 3.$$

Logo, temos que

$$a_n < b_n < 3, \forall n,$$

e como (a_n) é crescente e limitada superiormente por 3, segue pelo Teorema 4.12 que

$$\exists\, L = \lim_{n\to\infty} a_n = \sup_{n\in\mathbb{N}} a_n.$$

Ainda, como $a_n < b_n$, $\forall n$, pela passagem ao limite, teremos

$$L = \lim_{n\to\infty} a_n = \sup a_n \leq \sup b_n = \lim_{n\to\infty} b_n = e,$$

ou seja,

$$L \leq e. \tag{4.3}$$

Mostremos que também vale a desigualdade contrária. Para k fixado, $\forall n \geq k$, temos, desprezando após o k-ésimo aditivo da expansão binomial para a_n:

$$a_n \geq 1 + 1 + \frac{1}{2!}\left(1 - \frac{1}{n}\right) + \frac{1}{3!}\left(1 - \frac{1}{n}\right)\left(1 - \frac{2}{n}\right) + ...$$

$$... + \frac{1}{k!}\left(1 - \frac{1}{n}\right)\left(1 - \frac{2}{n}\right)\cdots\left(1 - \frac{k-1}{n}\right).$$

Com k fixado, fazendo $n \to \infty$, obtemos

$$L \geq 1 + 1 + \frac{1}{2!} + \frac{1}{3!} + ... + \frac{1}{k!} = b_k,$$

ou seja,

$$L \geq b_k, \forall k \in \mathbb{N} \text{ fixado},$$

então pela passagem ao limite, vem

$$L \geq \lim_{k\to\infty} b_k = e,$$

ou seja,

$$L \geq e. \tag{4.4}$$

Assim, por (4.3) e (4.4) segue que $L = e$, ou seja,

$$\lim_{n\to\infty}\left(1 + \frac{1}{n}\right)^n = e,$$

onde a constante $2 < e < 3$ é chamada de *número de Euler*.

Ou seja, acabamos de provar o seguinte resultado fundamental:

Proposição 4.13 *Vale o seguinte limite*

$$\lim_{n\to\infty}\left(1+\frac{1}{n}\right)^n = e,$$

onde $2 < e < 3$ *é o número de Euler.*

No que segue, provaremos a irracionalidade do número de Euler e, ou seja, provaremos o seguinte resultado, cuja prova exige um conhecimento básico de séries numéricas, estudado em um curso de Cálculo.

Proposição 4.14 *O número de Euler e é irracional.*

Demonstração. Por absurdo, suponha que e seja racional. Logo, existem $p, q \in \mathbb{N}$ tais que

$$e = \frac{p}{q},$$

com $q > 1$.

Observe que podemos escrever

$$(q-1)! \cdot p = (q-1)! \cdot q \cdot \frac{p}{q} = q! \cdot e.$$

Então, por (4.2) temos que

$$(q-1)! \cdot p = q! \cdot \lim_{n\to\infty} \sum_{k=1}^{n} \frac{1}{k!} = \lim_{n\to\infty} \sum_{k=1}^{n} \frac{q!}{k!} = \sum_{k=1}^{\infty} \frac{q!}{k!} =$$

$$= \sum_{k=1}^{q} \frac{q!}{k!} + \sum_{k=q+1}^{\infty} \frac{q!}{k!}.$$

Então, temos que

$$(q-1)! \cdot p - \sum_{k=1}^{q} \frac{q!}{k!} = \sum_{k=q+1}^{\infty} \frac{q!}{k!}.$$

Como para todo $a \leq q$, tem-se que

$$\frac{q!}{a!} = \frac{q(q-1)\cdots(a+1)a!}{a!} = q(q-1)\cdots(a+1) \in \mathbb{N},$$

então $\displaystyle\sum_{k=1}^{q} \frac{q!}{k!}$ se decompõe em uma soma finita de números naturais, que é um número natural, e como $(q-1)! \cdot p \in \mathbb{N}$, segue que a diferença

$$(q-1)! \cdot p - \sum_{k=1}^{q} \frac{q!}{k!}$$

é um número inteiro, e então,

$$0 < \sum_{k=q+1}^{\infty} \frac{q!}{k!} = (q-1)! \cdot p - \sum_{k=1}^{q} \frac{q!}{k!} \in \mathbb{N},$$

ou seja, $\displaystyle\sum_{k=q+1}^{\infty} \frac{q!}{k!}$ é um número inteiro positivo. (I)

Por outro lado, temos que[1]

$$0 < \sum_{k=q+1}^{\infty} \frac{q!}{k!} = \frac{q!}{(q+1)!} + \frac{q!}{(q+2)!} + \frac{q!}{(q+3)!} + ... =$$

$$= \frac{q!}{(q+1)q!} + \frac{q!}{(q+2)(q+1)q!} + \frac{q!}{(q+3)(q+2)(q+1)q!} + ... =$$

$$= \frac{1}{q+1} + \frac{1}{(q+2)(q+1)} + \frac{1}{(q+3)(q+2)(q+1)} + ...$$

$$< \frac{1}{q+1} + \frac{1}{(q+1)^2} + \frac{1}{(q+1)^3} + ...$$

$$= \sum_{n=1}^{\infty} \frac{1}{(q+1)^n} = \frac{\dfrac{1}{q+1}}{1 - \dfrac{1}{q+1}} = \frac{1}{q} < 1,$$

ou seja, acabamos de mostrar que

$$0 < \sum_{k=q+1}^{\infty} \frac{q!}{k!} < 1,$$

o que é uma contradição com (I), pois não existe nenhum número inteiro entre 0 e 1. Logo, e não pode ser racional, ou seja, é irracional.

□

[1] Vamos comparar a soma infinita com uma soma de infinitos termos de uma progressão geométrica infinita de razão $q = \frac{1}{q+1} < 1$.

Vejamos outro exemplo de aplicação do Teorema 4.12.

Exemplo 4. Qual o valor de $\sqrt{2+\sqrt{2+\sqrt{2+...}}}$, se existir?

Solução. Defina a sequência (x_n) recursivamente por

$$\begin{cases} x_1 = \sqrt{2} \\ x_{n+1} = \sqrt{2+x_n} \end{cases}$$

Assim, temos que $\lim\limits_{n\to\infty} x_n = \sqrt{2+\sqrt{2+\sqrt{2+...}}}$, se o limite existir.

Afirmação 1. *A sequência (x_n) é crescente, i.e., $x_n \leq x_{n+1}$, $\forall n \in \mathbb{N}$.*

A prova dessa afirmação é feita por indução sobre o índice n.

(i) Quando $n = 1$ temos $x_1 = \sqrt{2}$ e

$$x_2 = \sqrt{2+x_1} = \sqrt{2+\sqrt{2}} > \sqrt{2} = x_1.$$

Logo, vale a base da indução.

(ii) Suponha que vale a desigualdade

$$x_k \leq x_{k+1}, \tag{4.5}$$

para um certo índice k. Precisamos mostrar que vale para o índice $k+1$, ou seja, que $x_{k+1} \leq x_{k+2}$. De fato, somando 2 em (4.5), vem

$$2 + x_k \leq 2 + x_{k+1},$$

do qual, extraindo a raiz quadrada, obtemos

$$x_{k+1} = \sqrt{2+x_k} \leq \sqrt{2+x_{k+1}} = x_{k+2}.$$

Logo, por (i) e (ii) segue que (x_n) é crescente.

Afirmação 2. *A sequência (x_n) é limitada superiormente.*

De fato, mostraremos que $x_n \leq 2$, $\forall n \in \mathbb{N}$. Faremos a prova por indução sobre o índice n.

(i) Quando $n = 1$, temos

$$x_1 = \sqrt{2} \leq 2.$$

Logo, vale a base da indução.

(ii) Suponha que $x_k \leq 2$ para um certo índice k. Precisamos mostrar que $x_{k+1} \leq 2$. De fato,

$$x_{k+1} = \sqrt{2 + x_k} \leq \sqrt{2+2} = 2$$

Logo, por (i) e (ii) segue a Afirmação 2.

Assim, pelo Teorema 4.12, como a sequência (x_n) é crescente [Afirmação 1] e limitada superiormente [Afirmação 2], segue que existe o limite $\lim\limits_{n\to\infty} x_n = L$. Logo, pela definição recursiva da sequência (x_n),

$$x_{n+1} = \sqrt{2 + x_n},$$

passando o limite, obtemos

$$L = \sqrt{2 + L},$$

ou seja, obtemos a equação

$$L^2 - L - 2 = 0,$$

que fornece $L = 2$ e $L = -1$, e como $x_n > 0$, para todo n, segue que vale $L = 2$, ou seja, obtemos

$$\sqrt{2 + \sqrt{2 + \sqrt{2 + \ldots}}} = 2.$$

Exercícios

1. Mostre que $\lim\limits_{n\to\infty} \left(1 - \dfrac{1}{n}\right)^n = e^{-1}$.

   Sugestão: Escreva inicialmente $1 - \frac{1}{n} = \frac{n-1}{n} = \frac{1}{\frac{n}{n-1}} = \frac{1}{1+\frac{1}{n-1}}$.

2. Seja (x_n) uma sequência de números reais e suponha que $\exists \lambda$, com $0 < \lambda < 1$ e $\exists\, n_0 \in \mathbb{N}$ tais que $|x_{n+1}| \leq \lambda |x_n|$, $\forall n \geq n_0$. Prove que $x_n \to 0$.

3. *Seja (x_n) uma sequência de números reais positivos tais que existe $\lim\limits_{n\to\infty} \dfrac{x_{n+1}}{x_n} < 1$. Prove que $\exists \lambda$, com $0 < \lambda < 1$ e $n_0 \in \mathbb{N}$ tais que $|x_{n+1}| \leq \lambda |x_n|$, $\forall n \geq n_0$. Conclua que

   $$x_n > 0,\ \forall n,\ \lim_{n\to\infty} \frac{x_{n+1}}{x_n} < 1 \Longrightarrow x_n \to 0.$$

   Em seguida, use o resultado acima para mostrar que

   $$\lim_{n\to\infty} \frac{a^n}{n!} = 0,\ \forall a > 0 \quad \text{e} \quad \lim_{n\to\infty} \frac{n!}{n^n} = 0.$$

4. Encontre o limite da seguinte sequência, justificando:

$$\sqrt{2\sqrt{2\sqrt{2\cdots}}}.$$

4.6 Dinâmica das convergências

Considere a sequência (x_n) definida recursivamente por

$$x_1 = \sqrt{2} \ \text{ e } \ x_{n+1} = \sqrt{2 + x_n},$$

a qual mostramos acima convergir para 2.

Escreva $f(x_n) = x_{n+1} = \sqrt{2 + x_n}$, onde $f : [0, +\infty) \to \mathbb{R}$ é dada por

$$f(x) = \sqrt{2 + x}.$$

Assim, temos

- $x_1 = \sqrt{2}$,
- $x_2 = f(x_1) = \sqrt{2 + \sqrt{2}}$,
- $x_3 = f(x_2) = \sqrt{2 + \sqrt{2 + \sqrt{2}}}$,
- etc.

Como vimos na seção anterior, a sequência (x_n) é crescente e limitada. A função f acima definida também é crescente. Para ver isso basta verificar que[2]

$$f'(x) = \frac{1}{2\sqrt{2 + x}} > 0, \ \forall x \in (0, +\infty).$$

Montando os gráficos de f e da reta bissetriz dos quadrantes ímpares $y = x$ num mesmo plano cartesiano, podemos visualizar a “dinâmica” da convergência:

[2]Supomos que o leitor conhece este resultado do Cálculo. De qualquer modo, isso será tratado no Capítulo 9.

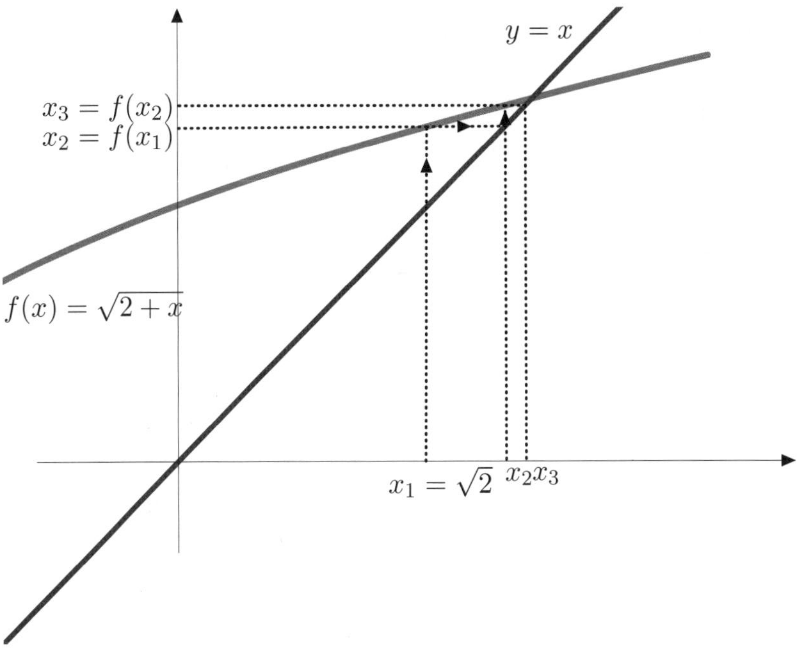

Observe que a reta $y = x$ serve apenas para projetar a imagem $f(x_n) = x_{n+1}$ no eixo horizontal, e a partir daí determinar

$$f(x_{n+2}) = \sqrt{2 + x_{n+1}}, \quad \text{etc.}$$

Note que, sendo f crescente a dinâmica vai produzindo uma "escada" que se aproxima do limite de x_n quando $n \to \infty$ (a intersecção $y = f(x)$ e $y = x$).

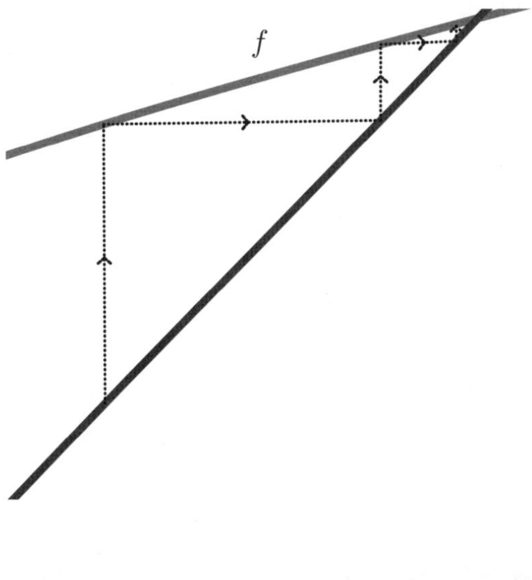

Se a f que determina os termos da sequência for decrescente a dinâmica nos fornecerá duas subsequências, uma crescente e outra decrescente, ambas convergindo para o limite de x_n (ou seja, a sequência (x_n) não será monótona):

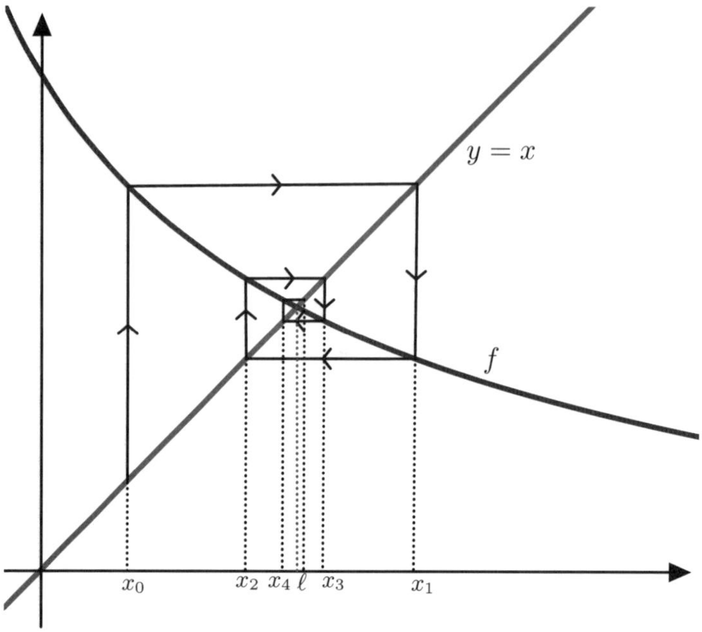

Vejamos um exemplo para ilustrar este caso.

Vamos construir uma sequência $(x_n)_n$ que converge para $\sqrt{2}$, do seguinte modo: vamos representar $\sqrt{2}$ como uma fração contínua, cf. visto no Capítulo 2:

$$\sqrt{2} = 1 + (\sqrt{2} - 1) = 1 + \cfrac{1}{\cfrac{1}{\sqrt{2}-1}} = 1 + \cfrac{1}{\cfrac{1}{\sqrt{2}-1} \cdot \cfrac{\sqrt{2}+1}{\sqrt{2}+1}} = 1 + \frac{1}{1+\sqrt{2}},$$

e assim

$$\sqrt{2} = 1 + \frac{1}{1+\sqrt{2}} = 1 + \cfrac{1}{1 + 1 + \cfrac{1}{1+\sqrt{2}}} =$$

$$= 1 + \cfrac{1}{2 + \cfrac{1}{1+\sqrt{2}}} = 1 + \cfrac{1}{2 + \cfrac{1}{2 + \cfrac{1}{2 + \cfrac{1}{1+\sqrt{2}}}}}.$$

Isso nos motiva a perguntar: será que

$$\sqrt{2} = 1 + \cfrac{1}{2 + \cfrac{1}{2 + \cfrac{1}{2 + \cfrac{1}{2 + \ldots}}}} \ ?$$

Tal representação nos permite definir a sequência (x_n) onde

$$x_1 = 1;\ x_2 = 1 + \frac{1}{2} = \frac{3}{2};\ x_3 = 1 + \cfrac{1}{2 + \cfrac{1}{2}} = \frac{7}{5};\ \text{etc.}$$

Recursivamente, definimos a sequência (x_n) pondo

$$x_1 = 1 \ \text{ e } \ x_{n+1} = 1 + \frac{1}{1 + x_n}.$$

Vamos mostrar que $x_n \to \sqrt{2}$. Defina $f : [0, +\infty) \to \mathbb{R}$ por

$$f(x) = 1 + \frac{1}{1+x} = \frac{x+2}{x+1}.$$

Como

$$f'(x) = \frac{(x+1)\cdot 1 - (x+2)\cdot 1}{(x+1)^2} = -\frac{1}{(x+1)^2} < 0,\ \forall x \in (0, +\infty),$$

segue que f é decrescente em $(0, +\infty)$.

Logo, a sequência (x_n) não é monótona. Veja a ilustração da dinâmica da convergência:

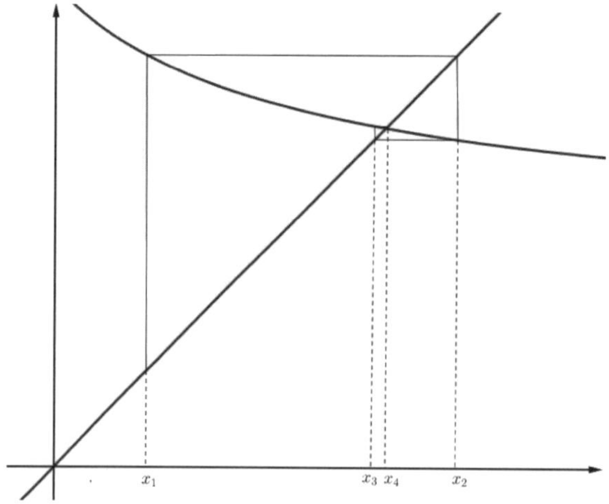

Pela ilustração acima, conjecturamos que

$$x_1 < x_3 < x_5 < ... < x_6 < x_4 < x_2.$$

Vamos considerar duas subsequências da sequência (x_n): a subsequência (x_{2n-1}) dos termos ímpares dada por

$$x_{2n+1} = f(x_{2n}) = f(f(x_{2n-1})) = (f \circ f)(x_{2n-1});$$

e a subsequência (x_{2n}) dos termos pares, dada por

$$x_{2n} = f(x_{2n-1}) = f(f(x_{2n-2})) = (f \circ f)(x_{2n-2}).$$

Defina $g : [0, +\infty) \to \mathbb{R}$ por

$$g(x) = (f \circ f)(x) = f(f(x)) = \frac{3x + 4}{2x + 3}.$$

Assim, temos que

$$g'(x) = \frac{(2x + 3) \cdot 3 - (3x + 4) \cdot 2}{(2x + 3)^2} = \frac{1}{(2x + 3)^2} > 0, \forall x \in (0, +\infty).$$

Logo, g é crescente.

Afirmação 1. *A subsequência (x_{2n-1}) dos termos ímpares é crescente.*

Ou seja, vamos mostrar que $x_{2n-1} < x_{2n+1}$, $\forall \in \mathbb{N}$. Tal prova será feita por indução sobre n.

(i) Para $n = 1$, temos

$$x_1 = 1 < \frac{7}{5} = x_3.$$

Logo, vale a base da indução.

(ii) Suponha que $x_{2k-1} < x_{2x+1}$ para um certo índice k. Precisamos mostrar que $x_{2k+1} < x_{2k+3}$. De fato, como g é crescente,

$$x_{2k-1} < x_{2k+1} \Rightarrow g(x_{2k-1}) < g(x_{2k+1}) \Rightarrow x_{2k+1} < x_{2k+3}.$$

Logo, por (i) e (ii) segue a prova da Afirmação 1.

Afirmação 2. *A subsequência (x_{2n}) dos termos pares é decrescente.*

Ou seja, vamos mostrar que $x_{2n} > x_{2n+2}$, $\forall n \in \mathbb{N}$. Faremos a prova por indução.

(i) Para $n = 1$ temos

$$x_2 = \frac{3}{2} = \frac{18}{12} > \frac{17}{12} = x_4.$$

Logo, vale a base da indução.

(ii) Suponha que $x_{2k} > x_{2k+2}$ para um certo índice k. Precisamos mostrar que vale para o índice $k+1$, ou seja, precisamos mostrar que $x_{2k+2} > x_{k+4}$. De fato, como g é crescente,

$$x_{2k} > x_{2k+2} \Rightarrow g(x_{2k}) > g(x_{2k+2}) \Rightarrow x_{2k+2} > x_{2k+4}.$$

Logo, por (i) e (ii) segue a prova da Afirmação 2.

Precisamos mostrar agora que as subsequências (x_{2n}) e (x_{2n-1}) são limitadas, no caso, como (x_{2n}) é decrescente, precisamos mostrar que ela é limitada inferiormente, e, como (x_{2n-1}) é crescente, precisamos mostrar que é limitada superiormente.

Afirmação 3. *A subsequência (x_{2n}) é limitada inferiormente.*

De fato, como $x_n > 0$, $\forall n$, temos que 0 é uma cota inferior para (x_n), logo, em particular para (x_{2n}).

Afirmação 4. *A subsequência (x_{2n-1}) dos termos ímpares é limitada superiormente.*

De fato, vamos mostrar que $x_{2n-1} < x_2$. Faremos a prova por indução.

(i) Para $n = 1$, temos

$$x_1 = 1 < \frac{3}{2} = x_2.$$

Logo, vale a base da indução.

(ii) Suponha que a desigualdade seja verdadeira para um certo índice $n = k$, i.e., que

$$x_{2k-1} < x_2.$$

Precismos mostrar que $x_{2k+1} < x_2$. Como g é crescente, e lembrando que (x_{2n}) é decrescente, obtemos

$$x_{2k-1} < x_2 \Rightarrow g(x_{2k-1}) < g(x_2) \Rightarrow x_{2k+1} < x_4 < x_2.$$

Logo, por (i) e (ii) segue a Afirmação 4.

Portanto, com base nas Afirmações 1 e 4 segue que existe $L_1 \in \mathbb{R}$ tal que

$$x_{2n-1} \nearrow L_1,$$

i.e., a subsequência dos termos ímpares é crescente e convergente para L_1; e de acordo com as Afirmações 2 e 3 segue que existe $L_2 \in \mathbb{R}$ tal que

$$x_{2n} \searrow L_2,$$

i.e., a subsequência dos termos pares é decrescente e convergente para L_2.

Mostraremos que $L_1 = L_2$. Como

$$x_{2n+1} = g(x_{2n-1}) = \frac{3x_{2n-1} + 4}{2x_{2n-1} + 3},$$

passando o limite, obtemos

$$L_1 = \frac{3L_1 + 4}{2L_1 + 3},$$

donde segue que $L_1 = \sqrt{2}$.

Do mesmo modo, como

$$x_{2n+2} = g(x_{2n}) = \frac{3x_{2n} + 4}{2x_{2n} + 3},$$

passando o limite, obtemos

$$L_2 = \frac{3L_2 + 4}{2L_2 + 3},$$

donde segue que $L_2 = \sqrt{2}$.

Conclusão: $L_1 = L_2 = \sqrt{2}$, ou seja, a sequência (x_n) converge para $\sqrt{2}$, pois as duas subsequências (x_{2n}) e (x_{2n-1}) convergem para $\sqrt{2}$.

Exercícios

1. Defina uma sequência (x_n) recursivamente por
$$x_1 = 1, \; x_{n+1} = \frac{x_n}{3} + 1.$$
Prove que (x_n) é monótona e limitada e calcule o seu limite.

2. *(**Sel. Mestrado UFSM 2010/1**) Seja (a_n) uma sequência dada recursivamente por $a_1 = \sqrt{3}$ e $a_n = \sqrt{3 + a_{n-1}}$, $n > 1$. Mostrar que (a_n) é convergente. Calcule $\lim\limits_{n\to\infty} a_n$.

3. Prove que a sequência
$$1, \; \sqrt{1+\sqrt{1}}, \; \sqrt{1+\sqrt{1+\sqrt{1}}}, \; ...$$
converge e que seu limite é $\dfrac{1+\sqrt{5}}{2}$.

4. Ponha $x_1 = 1$ e defina $x_{n+1} = 1 + \sqrt{x_n}$. Mostre que a sequência (x_n), assim obtida, é limitada. Determine $a = \lim\limits_{n\to\infty} x_n$.

5. Dado $a > 0$, defina indutivamente a sequência (x_n) pondo $x_1 = \sqrt{a}$ e $x_{n+1} = \sqrt{a + x_n}$. Prove que (x_n) é convergente e calcule o limite
$$L = \sqrt{a + \sqrt{a + \sqrt{a + \cdots}}}$$

6. (**Sel. Mestrado UFSM 2011/1**) Seja (a_n) a sequência definida indutivamente por:
$$a_1 = \sqrt{2} \;\text{ e }\; a_{n+1} = \sqrt{2 + a_n}, \;\text{ para } n > 1.$$
   (a) Mostre, por indução, que $a_n < 2$, $\forall n \in \mathbb{N}$.
   (b) Mostre que (a_n) é crescente (sugestão: verifique que $a_{n+1}^2 - a_n^2 = (2 - a_n)(1 + a_n) > 0$ para $n > 1$, então $a_{n+1} > a_n$).
   (c) Conclua, pelos itens anteriores, que (a_n) é convergente e calcule o seu limite.

7. Considere a sequência de números reais
$$\frac{1}{2}, \; \frac{1}{2+\frac{1}{2}}, \; \frac{1}{2+\frac{1}{2+\frac{1}{2}}}, \; \cdots$$
Mostre que essa sequência é convergente e encontre seu limite.

4.7 Limites infinitos

Definição 4.15 Dizemos que $\lim_{n\to\infty} x_n = +\infty$ se, e somente se, $\forall M > 0$, $\exists n_0 \in \mathbb{N}$ tal que, $\forall n \geq n_0 \Rightarrow x_n > M$.

Ou seja, $x_n \to +\infty$ (i.e., $\lim_{n\to\infty} x_n = +\infty$) significa que a sequência (x_n) não é limitada superiormente e, portanto, é divergente. Vejamos alguns exemplos.

Exemplo 1. Considere $x_n = c^n$, com $c > 1$. Vamos mostrar que $x_n \to +\infty$. De fato, como $c > 1$, então existe $b > 0$ tal que $1 + b = c$, e disso, aplicando a desigualdade de Bernoulli, vem

$$x_n = c^n = (1+b)^n \geq 1 + nb > nb,$$

ou seja, mostramos que

$$x_n > nb, \forall n \in \mathbb{N}.$$

Assim, dado $M > 0$, tome $n_0 \in \mathbb{N}$ tal que $n_0 > \frac{M}{b} > 0$. Logo, $\forall n \geq n_0$, tem-se

$$x_n > nb > n_0 b > \frac{M}{b} \cdot b = M,$$

i.e., $x_n \to +\infty$ quando $n \to +\infty$.

Obs.: Na prática, simplesmente avaliamos:

$$x_n = c^n = (1+b)^n \geq 1 + nb > nb \to +\infty \quad \text{quando} \quad n \to +\infty.$$

Exemplo 2. Seja $x_n = \dfrac{n^n}{n!}$. Vamos mostrar que

$$\lim_{n\to\infty} \frac{n^n}{n!} = +\infty.$$

De fato, basta abrir a potência do numerador e o fatorial do denominador e avaliar como segue:

$$x_n = \frac{n^n}{n!} = \frac{n}{1} \cdot \frac{n}{2} \cdot \frac{n}{3} \cdot \ldots \cdot \frac{n}{n} \geq n \cdot 1 \cdot 1 \cdot 1 \ldots \cdot 1 = n \to +\infty$$

Obs.: Também podemos definir $\lim_{n\to\infty} x_n = -\infty$ pondo:

$$\lim_{n\to\infty} x_n = -\infty \Leftrightarrow \forall M > 0, \exists n_0 \in \mathbb{N} \text{ tal que}, \forall n \geq n_0 \Rightarrow x_n < -M.$$

Proposição 4.16 *Se (x_n) e (y_n) forem sequências tais que $x_n \to +\infty$ e (y_n) é limitada inferiormente, então,*

$$x_n + y_n \to +\infty.$$

Demonstração. Como por hipótese (y_n) é limitada inferiormente, segue que existe $A \in \mathbb{R}$ tal que $A \leq y_n$, $\forall n \in \mathbb{N}$.

Sem perda de generalidade, assuma que $A \leq 0$ (pois se $A > 0$, então teríamos $0 < A \leq y_n$ e então usaríamos 0 como cota inferior para (y_n) ao invés de A).

Como $x_n \to +\infty$, então, dado $M > 0$, considere o número $M - A > 0$. Assim, para este $M - A > 0$, segue que $\exists n_0 \in \mathbb{N}$ tal que $\forall n \geq n_0$ implique em $x_n > M - A$.

Então, $\forall n \geq n_0$, valem as desigualdades $x_n > M - A$ e $y_n \geq A$. Somando-as, obtemos

$$x_n + y_n > M - A + A = M, \, \forall n \geq n_0,$$

ou seja, mostramos que

$$\lim_{n \to +\infty} (x_n + y_n) = +\infty,$$

como queríamos provar.

□

Proposição 4.17 *Sejam (x_n) e (y_n) sequências tais que $x_n \to +\infty$ e $\exists c > 0$ tal que $y_n > c$, $\forall n \in \mathbb{N}$, então*

$$x_n \cdot y_n \to +\infty.$$

Demonstração. Por hipótese temos que $\exists c > 0$ tal que $y_n > c$, $\forall n \in \mathbb{N}$.

Como $x_n \to +\infty$, dado $M > 0$, $\exists n_0 \in \mathbb{N}$ tal que $\forall n \geq n_0$, implique em $x_n > \frac{M}{c}$.

Então, multiplicando ambas as desigualdades, obtemos[3]

$$x_n \cdot y_n > \frac{M}{c} \cdot c = M, \, \forall n \geq n_0,$$

como queríamos mostrar.

□

Outras propriedades sobre limites infinitos são deixadas como exercício para o leitor.

[3]Pois se $y_n > c$, $\forall n \in \mathbb{N}$, em particular tem-se que $y_n > 0$ para $n \geq n_0$. Por isso $x_n \cdot y_n > M$ mostrado acima vale para todo $n \geq n_0$.

Exercícios

1. Se (x_n) é uma sequência tal que $x_n \to +\infty$, mostre que $\dfrac{1}{x_n} \to 0$.

2. *Mostre que se (x_n) e (y_n) forem sequências tais que $x_n \leq y_n$, $\forall n \geq n_0$, e $x_n \to +\infty$, então $y_n \to +\infty$.

3. *Prove que

$$\lim_{n\to+\infty}\left(\frac{1}{\sqrt{n}} + \frac{1}{\sqrt{n+1}} + ... + \frac{1}{\sqrt{2n}}\right) = +\infty.$$

4. Sejam (x_n) e (y_n) sequências de termos positivos. Se existir $c > 0$ tal que $x_n > c$, $\forall n \in \mathbb{N}$ e se $\lim\limits_{n\to+\infty} y_n = 0$, mostre que $\lim\limits_{n\to+\infty} \dfrac{x_n}{y_n} = +\infty$.

5. *Mostre que se $\lim\limits_{n\to\infty} \dfrac{x_n}{n} = L$, onde $L > 0$, então $x_n \to +\infty$.

6. Mostre que $\lim\limits_{n\to+\infty} n(\sqrt[n]{n} - 1) = \infty$. (Sugestão: escreva $\sqrt[n]{n} = e^{\frac{\ln n}{n}}$ e utilize a desigualdade $e^x > 1 + x$, $\forall x > 0$).

4.8 O Teorema de Bolzano-Weierstrass

Nesta seção apresentaremos um importante teorema do estudo de sequências, conhecido por Teorema de Bolzano-Weierstrass. Antes, porém, apresentaremos um teorema preliminar.

Teorema 4.18 *(Teorema dos intervalos fechados encaixados) Seja $I_n = [a_n, b_n]$, $n \in \mathbb{N}$ uma sequência de intervalos fechados tais que $I_{n+1} \subset I_n$, $\forall n \in \mathbb{N}$. Então, $\exists c \in \mathbb{R}$ tal que $c \in I_n$, $\forall n$, ou seja, $c \in \bigcap\limits_{n=1}^{\infty} I_n$.*

Demonstração. Seja $I_n = [a_n, b_n]$ uma sequência de intervalos fechados e encaixados, ou seja, $I_{n+1} \subset I_n$, $\forall n$.

Seja $X = \{a_n : n \in \mathbb{N}\}$.

Observe que $X \neq \emptyset$ pois $a_1 \in X$.

Afirmamos que X é limitado superiormente por b_1. De fato, seja $n \in \mathbb{N}$. Como $[a_n, b_n] \subset [a_1, b_1]$, segue que $a_n \leq b_n \leq b_1$.

Portanto, sendo X limitado superiormente, temos que $\exists c \in \mathbb{R}$ tal que $c = \sup X$.

Afirmamos também que $c \in [a_n, b_n], \forall n$. De fato, sendo $c = \sup X$, temos que c é cota superior do conjunto X e então

$$a_n \leq c, \forall n. \tag{4.6}$$

Afirmamos também que $\forall n$, b_n é uma cota superior de X. Realmente, seja $n \in \mathbb{N}$. Assim, $\forall m \geq n$ temos $[a_m, b_m] \subset [a_n, b_n]$. Logo $a_m \leq b_m \leq b_n$, ou seja, $a_m \leq b_n$, $\forall m \geq n$.

Mas $a_1 \leq a_2 \leq ... \leq a_m \leq b_n$, donde segue que $a_m \leq b_n$, $\forall m$.

Logo, b_n é uma cota superior de X e daí temos que $b_n \geq \sup X = c$, $\forall n$. Portanto,

$$c \leq b_n, \forall n. \tag{4.7}$$

Juntando (4.6) e (4.7) segue o resultado.

□

Por fim, apresentamos o importante teorema sobre sequências.

Teorema 4.19 *(Teorema de Bolzano-Weierstrass) Toda sequência limitada possui subsequência convergente.*

Demonstração. Seja (x_n) uma sequência limitada. Então $\exists a_1, b_1 \in \mathbb{R}$, a_1 cota inferior e a_2 cota superior de (x_n).

Seja $I_1 = [a_1, b_1]$. Temos que $x_n \in I_1$, $\forall n \in \mathbb{N}$.

Dividimos I_1 em dois subintervalos pelo ponto médio. Escolhemos $I_2 = [a_2, b_2]$ uma das metades tal que $x_n \in I_2$, para uma infinidade de índices n. Após isto, dividimos I_2 em dois subintervalos ao meio. Tomamos $I_3 = [a_3, b_3]$ uma das metades tal que $x_n \in I_3$ para uma infinidade de índices n. Seguimos estas divisões recursivamente, sempre tomando-se aquele subintervalo que contém uma infinidade de índices n (se em alguma etapa de divisão em dois subintervalos ambos possuírem uma infinidade de termos de (x_n), então podemos tomar qualquer um deles para fazer a nova divisão), obtemos uma sequência de intervalos fechados encaixados $I_1, I_2, ...$ onde

$$... \subset I_k \subset I_{k-1} \subset ... \subset I_2 \subset I_1$$

tais que

$$[a_{k+1}, b_{k+1}] = I_{k+1} \subset I_k = [a_k, b_k].$$

Sendo ℓ_{I_j} o comprimento do j-ésimo subintervalo, temos por construção que

$$\ell_{I_{k+1}} = \frac{1}{2}\ell_{I_k} \Leftrightarrow b_{k+1} - a_{k+1} = \frac{b_k - a_k}{2}, \quad \text{com} \quad x_n \in I_k,$$

para uma quantidade infinita de índices n.

Pelo teorema dos intervalos fechados encaixados temos que $\exists c \in \mathbb{R}$ tal que $c \in I_k$, $\forall k$.

Vamos mostrar que existe uma subsequência de (x_n) que tende para o número real c. Para isto, precisamos escolher índices

$$n_1 < n_2 < n_3 < ... < n_j < n_{j+1} < ...,$$

com $x_{n_j} \to c$.

Note que

- $x_n \in I_1, \forall n \in \mathbb{N}$. Então, escolhemos qualquer n_1. Seja $n_1 = 1$. Temos então que $x_{n_1} = x_1 \in I_1$.

- $x_n \in I_2$, para uma infinidade de índices n. Escolhemos $n_2 \in \mathbb{N}$, $n_2 > n_1$ tal que $x_{n_2} \in I_2$.

- $x_n \in I_3$, para uma infinidade de índices n. Escolhemos $n_3 \in \mathbb{N}$, $n_3 > n_2$ tal que $x_{n_3} \in I_3$.

$$\vdots$$

Seguindo estes raciocínios, obtemos $n_1 < n_2 < n_3 < ... < n_k < n_{k+1} < ...$ de tal forma que $x_{n_k} \in I_k, \forall k$. Temos então uma subsequência (x_{n_k}) de (x_n).

Note ainda que $x_{n_k} \in I_k$ e $c \in I_k$, isto implica que

$$|c - x_{n_k}| \leq \ell_{I_k} = b_k - a_k = \frac{b_{k-1} - a_{k-1}}{2} = ... = \frac{b_1 - a_1}{2^{k-1}} \to 0$$

quando $k \to +\infty$.

Portanto, (x_{n_k}) é uma subsequência de (x_n) tal que $x_{n_k} \to c$.

$\square$

Exercícios

1. Mostre que a sequência (x_n) dada por $x_n = (-1)^n \dfrac{1}{n}$ é limitada. Extraia, em seguida, uma subsequência convergente.

2. Mostre que a sequência (x_n) definida por
$$x_n = \frac{(n^2 + 20n + 35)\,\mathrm{sen}\, n^3}{n^2 + n + 1}$$
possui uma subsequência convergente.

3. Mostre que a sequência (x_n) definida por
$$x_n = e^{\mathrm{sen}\, 7n}$$
possui uma subsequência convergente.

4. Mostre com um exemplo que o teorema dos intervalos fechados encaixados é falso se os intervalos encaixados I_n não forem fechados. Mostre também que se os intervalos I_n não forem limitados o teorema também é falso.

4.9 Sequência de Cauchy

Até o presente momento de nosso estudo de sequências vimos, por exemplo, que para provar que uma sequência é convergente precisávamos, a priori, conhecer o candidato a limite. Porém, nem sempre isso é possível. Nesta seção vamos apresentar um outro critério mais interessante para mostrar se uma sequência é convergente sem precisar saber para quanto ela converge. Para isto vamos definir *sequência de Cauchy*.

Definição 4.20 Dizemos que uma sequência (x_n) é *de Cauchy* se, para qualquer $\varepsilon > 0$ dado, existir um índice $n_0 \in \mathbb{N}$ tal que, para quaisquer índices $m, n \geq n_0$ implique em $|x_m - x_n| < \varepsilon$.

A ideia geométrica desta definição é bastante simples: uma sequência (x_n) chama-se de Cauchy se, dado um raio $\varepsilon > 0$, existir um índice n_0 tal que a distância entre dois termos quaisquer da sequência, a partir do índice n_0, estarão próximos um do outro a menos de ε.

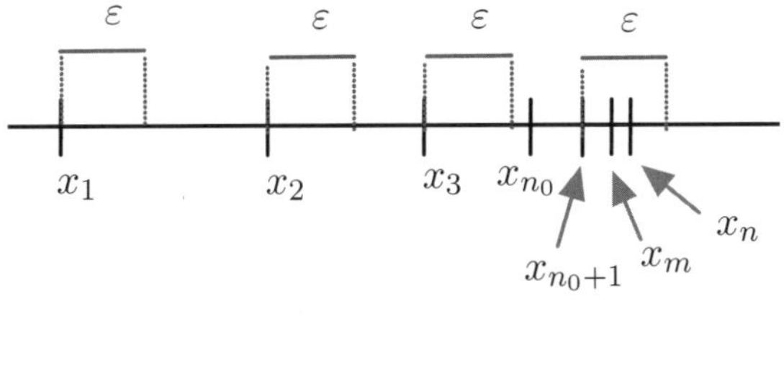

Observe na ilustração que, fixado um raio $\varepsilon > 0$, temos que a distância entre x_1 e x_2 é maior do que este ε, as distâncias entre x_1 e x_3 e entre x_2 e x_3 também são maiores do que ε, e assim por diante. Porém, a partir de um índice n_0 dois termos quaisquer da referida sequência equidistam entre si a menos de ε.

A proposição a seguir mostra um importante resultado.

Proposição 4.21 *Se uma sequência (x_n) for convergente, então ela é de Cauchy.*

Demonstração. Seja (x_n) uma sequência convergente e seja a o seu limite. Assim, dado $\varepsilon > 0$, $\exists n_0 \in \mathbb{N}$ tal que $\forall n \geq n_0 \Rightarrow |x_n - a| < \frac{\varepsilon}{2}$. Desta forma, tomando $m, n \geq n_0$ temos

$$|x_m - a| < \frac{\varepsilon}{2} \text{ e } |x_n - a| < \frac{\varepsilon}{2}.$$

Avaliando a distância entre x_m e x_n, temos

$$|x_m - x_n| = |x_m - a + a - x_n| \leq |x_m - a| + |x_n - a| < \frac{\varepsilon}{2} + \frac{\varepsilon}{2} = \varepsilon.$$

Ou seja, dado $\varepsilon > 0$, mostramos que $\exists n_0 \in \mathbb{N}$ tal que $\forall m, n \geq n_0 \Rightarrow |x_m - x_n| < \varepsilon$, ou seja, (x_n) é uma sequência de Cauchy.

□

Queremos provar que a recíproca da proposição acima também é verdadeira. Porém, precisamos ver primeiramente o lema abaixo:

Lema 4.22 *Se (x_n) é uma sequência de Cauchy, então ela é limitada.*

Demonstração. Seja (x_n) uma sequência de Cauchy e tome $\varepsilon = 1$. Então, $\exists n_0 \in \mathbb{N}$ tal que $\forall m, n \geq n_0 \Rightarrow |x_m - x_n| < 1$.

Em particular, fixando $n = n_0$ (o que é válido), segue que $\forall m \geq n_0$ e temos

$$|x_m - x_{n_0}| < 1 \Leftrightarrow -1 \leq x_m - x_{n_0} < 1 \Leftrightarrow x_{n_0} - 1 < x_m < x_{n_0} + 1.$$

Portanto, $x_m \in (x_{n_0} - 1, x_{n_0} + 1), \forall m \geq n_0$, ou seja, a partir do índice n_0 todos os termos da sequência (x_n) ficam no intervalo $(x_{n_0} - 1, x_{n_0} + 1)$.

Resta observar a quantidade finita de termos que ficaram fora deste intervalo, ou seja, os termos x_1, x_2, ..., x_{n_0-1} e os extremos do intervalo acima $x_{n_0} - 1$ e $x_{n_0} + 1$. Para isto, defina o conjunto

$$X = \{x_1, x_2, ..., x_{n_0-1}, x_{n_0} - 1, x_{n_0} + 1\}.$$

Como X é um conjunto finito, podemos destacar o menor e o maior elemento. Assim, tomamos $a = \min X$ e $b = \max X$. Desta forma, conseguimos encontrar um intervalo $[a, b]$ tal que $x_n \in [a, b], \forall n \in \mathbb{N}$, ou seja, a sequência (x_n) de Cauchy é limitada.

$\square$

Proposição 4.23 *Se (x_n) é uma sequência de Cauchy, então ela é convergente.*

Demonstração. Seja (x_n) uma sequência de Cauchy. Pelo lema anterior segue que (x_n) é limitada. Logo, pelo Teorema de Bolzano-Weierstrass, existe uma subsequência x_{n_k} convergente, digamos, $x_{n_k} \to a$.

Afirmamos que $\lim\limits_{n \to +\infty} x_n = a$.

De fato, primeiramente, sendo (x_n) de Cauchy, temos que dado $\varepsilon > 0$, $\exists n_0 \in \mathbb{N}$ tal que $\forall m, n \geq n_0 \Rightarrow |x_m - x_n| < \frac{\varepsilon}{2}$.
Ainda, como $x_{n_k} \to a$, temos que, para o mesmo $\varepsilon > 0$, $\exists n_1 \in \mathbb{N}$ tal que $\forall n_k \geq n_1 \Rightarrow |x_{n_k} - a| < \frac{\varepsilon}{2}$.

Tome $\tilde{n} = \max\{n_0, n_1\}$. Então, $\forall n \geq \tilde{n}$, escolhendo um índice $n_k > \tilde{n}$, temos

$$|x_n - a| = |(x_n - x_{n_k}) + (x_{n_k} - a)| \leq |x_n - x_{n_k}| + |x_{n_k} - a| < \frac{\varepsilon}{2} + \frac{\varepsilon}{2} = \varepsilon,$$

o que prova que $\lim\limits_{n \to +\infty} x_n = a$.

$\square$

Teorema 4.24 *Seja (x_n) uma sequência e seja $\lambda \in \mathbb{R}$, com $0 < \lambda < 1$, tal que*

$$|x_{n+1} - x_n| \leq \lambda |x_n - x_{n-1}|, \ \forall n \geq 2.$$

Então, a sequência (x_n) é convergente.

Demonstração. Vamos mostrar que (x_n) é uma sequência de Cauchy e, portanto, convergente.

Para $m > n \in \mathbb{N}$, tome $p > 0$ tal que $m = n + p$. Assim,

$$|x_m - x_n| = |x_{n+p} - x_n| =$$

$$= |x_{n+p} - x_{n+p-1} + x_{n+p-1} - x_{n+p-2} + x_{n+p-2} + ... + x_{n-1} - x_n| \leq$$

$$\leq |x_{n+p} - x_{n+p-1}| + |x_{n+p-1} - x_{n+p-2}| + ... + |x_{n-1} - x_n|,$$

ou seja, obtemos

$$|x_m - x_n| \leq |x_{n+p} - x_{n+p-1}| + |x_{n+p-1} - x_{n+p-2}| + ... + |x_{n-1} - x_n|. \tag{4.8}$$

Pela hipótese do teorema segue que quaisquer dois termos consecutivos x_k e x_{k-1} da sequência (x_n) podem ser estimados por

$$|x_k - x_{k-1}| \leq \lambda|x_{k-1} - x_{k-2}| \leq \lambda^2|x_{k-2} - x_{k-3}| \leq$$
$$\leq \lambda^3|x_{k-3} - x_{k-4}| \leq \ldots \leq \lambda^{k-2}|x_2 - x_1|.$$

Assim, temos que (4.8) fica majorado por

$$|x_m - x_n| \leq |x_{n+p} - x_{n+p-1}| + |x_{n+p-1} - x_{n+p-2}| + \ldots + |x_{n-1} - x_n| \leq$$
$$\leq \lambda^{n+p-2}|x_2 - x_1| + \lambda^{n+p-3}|x_2 - x_1| + \lambda^{n+p-4}|x_2 - x_1| + \ldots + \lambda^{n-1}|x_2 - x_1| =$$
$$= \left(\lambda^{n+p-2} + \lambda^{n+p-3} + \lambda^{n+p-4} + \ldots + \lambda^{n-1}\right)|x_2 - x_1|.$$

O aditivo entre parênteses é uma soma de uma progressão geométrica de $n + p - 2 - (n - 1) + 1 = p$ termos de razão λ^{-1}, e sabendo que a soma S_k de k termos de uma P.G. de razão q é dada por

$$S_k = \frac{a_1}{1-q} - \frac{a_1 q^k}{1-q},$$

segue que

$$\lambda^{n+p-2} + \lambda^{n+p-3} + \lambda^{n+p-4} + \ldots + \lambda^{n-1} = \frac{\lambda^{n+p-2}}{1-\lambda^{-1}} - \frac{\lambda^{n+p-2}(\lambda^{-1})^p}{1-\lambda^{-1}} =$$
$$= \frac{\lambda^{n+p-1}}{\lambda - 1} - \frac{\lambda^{n-1}}{\lambda - 1},$$

e daí

$$|x_m - x_n| \leq \left(\lambda^{n+p-2} + \lambda^{n+p-3} + \lambda^{n+p-4} + \ldots + \lambda^{n-1}\right)|x_2 - x_1| =$$
$$= \left(\frac{\lambda^{n+p-1}}{\lambda - 1} - \frac{\lambda^{n-1}}{\lambda - 1}\right)|x_2 - x_1| = \left(\frac{\lambda^{n-1}}{1-\lambda} - \frac{\lambda^{n+p-1}}{1-\lambda}\right)|x_2 - x_1| \leq$$
$$\leq \frac{\lambda^{n-1}}{1-\lambda}|x_2 - x_1|$$

Assim, dado $\varepsilon > 0$, tome $n_0 \in \mathbb{N}$ tal que

$$\lambda^{n_0 - 1} < \frac{(1-\lambda)\varepsilon}{|x_2 - x_1|}.$$

Então, $\forall n \geq n_0$, sendo $0 < \lambda < 1$, obtemos

$$\lambda^{n-1} \leq \lambda^{n_0 - 1}.$$

Logo,

$$\frac{\lambda^{n-1}}{1-\lambda} \leq \frac{\lambda^{n_0-1}}{1-\lambda},$$

e, portanto, $\forall m, n \geq n_0$, vale

$$|x_m - x_n| \leq \frac{\lambda^{n-1}}{1-\lambda}|x_2 - x_1| \leq \frac{\lambda^{n_0-1}}{1-\lambda}|x_2 - x_1| < \frac{(1-\lambda)\varepsilon}{|x_2 - x_1|} \cdot \frac{|x_2 - x_1|}{1-\lambda} = \varepsilon,$$

ou seja, (x_n) é uma sequência de Cauchy e, então, pela Proposição 4.23, ela é convergente.

□

Exercícios

1. *Prove que a sequência (x_n) dada por $x_n = \dfrac{\cos n\pi}{n}$ é de Cauchy.

2. *Sejam $0 < r < 1$ e (x_n) uma sequência tal que $|x_{n+1} - x_n| < r^n$, para todo $n \in \mathbb{N}$. Mostre que a sequência (x_n) é de Cauchy.

3. Seja $x_1 = 1$ e ponha $x_{n+1} = 1 + \dfrac{1}{x_n}$. Verifique que

$$|x_{n+2} - x_{n+1}| \leq \frac{1}{2}|x_{n+1} - x_n|.$$

   Conclua que existe $a = \lim\limits_{n \to \infty} x_n$, e determine o valor de a.

4. Seja (x_n) sequência dada por $x_n = \sqrt{n}$. Mostre que (x_n) satisfaz

$$\lim_{n \to \infty} |x_{n+1} - x_n| = 0,$$

   mas que a sequência não é de Cauchy.

5. Se $(x_n)_n$ e $(y_n)_n$ forem duas sequências de Cauchy, prove que as sequências $(x_n + y_n)_n$ e $(x_n \cdot y_n)_n$ também são sequências de Cauchy.

6. Seja (a_n) uma sequência definida recursivamente pela fórmula

$$a_1 = 1, \ a_{n+1} = \frac{2 + a_n}{1 + a_n} \quad \text{para} \quad n \in \mathbb{N}.$$

   Mostre que a sequência é de Cauchy e encontre o seu limite.

7. *Mostre que a sequência (x_n) definida por

$$x_n = \int_1^n \frac{\cos t}{t^2} dt$$

   é de Cauchy.

8. **(Sel. Mestrado UFBA 2016/2)** Mostre que se uma sequência de Cauchy possui uma subsequência que é convergente, então ela própria é convergente.

4.10 Ponto aderente. limsup e liminf

Como já sabemos, a sequência (x_n) dada por $x_n = (-1)^n$, embora seja limitada, não é convergente, pois não é monótona. No entanto, pelo Teorema de Bolzano-Weierstrass, como tal sequência é limitada, podemos extrair uma subsequência convergente. De fato, neste exemplo, é possível destacar duas subsequências convergentes, a subsequência dos termos pares (x_{2n}), dada por $x_{2n} = 1$, ou seja,

$$(x_{2n}) = (1, 1, 1, 1, 1, 1, ...),$$

que converge para 1; e a subsequência dos termos ímpares (x_{2n-1}) dada por $x_{2n-1} = -1$, ou seja,

$$(x_{2n-1}) = (-1, -1, -1, -1, ...)$$

que converge para -1. Tais valores aos quais as subsequências convergem são chamados de *pontos aderentes*. Ou seja, temos a definição que segue.

Definição 4.25 Seja (x_n) uma sequência. Dizemos que um ponto $c \in \mathbb{R}$ é um *ponto aderente* para a sequência (x_n) se existir uma subsequência (x_{n_k}) tal que $x_{n_k} \to c$.

Na introdução dada acima temos que 1 e -1 são pontos aderentes da sequência $x_n = (-1)^n$.

Proposição 4.26 *Seja (x_n) uma sequência e $c \in \mathbb{R}$. Então, o ponto c é ponto aderente de (x_n) se, e somente se, para todo $\varepsilon > 0$, o conjunto*

$$\{n \in \mathbb{N} : x_n \in (c - \varepsilon, c + \varepsilon)\}$$

é infinito.

Demonstração. Suponha que $c \in \mathbb{R}$ seja ponto aderente de (x_n). Então, existe uma subsequência (x_{n_k}) de (x_n) tal que $x_{n_k} \to c$.

Tome $\varepsilon > 0$. Então, pela definição de limite segue que existe um índice $n_0 \in \mathbb{N}$ tal que, $\forall n_k \geq n_0$, implica em $|x_{n_k} - c| < \varepsilon$, ou seja, implica em

$$c - \varepsilon < x_{n_k} < c + \varepsilon, \ \forall n_k \geq n_0,$$

e como tal desigualdade, pela definição de limite, vale para uma infinidade de índices n_k, desde que $n_k \geq n_0$, concluímos que o conjunto

$$\{n_k : x_{n_k} \in (c - \varepsilon, c + \varepsilon)\}$$

é infinito.

Reciprocamente, suponha que $\forall \varepsilon > 0$, $x_n \in (c - \varepsilon, c + \varepsilon)$ para uma infinidade de índices n. Vamos construir uma subsequência (x_{n_k}) tal que $x_{n_k} \to c$. De fato, como a pertinência acima vale para todo $\varepsilon > 0$, então:

- Para $\varepsilon = 1 > 0$, o conjunto de pontos de (x_n) tais que $x_n \in (c - 1, c + 1)$ é infinito. Então, escolha um índice n_1 tal que $x_{n_1} \in (c - 1, c + 1)$.
- Para $\varepsilon = \frac{1}{2} > 0$, o conjunto de pontos de (x_n) tais que $x_n \in (c - \frac{1}{2}, c + \frac{1}{2})$ é infinito. Assim, escolha um índice $n_2 > n_1$ tal que $x_{n_2} \in (c - \frac{1}{2}, c + \frac{1}{2})$.
- Para $\varepsilon = \frac{1}{3} > 0$, o conjunto de pontos de (x_n) tais que $x_n \in (c - \frac{1}{3}, c + \frac{1}{3})$ é infinito. Assim, escolha um índice $n_3 > n_2$ tal que $x_{n_3} \in (c - \frac{1}{3}, c + \frac{1}{3})$.

$$\vdots$$

- Segue a construção por indução: para $\varepsilon = \frac{1}{k} > 0$, suponha escolhido o índice $n_k > n_{k-1}$, tal que $x_{n_k} \in (x - \frac{1}{k}, c + \frac{1}{k})$ para uma infinidade de índices; para $\varepsilon = \frac{1}{k+1} > 0$, escolhe-se o índice $n_{k+1} > n_k$ tal que o conjunto $\{n \in \mathbb{N} : (c - \frac{1}{k+1}, c + \frac{1}{k+1})\}$ é infinito.

Assim, por indução construímos uma subsequência (x_{n_k}) de (x_n) tal que

$$|x_{n_k} - c| < \frac{1}{k},$$

o que, fazendo $k \to \infty$ concluímos que $x_{n_k} \to c$.

Portanto, c é um ponto aderente para a sequência (x_n).

□

Proposição 4.27 *Se (x_n) for uma sequência limitada, então existem o maior e o menor valor de aderência.*

Demonstração. Seja (x_n) uma sequência limitada. Então, pelo Teorema de Bolzano-Weierstrass, existe pelo menos um ponto de aderência para a sequência (x_n). Defina por C o conjunto de todos os pontos de aderência de (x_n), ou seja,

$$C = \{c \in \mathbb{R} : c \text{ é valor de aderência para } (x_n)\}.$$

Pelo comentado acima, temos que $C \neq \emptyset$. Logo, está bem definido. Além disso, C é limitado e $C \subset \mathbb{R}$. Logo, existem $\inf C$ e $\sup C$. Escreva

$$A = \inf C \quad \text{e} \quad B = \sup C.$$

Afirmamos que $B \in C$. De fato, como $B = \sup C$, então, $\forall k \in \mathbb{N}$, $\exists c_k \in C$ tal que

$$B - \frac{1}{k} < c_k \leq B.$$

Então, pelo Teorema do Sanduíche para sequências, como $B - \frac{1}{k} \to B$ e $B \to B$ quando $k \to +\infty$, concluímos que $c_k \to B$. Logo, B também é um valor de aderência para (x_n), i.e., $B \in C$, e $B = \sup C$ é o maior elemento.

Analogamente se mostra que $A = \inf C \in C$ e, consequentemente, C também possui um menor elemento.

□

Pela proposição acima, sendo (x_n) uma sequência limitada, então sempre existem o maior e o menor valor de aderência. Isso nos motiva apresentar a definição que segue.

Definição 4.28 Seja (x_n) uma sequência limitada. Definimos, respectivamente, os limites *inferior* e *superior* de (x_n) por

- $\limsup x_n = \overline{\lim}\, x_n =$ o maior valor de aderência de (x_n),
- $\liminf x_n = \underline{\lim}\, x_n =$ o menor valor de aderência de (x_n).

Assim, por exemplo, sabemos que a sequência $x_n = (-1)^n$ possui apenas dois valores de aderência -1 e 1, visto que a subsequência dos termos ímpares converge para -1 e a subsequência dos termos pares converge para 1. Neste caso, tem-se que

$$\liminf x_n = -1 \quad \text{e} \quad \limsup x_n = 1.$$

Os conceitos de $\limsup$ e $\liminf$ são generalizações do conceito de limite de sequências limitadas que não são convergentes, como o exemplo acima.

A partir de uma sequência limitada (x_n), definimos as sequências (a_n) e (b_n) por

$$a_n = \sup_{m \geq n} x_m \quad \text{e} \quad b_n = \inf_{m \geq n} x_m.$$

Notamos que à medida que n aumenta, o supremo e o ínfimo vão sendo calculados sobre um conjunto com cada vez menos elementos, e disso

$$a_1 \geq a_2 \geq a_3 \geq \ldots \quad \text{e} \quad b_1 \leq b_2 \leq b_3 \leq \ldots,$$

ou seja, (a_n) e (b_n) são monótonas. E, sendo também limitadas, temos

$$\lim_{n\to\infty} a_n = \inf_n a_n \quad \text{e} \quad \lim_{n\to\infty} b_n = \sup_n b_n.$$

Então, escrevemos

$$\limsup_{n\to\infty} x_n = \lim_{n\to\infty} a_n = \lim_{n\to\infty} \left[\sup_{m\geq n} x_m\right]$$

e

$$\liminf_{n\to\infty} x_n = \lim_{n\to\infty} b_n = \lim_{n\to\infty} \left[\inf_{m\geq n} x_m\right].$$

Proposição 4.29 *Seja (x_n) uma sequência limitada. Então, (x_n) é convergente se, e somente se, existir um único ponto de aderência*

Demonstração. Seja (x_n) uma sequência limitada.

Suponha que (x_n) é convergente, i.e., $x_n \to L$, para algum $L \in \mathbb{R}$.

Então, para qualquer subsequência (x_{n_k}) de (x_n), tem-se que $x_{n_k} \to L$, e, portanto, o único ponto aderente de (x_n) é L.

Reciprocamente, suponha que exista um único ponto de aderência $c \in \mathbb{R}$ da sequência (x_n), ou seja, que existe uma subsequência de (x_n) que convirja para c.

Afirmamos que $x_n \to c$.

De fato, se, por absurdo, tivermos que $x_n \not\to c$, então[4]

$$\exists \varepsilon_0 > 0 \text{ tal que, } \forall n_0 \in \mathbb{N},\ \exists n \geq n_0 \text{ tal que } \ |x_n - c| \geq \varepsilon_0,$$

ou seja, $x_n \notin (c - \varepsilon_0, c + \varepsilon_0)$.

Ou seja, existe $\varepsilon_0 > 0$ tal que existe uma subsequência (x_{n_k}) de (x_n) fora do intervalo $(c - \varepsilon_0, c + \varepsilon_0)$.

Como (x_n) é limitada, por hipótese, então (x_{n_k}) também é limitada. Logo, pelo Teorema de Bolzano-Weierstrass, segue que existe uma subsequência $(x_{n_{k_\ell}})$ de (x_{n_k}) tal que converge para um valor $d \in \mathbb{R}$, com $d \neq c$, pois $x_{n_{k_\ell}} \notin (c - \varepsilon_0, c + \varepsilon_0)$, ou seja,

$$x_{n_{k_\ell}} \to d, \quad \text{com} \quad d \neq c.$$

[4]Isto é, a negação da definição de limite de sequência.

Assim, d é um outro ponto de aderência de (x_n) diferente do ponto c, mas, por hipótese, temos que c era o único ponto de aderência para (x_n). Absurdo!

Logo, $x_n \to c$.

Isso conclui a prova da proposição.

□

Exercícios

1. Encontre o $\liminf$ e o $\limsup$ de cada sequência a seguir:
   (a) $(x_n) = (-2, -1, 0, 1, -2, -1, 0, 1, -2, ...)$
   (b) $_n = \cos(n\pi)$
   (c) $x_n = \frac{(-1)^n n}{(1+n)^n}$
2. Sejam (x_n) e (y_n) sequências limitadas. Mostre que
   (a) $\overline{\lim}(-x_n) = -\underline{\lim} x_n$
   (b) $\underline{\lim}(x_n + y_n) \geq \underline{\lim} x_n + \underline{\lim} y_n$
   (c) Se $x_n \geq 0$ e $y_n \geq 0$, então $\overline{\lim}(x_n y_n) \leq \overline{\lim} x_n \cdot \overline{\lim} y_n$

Capítulo 5

Séries numéricas

"Comece fazendo o que é necessário, depois o que é possível, e de repente você estará fazendo o impossível"

- São Francisco de Assis -

5.1 Introdução

Neste capítulo apresentamos a noção de soma infinita, denominada *série numérica*, bem como várias propriedades de convergência. O estudo de séries numéricas é de vital importância para entendermos o conceito de integração definida, que será estudado no Capítulo 10. Iniciemos com a sua definição.

Definição 5.1 Chama-se *série infinita* a soma da forma

$$a_1 + a_2 + a_3 + ... + a_n + ...$$

dos termos de uma sequência $(a_n)_{n \in \mathbb{N}}$.

A série pode ser abreviada usando-se o símbolo de somatório $\sum$. Assim,

$$a_1 + a_2 + a_3 + ... + a_n + ... = \sum_{n=1}^{+\infty} a_n$$

e a notação $\sum$ deve ser adotada, salvo para séries muito simples.

Na notação

$$\sum_{n=1}^{\infty} a_n,$$

a_n chama-se *termo geral da série*.

Nosso objetivo é compreender o significado de tal soma infinita e desenvolver métodos para decidir se uma dada série possui ou não uma soma e, em alguns casos, determinar tal soma.

Toda série infinita $\sum a_n$ está associada à sequência (s_n) das somas parciais definida por

$$s_n = a_1 + a_2 + a_3 + ... + a_n = \sum_{k=1}^{n} a_k.$$

Portanto,

$$s_1 = a_1,\ s_2 = a_1 + a_2,\ s_3 = a_1 + a_2 + a_3,\ ...,\ s_n = a_1 + a_2 + ... + a_n,\ ...$$

Definição 5.2 A série infinita $\sum_{n=1}^{+\infty} a_n$ é dita *convergente* se a sequência das somas parciais $(s_n)_n$ for convergente; e *divergente* se a sequência das somas parciais for divergente.

Se a série for convergente e a sequência das somas parciais (s_n) convergir para S, então S será chamada a soma da série, e escreve-se

$$S = \sum_{n=1}^{+\infty} a_n$$

Portanto,

$$\sum_{n=1}^{+\infty} a_n = \lim_{n\to+\infty} s_n = \lim_{n\to+\infty} \sum_{i=1}^{n} a_i,$$

desde que o limite exista.

Exemplo: Considere a série $\frac{1}{2} + \frac{3}{4} + \frac{7}{8} + ... + \frac{2^n - 1}{2^n} + ...$ Note que os termos desta série formam uma sequência convergente, pois $\lim_{n\to+\infty} \left(\frac{2^n - 1}{2^n}\right) = \lim_{n\to+\infty} \left(1 - \frac{1}{2^n}\right) = 1$. No entanto, não segue a convergência da série.

Neste caso, podemos observar que cada termo da série é pelo menos igual a $\frac{1}{2}$ e, consequentemente,

$$s_n \geq \frac{1}{2} + \frac{1}{2} + \frac{1}{2} + ... + \frac{1}{2} = n \cdot \frac{1}{2}.$$

A sequência s_n é monótona, mas não é limitada, e $\lim_{n\to+\infty} s_n = +\infty$. Logo, a série é divergente.

De modo geral, devem-se distinguir as noções de série, sequência dos termos de uma série, e a sequência de somas parciais de uma série. A série é simplesmente um outro modo de descrever-se a sequência das somas parciais; os termos da série descrevem as variações entre uma soma parcial e a soma seguinte.

Exemplo. Para atribuirmos significado, por exemplo, para uma expressão do tipo

$$1+\frac{1}{2}+\frac{1}{4}+\frac{1}{8}+...+\frac{1}{2^{n-1}}+...$$

somamos os termos um a um a partir do início e buscamos um padrão para as somas parciais.

Soma parcial	Valor	Expressão sugerida para a soma parcial
$s_1=1$	1	$2-1$
$s_2=1+\frac{1}{2}$	$\frac{3}{2}$	$2-\frac{1}{2}$
$s_3=1+\frac{1}{2}+\frac{1}{4}$	$\frac{7}{4}$	$2-\frac{1}{4}$
$s_4=1+\frac{1}{2}+\frac{1}{4}+\frac{1}{8}$	$\frac{15}{8}$	$2-\frac{1}{8}$
$\vdots$	$\vdots$	$\vdots$
$s_n=1+\frac{1}{2}+\frac{1}{4}+...+\frac{1}{2^{n-1}}$	$\dots$	$2-\frac{1}{2^{n-1}}$

Realmente existe um padrão. A soma parcial forma uma sequência cujo eneésimo termo é

$$s_n=2-\frac{1}{2^{n-1}}.$$

Esta sequência converge para 2, pois $\lim_{n\to\infty}\left(2-\frac{1}{2^{n-1}}\right)=2$. Assim, dizemos que a soma infinita $1+\frac{1}{2}+\frac{1}{4}+...+\frac{1}{2^{n-1}}+...$ é igual a 2.

Observe a figura a seguir.

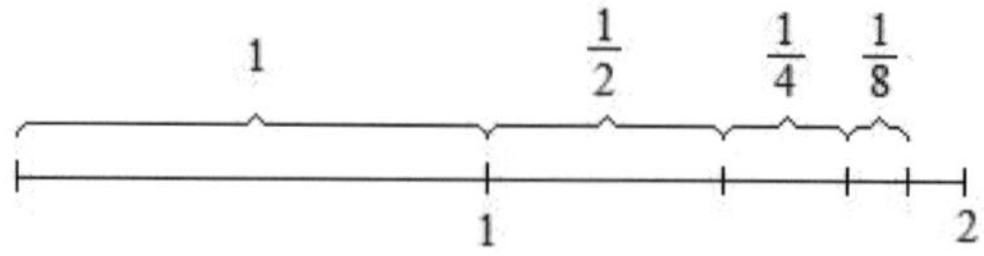

Quando os comprimentos $1, \frac{1}{2}, \frac{1}{4}, \frac{1}{8}, ...$ são adicionados um a um, a soma se aproxima de 2.

Você deve estar se perguntando: podemos adicionar um número infinito de termos um a um? A resposta é: claro que não! Contudo, podemos ainda definir sua soma como o limite da sequência de somas parciais quando $n \to +\infty$.

Exemplo: Encontre a soma da série[1] $\sum_{n=1}^{+\infty} \frac{1}{n(n+1)}$.

Solução. Inicialmente procuramos um padrão na sequência das somas parciais que possa levar a uma fórmula para s_n. Neste caso, a chave é a decomposição em frações parciais.

$$\frac{1}{n(n+1)} = \frac{1}{n} - \frac{1}{n+1}$$

Assim, podemos escrever

$$\sum_{n=1}^{+\infty} \frac{1}{n(n+1)} = \sum_{n=1}^{+\infty} \frac{1}{n} - \frac{1}{n+1}$$

$$s_n = \left(1 - \frac{1}{2}\right) + \left(\frac{1}{2} - \frac{1}{3}\right) + \left(\frac{1}{3} - \frac{1}{4}\right) + ... + \left(\frac{1}{n-1} - \frac{1}{n}\right) + \left(\frac{1}{n} - \frac{1}{n+1}\right)$$

$$s_n = 1 - \frac{1}{n+1}$$

Note que $\lim_{n\to+\infty} s_n = \lim_{n\to+\infty} \frac{n}{n+1} = 1$. Logo, a série converge, e sua soma é 1.

5.2 Série geométrica

Séries geométricas são da forma

$$1 + a + a^2 + a^3 + ... + a^n + ... = \sum_{n=0}^{+\infty} a^n,$$

[1] A série $\sum_{n=1}^{+\infty} \frac{1}{n(n+1)}$ é chamada série telescópica.

onde $a \in \mathbb{R}$.

Se $a = 1$, a n-ésima soma parcial da série geométrica é $s_n = 1 + 1^1 + 1^2 + ... + 1^n = n + 1$ e será divergente, pois $\lim\limits_{n \to \infty} s_n = +\infty$. Se $a = -1$, a série diverge porque a n-ésima soma parcial oscila entre 1 e 0. Se $|a| \neq 1$, podemos determinar a convergência ou a divergência da série da seguinte maneira:

$$s_n = 1 + a \cdot +a^2 + a^3 + ... + a^n$$

Multiplicando por a, obtemos

$$a \cdot s_n = a + a^2 + a^3 + ... + a^n + a^{n+1}$$

Subtraindo a primeira igualdade da segunda, obtemos

$$a \cdot s_n - s_n = a^{n+1} - 1.$$

Logo, como assumimos $|a| \neq 1$, podemos escrever

$$s_n = \frac{a^{n+1} - 1}{a - 1} = \frac{1}{1-a} - \frac{a^{n+1}}{1-a}.$$

Se $|a| < 1$, segue que $a^{n+1} \to 0$ e daí

$$s_n \to \frac{1}{1-a},$$

ou seja, concluímos que

$$\sum_{n=0}^{\infty} a^n = \frac{1}{1-a}; \quad \text{onde } |a| < 1, \quad \text{i.e., a série converge.}$$

Quando $|a| > 1$ a série será divergente.

5.3 Propriedades das séries

A proposição abaixo estabelece as principais operações entre séries convergentes.

Proposição 5.3 *Se* $\sum_{n=1}^{+\infty} a_n$ *e* $\sum_{n=1}^{+\infty} b_n$ *são convergentes com somas* A *e* B *respectivamente, e* k *é uma constante, então*

(i) $\sum_{n=1}^{+\infty}(a_n + b_n) = A + B$

(ii) $\sum_{n=1}^{+\infty}(a_n - b_n) = A - B$

(iii) $\sum_{n=1}^{+\infty}(k \cdot a_n) = k \cdot \sum_{n=1}^{+\infty} a_n = k \cdot A$

Demonstração. Faremos apenas a demonstração de (i) e deixaremos (ii) e (iii) para o leitor. Sejam (A_n) e (B_n) as sequências das somas parciais de $\sum a_n$ e $\sum b_n$, respectivamente. Ou seja,

$$A_n = \sum_{k=1}^{n} a_k \quad \text{e} \quad B_n = \sum_{k=1}^{n} b_n.$$

Como $\sum a_n$ e $\sum b_n$ convergem para A e B, respectivamente, dado $\varepsilon > 0$, temos

- como $\lim_{n\to\infty} A_n = A$, $\exists n_0 \in \mathbb{N}$ tal que $\forall n \geq n_0 \Rightarrow |A_n - A| < \frac{\varepsilon}{2}$;
- como $\lim_{n\to\infty} B_n = B$, $\exists n_1 \in \mathbb{N}$ tal que $\forall n \geq n_1 \Rightarrow |B_n - B| < \frac{\varepsilon}{2}$.

Tome $\tilde{n} = \max\{n_0, n_1\}$. Assim, $\forall n \geq \tilde{n}$, valem

$$|A_n - A| < \frac{\varepsilon}{2} \quad \text{e} \quad |B_n - B| < \frac{\varepsilon}{2}.$$

Então, avaliando a diferença $|(A_n + B_n) - (A + B)|$, obtemos:

$$|(A_n + B_n) - (A + B)| \leq |A_n - A| + |B_n - B| < \frac{\varepsilon}{2} + \frac{\varepsilon}{2} = \varepsilon.$$

Logo, segue que

$$\lim_{n\to\infty}(A_n + B_n) = A + B.$$

Por outro lado,

$$A_n + B_n = \sum_{k=1}^{n} a_k + \sum_{k=1}^{n} b_k = \sum_{k=1}^{n}(a_k + b_k),$$

e disso,

$$A + B = \lim_{n\to\infty}(A_n + B_n) = \lim_{n\to\infty}\sum_{k=1}^{n}(a_k + b_k) = \sum_{n=1}^{\infty}(a_n + b_n),$$

o que conclui a prova do item (i).

□

Corolário 5.4 (i) *Quando multiplicamos uma série divergente por uma constante diferente de zero, obtemos uma série também divergente.*
(ii) *Se* $\sum a_n$ *converge e* $\sum b_n$ *diverge, então tanto* $\sum(a_n + b_n)$ *como* $\sum(a_n - b_n)$ *divergem.*

Obs.: Quando duas séries divergem, a série formada pela soma de seus termos pode convergir ou pode divergir.

Por exemplo, considere as séries

$$\sum a_n = 1 + 1 + 1 + ..., \sum b_n = (-1) + (-1) + (-1) + ...$$

$$\text{e} \sum c_n = 1 + 2 + 3 + 4 + ...$$

Note que estas três séries divergem, mas $\sum(a_n + b_n) = 0 + 0 + 0 + ...$ converge para 0, enquanto que $\sum(a_n + c_n) = 2 + 3 + 4 + 5 + ...$ diverge.

Exemplo. Calcule as somas a seguir.

(a) $\displaystyle\sum_{n=1}^{+\infty}\frac{3^{n-1} - 1}{6^{n-1}}$ (b) $\displaystyle\sum_{n=1}^{+\infty}\frac{4}{2^{n-1}}$

Solução. Note que basta usar a Proposição 5.3 e observar que temos operações com séries geométricas:

(a) $\displaystyle\sum_{n=1}^{+\infty}\frac{3^{n-1} - 1}{6^{n-1}} = \sum_{n=1}^{+\infty}\left(\frac{1}{2^{n-1}} - \frac{1}{6^{n-1}}\right) = \sum_{n=1}^{+\infty}\frac{1}{2^{n-1}} - \sum_{n=1}^{+\infty}\frac{1}{6^{n-1}} =$

$\displaystyle= \frac{1}{1-\frac{1}{2}} - \frac{1}{1-\frac{1}{6}} = 2 - \frac{6}{5} = \frac{4}{5}$

(b) $\displaystyle\sum_{n=1}^{+\infty}\frac{4}{2^{n-1}} = 4\sum_{n=1}^{+\infty}\frac{1}{2^{n-1}} = 4\cdot\left(\frac{1}{1-\frac{1}{2}}\right) = 8$

Proposição 5.5 *Se* $\displaystyle\sum_{n=1}^{+\infty} a_n$ *for convergente, então* $\displaystyle\lim_{n\to+\infty} a_n = 0,$

Demonstração. Fazendo-se S representar a soma da série e $s_n = a_1 + a_2 + ... + a_n$ representar a n-ésima soma parcial, se tomarmos n suficientemente grande, tanto

s_n como s_{n-1} estão perto de S. Assim a diferença $s_n - s_{n-1} = a_n$, está próxima de zero. Mais formalmente,

$$\lim_{n\to+\infty} a_n = \lim_{n\to+\infty}(s_n - s_{n-1}) = \lim_{n\to+\infty} s_n - \lim_{n\to+\infty} s_{n-1} = S - S = 0$$

Logo, se a_n não convergir para zero, a série não poderá convergir.

□

Note que esse critério só poderá ser usado para provar divergências. Se $\lim\limits_{n\to+\infty} a_n = 0$, a série $\sum a_n$ poderá divergir ou convergir.

Exemplo. Aplicar o teste do n-ésimo termo para verificar se a sequência diverge.

(a) $\sum\limits_{n=1}^{+\infty}(-1)^n$ diverge, pois $\lim\limits_{n\to+\infty}(-1)^n$ não existe.

(b) $\sum\limits_{n=1}^{+\infty} n^2$ diverge, pois $n^2 \to +\infty$, quando $n \to +\infty$.

(c) $\sum\limits_{n=1}^{+\infty} \dfrac{3n-1}{4n+5}$ diverge, pois $\lim\limits_{n\to+\infty} \dfrac{3n-1}{4n+5} = \dfrac{3}{4} \not\to 0$ quando $n \to +\infty$.

(d) $\sum\limits_{n=1}^{+\infty} \dfrac{1}{n}$. Note que $\lim\limits_{n\to+\infty} \dfrac{1}{n} = 0$, logo o teste não revela nada. Veremos abaixo que esta série, chamada *harmônica*, diverge. Antes, porém, apresentamos uma importante proposição.

Proposição 5.6 *Uma série $\sum\limits_{n=1}^{+\infty} a_n$ de termos não negativos converge se, e somente se, suas somas parciais são limitadas superiormente.*

Demonstração. Suponha que $\sum a_n$ seja convergente, com $a_n \geq 0$, $\forall n$. Vamos mostrar que a sequência (s_n) das somas parciais da série é limitada superiormente. Seja

$$s_n = a_1 + a_2 + ... + a_n$$

tal que

$$\exists \lim_{n\to+\infty} s_n = \lim_{n\to+\infty} \sum_{i=1}^{n} a_i = s > 0,$$

pois $a_n \geq 0$, $\forall n$.

Assim, dado $\varepsilon > 0$, $\exists n_0 \in \mathbb{N}$ tal que $\forall n \geq n_0 \Rightarrow |s_n - s| < \varepsilon$. Ou seja, $-\varepsilon < s_n - s < \varepsilon$, donde segue que $s_n < s + \varepsilon$, $\forall n \geq n_0$.

Tome $k = \max\{s + \varepsilon, s_1, s_2, ..., s_{n_0}\} > 0$.

Assim, segue que $s_n \leq k$, $\forall n \in \mathbb{N}$, ou seja, encontramos $k > 0$ tal que $s_n \leq k$, $\forall n$, o que mostra que a sequência das somas parciais da série $\sum a_n$ é limitada superiormente por $k > 0$.

Reciprocamente, suponha que a sequência (s_n) das somas parciais de $\sum a_n$ seja limitada superiormente.

Vamos mostrar que $\sum a_n$ converge, onde $a_n \geq 0$, $\forall n$. Por absurdo, suponha que $\sum a_n$ diverge. Isto significa que

$$\lim_{n \to +\infty} s_n = +\infty,$$

ou seja, $\forall M > 0$, $\exists n_0 \in \mathbb{N}$ tal que $s_n > M$, $\forall n \geq n_0$.

Mas isso contradiz a hipótese de que (s_n) é limitada superiormente. Absurdo! Portanto, $\sum a_n$ é convergente.

$\square$

No que segue, mostraremos a divergência da série $\sum \frac{1}{n}$, cf. mencionado anteriormente.

Exemplo. A série $\displaystyle\sum_{n=1}^{+\infty} \frac{1}{n} = 1 + \frac{1}{2} + \frac{1}{3} + \frac{1}{4} + ... + \frac{1}{n} + ...$ é chamada *série harmônica*. Esta série é muito importante e, assim como a série geométrica, é muito usada como referência para alguns testes de convergência que veremos adiante. A série harmônica é divergente, mas isto não segue do teste do n-ésimo termo, pois $\displaystyle\lim_{n \to +\infty} \frac{1}{n} = 0$. Isto ocorre porque não há limitante superior para suas somas parciais, ou seja, a Proposição 5.6 não se cumpre.

De fato, basta observar a soma parcial s_{2^n} onde, separando adequadamente os aditivos como segue, obtemos

$$s_{2^n} = 1 + \frac{1}{2} + \underbrace{\left(\frac{1}{3} + \frac{1}{4}\right)}_{>2 \cdot \frac{1}{4} = \frac{1}{2}} + \underbrace{\left(\frac{1}{5} + \frac{1}{6} + \frac{1}{7} + \frac{1}{8}\right)}_{>4 \cdot \frac{1}{8} = \frac{1}{2}} + \underbrace{\left(\frac{1}{9} + \frac{1}{10} + ... + \frac{1}{16}\right)}_{>8 \cdot \frac{1}{16} = \frac{1}{2}} + ...$$

$$... + \underbrace{\left(\frac{1}{2^{n-1} + 1} + ... + \frac{1}{2^n}\right)}_{>2^{n-1} \cdot \frac{1}{2^n} = \frac{1}{2}} > 1 + \frac{1}{2} + \frac{1}{2} + ... + \frac{1}{2} = 1 + n \cdot \frac{1}{2} \to \infty$$

Logo, a série harmônica diverge.

Teorema 5.7 *(Critério de Cauchy) Uma série* $\sum_{n=1}^{\infty} a_n$ *converge se, e somente se,* $\forall \varepsilon > 0$, $\exists n_0 \in \mathbb{N}$ *tal que para todo* $p > n_0$,

$$|\sum_{n=n_0}^{p} a_n| < \varepsilon.$$

Demonstração. Sabemos que a série $\sum a_n$ converge se, e somente se, a sequência das somas parciais (s_n) for convergente. Logo, pelo Critério de Cauchy para sequências, temos que $s_n = \sum_{k=1}^{n} a_k$ converge se, e somente se, para todo $\varepsilon > 0$, existir $n_0 \in \mathbb{N}$ tal que $\forall m, n \geq n_0$, implicar em

$$|s_m - s_n| < \varepsilon.$$

No entanto, escrevendo $n = n_0$ e $m = n_0 + p$, onde $p \geq 1$, segue que

$$|\sum_{n=n_0+1}^{n_0+p} a_n| = |a_{n_0+1} + ... + a_{n_0+p}| = |s_{n_0+p} - s_{n_0}| < \varepsilon.$$

□

Exercícios

1. *Prove que $\displaystyle\sum_{n=1}^{\infty} \frac{1}{n(n+1)} = 1.$

2. **(Sel. Mestrado UFSM 2009/1)** Prove que $\displaystyle\sum_{n=1}^{\infty} \frac{1}{n(n+2)} = \frac{3}{4}.$

3. O grande matemático suíço Leonhard Euler chegou, algumas vezes, a conclusões erradas em seu pioneiro trabalho sobre séries infinitas. Por exemplo, Euler "deduziu" que

$$\frac{1}{2} = 1 - 1 + 1 - 1 + 1 - 1 + ...$$

e

$$-1 = 1 + 2 + 4 + 8 + ...$$

substituindo $x = -1$ e $x = 2$ na fórmula

$$\frac{1}{1-x} = 1 + x + x^2 + x^3 + ...$$

Qual foi o problema ocorrido no raciocínio de Euler?

4. Dadas as séries $\sum a_n$ e $\sum b_n$, com $a_n = \sqrt{n+1} - \sqrt{n+1}$ e $b_n = \log(1 + \frac{1}{n})$, mostre que $\lim_{n\to\infty} a_n = \lim_{n\to\infty} b_n = 0$. Calcule explicitamente as somas parciais s_n e t_n, respectivamente, dessas séries e mostre que $\lim_{n\to\infty} s_n = \lim_{n\to\infty} t_n = +\infty$, logo, as séries dadas são divergentes.

5. Analisar a convergência das séries a seguir e determinar a sua soma.

(a) $\displaystyle\sum_{n=1}^{\infty} \frac{1}{(2n-1)(2n+1)}$ (b) $\displaystyle\sum_{n=1}^{\infty} \ln \frac{n}{n+1}$ (c) $\displaystyle\sum_{n=2}^{\infty} \frac{2}{n^2-1}$

5.4 Testes de convergência

Dada uma série $\sum a_n$, vamos estudar teoremas que nos ajudarão a decidir sua convergência ou divergência. Primeiramente vamos estudar séries que não possuem termos negativos. A razão para essa restrição consiste no fato de que as somas parciais dessas séries formam sequências crescentes, e sequências crescentes limitadas superiormente sempre convergem. Para mostrar que uma série sem termos negativos converge, precisamos simplesmente mostrar que suas somas parciais são limitadas superiormente.

5.4.1 Teste da comparação

Teorema 5.8 *Sendo $\sum a_n$ e $\sum b_n$ séries de termos não negativos,*

(i) *se $\sum b_n$ for convergente e $a_n \leq b_n$ para todo n, então $\sum a_n$ também será convergente.*

(ii) *se $\sum b_n$ for divergente e $a_n \geq b_n$ para todo n, então $\sum a_n$ também será divergente.*

Demonstração. Faremos apenas a demonstração de (i) e deixaremos (ii) para o leitor. Seja $\sum b_n$ uma série convergente e $a_n \leq b_n$, $\forall n$. Vamos mostrar que a série $\sum a_n$ também é convergente.
De fato, sejam (B_n) a sequência das somas parciais da série $\sum b_n$ e (A_n) a sequência das somas parciais da série $\sum a_n$, dadas respectivamente por

$$B_n = \sum_{k=1}^{n} b_k \quad \text{e} \quad A_n = \sum_{k=1}^{n} a_k.$$

Note que, como $a_n, b_n \geq 0$, $\forall n$, segue que as sequências (A_n) e (B_n) são crescentes.

Como por hipótese $a_n \leq b_n$, para todo n, somando os n primeiros termos, obtemos

$$\sum_{k=1}^{n} a_k \leq \sum_{k=1}^{n} b_k,$$

isto é,

$$A_n \leq B_n, \forall n.$$

Como $\sum b_n$ é convergente, segue que a sequência das somas parciais (B_n) é limitada superiormente, i.e., $\exists K \in \mathbb{R}$ (na verdade, $K > 0$) tal que $B_n \leq K$, $\forall n \in \mathbb{N}$.

Portanto, obtemos

$$A_n \leq B_n \leq K, \forall n,$$

e então a sequência (A_n) das somas parciais da série $\sum a_n$ é limitada superiormente. Como (A_n) também é crescente, pelo Teorema 4.12 segue que (A_n) é convergente, i.e.,

$$\exists \lim_{n\to\infty} A_n = \lim_{n\to\infty} \sum_{k=1}^{n} a_k = \sum_{n=1}^{\infty} a_n.$$

□

Exemplo: Determine se a série $\displaystyle\sum_{n=1}^{+\infty} \frac{5}{5n-1}$ converge ou diverge.

Solução. Precisamos encontrar uma maneira de comparar o termo geral da série dada com o termo geral de uma outra série na qual sabemos ser convergente ou divergente. Observe que $\forall n \in \mathbb{N}$ temos $5n - 1 < 5n$. Tomando os inversos, temos

$$\frac{1}{5n-1} > \frac{1}{5n}.$$

Multiplicando esta última desigualdade por 5, obtemos

$$\frac{5}{5n-1} > \frac{5}{5n} = \frac{1}{n}.$$

Como a série $\sum \frac{1}{n}$ diverge (série harmônica) e vale a desigualdade acima $\forall n$, pelo teorema acima, o item (ii) nos diz que divergência da série de termo geral menor implica em divergência da série com termo maior, ou seja, concluímos que a série dada é divergente.

5.4.2 Teste da comparação do limite

Teorema 5.9 *Sejam $\sum a_n$ e $\sum b_n$ séries de termos positivos, se*

$$\lim_{n\to\infty} \frac{a_n}{b_n} = c > 0,$$

então ambas as séries $\sum a_n$ e $\sum b_n$ convergem ou divergem.

Demonstração. Sejam $\sum a_n$ e $\sum b_n$ nas hipóteses do teorema. Considere $\lim\limits_{n\to+\infty} \frac{a_n}{b_n} = c > 0$. Assim, dado $\varepsilon = c > 0$, segue que $\exists\, n_0 \in \mathbb{N}$ tal que $\forall n \geq n_0$, implica que $|\frac{a_n}{b_n} - c| < c$. Ou seja, para qualquer $n \geq n_0$ temos

$$0 < \frac{a_n}{b_n} < c + c \Rightarrow 0 < a_n < 2cb_n.$$

Portanto, de acordo com o teste de comparação visto anteriormente, a convergência da série $\sum b_n$ e, consequentemente, a convergência da série $2c\sum b_n$ implicam na convergência da série $\sum a_n$ e a divergência da série $\sum a_n$ implica na divergência da série $\sum b_n$.

$\square$

Exemplo. Determine se a série $\displaystyle\sum_{n=1}^{+\infty} \frac{1}{2^n - 1}$ converge ou diverge.

Solução. Consideremos a série geométrica $\displaystyle\sum_{n=1}^{+\infty} \left(\frac{1}{2}\right)^n = \sum_{n=1}^{+\infty} \frac{1}{2^n}$, que é convergente. Assim, considerando $a_n = \dfrac{1}{2^n}$ e $b_n = \dfrac{1}{2^n - 1}$, temos

$$\lim_{n\to+\infty} \frac{a_n}{b_n} = \lim_{n\to+\infty} \frac{\frac{1}{2^n}}{\frac{1}{2^n - 1}} = \lim_{n\to+\infty} 1 - \frac{1}{2^n} = 1 > 0.$$

Portanto, pelo teorema acima, sendo $\sum a_n$ convergente, concluímos que $\sum b_n$ também é convergente.

5.4.3 Teste da razão

Teorema 5.10 *Seja* $\sum a_n$ *uma série de termos positivos e suponha que*

$$\lim_{n\to+\infty} \frac{a_{n+1}}{a_n} = c$$

Então,

(i) *a série converge se* $c < 1$.

(ii) *a série diverge se* $c > 1$ *ou se* c *for infinito.*

(iii) *o teste é inconclusivo se* $c = 1$.

Demonstração.
(i) Suponhamos que $\lim\limits_{n\to+\infty} \dfrac{a_{n+1}}{a_n} = c < 1$.
Tome $\varepsilon > 0$ tal que $c + \varepsilon < 1$. Então, pelo limite acima segue que $\exists n_0 > 0$ tal que $\left|\dfrac{a_{n+1}}{a_n} - c\right| < \varepsilon$, $\forall n \geq n_0$, ou seja,

$$0 < \frac{a_{n+1}}{a_n} < c + \varepsilon, \ \forall n \geq n_0.$$

Assim, fixando $n \geq n_0$ podemos escrever

$$0 < \frac{a_{n_0+1}}{a_{n_0}} < c + \varepsilon,$$

$$0 < \frac{a_{n_0+2}}{a_{n_0+1}} < c + \varepsilon,$$

$$0 < \frac{a_{n_0+3}}{a_{n_0+2}} < c + \varepsilon,$$

$$\vdots$$

$$0 < \frac{a_n}{a_{n-1}} < c + \varepsilon$$

Multiplicando todas estas desigualdades obtemos

$$\frac{a_n}{a_{n_0}} < (c + \varepsilon)^{n-n_0}, \ \forall n \geq n_0.$$

Ou seja,

$$0 < a_n < \frac{a_{n_0}}{(c+\varepsilon)^{n_0}} \cdot (c + \varepsilon)^n, \ \forall n \geq n_0.$$

Como a série $\dfrac{a_{n_0}}{(c+\varepsilon)^{n_0}} \sum (c + \varepsilon)^n$ é uma série geométrica de razão $c + \varepsilon < 1$, esta série é convergente e, portanto, pelo critério de comparação segue que a série

$\sum a_n$ é convergente.

(ii) Temos dois casos a considerar:

Suponhamos que $\lim\limits_{n\to\infty} \dfrac{a_{n+1}}{a_n} = c > 1$. Então,

$$\lim_{n\to\infty} \frac{a_n}{a_{n+1}} = \frac{1}{c}, \ \text{com}\, 0 < \frac{1}{c} < 1.$$

Assim, dado $\varepsilon > 0$ tal que $\frac{1}{c} + \varepsilon < 1$, segue que $\exists n_0 \in \mathbb{N}$ tal que, $\forall n \geq n_0$, implique em

$$\left| \frac{a_n}{a_{n+1}} - \frac{1}{c} \right| < \varepsilon,$$

ou seja,

$$0 < \frac{a_n}{a_{n+1}} < \frac{1}{c} + \varepsilon, \, \forall n \geq n_0.$$

Assim, fixando $n \geq n_0$, temos

$$0 < \frac{a_{n_0}}{a_{n_0+1}} < \frac{1}{c} + \varepsilon,$$

$$0 < \frac{a_{n_0+1}}{a_{n_0+2}} < \frac{1}{c} + \varepsilon,$$

$$\vdots$$

$$0 < \frac{a_{n-1}}{a_n} < \frac{1}{c} + \varepsilon.$$

Multiplicando todas estas desigualdades, vem

$$0 > \frac{a_{n_0}}{a_n} < \left(\frac{1}{c} + \varepsilon\right)^{n-n_0}, \, \forall n \geq n_0,$$

ou seja, obtemos

$$0 < a_{n_0} \left(\frac{1}{c} + \varepsilon\right)^{n_0} \left(\frac{1}{\frac{1}{c} + \varepsilon}\right)^{n} < a_n, \, \forall n \geq n_0.$$

Como a série geométrica

$$a_{n_0} \left(\frac{1}{c} + \varepsilon\right)^{n_0} \sum \left(\frac{1}{\frac{1}{c} + \varepsilon}\right)^{n}$$

possui base $\frac{1}{\frac{1}{c}+\varepsilon} > 1$, ela é divergente e, portanto, pelo teste da comparação segue que $\sum a_n$ também é divergente.

Agora, suponhamos que $\lim_{n\to\infty} \frac{a_{n+1}}{a_n} = +\infty$. Então, dado $M > 1$, existe $n_0 \in \mathbb{N}$ tal que, $\forall n \geq n_0$, implica em $\frac{a_{n+1}}{a_n} > M$. Assim, $\forall n \geq n_0$, temos

$$\frac{a_{n_0+1}}{a_{n_0}} > M,$$

$$\frac{a_{n_0+2}}{a_{n_0+1}} > M,$$

$$\vdots$$

$$\frac{a_n}{a_{n-1}} > M.$$

Multiplicando todas as $n - n_0$ desigualdades acima, vamos obter

$$\frac{a_{n_0}}{a_n} > M^{n-n_0},$$

ou seja,

$$\frac{a_{n_0}}{M^{n_0}} M^n < a_n, \ \forall n \geq n_0.$$

Como tomamos $M > 1$, a série $\frac{a_{n_0}}{M^{n_0}} \sum M^n$ é divergente e, então, pelo critério da comparação, segue que $\sum a_n$ também é divergente.

Isso encerra (ii).

(iii) Quando $c = 1$ o teste é inconclusivo, ou seja, a série pode tanto convergir quanto divergir. Por exemplo, a série $\sum n$ é obviamente divergente, e pelo teste temos

$$\lim_{n\to\infty} \frac{a_{n+1}}{a_n} = \lim_{n\to\infty} \frac{n+1}{n} = 1;$$

já a série $\sum \frac{1}{n(n+1)}$ é convergente (veja o exemplo no final da Seção 5.1), e pelo teste temos

$$\lim_{n\to\infty} \frac{a_{n+1}}{a_n} = \lim_{n\to\infty} \frac{\frac{1}{(n+1)(n+2)}}{\frac{1}{n(n+1)}} = 1$$

Isso conclui a prova do teorema.

□

Exemplo. Investigue a convergência da série $\sum_{n=0}^{+\infty} \frac{2^n+5}{3^n}$.

Solução. Basta montar a razão entre termos consecutivos. Assim,

$$\frac{a_{n+1}}{a_n} = \frac{\frac{2^{n+1}+5}{3^{n+1}}}{\frac{2^n+5}{3^n}} = \frac{2^{n+1}+5}{3^n(2^n+5)} = \frac{2\cdot 2^n + 2\cdot 5 - 5}{3^n(2^n+5)} =$$

$$= \frac{2(2^n+5)}{3^n(2^n+5)} - \frac{5}{3^n(2_n+5)} = \frac{2}{3^n} - \frac{5}{3^n(2^n+5)} \longrightarrow 0$$

quando $n \to +\infty$.
Portanto, obtemos

$$\lim_{n\to+\infty} \frac{a_{n+1}}{a_n} = 0 < 1,$$

e então a série dada é convergente.

5.4.4 Teste da raiz

Teorema 5.11 *Seja $\sum a_n$ uma série de termos positivos e suponha que*

$$\lim_{n\to+\infty} \sqrt[n]{a_n} = c. \text{ Então,}$$

(i) *a série converge se $c < 1$.*

(ii) *a série diverge se $c > 1$ ou se c é infinita.*

(iii) *o teste é inconclusivo se $c = 1$.*

Demonstração. Faremos a demonstração de (i) e as demais deixamos para o leitor.

Seja $\lim_{n\to+\infty} \sqrt[n]{a_n} = c < 1$. Assim, dado $\varepsilon > 0$ tal que $c + \varepsilon < 1$ (por exemplo, podemos considerar $\varepsilon = \frac{1-c}{2} > 0$), $\exists\, n_0 > 0$ tal que $\forall n \geq n_0$, temos $|\sqrt[n]{a_n} - c| < \varepsilon$, ou seja,

$$0 < \sqrt[n]{a_n} < c + \varepsilon, \ \forall n \geq n_0.$$

Elevando esta desigualdade à potência n temos

$$0 < a_n < (c+\varepsilon)^n.$$

Como $c + \varepsilon < 1$ temos que a série geométrica $\sum(c+\varepsilon)^n$ é convergente e, pelo critério de comparação, concluímos que a série $\sum a_n$ também é convergente.

□

Exemplo. Teste a convergência da série $\displaystyle\sum_{n=1}^{+\infty}\left(\frac{2n+3}{3n+2}\right)^n$.

Solução. Aplicando o teste da raiz temos

$$\sqrt[n]{a_n}=\sqrt[n]{\left(\frac{2n+3}{3n+2}\right)^n}=\frac{2n+3}{3n+2}=\frac{2+\frac{3}{n}}{3+\frac{2}{n}}.$$

Portanto,

$$\lim_{n\to+\infty}\sqrt[n]{a_n}=\lim_{n\to+\infty}\frac{2+\frac{3}{n}}{3+\frac{2}{n}}=\frac{2}{3}<1,$$

o que mostra que a série dada é convergente.

Exercícios

1. *Para todo $p\in\mathbb{N}$ fixado, prove que a série

$$\sum_{n=1}^{\infty}\frac{1}{n(n+1)\cdots(n+p)}$$

converge.

2. **(Sel. Mestrado UFSM 2011/1)**

   (a) Considere duas sequências de números reais não negativos (a_n) e (b_n) tais que $\displaystyle\lim_{n\to\infty}\frac{a_n}{b_n}=c$ para algum $c>0$. Mostre que $\sum a_n$ converge se, e somente se, $\sum b_n$ converge.

   (b) Use o resultado anterior para estudar a convergência das séries $\displaystyle\sum\frac{2n+1}{(n+1)^2}$ e $\displaystyle\sum\frac{1}{2^n-1}$.

3. Verificar se as séries a seguir são convergentes ou divergentes:

   (a) $\displaystyle\sum_{n=1}^{\infty}\frac{1}{\sqrt[3]{n^2+5}}$ (b) $\displaystyle\sum_{n=1}^{\infty}\left(\frac{n}{2n+1}\right)^n$

   (c) $\displaystyle\sum_{n=1}^{\infty}\frac{n!}{e^n}$ (d) $\displaystyle\sum_{n=1}^{\infty}\frac{n^2}{2^n}$

(e) $\sum_{n=1}^{\infty} \frac{1}{n!}$ (f) $\sum_{n=1}^{\infty} \frac{1}{\sqrt{n+1}}$

(g) $\sum_{n=1}^{\infty} \frac{\ln n}{n^2}$ (h) $\sum_{n=1}^{\infty} \frac{2n^2+n+2}{5n^3+3n}$

4. *Se $\sum a_n$ converge e $a_n > 0$, $\forall n$, mostre que as séries $\sum (a_n)^2$ e $\sum \frac{a_n}{1+a_n}$ também convergem.

5. Prove que, para todo $a \in \mathbb{R}$, a série $a^2 + \frac{a^2}{1+a^2} + \frac{a^2}{(1+a^2)^2} + \cdots$ é convergente e calcule a sua soma.

6. **(Sel. Mestrado UFSM 2013/2)**Mostre que se $\sum_{n=1}^{\infty} x_n$ for convergente e $x_n \geq 0$, $\forall n \in \mathbb{N}$ então $\sum_{n=1}^{\infty} \frac{\sqrt{x_n}}{n}$ converge. (dica: prove que $ab \leq \frac{a^2}{2} + \frac{b^2}{2}$ partindo de $0 \leq (a-b)^2$).

7. * Sejam $a_n > 0$, para todo n, com $\sum_{n=1}^{\infty} a_n < \infty$. Prove que

$$\lim_{N \to \infty} \frac{1}{N} \sum_{n=1}^{N} a_n = 0.$$

8. (a) Sejam (a_n) e (b_n) duas sequências de termos positivos e suponha que exista um índice $n_0 \in \mathbb{N}$ tal que

$$\frac{a_{n+1}}{a_n} \leq \frac{b_{n+1}}{b_n}, \ \forall n \geq n_0.$$

Prove que se a série $\sum b_n$ converge, então a série $\sum a_n$ também converge.

(b) Prove por indução matemática sobre n, a desigualdade de Bernoulli: se $n \in \mathbb{N}$ e se $x \geq -1$, vale

$$(1+x)^n \geq 1 + nx.$$

(c) Usando os itens (a) e (b), prove a proposição a seguir:

Proposição. *Se* $a_n > 0$*, para todo* $n \in \mathbb{N}$ *e se existir* $p \in \mathbb{N}$*,* $p > 1$ *tal que*

$$n\left(1 - \frac{a_{n+1}}{a_n}\right) \geq p, \ \forall n,$$

então a série $\sum a_n$ *converge.*

5.5 Séries absolutamente convergentes

Definição 5.12 Se uma série $\sum a_n$ for tal que $\sum |a_n|$ é convergente, então a série $\sum a_n$ será chamada *absolutamente convergente.*

Teorema 5.13 *(Teorema da Convergência Absoluta) Se* $\sum_{n=1}^{+\infty} |a_n|$ *convergir, então* $\sum_{n=1}^{+\infty} a_n$ *convergirá, ou seja, toda série absolutamente convergente é convergente.*

Demonstração. Suponha que $\sum |a_n|$ converge. Então, pelo Teorema 5.7 do Critério de Cauchy para séries segue que, dado $\varepsilon > 0$, $\exists\, n_0 \in \mathbb{N}$ tal que $\forall m \geq n_0$, implica em

$$\left| \sum_{n=n_0}^{m} |a_n| \right| < \varepsilon,$$

ou seja,

$$|a_{n_0}| + |a_{n_0+1}| + ... + |a_m| < \varepsilon.$$

Pela desigualdade triangular para módulos vale

$$|a_{n_0} + a_{n_0+1} + ... + a_m| \leq |a_{n_0}| + |a_{n_0+1}| + ... + |a_m| < \varepsilon,$$

e disso concluímos que

$$\left| \sum_{n=n_0}^{m} a_n \right| < \varepsilon, \ \forall m \geq n_0,$$

ou seja, a série $\sum a_n$ também converge.

□

Exemplo. A série $\sum_{n=1}^{+\infty} \frac{(-1)^{n-1}}{2^{n-1}} = 1 - \frac{1}{2} + \frac{1}{4} - \frac{1}{8} + ...$ é convergente, pois a série $\sum_{n=1}^{+\infty} \frac{1}{2^{n-1}} = 1 + \frac{1}{2} + \frac{1}{4} + \frac{1}{8} + ...$ converge.

Podemos interpretar este teorema como afirmando que a introdução de sinais negativos para diversos termos de uma série convergente de termos positivos tende a ajudar a convergência.

Definição 5.14 Uma série $\sum a_n$ que converge, mas que não é absolutamente convergente, é chamada *condicionalmente convergente.*

Por exemplo, afirmamos que a série $\sum_{n=1}^{+\infty}(-1)^{n+1} \cdot \frac{1}{n}$ é convergente e isso poderá ser comprovado com o Teorema do Teste de Leibniz, que será apresentado na seção seguinte (Teorema 5.17). Porém, neste caso, temos que $a_n = (-1)^{n+1} \cdot \frac{1}{n}$, e assim $|a_n| = \frac{1}{n}$, e então a série dos módulos $\sum |a_n|$ será a série harmônica $\sum \frac{1}{n}$, a qual sabemos ser divergente. Portanto, a série $\sum_{n=1}^{+\infty}(-1)^{n+1} \cdot \frac{1}{n}$ converge condicionalmente.

Podemos extender a Proposição 5.8 para séries absolutamente convergentes como segue.

Proposição 5.15 *Sejam $\sum a_n$ e $\sum b_n$ séries tais que $|a_n| \leq b_n$, $\forall n \in \mathbb{N}$, onde $b_n > 0$, $\forall n$. Se $\sum b_n$ converge, então $\sum a_n$ converge absolutamente.*

Demonstração. Suponha $\sum b_n$ convergente e $|a_n| \leq b_n$, $\forall n$. Seja (s_n) a sequência das somas parciais da série $\sum b_n$, ou seja,

$$s_n = \sum_{k=1}^{n} b_k.$$

Então (s_n) é monótona e convergente e, portanto, limitada. Logo, existe $M \in \mathbb{R}$ (de fato, $M > 0$) tal que $s_n \leq M$, e então, pela hipótese, segue que

$$|a_1| + |a_2| + ... + |a_n| \leq b_1 + b_2 + ... + b_n = s_n \leq M,$$

então, a sequência (σ_n) das somas parciais de $\sum |a_n|$ dada por

$$\sigma_n = \sum_{k=1}^{n} |a_k|$$

é limitada superiormente e também é crescente. Logo, (σ_n) é convergente, i.e., a série $\sum |a_n|$ é convergente e, portanto, $\sum a_n$ é absolutamente convergente. □

Exercícios

1. *Mostre que $\displaystyle\sum_{n=1}^{+\infty} \frac{n!}{n^n}$ converge.

   Sugestão: utilize o segundo limite notável: $\displaystyle\lim_{n\to+\infty} \left(1+\frac{1}{n}\right)^n = e$.

2. *Seja $s = \displaystyle\sum_{n=1}^{+\infty} \frac{k^n n!}{n^n}$, onde k é uma constante. Prove que s converge absolutamente se $|k| < e$ e diverge se $|k| > e$.

3. **(Sel. Mestrado UFRGS 2013/2)** Sejam $\displaystyle\sum_{n=1}^{\infty} a_n$ uma série absolutamente convergente e $C > 0$.

   (a) Prove que a série $\displaystyle\sum_{n=1}^{\infty} Ca_n$ é absolutamente convergente.

   (b) Prove que se $f : \mathbb{R} \to \mathbb{R}$ é uma função que satisfaz $|f(x)| \leq C|x|$ para $x \in \mathbb{R}$, então a série $\displaystyle\sum_{n=1}^{\infty} f(a_n)$ é absolutamente convergente.

   (c) Mostre que a série $\displaystyle\sum_{n=1}^{\infty} \operatorname{sen}(a_n)$ é absolutamente convergente.

4. Mostre que a série
$$\sum_{n=1}^{\infty} \left(\frac{\operatorname{sen} n}{n}\right)^n$$
é absolutamente convergente.

5.6 Série alternada

Definição 5.16 Uma série *alternada* é aquela cujos termos são alternadamente positivos e negativos.

São exemplos de séries alternadas

$$\sum_{n=1}^{+\infty} \frac{(-1)^{n-1}}{n} = 1 - \frac{1}{2} + \frac{1}{3} - \frac{1}{4} + \frac{1}{5} - \frac{1}{6} + ...$$

$$\sum_{n=1}^{+\infty} (-1)^n \frac{n}{n+1} = -\frac{1}{2} + \frac{2}{3} - \frac{3}{4} + \frac{4}{5} - \frac{5}{6} + ...$$

5.6.1 Teste da série alternada

Teorema 5.17 *(Teste de Leibniz) Se a série alternada*

$$\sum_{n=1}^{+\infty} (-1)^{n-1} b_n = b_1 - b_2 + b_3 - b_4 + ...,$$

com $b_n > 0$, satisfizer

(i) $b_{n+1} \leq b_n$, *para todo n (i.e., a sequência (b_n) é decrescente),*

(ii) $\lim_{n \to +\infty} b_n = 0$,

então a série é convergente.

Demonstração. Como (b_n) é uma sequência decrescente (por (i)), segue que

$$b_1 > b_2 > b_3 > ...$$

Seja (s_n) a sequência das somas parciais da série, onde:

- $s_1 = b_1$;
- $s_2 = b_1 - b_2 < b_1 = s_1 \Rightarrow s_2 < s_1$;
- $s_3 = b_1 - b_2 + b_3 = s_2 + b_3 > s_2 \Rightarrow s_2 < s_3$;

Ainda, $s_3 = b_1 + (-b_2 + b_3)$. Como (b_n) é uma sequência decrescente, temos que $b_3 < b_2$ e então $-b_2 + b_3 < 0$. Assim,

$$s_3 = b_1 + (-b_2 + b_3) < b_1 = s_1,$$

ou seja,

$$s_1 > s_3.$$

Da mesma forma, como $b_3 > b_4$, pois (b_n) é decrescente, temos $b_3 - b_4 > 0$ e então

$$s_4 = s_2 + (b_3 - b_4) > s_2 \Rightarrow s_4 > s_2.$$

Ainda,

$$s_5 = s_3 - b_4 + b_3 < s_5 \;\text{ e }\; s_6 = s_4 + (b_5 - b_6) > s_4.$$

Seguindo estes raciocínios montamos duas sequências de somas parciais: as pares (s_{2n}) e as ímpares (s_{2n-1}), onde temos que

$$s_2 < s_4 < s_6 < ... < s_5 < s_3 < s_1.$$

Pela cadeia de desigualdadas montada acima, temos que (s_{2n}) é uma sequência crescente e limitada superiormente por s_1. Portanto,

$$\exists L_1 = \lim_{n\to\infty} s_{2n}.$$

Da mesma forma, sendo (s_{2n-1}) decrescente e limitada inferiormente por s_2, segue que

$$\exists L_2 = \lim_{n\to\infty} s_{2n-1}.$$

Portanto,

$$L_1 \leq L_2,$$

pelas desigualdades acima.

Mostraremos que $L_2 = L_1$.

De fato, note que

$$b_{2n} = s_{2n-1} - s_{2n}.$$

Assim,

$$0 \leq L_2 - L_1 \leq s_{2n-1} - s_{2n} = b_{2n},$$

e como $b_{2n} \to 0$, pelo Teorema do Sanduíche segue que $L_2 - L_1 = 0$, ou seja, $L_1 = L_2$, isto é, a série converge.

□

Exemplo. A série alternada $\displaystyle\sum_{n=1}^{+\infty}(-1)^{n-1}\cdot\frac{1}{n} = 1 - \frac{1}{2} + \frac{1}{3} - \frac{1}{4} + ...$ é convergente, pois as duas condições do teste da série alternada são satisfeitas:

(i) $\dfrac{1}{n+1} < \dfrac{1}{n} \quad \Rightarrow \quad b_{n+1} < b_n$

(ii) $\displaystyle\lim_{n\to+\infty}\frac{1}{n} = 0$

Exercícios

1. A série $1 - \frac{1}{2} + \frac{2}{3} - \frac{1}{3} + \frac{2}{4} - \frac{1}{4} + \frac{2}{5} - \frac{1}{5} + \frac{2}{6} - \frac{1}{6} + ...$ tem termos alternadamente positivos e negativos e seu termo geral tende para zero. Entretanto, é divergente. Por que isso não contradiz o Teorema de Leibniz?

2. **(Sel. Mestrado EXTRAMURO/2012)** Seja $a_n = \dfrac{(-1)^n}{\sqrt{n}}$. Assinale a alternativa falsa:

(a) $\displaystyle\sum_{n=1}^{\infty} a_n$ é convergente.

(b) $\displaystyle\sum_{n=1}^{\infty} a_n^2$ é convergente.

(c) $\displaystyle\lim_{n\to\infty} a_n^2 \log(n) = 0$.

(d) $\displaystyle\sum_{n=1}^{\infty} na_n$ é divergente.

(e) $\displaystyle\sum_{n=2}^{\infty} \frac{a_n^2}{\log(n)}$ é divergente.

5.6.2 Outros testes para séries alternadas

Podemos extender as Proposições 5.10 e 5.11 para séries alternadas como segue. Não apresentaremos aqui suas demonstrações, pois são análogas às equivalentes 5.10 e 5.11.

Proposição 5.18 *Seja $\sum a_n$ uma série alternada, tal que*

$$\lim_{n\to+\infty} \left|\frac{a_{n+1}}{a_n}\right| = c.$$

Então, se $c < 1$ a série converge absolutamente, se $c > 1$ a série diverge e se $c = 1$ o teste é inconclusivo.

Proposição 5.19 *Seja $\sum a_n$ uma série alternada, tal que*

$$\lim_{n\to+\infty} \sqrt[n]{|a_n|} = c.$$

Então, se $c < 1$ a série converge absolutamente, se $c > 1$ a série diverge e se $c = 1$ o teste é inconclusivo.

Vejamos um exemplo de aplicação.

Exemplo. Estude a convergência da série $\displaystyle\sum_{n=0}^{+\infty}(-1)^n \frac{n!}{10^n}$.

Solução. Usando o teste da razão temos

$$\lim_{n\to+\infty} \left|\frac{a_{n+1}}{a_n}\right| = \lim_{n\to+\infty} \frac{(n+1)!}{10^{n+1}} \cdot \frac{10^n}{n!} = \lim_{n\to+\infty} \frac{n+1}{10} = +\infty > 1$$

Portanto, concluímos que a série dada diverge.

5.7 Rearranjo de séries

Seja $\sum a_n$ série de termos não negativos, i.e., $a_n \geq 0$, $\forall n$ e seja $\varphi : \mathbb{N} \to \mathbb{N}$ uma bijeção (esta bijeção vai efetuar um "embaralhamento" dos conjuntos dos naturais e, consequentemente, uma reordenação dos termos da sequência a_n). Denotaremos por

$$\sum_{n=1}^{+\infty} a_{\varphi(n)}$$

a série obtida pela reordenação dos termos da série $\sum a_n$, conforme a bijeção φ.

Temos, pois, a seguinte propriedade para séries de termos não negativos:

Proposição 5.20 *Sejam $\sum a_n$ uma série convergente tal que $a_n \geq 0$, para todo $n \in \mathbb{N}$ e $\varphi : \mathbb{N} \to \mathbb{N}$ bijeção, Então temos*

$$\sum_{n=1}^{\infty} a_n = \sum_{n=1}^{\infty} a_{\varphi(n)}.$$

Demonstração. Sejam (s_n) e (t_m), respectivamente, as sequências das somas parciais de $\sum a_n$ e $\sum a_{\varphi(m)}$, ou seja,

$$s_n = \sum_{k=1}^{n} a_k \quad \text{e} \quad t_m = \sum_{k=1}^{m} a_{\varphi(k)}.$$

Então, como $a_n \geq 0$, $\forall n$, temos que (s_n) e (t_m) são crescentes. Supondo $\sum a_n$ e $\sum a_{\varphi(n)}$ convergentes, temos que

$$\sum_{n=1}^{\infty} a_n = \lim_{n\to\infty} s_n = \sup_{n\in\mathbb{N}} s_n = S,$$

e

$$\sum_{n=1}^{\infty} a_{\varphi(n)} = \lim_{m\to\infty} t_m = \sup_{m\in\mathbb{N}} t_m = T.$$

Vamos mostrar que $S = T$. Isso provará a proposição. Ou seja, vamos mostrar que $\sup_n s_n = \sup_m t_m$.

Dado $t_m = a_{\varphi(1)} + a_{\varphi(2)} + ... + a_{\varphi(m)}$, denote

$$k = \max\{\varphi(1), \varphi(2), ..., \varphi(m)\}.$$

Assim, temos

$$s_k = a_1 + a_2 + ... + a_k \geq t_m.$$

Mas

$$S = \sup s_n \geq s_k \geq t_m,$$

ou seja,

$$S \geq t_m, \ \forall m.$$

Portanto, S é cota superior para (t_m) e então segue que $S \geq \sup t_m = T$, ou seja,

$$S \geq T.$$

Analogamente, mostra-se que $T \geq S$, donde segue que $S = T$.

□

Resumindo, a proposição acima nos diz que, dada uma série convergente de termos não negativos, alterar a ordem da soma dos seus termos não vai alterar a soma da série. Veremos na proposição a seguir que isso pode ser estendido para séries absolutamente convergentes.

Antes, porém, apresentaremos uma notação que será útil: para $x \in \mathbb{R}$, denotaremos

$$x^+ = \max\{x, 0\} \quad \text{e} \quad x^- = \max\{-x, 0\}.$$

Com essa notação, temos que $x^+, x^- \geq 0$ e, ainda,

$$x = x^+ - x^- \quad \text{e} \quad |x| = x^+ + x^-.$$

Proposição 5.21 *Se $\sum a_n$ for uma série absolutamente convergente e $\varphi : \mathbb{N} \to \mathbb{N}$ uma bijeção, então*

$$\sum_{n=1}^{+\infty} a_n = \sum_{n=1}^{+\infty} a_{\varphi(n)}.$$

Demonstração. Pela notação acima definida, escrevemos

$$\sum_{n=1}^{+\infty} a_n = \sum_{n=1}^{+\infty} (a_n^+ - a_n^-). \tag{5.1}$$

Vamos mostrar que $\sum a_n^+$ e $\sum a_n^-$ são convergentes. De fato, como

$$a_n^+ \leq a_n^+ + a_n^- = |a_n|,$$

e como por hipótese $\sum |a_n|$ é convergente, pelo teorema do teste da comparação segue que $\sum a_n^+$ é convergente.

Analogamente se justifica que $\sum a_n^-$ também é convergente. Logo, à luz ds Proposição 5.3, podemos abrir o somatório infinito em (5.1) como segue:

$$\sum a_n = \sum (a_n^+ - a_n^-) = \sum a_n^+ - \sum a_n^-,$$

e como $a_n^+, a_n^- \geq 0$, $\forall n$, pela proposição anterior segue que

$$\sum a_n = \sum a_n^+ - \sum a_n^- = \sum a_{\varphi(n)}^+ - \sum a_{\varphi(n)}^- = \sum a_{\varphi(n)}^+ - a_{\varphi(n)}^- = \sum a_{\varphi(n)}.$$

□

Porém, o rearranjo de uma série pode resultar em qualquer valor se a série for condicionalmente convergente. Ou seja, temos a seguinte proposição:

Proposição 5.22 *Se $\sum a_n$ for condicionalmente convergente (i.e., a série converge, mas não absolutamente), então, dado $S \in \mathbb{R}$ qualquer, existe $\varphi : \mathbb{N} \to \mathbb{N}$ bijeção tal que*

$$\sum_{n=1}^{+\infty} a_{\varphi(n)} = S.$$

Em outras palavras, se $\sum a_n$ converge condicionalmente, podemos rearranjar seus termos de tal modo que a soma da série possa resultar no valor que quisermos!

Um típico exemplo é considerar a série $\displaystyle\sum_{n=1}^{+\infty} (-1)^{n+1} \cdot \frac{1}{n}$, que é convergente de acordo com o teste de Leibniz, mas a série dos módulos é a série harmônica, que é divergente, e então a convergência da série dada é condicional. Abrindo sua soma, denotando-a por s, temos

$$s = 1 - \frac{1}{2} + \frac{1}{3} - \frac{1}{4} + \ldots$$

Dividindo toda a soma por 2, obtemos

$$\frac{s}{2} = \frac{1}{2} - \frac{1}{4} + \frac{1}{6} - \frac{1}{8} + \ldots,$$

e, então, somando

$$s = 1 - \frac{1}{2} + \frac{1}{3} - \frac{1}{4} + \frac{1}{5} - \frac{1}{6} + \frac{1}{7} - \frac{1}{8} + \ldots$$

$$\frac{s}{2} = 0 + \frac{1}{2} + 0 - \frac{1}{4} + 0 + \frac{1}{6} + 0 - \frac{1}{8} + \ldots$$

vamos obter

$$\frac{3s}{2} = 1 + \frac{1}{3} - \frac{1}{2} + \frac{1}{5} + \frac{1}{7} - \frac{1}{4} + \ldots$$

que possui os mesmos termos da série original de soma s, porém reordenados de maneira diferente.

Capítulo 6

Noções topológicas na reta

"Faz-se ciência com os fatos, como se faz uma casa com pedras; mas uma acumulação de fatos não é ciência, assim como um monte de pedras não é uma casa."

- Henri Poincaré -

Neste capítulo apresentaremos os principais conceitos da Topologia, adaptados para o corpo ordenado dos números reais, que é o objeto de estudo deste livro. De fato, um estudo de Topologia inicia-se com o estudo de espaços métricos, abertos e fechados, indo até os estudos de limite e continuidade, que serão estudados nos próximos capítulos.

6.1 $\mathbb{R}$ como um espaço métrico

Definição 6.1 Um *espaço métrico* é um par (M, d), onde M é um conjunto não vazio e d é uma métrica (ou *função distância*) em M, que é uma função $d : M \times M \to [0, +\infty)$ tal que $\forall x, y, z \in M$, valem os axiomas

(i) $d(x,y) \geq 0$; $d(x,y) = 0 \Leftrightarrow x = y$ (positividade)

(ii) $d(x,y) = d(y,x)$ (simetria)

(iii) $d(x,y) \leq d(x,z) + d(z,y)$ (desigualdade triangular)

No que segue, apresentamos alguns exemplos de espaços métricos.

Exemplo 1. Tome $M = \mathbb{R}$ e a distância d entre dois pontos dada por $d(x,y) = |x-y|$. É fácil ver que d define uma métrica em $\mathbb{R}$. De fato d cumpre todas as propriedades apresentadas na definição acima: dados $x, y, z \in \mathbb{R}$, temos

(i) $d(x,y) = |x-y| \geq 0$ e $d(x,y) = 0 \Leftrightarrow |x-y| = 0 \Leftrightarrow x - y = 0 \Leftrightarrow x = y$;

(ii) $d(x,y) = |x-y| = |y-x| = d(y,x)$;

(iii) $d(x,y) = |x-y| = |x-z+z-y| \leq |x-z| + |z-y| = d(x,z) + d(z,y)$.

Isso faz com que o corpo ordenado e completo $\mathbb{R}$ dos números reais seja um espaço métrico completo, com a métrica *induzida* pelo módulo em $\mathbb{R}$.

De fato, será sobre este espaço métrico que desenvolveremos os conceitos topológicos deste livro. De todos os exemplos que apresentaremos, este é um dos mais simples e, ao mesmo tempo, o mais importante de todos.

Exemplo 2. Seja $M = \mathbb{R}^n$. Dados $x = (x_1, x_2, ..., x_n)$ e $y = (y_1, y_2, ..., y_n)$ existem três maneiras naturais de definir a distância entre dois pontos, a saber:

$$d_1(x,y) = |x_1 - y_1| + ... + |x_n - y_n|$$
$$d_2(x,y) = \sqrt{(x_1 - y_1)^2 + ... + (x_n - y_n)^2}$$
$$d_\infty(x,y) = \max\{|x_1 - y_1|, ..., |x_n - y_n|\}$$

Afirmamos que as funções $d_1, d_2, d_\infty : \mathbb{R}^n \times \mathbb{R}^n \to [0, +\infty)$ acima descritas são métricas. Das três, a mais difícil de provar é a d_2, chamada de métrica euclidiana, pois requer o estudo da *desigualdade de Schwarz* para provar a desigualdade triangular, e isso foge de um primeiro curso de Análise na Reta.

Exemplo 3. *Espaço métrico discreto:* Tomamos M qualquer conjunto não vazio e definimos a aplicação $d : M \times M \to [0, +\infty)$ por

$$d(x,y) = \begin{cases} 0, & \text{se } x = y \\ 1, & \text{se } x \neq y \end{cases}$$

É fácil ver que (M, d) é um espaço métrico (conhecido como espaço métrico discreto).

Exemplo 4. Espaço $\mathfrak{B}(A, \mathbb{R})$ de funções limitadas.

Seja A um conjunto arbitrário. Uma função $f : A \to \mathbb{R}$ chama-se *limitada* quando $\exists\, k > 0$ tal que $|f(x)| \leq k \; \forall x \in A$.

Indicamos por $\mathfrak{B}(A, \mathbb{R})$ o conjunto das funções $f : A \to \mathbb{R}$ limitadas, i.e.,

$$\mathfrak{B}(A, \mathbb{R}) = \{f : A \to \mathbb{R} \; : \; f \text{ é limitada}\}.$$

Definimos em $\mathfrak{B}(A, \mathbb{R})$ a aplicação $d : \mathfrak{B}(A, \mathbb{R}) \times \mathfrak{B}(A, \mathbb{R}) \to [0, +\infty)$ por

$$d(f,g) = \sup_{x \in A} |f(x) - g(x)|.$$

Afirmamos que esta aplicação é uma métrica e deixamos a verificação deste fato para o leitor.

6.2 Sequências em um espaço métrico

Podemos estender naturalmente o conceito de limite de sequência estudado no Capítulo 4 em um espaço métrico como segue.

Definição 6.2 Seja (M, d) um espaço métrico e (x_n) uma sequência de pontos em M. Dizemos que $a \in M$ é o limite de (x_n) quando n tende para infinito, e escrevemos $\lim_{n \to \infty} x_n = a$ se, e somente se,

$$\forall \varepsilon > 0, \exists n_0 \in \mathbb{N} \text{ tal que } \forall n \geq n_0 \Rightarrow d(x_n, a) < \varepsilon.$$

Vários resultados estudados no Capítulo 4 podem ser facilmente adaptados, ou melhor, estendidos, para um espaço métrico (M, d).

Exercícios

1. Seja X o conjunto das funções contínuas em $[0,1]$ e seja $\varphi : [0,1] \to (0, +\infty)$ contínua. Defina
$$d(f,g) = \int_0^1 |f(x) - g(x)| \cdot \varphi(x)\, dx.$$
Mostre que (X, d) é um espaço métrico.

2. Seja $\mathbb{R}^+$ o conjunto dos números reais positivos. Mostre que
$$d(x,y) = \left| \frac{1}{x} - \frac{1}{y} \right|$$
é uma métrica em $\mathbb{R}^+$.

3. *Sejam (X_1, d_1) e (X_2, d_2) espaços métricos. Mostre que a aplicação $d : X_1 \times X_2 \to [0, +\infty)$ definida por
$$d(x,y) = d_1(x_1, y_1) + d_2(x_2, y_2)$$
define uma métrica em $X_1 \times X_2$, onde $x = (x_1, x_2)$ e $y = (y_1, y_2)$.

4. Seja $X \neq \emptyset$ e $\mathfrak{F}$ a família de todos subconjuntos finitos de X. Prove que a função $d : \mathfrak{F} \times \mathfrak{F} \to [0, +\infty)$ definida por
$$d(A,B) = \text{card}(A \Delta B)$$
define uma métrica em X.

5. Definimos o espaço de todas as sequências *limitadas pela norma do supremo*, e denotada por ℓ_∞, o conjunto
$$\ell_\infty = \{(x_n)_n : x_n \in \mathbb{R}, \forall n \in \mathbb{N} \text{ e } \sup_{n \in \mathbb{N}} |x_n| < \infty\}.$$

(a) Dê exemplos de sequências em ℓ_∞, mostrando assim que ℓ_∞ está bem definido.

(b) Defina a aplicação $d : \ell_\infty \times \ell_\infty \to [0, +\infty)$ por

$$d((x_n), (y_n)) = \sup_{n \in \mathbb{N}} |x_n - y_n|.$$

Mostre que (ℓ_∞, d) é um espaço métrico.

6. Mostre que uma sequência (x_n) converge para a em (X, d) se, e somente se, a sequência $(d(a, x_n))$ converge para 0 em $\mathbb{R}$ com a métrica usual.

7. *Mostre que $(x_n, y_n) \to (x, y)$ em $\mathbb{R}^2$ com a métrica usual se, e somente se, $x_n \to x$ e $y_n \to y$ em $\mathbb{R}$ com a métrica usual.

6.3 Pontos interiores. Conjuntos abertos

Definição 6.3 Seja (M, d) um espaço métrico, $a \in M$, $\varepsilon > 0$. Definimos a *bola aberta* de centro em a e raio ε e a *bola fechada* de centro a e raio ε, respectivamente, como sendo os conjuntos

$$B(a, \varepsilon) = B_\varepsilon(a) = \{x \in M : d(x, a) < \varepsilon\},$$

e

$$B[a, \varepsilon] = \{x \in M : d(x, a) \leq \varepsilon\}.$$

Em particular, quando M for o corpo dos números reais, munido da métrica usual $d(x, y) = |x - y|$ em $\mathbb{R}$ (Exemplo 1) teremos

$$B(a, \varepsilon) = \{x \in \mathbb{R} : d(x, a) < \varepsilon\} = \{x \in \mathbb{R} : |x - a| < \varepsilon\} =$$

$$= \{x \in \mathbb{R} : -\varepsilon < x - a < \varepsilon\} = \{x \in \mathbb{R} : a - \varepsilon < x < a + \varepsilon\} =$$

$$= (a - \varepsilon, a + \varepsilon),$$

ou seja, a bola aberta centrada em a e raio ε corresponde ao intervalo aberto centrado em a e raio ε.

Analogamente, tem-se

$$B[a, \varepsilon] = [a - \varepsilon, a + \varepsilon].$$

Vejamos um exemplo interessante. Considere $(M, d) = (\mathbb{R}^2, d_1)$, i.e., o espaço métrico $\mathbb{R}^2$ munido com a métrica $d_1 : \mathbb{R}^2 \times \mathbb{R}^2 \to [0, +\infty)$ dada por

$$d_1((x, y); (a, b)) = |x - a| + |y - b|.$$

Vamos construir a bola aberta centrada na origem $O(0,0)$ e raio unitátio, ou seja, a

$$B(O,1) = \{(x,y) \in \mathbb{R}^2 \,:\, d_1((x,y);(0,0)) < 1\} =$$

$$= \{(x,y) \in \mathbb{R}^2 \,:\, |x-0| + |y-0| < 1\},$$

ou seja, tal bola será a região interna obtida pela inequação $|x| + |y| < 1$, que se abre do seguinte modo:

$$|x| + |y| = \begin{cases} x+y \text{ se } x,y \geq 0 \\ x-y \text{ se } x \geq 0 \,\text{e}\, y < 0 \\ -x+y \text{ se } x < 0 \,\text{e}\, y \geq 0 \\ -x-y \text{ se } x,y < 0 \end{cases} < 1$$

o qual produz a seguinte região interna

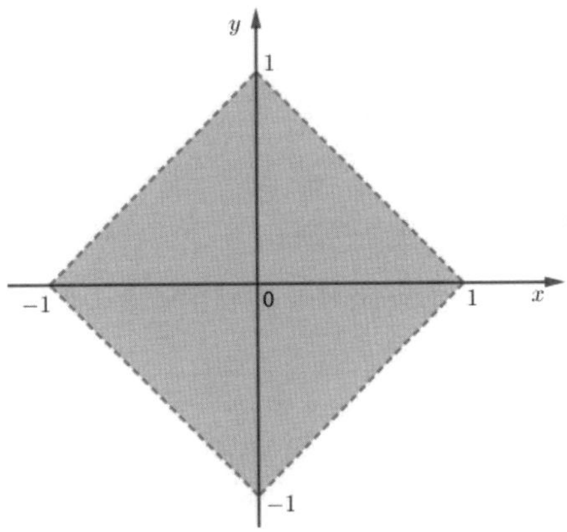

ou seja, a bola aberta unitária centrada na origem do $\mathbb{R}^2$ é um quadrado[1] com os vértices nos eixos nos pontos $(1,0)$, $(-1,0)$, $(0,1)$ e $(0,-1)$.

Definição 6.4 Sejam (M,d) um espaço métrico e $X \subset M$. Dizemos que $a \in X$ é um *ponto interior* do conjunto X se, e somente se, existir $\varepsilon > 0$ tal que $B(a,\varepsilon) \subset X$.

Ou seja, um ponto é interior em um conjunto X se, e somente se, for possível construir uma bola aberta centrada no referido ponto, que fique inteiramente contida em X. Abaixo temos uma ilustração.

[1] O "Quico" – personagem da série televisiva do Chaves, em um episódio, foi ridicularizado quando queria uma "bola quadrada"... E se ele estivesse usando uma métrica como a d_1?

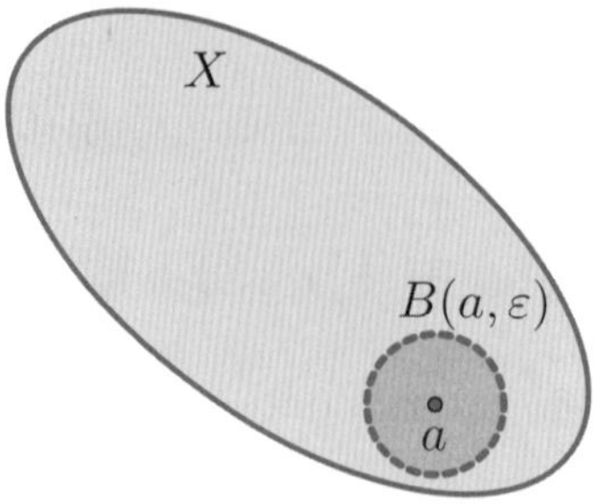

A definição apresentada acima é geral, ou seja, vale para qualquer espaço métrico (M, d). Vamos "traduzir" o conceito acima para o nosso caso de interesse: dado $X \subset \mathbb{R}$ e $a \in X$, dizemos que a é um ponto interior de X se, e somente se, existir $\varepsilon > 0$ tal que $B(a, \varepsilon) \subset X$, i.e., se, e somente se

$$\{x \in \mathbb{R} : |x - a| < \varepsilon\} \subset X,$$

ou seja, se, e somente se,

$$(a - \varepsilon, a + \varepsilon) \subset X.$$

Em outras palavras: um ponto $a \in X$ é interior ao conjunto $X \subset \mathbb{R}$ se for possível construir um intervalo centrado em a tal que ele fique inteiramente contido em X.

O conjunto de todos os pontos interiores de um conjunto X chama-se *interior de* X e é denotado por $\text{int}\,(X)$.

Doravante, vamos usar a notação de intervalo para bola aberta, pois estaremos tratando especificamente no espaço métrico dos números reais.

Vejamos um exemplo importante.

Exemplo. Dados $\alpha < \beta$, considere o conjunto $X = [\alpha, \beta) \subset \mathbb{R}$.

Afirmamos que $\text{int}(X) = (\alpha, \beta)$.

De fato, note que $\forall a \in (\alpha, \beta)$, $\exists \varepsilon > 0$ tal que $(a - \varepsilon, a + \varepsilon) \subset (\alpha, \beta) \subset X$. Basta tomar $\varepsilon = \min\{\frac{\beta - a}{2}, \frac{a - \alpha}{2}\}$.

Mas $\alpha \notin \text{int}(X)$, pois $\forall \varepsilon_0 > 0$, tem-se $(\alpha - \varepsilon_0, a + \varepsilon_0) \not\subset X = [\alpha, \beta)$, pois o intervalo $(\alpha - \varepsilon_0, a + \varepsilon_0)$, por construção, não contém pontos "à esquerda" de α.

É importante observar que o conceito de interior de um conjunto é relativo, ou seja, sempre devemos nos referenciar em relação a qual conjunto. Por exemplo, o conjunto $\mathbb{Q}$ dos números racionais possui, em $\mathbb{R}$, interior vazio, pois, fixado $q \in \mathbb{Q}$, independente do $\varepsilon > 0$ tomado, nenhuma bola centrada em q com raio ε estará inteiramente contida em $\mathbb{Q}$, isso por força da densidade dos irracionais no conjunto dos reais (veja o Corolário 6.7). Porém, em relação ao próprio conjunto dos racionais tem-se $\text{int}(\mathbb{Q}) = \mathbb{Q}$, pois neste caso a noção de intervalo é sobre o corpo ordenado dos racionais, apenas.

Dado um conjunto X, toda vez que mencionarmos apenas no interior de X, i.e., toda vez que escrevermos somente $\text{int}(X)$ sem nos referenciarmos em relação a qual conjunto, consideraremos que o conjunto de referência será o conjunto $\mathbb{R}$ dos números reais.

Proposição 6.5 *Seja $X \subset \mathbb{R}$. Então, valem as propriedades:*

(a) $\text{int}\,(X) \subset X$.

(b) *Se $X \subset Y$, então* $\text{int}(X) \subset \text{int}(Y)$.

Demonstração. (a) Se $a \in \text{int}(X)$, então $\exists \varepsilon > 0$ tal que $(a - \varepsilon, a + \varepsilon) \subset X$. Em particular, $a \in X$. Logo, vale (a).

(b) Se $a \in \text{int}(X)$, então $\exists \varepsilon > 0$ tal que $(a - \varepsilon, a + \varepsilon) \subset X$, e como por hipótese $X \subset Y$, segue pela transitividade da contenção que

$$(a - \varepsilon, a + \varepsilon) \subset Y,$$

ou seja, $a \in \text{int}(Y)$. Isso prova (b).

□

Proposição 6.6 *Seja $X \subset \mathbb{R}$. Se $\text{int}(X) \neq \emptyset$, então X é não enumerável.*

Demonstração. Se $\text{int}(X) \neq \emptyset$, então existe $a \in X$ tal que para este ponto existe $\varepsilon > 0$ tal que $(a - \varepsilon, a + \varepsilon) \subset X$, ou seja, o conjunto X contém um intervalo aberto de $\mathbb{R}$, e como um intervalo real é não enumerável, segue o resultado.

□

Observamos que a recíproca dessa proposição não é verdadeira, ou seja, o fato de X ser não enumerável não implica em $\text{int}(X) \neq \emptyset$.

Por exemplo, sabemos que o conjunto $\mathbb{I}$ dos números irracionais é não enumerável, porém, mostremos que $\text{int}(\mathbb{I}) = \emptyset$, em relação aos reais. De fato, isto vai acontecer pois, devido à densidade dos racionais nos reais, todo intervalo aberto possuirá números racionais. Sejamos mais precisos: dado $a \in \mathbb{I}$ qualquer, temos que $\forall\varepsilon > 0$, pela densidade de $\mathbb{Q}$ em $\mathbb{R}$ segue que $\exists q \in \mathbb{Q}$ tal que $q \in B(a, \varepsilon)$, e então $B(a, \varepsilon) \not\subset \mathbb{I}$. Disso, segue que $\text{int}(\mathbb{I}) = \emptyset$, em virtude da arbitrariedade da escolha de $q \in \mathbb{Q}$.

Corolário 6.7 *Se $X \subset \mathbb{R}$ for enumerável, então* $\text{int}(X) = \emptyset$.

Demonstração. Suponha $X \subset \mathbb{R}$ enumerável. Se por absurdo tivermos $\text{int}(X) \neq \emptyset$, então pela Proposição 6.6 teríamos X não enumerável, uma absurdo! Logo, $\text{int}(X) = \emptyset$.

□

Por exemplo, temos que $\text{int}(\mathbb{N}) = \text{int}(\mathbb{Z}) = \text{int}(\mathbb{Q}) = \emptyset$, visto que os conjuntos $\mathbb{N}, \mathbb{Z}$ e $\mathbb{Q}$ são enumeráveis.

Uma observação que pode parecer um tanto "chocante" consiste na seguinte: Em relação ao conjunto $\mathbb{R}$, temos que $\text{int}(\mathbb{Q}) = \text{int}(\mathbb{I}) = \emptyset$, e $\text{int}(\mathbb{R}) = \mathbb{R}$, e, no entanto, $\mathbb{R} = \mathbb{Q} \cup \mathbb{I}$, ou seja, um conjunto com interior não vazio é a união disjunta de dois conjuntos com interior vazio!

Definição 6.8 Dizemos que um conjunto $X \subset \mathbb{R}$ é aberto de $\mathbb{R}$ quando todos os seus pontos forem interiores, ou seja, quando $\text{int}(X) = X$.

Observe que, como pela Proposição 6.5, item (a), sempre vale a contenção $\text{int}(X) \subset X$, podemos "enfraquecer" a definição acima dizendo que um conjunto X é aberto se, e somente se, $X \subset \text{int}(X)$.

Observe que como o conjunto vazio $\emptyset$ não possui elemento algum, então

$$\text{int}\,\emptyset = \emptyset,$$

i.e., o conjunto vazio $\emptyset$ é um aberto de $\mathbb{R}$.

A reta inteira $\mathbb{R}$ também é um conjunto aberto, pois $\text{int}(\mathbb{R}) = \mathbb{R}$. De fato, $\forall a \in \mathbb{R}$, tomando por exemplo $\varepsilon = 1$, tem-se que $B(a, 1) = (a-1, a+1) \subset \mathbb{R}$. Ou seja, $a \in \text{int}(\mathbb{R})$. Como $a \in \mathbb{R}$ é qualquer, concluímos que $\mathbb{R} \subset \text{int}(\mathbb{R})$, ou seja, $\text{int}(\mathbb{R}) = \mathbb{R}$, visto que, pela Proposição 6.5-(a), a contenção contrária sempre vale.

Proposição 6.9 *A interseção finita de conjuntos abertos de $\mathbb{R}$ é um conjunto aberto de $\mathbb{R}$.*

Demonstração. Sejam $X_1, X_2, ...X_n \subset \mathbb{R}$ abertos de $\mathbb{R}$.

Defina o conjunto $X := \cap_{i=1}^{n} X_i$.

Afirmamos que X é um aberto de $\mathbb{R}$. De fato, se $X = \cap_{i=1}^n X_i = \emptyset$, i.e., se a interseção dos conjuntos for vazia, então X já é um aberto de $\mathbb{R}$, cf. observado anteriormente. Suponha, então, que $X = \cap_{i=1}^n X_i \neq \emptyset$. Assim, dado $a \in X$ um elemento qualquer, vamos mostrar que $a \in \text{int}(X)$.

Como $a \in X = \cap X_i$, então $a \in X_i$, $\forall i \in \{1, 2, ..., n\}$. Como cada X_i é aberto, tem-se que

$$a \in \text{int}(X_i),\ \forall i \in \{1, 2, ..., n\}.$$

Então, $\exists \varepsilon_1, \varepsilon_2, ..., \varepsilon_n > 0$ tais que $B(a, \varepsilon_i) \subset X_i$, $\forall i = 1, 2, ..., n$.

Tome $\varepsilon = \min\{\varepsilon_1, \varepsilon_2, ..., \varepsilon_n\}$. Então,

$$B(a, \varepsilon) \subset B(a, \varepsilon_i) \subset X_i,\ \forall i \in \{1, 2, ..., n\},$$

e, portanto,

$$B(a, \varepsilon) \subset \cap_{i=1}^n X_i = X,$$

ou seja, $a \in \text{int}(X)$.

Ou seja, dado $a \in X$, mostramos que $a \in \text{int}(X)$. Como $a \in X$ é qualquer, segue que $X \subset \text{int}(X)$, ou seja, $X = \cap_{i=1}^n X_i$ também é aberto de $\mathbb{R}$.

□

Obs.: Observe que a proposição acima nos diz que a interseção de uma quantidade finita de conjuntos abertos resulta num conjunto aberto. Porém, a interseção de uma quantidade infinita de abertos pode não resultar num aberto. Por exemplo, se considerarmos a família $(X_n)_{n \in \mathbb{N}}$ de intervalos abertos em $\mathbb{R}$ definida por $X_n = (-\frac{1}{n}, \frac{1}{n})$, é fácil ver que $\cap_{n=1}^{\infty} X_n = \{0\}$, que não é aberto de $\mathbb{R}$.

Convém o leitor observar por que a demonstração dada na proposição acima falha se tomarmos uma quantidade infinita de abertos de $\mathbb{R}$.

Felizmente, para a união temos uma resposta diferente. Na proposição que segue estabelecemos um resultado geral (i.e., a união pode ser finita ou infinita).

Proposição 6.10 *A união de uma família de abertos de $\mathbb{R}$ é um aberto de $\mathbb{R}$.*

Demonstração. Seja $(X_\lambda)_{\lambda \in \Lambda}$ uma família qualquer de conjuntos abertos de $\mathbb{R}$ (pode ser finita ou infinita enumerável). Defina o conjunto

$$X = \cup_{\lambda \in \Lambda} X_\lambda.$$

Dado $a \in X = \cup_\lambda X_\lambda$, vamos mostrar que $a \in \text{int}(X)$. De fato, como $a \in \cup_{\lambda\in\Lambda} X_\lambda$, então $\exists \lambda_0 \in \Lambda$ tal que $a \in X_{\lambda_0}$.

Como X_{λ_0} é um aberto de $\mathbb{R}$, segue que $\exists \varepsilon > 0$ tal que $B(a, \varepsilon) \subset X_{\lambda_0} \subset \cup_\lambda X_\lambda = X$.

Ou seja, $a \in \text{int}(X)$, como queríamos mostrar.

Assim, como a é qualquer em X, mostramos que $X \subset \text{int}(X)$, ou seja, $X = \cup_{\lambda\in\Lambda} X_\lambda$ tamném é um conjunto aberto de $\mathbb{R}$.

$\square$

Vejamos um exemplo.

Exemplo. Mostremos que $\mathbb{R} \setminus \mathbb{Z}$ é um conjunto aberto.

De fato, basta observar que

$$\mathbb{R} \setminus \mathbb{Z} = \bigcup_{n\in\mathbb{Z}} (n-1, n),$$

uma união enumerável, onde cada intervalo $(n-1, n)$, obviamente, é um aberto. Pela Proposição 6.10 segue que tal união enumerável é também um aberto de $\mathbb{R}$.

Exercícios

1. Seja $\mathfrak{B}(A, \mathbb{R})$ o espaço das funções limitadas de A em $\mathbb{R}$ e defina

$$d : \mathfrak{B}(A, \mathbb{R}) \times \mathfrak{B}(A, \mathbb{R}) \to [0, +\infty)$$

$$d(f, g) = \sup_{x\in A} |f(x) - g(x)|.$$

Mostre que d define uma métrica em $\mathfrak{B}(A, \mathbb{R})$. Em seguida, desenhe $B(f, \frac{1}{2})$, onde $f : A \to \mathbb{R}$ é dada por $f(x) = \cos(x)$ e $A = [0, \pi]$.

2. Para quaisquer $X, Y \subset \mathbb{R}$, prove que

   (a) $\text{int}(X \cap Y) = \text{int}(X) \cap \text{int}(Y)$.

   (b) $\text{int}(X) \cup \text{int}(Y) \subset \text{int}(X \cup Y)$.

3. *Mostrar com um exemplo que, dados $X, Y \subset \mathbb{R}$, $\text{int}(X \cup Y) \neq \text{int}(X) \cup \text{int}(Y)$.

4. Se $A = [0, 1) \cup (1, 2] \cup \{3\}$, determine $\text{int}(A)$.

5. *Qual é o interior do conjunto $W = \{(x, y) \in \mathbb{Q}^2 : x < y\}$ em relação a $\mathbb{R}^2$? Justifique.

6. **(Sel. Mestrado UFBA 2016/2)** Seja $f : [0, 1] \to \mathbb{R}$ definida por

$$f(x) = \begin{cases} 0 & \text{se } x \text{ é racional} \\ x & \text{se } x \text{ é irracional.} \end{cases}$$

   Determine para quais valores de t a pré-imagem $f^{-1}(\{t\})$ é um aberto de $\mathbb{R}$.

7. *Mostre que o subconjunto $X = \{(x, y) \in \mathbb{R}^2 : x < y\}$ é um aberto de $\mathbb{R}^2$.

8. Mostre que o conjunto $\{(x, y) \in \mathbb{R}^2 : x^2 + y^2 < 1, x > 0, y > 0\}$ é um aberto do $\mathbb{R}^2$.

9. Vimos na teoria a prova da Proposição 6.9, que diz: *"a interseção finita de abertos de $\mathbb{R}$ é um aberto de $\mathbb{R}$"*. Em seguida, observamos que a interseção infinita de abertos pode não ser um aberto de $\mathbb{R}$. Explique por que a prova da Proposição 5.8 fica inválida se o número de abertos for infinito.

10. Seja $X \subset \mathbb{R}$ um conjunto finito. Mostre que $X^{\complement} = \mathbb{R} \setminus X$ é um aberto de $\mathbb{R}$.

11. *Sejam A e B abertos de $\mathbb{R}$ e $z \in \mathbb{R}$. Prove que os conjuntos $A + B$ e $z + A$, definidos respectivamente por

$$A + B = \{a + b : a \in A \text{ e } b \in B\} \quad \text{e} \quad z + A = \{z + a : a \in A\}$$

    são abertos de $\mathbb{R}$.

6.4 Pontos aderentes e conjuntos fechados

Definição 6.11 Dizemos que um ponto $a \in \mathbb{R}$ é *aderente* a um conjunto $X \subset \mathbb{R}$ se ele for limite da alguma sequência (x_n) de pontos $x_n \in X$.

Note que todo ponto $a \in X$ é aderente a X, pois podemos considerar a sequência constante $x_n = a$, $\forall n \in \mathbb{N}$.

No entanto, pode ocorrer que um ponto a seja aderente a um conjunto X sem pertencer a ele (e este será o caso interessante de se estudar em limites, por exemplo). Por exemplo, se considerarmos $X = (0, 1)$, temos que $0 \notin X$, mas mesmo assim ele é aderente a X, pois podemos considerar a sequência de pontos $x_n = \frac{1}{n+1}$, onde $x_n \in (0, 1), \forall n$, com $x_n \to 0$.

Do mesmo modo, 1 também é aderente a $X = (0,1)$, pois, por exemplo, a sequência $x_n = 1 - \frac{1}{1+n}$ é tal que $x_n \in (0,1), \forall n$, e $x_n \to 1$, com $1 \notin (0,1)$.

Definição 6.12 O conjunto de todos os pontos aderentes de um conjunto X chama-se *fecho* de X, e é denotado por $\overline{X}$.

Considerando $X \subset \mathbb{R}$, podemos escrever

$$\overline{X} = \{a \in \mathbb{R} : \exists (x_n) \subset X \text{ tal que } x_n \to a\}.$$

Note que, como para todo $a \in X$, a sequência $(x_n) = (a, a, a, a, ...)$ é tal que $x_n \to a$, então, todo ponto de X é aderente a X, isto é, $a \in \overline{X}$, donde segue que, independente do conjunto X, sempre se tem $X \subset \overline{X}$.

Proposição 6.13 *Sejam X e Y subconjuntos do conjunto dos reais tais que $X \subset Y$. Então $\overline{X} \subset \overline{Y}$.*

Demonstração. Suponha $X \subset Y$. Dado $a \in \overline{X}$. Então, existe sequência (x_n) de X tal que $x_n \to a$. Como $X \subset Y$, segue que $x_n \in Y$, $\forall n \in \mathbb{N}$ e que $x_n \to a$, i.e., (x_n) também é uma sequência de pontos de Y que converge para $a \in \mathbb{R}$, i.e., $a \in \overline{Y}$. Ou seja, mostramos que $\overline{X} \subset \overline{Y}$.

□

Teorema 6.14 *Seja $X \subset \mathbb{R}$. São equivalentes as seguintes afirmações:*

(i) $a \in \overline{X}$,

(ii) $\exists\, (x_n) \subset X$ *tal que* $x_n \to a$,

(iii) $\forall n \in \mathbb{N}$, $B(a, \frac{1}{n}) \cap X \neq \emptyset$.

Demonstração. (i) $\Rightarrow$ (ii). É a definição de ponto aderente dada.

(ii) $\Rightarrow$ (iii). Suponha que exista uma sequência (x_n) de pontos de X tal que $x_n \to a$. Por absurdo, suponha que $\exists n_0 \in \mathbb{N}$ tal que $B(a, \frac{1}{n_0}) \cap X = \emptyset$.

Como $x_n \to a$, $x_n \in X$, $\forall n$, então, em particular, para $\varepsilon = \frac{1}{n_0} > 0$, segue que $\exists n_1 \in \mathbb{N}$ tal que, $\forall n \geq n_1$, implique em $|x_n - a| < \frac{1}{n_0}$, ou seja,

$$x_n \in B(a, \frac{1}{n_0}) \cap X = \emptyset,\ \forall n \geq n_1,$$

i.e., $x_n \in \emptyset$, $\forall n \geq n_1$, uma contradição!

Logo, vale (iii).

(iii) $\Rightarrow$ (i). Suponha que $\forall n \in \mathbb{N}$, $B(a, \frac{1}{n}) \cap X \neq \emptyset$.

Logo, para todo $n \in \mathbb{N}$, seja $x_n \in B(a, \frac{1}{n}) \cap X$, i.e.,

$$x_n \in X \;\text{ e }\; |x_n - a| < \frac{1}{n}. \tag{6.1}$$

Dado $\varepsilon > 0$. Tome $n_0 \in \mathbb{N}$ tal que $\frac{1}{n_0} < \varepsilon$, o que é possível, pois $\mathbb{R}$ é arquimediano. Assim, $\forall n \geq n_0$, temos, juntamente com (6.1),

$$|x_n - a| < \frac{1}{n} < \frac{1}{n_0} < \varepsilon, \text{ i.e.,}$$

$x_n \to a$, com $x_n \in X$, $\forall n$, ou seja, a é limite de uma sequência de pontos de X, i.e., $a \in \overline{X}$. Logo, vale (i). Isso conclui a prova do teorema.

□

Proposição 6.15 *Seja $X \subset \mathbb{R}$. Então:*

(i) *se X for limitado inferiormente, então* $\inf X \in \overline{X}$;

(ii) *se X for limitado superiormente, então* $\sup X \in \overline{X}$.

Demonstração. Faremos a prova de (i) e deixaremos a prova de (ii) para o leitor. (i) Como $X \subset \mathbb{R}$ e é limitado inferiormente, segue que existe $\inf X$. Assim, escreva $a = \inf X$. Então, temos que,

$$\forall n \in \mathbb{N}, \exists x_n \in X \;\text{ tal que }\; a \leq x_n < a + \frac{1}{n},$$

ou seja,

$$B(a, \frac{1}{n}) \cap X \neq \emptyset,$$

e pelo Teorema 6.14 segue que $a \in \overline{X}$, como queríamos mostrar.

□

Vejamos um exemplo de aplicação.

Exemplo. Sejam a e b números reais tais que $a < b$ e considere o intervalo aberto (a, b). Mostremos que

$$\overline{(a, b)} = [a, b].$$

De fato, já sabemos que $(a, b) \subset \overline{(a, b)}$, e como $\inf(a, b) = a$ e $\sup(a, b) = b$, pela Proposição 6.4 segue que $a, b \in \overline{(a, b)}$.

Portanto, concluímos que

$$\overline{(a,b)} = \{a,b\} \cup (a,b) = [a,b].$$

Definição 6.16 Um conjunto $X \subset \mathbb{R}$ chama-se *fechado* em $\mathbb{R}$ se contiver todos os pontos aderentes, ou seja, se, e somente se, $\overline{X} \subset X$.

Como sempre vale a contenção $X \subset \overline{X}$, então podemos dizer também que $X \subset \mathbb{R}$ é fechado se, e somente se, $\overline{X} = X$.

Observe também que, em conjunto com a Definição 6.11 de ponto aderente, tem-se que $X \subset \mathbb{R}$ é fechado se, e somente se, $\forall (x_n) \subset X$, se $x_n \to a$, então $a \in X$. Ou seja, $X \subset \mathbb{R}$ é fechado se, e somente se, toda sequência de X que for convergente convergirá para um valor pertencente a X.

Como uma sequência é convergente se, e somente se, for de Cauchy, podemos dizer que $X \subset \mathbb{R}$ é fechado se, e somente se, toda sequência de Cauchy em X for convergente em X.

Proposição 6.17 *Seja $X \subset \mathbb{R}$. Então, X é fechado se, e somente se, o seu complementar $X^{\complement} = \mathbb{R} \setminus X$ for aberto.*

Demonstração. Suponha $X \subset \mathbb{R}$ fechado. Precisamos mostrar que $X^{\complement}$ é aberto. Ou seja, precisamos mostrar que

$$\forall a \in X^{\complement}, \exists \varepsilon > 0 \text{ tal que } B(a,\varepsilon) \subset X^{\complement}. \tag{6.2}$$

Seja $a \in X^{\complement}$.

Por absurdo, suponha que (6.2) seja falso, ou seja, suponha que nenhuma bola $B(a,\varepsilon)$ esteja completamente contida em $X^{\complement}$.

Então, $\forall \varepsilon > 0$, $B(a,\varepsilon) \cap X \neq \emptyset$.

Em particular, $\forall n \in \mathbb{N}$, $\exists x_n \in B(a, \frac{1}{n}) \cap X$.

Logo, a sequência (x_n) assim definida está contida em X, e é tal que $x_n \to a$. Mas, como X é fechado, segue que $a \in X$. Mas $a \in X^{\complement}$, um absurdo!

Logo, vale (6.2), i.e., $\forall a \in X^{\complement}, \exists \varepsilon > 0$ tal que $B(a,\varepsilon) \subset X^{\complement}$, ou seja, $X^{\complement}$ é aberto.

Reciprocamente, suponha que $X^{\complement}$ é aberto. Logo, se $a \in X^{\complement}$, então $\exists \varepsilon > 0$ tal que $B(a, \varepsilon) \subset X^{\complement}$, i.e., $a \in \text{int}(X^{\complement})$.

Mas, então, como $B(a, \varepsilon) \subset X^{\complement}$ e $X \cap X^{\complement} = \emptyset$, segue que $B(a, \varepsilon) \cap X = \emptyset$.

Então, a não é ponto aderente de X, i.e., $a \notin \overline{X}$, ou seja, $a \in (\overline{X})^{\complement}$.

Logo, obtemos $a \in X^{\complement} \Rightarrow a \in (\overline{X})^{\complement}$, e como a é qualquer, concluímos que $X^{\complement} \subset (\overline{X})^{\complement}$. Então, por propriedade de complementar, segue que

$$((\overline{X})^{\complement})^{\complement} \subset (X^{\complement})^{\complement},$$

i.e., $\overline{X} \subset X$, ou seja, X é fechado.

Isso conclui a prova da proposição.

□

Vejamos alguns exemplos de aplicação da Proposição acima.

Exemplo 1. É fácil ver que o conjunto $\mathbb{Z}$ dos números inteiros é fechado em $\mathbb{R}$, pois $\mathbb{Z}^{\complement} = \mathbb{R} \setminus \mathbb{Z}$ é aberto, visto que pode ser representado por

$$\mathbb{R} \setminus \mathbb{Z} = \bigcup_{n \in \mathbb{Z}} (n-1, n),$$

uma união enumerável de intervalos abertos e, portanto, um aberto de $\mathbb{R}$.

Exemplo 2. Já vimos na seção anterior que $\emptyset$ e $\mathbb{R}$ são abertos de $\mathbb{R}$. Então, observe que:

- como $\mathbb{R}$ é aberto de $\mathbb{R}$, segue que o seu complementar é fechado, ou seja, $\emptyset = \mathbb{R}^{\complement}$ é fechado;
- como $\emptyset$ é aberto de $\mathbb{R}$, segue que o seu complementar é fechado, ou seja, $\mathbb{R} = \emptyset^{\complement}$ é fechado.

Ou seja, $\emptyset$ e $\mathbb{R}$ são simultaneamente abertos e fechados de $\mathbb{R}$!

Observe também que existem conjuntos que não são nem fechados nem abertos. Por exemplo, o intervalo $(0, 1]$ não é fechado e nem aberto. Do mesmo modo o conjunto $\mathbb{Q}$ dos números racionais não é nem fechado nem aberto (ambos em relação aos reais).

Exemplo 3. Dados $a < b$ números reais, o conjunto $[a, b] \subset \mathbb{R}$ é um fechado de $\mathbb{R}$, pois o seu complementar

$$[a, b]^{\complement} = (-\infty, a) \cup (b, +\infty)$$

é uma união finita de dois abertos de $\mathbb{R}$, e, portanto, pela Proposição 6.10 segue que $[a, b]^{\complement}$ é um aberto de $\mathbb{R}$. Logo, pela Proposição 6.17 segue que $[a, b]$ é fechado de $\mathbb{R}$.

Corolário 6.18 *A união finita de fechados de $\mathbb{R}$ é um fechado de $\mathbb{R}$.*

Demonstração. Sejam $X_1, X_2, ..., X_n$ conjuntos fechados de $\mathbb{R}$. Vamos mostrar que $\cup_{i=1}^{n} X_i$ também é um fechado de $\mathbb{R}$. Pela Proposição 6.17 temos que $X_1^{\complement}$, $X_2^{\complement}$, ..., $x_n^{\complement}$ são abertos de $\mathbb{R}$. Logo, pela Proposição 6.9 segue que $\cap_{i=1}^{n} X_i^{\complement}$ é um aberto de $\mathbb{R}$.

Pela Lei de De Morgan,

$$\cap_{i=1}^{n} X_i^{\complement} = \left(\cup_{i=1}^{n} X_i\right)^{\complement}$$

é um aberto de $\mathbb{R}$.

Logo, $\cup_{i=1}^{n} X_i$ é fechado de $\mathbb{R}$, como queríamos mostrar.

□

Corolário 6.19 *A interseção de uma família de fechados de $\mathbb{R}$ é um fechado de $\mathbb{R}$.*

Demonstração. Deixamos a encargo do leitor.

□

Vejamos um exemplo interessante.

Exemplo. O conjunto de Cantor. Denotemos $\mathcal{C}_0 = [0, 1]$, que é um fechado de $\mathbb{R}$, veja o **Exemplo 3** acima. Retirando o intervalo central aberto $(\frac{1}{3}, \frac{2}{3})$, de comprimento $\frac{1}{3}$, obtemos o conjunto $\mathcal{C}_1 = [0, \frac{1}{3}] \cup [\frac{2}{3}, 1]$, que é fechado, pois é uma união finita de fechados, cf. Corolário 6.18. De cada um dos dois subintervalos de $\mathcal{C}_1$, retiramos seus intervalos centrais abertos de comprimento $\frac{1}{3^2}$ e obtemos o conjunto $\mathcal{C}_2$, e assim continuamos indefinidamente. Ou seja, determinamos os conjuntos

- $\mathcal{C}_0 = [0, 1]$, formado por $2^0 = 1$ intervalo fechado;
- $\mathcal{C}_1 = [0, \frac{1}{3}] \cup [\frac{2}{3}, 1]$, formado por uma união de $2^1 = 2$ intervalos fechados e que, portanto, é fechado;

- $\mathcal{C}_2 = [0, \frac{1}{9}] \cup [\frac{2}{9}, \frac{1}{3}] \cup [\frac{2}{3}, \frac{7}{9}] \cup [\frac{8}{9}, 1]$, formado por união de $2^2 = 4$ intervalos fechados e que, portanto, é fechado;

- $\mathcal{C}_3 = [0, \frac{1}{27}] \cup [\frac{2}{27}, \frac{1}{9}] \cup [\frac{2}{9}, \frac{7}{27}] \cup [\frac{8}{27}, \frac{1}{3}] \cup [\frac{2}{3}, \frac{19}{27}] \cup [\frac{20}{27}, \frac{7}{9}] \cup [\frac{8}{9}, \frac{25}{27}] \cup [\frac{26}{27}, 1]$, formado por união de $2^3 = 8$ intervalos fechados e portanto é fechado;

$$\vdots$$

e continuamos este processo indefinidamente. No passo n, teremos o conjunto $\mathcal{C}_n$ formado por 2^n intervalos fechados de comprimento $\frac{1}{3^n}$ cada um e, sendo um número finito de intervalos fechados, pelo Corolário 6.18 tem-se que $\mathcal{C}_n$ também é fechado. Abaixo, temos uma ilustração dos primeiros conjuntos $\mathcal{C}_n$, onde o primeiro segmento está representando o intervalo $[0, 1]$.

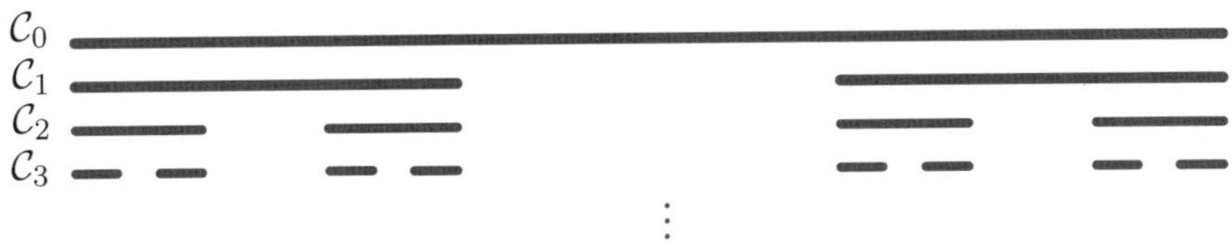

Observe que cada $\mathcal{C}_n$ é não vazio, pois, na sua construção, as extremidades do conjunto $\mathcal{C}_{n-1}$ permanecem e, recursivamente, este também é não vazio, pois contém as extremidades dos subintervalos de $\mathcal{C}_{n-2}$, e assim por diante.

Temos, assim, uma sequência de conjuntos $(\mathcal{C}_n)_n$, tal que

$$\mathcal{C}_0 \supset \mathcal{C}_1 \supset \mathcal{C}_2 \supset \cdots \supset \mathcal{C}_n \supset \mathcal{C}_{n+1} \supset \cdots$$

Com as notações acima, o conjunto $\mathcal{C}$ definido por

$$\mathcal{C} = \bigcap_{n=0}^{\infty} \mathcal{C}_n = \mathcal{C}_0 \cap \mathcal{C}_1 \cap \mathcal{C}_2 \cap \cdots$$

formado pela intersecção de todos os $\mathcal{C}_n$ é chamado de *conjunto de Cantor.*

Observe que o conjunto de Cantor $\mathcal{C}$ é não vazio, pois, cf. observamos acima, em cada etapa de construção dos $\mathcal{C}_n$, as extremidades dos intervalos fechados sempre permanecem, portanto, permanecerão em $\mathcal{C}$.

Além disso, a sequência $(\mathcal{C}_n)$ é uma sequência de intervalos fechados encaixados. Portanto, pelo teorema dos intervalos fechados encaixados segue que existe um $c \in \cap_{n \in \mathbb{N}} \mathcal{C}_n = \mathcal{C}$, ou seja, uma outra forma de mostrar que o conjunto de

Cantor é não vazio.

Ou seja, temos que o conjunto de Cantor $\mathcal{C}$ é uma interseção de uma família (infinita enumerável) de fechados de $\mathbb{R}$, logo, pelo Corolário 6.19 segue que o conjunto de Cantor $\mathcal{C}$ é um fechado de $\mathbb{R}$.

Exercícios

1. Mostre que o conjunto $\mathbb{Q}$ dos números racionais não é fechado nem aberto de $\mathbb{R}$.
2. Prove que $\overline{A \cup B} = \overline{A} \cup \overline{B}$.
3. *Prove que $\overline{A \cap B} \subset \overline{A} \cap \overline{B}$. Em seguida, usando $A = (a, b)$ e $B = (b, c)$, justifique que não se pode ter a conteção contrária, ou seja, não vale a igualdade como no exercício anterior.
4. Prove o Corolário 6.19.
5. *Mostre que $\text{int}(\mathcal{C}) = \emptyset$, onde $\mathcal{C}$ é o conjunto de Cantor.

6.5 Fronteira de um conjunto

Definição 6.20 Seja (M, d) um espaço métrico e $X \subset M$. Dizemos que $a \in M$ é um *ponto de fronteira* para X se, e somente se, $\forall \varepsilon > 0$,

$$B(a, \varepsilon) \cap X \neq \emptyset \quad \text{e} \quad B(a, \varepsilon) \cap X^{\complement} \neq \emptyset.$$

Ou seja, dizemos que $a \in M$ é um ponto de fronteira de $X \subset M$ se, e só se, toda bola aberta centrada em a contiver tanto pontos de X como pontos fora de X.

Abaixo apresentamos uma ilustração, onde $a \in M$ é um ponto de fronteira para o conjunto X, pois, independente do $\varepsilon > 0$ tomado, sempre $B(a, \varepsilon)$ intercepta tanto X quanto $X^{\complement}$.

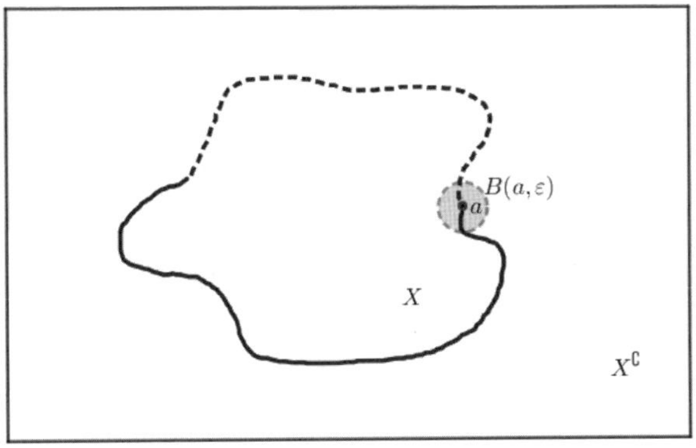

Denotamos o conjunto de todos os pontos de fronteira de $X \subset M$ por ∂X, e é chamado de *fronteira* de X.

Por exemplo, em $M = \mathbb{R}^2$, munido da métrica $d_1((x_1, x_2), (y_1, y_2)) = |x_1 - y_1| + |x_2 - y_2|$, temos que, dado $X = \{x \in \mathbb{R}^2 : d_1(x, 0) \leq 1\}$, então $\partial X = \{x \in \mathbb{R}^2 : d_1(x, 0) = 1\}$. Faça um desenho para visualizar.

Nosso caso de interesse é quando $M = \mathbb{R}$ e $d(x, y) = |x - y|$ a métrica usual de $\mathbb{R}$. Neste caso, a Definição 6.20 fica adaptada na seguinte:

Definição 6.21 Um ponto $a \in \mathbb{R}$ chama-se *ponto de fronteira* para um conjunto $X \subset \mathbb{R}$ se, e somente se, $\forall \varepsilon > 0$,

$$(a - \varepsilon, a + \varepsilon) \cap X \neq \emptyset \quad \text{e} \quad (a - \varepsilon, a + \varepsilon) \cap X^{\complement} \neq \emptyset.$$

Proposição 6.22 *Seja $X \subset \mathbb{R}$. Então $\partial X = \overline{X} \setminus \text{int}(X)$.*

Demonstração. Para provar a igualdade desejada, provaremos duas afirmações:
Afirmação 1. $\partial X \subset \overline{X} \setminus \text{int}(X)$. De fato, se $a \in \partial X$, então, $\forall \varepsilon > 0$ tem-se

$$B(a, \varepsilon) \cap X \neq \emptyset, \tag{6.3}$$

e

$$B(a, \varepsilon) \cap X^{\complement} \neq \emptyset. \tag{6.4}$$

Então, de (6.3), pelo Teorema 6.14, tomando $\varepsilon = \frac{1}{n} > 0$, segue que $a \in \overline{X}$ e de (6.4) segue que $a \notin \text{int}(X)$. Logo, $a \in \overline{X} \setminus \text{int}(X)$, i.e., vale a Afirmação 1.

Afirmação 2. $\overline{X} \setminus \text{int}(X) \subset \partial X$. De fato, dado $a \in \overline{X} \setminus \text{int}(X)$. Então, como $a \in \overline{X}$, pelo Teorema 6.14 segue que $\forall n$, $B(a, \frac{1}{n}) \cap X \neq \emptyset$. Tome $\varepsilon > 0$ tal que $\frac{1}{n} < \varepsilon$ (isso é possível pois $\mathbb{R}$ é arquimediano). Assim, temos

$$B(a, \frac{1}{n}) \subset B(a, \varepsilon),$$

e então

$$\emptyset \neq B(a, \frac{1}{n}) \cap X \subset B(a, \varepsilon) \cap X,$$

ou seja,

$$B(a, \varepsilon) \cap X \neq \emptyset. \tag{6.5}$$

Além disso, como também tem-se que $a \notin \text{int}(X)$, então, $B(a, \varepsilon) \not\subset X$, ou seja,

$$B(a, \varepsilon) \cap X^{\complement} \neq \emptyset. \tag{6.6}$$

De (6.5) e (6.6) segue que $a \in \partial X$, ou seja, vale a Afirmação 2.

Pelas Afirmações 1 e 2 segue o resultado.

□

No que segue apresentaremos alguns exemplos de aplicação.

Exemplo 1. Mostremos que $\partial(0,1) = \{0,1\}$. De fato, basta notar que, cf. a Proposição 6.22,

$$\partial(0,1) = \overline{(0,1)} \setminus \text{int}(0,1) = [0,1] \setminus (0,1) = \{0,1\}.$$

Exemplo 2. Mostremos que $\partial\mathbb{Q} = \mathbb{R}$. De fato, basta observar que

$$\partial\mathbb{Q} = \overline{\mathbb{Q}} \setminus \text{int}(\mathbb{Q}) = \mathbb{R} \setminus \emptyset = \mathbb{R}.$$

Exercícios

1. Determine:

   (a) $\partial\mathbb{N}$. (b) $\partial\mathbb{Z}$. (c) $\partial(\mathbb{R} \setminus \mathbb{Z})$. (d) $\partial(\mathbb{I})$.

2. Determine a fronteira do conjunto $X = \left\{\frac{1}{n} : n \in \mathbb{N}\right\}$.

3. *Seja (M, d) um espaço métrico e $A \subset M$.

   (a) Mostre que toda bola aberta em M é um aberto de M.

   (b) Mostre que $\text{int}(A)$ é um aberto de M e ∂A é um fechado de M.

4. Determine $\partial\mathcal{C}$, onde $\mathcal{C}$ denota o conjunto de Cantor.

6.6 Ponto de acumulação

Nesta seção apresentaremos o conceito de ponto de acumulação, que será usado no capítulo seguinte.

Definição 6.23 Sejam $X \subset M$ um subconjunto de um espaço métrico M e $a \in M$. Dizemos que $a \in M$ é um *ponto de acumulação* de X se $\forall \varepsilon > 0$, $\exists\, x \in X$, tal que $x \in B(a,\varepsilon) \setminus \{a\}$.

Em outras palavras, $a \in M$ é um ponto de acumulação de X se qualquer bola aberta centrada em a, exceto o próprio ponto a, contiver pontos do conjunto X.

No caso do espaço métrico ser $\mathbb{R}$ munido da métrica usual $d(x,y) = |x-y|$, dado $X \subset \mathbb{R}$, temos que $a \in \mathbb{R}$ é ponto de acumulação de X se, para todo $\varepsilon > 0$, existir $x \in X$, tal que $0 < |x-a| < \varepsilon$.

Assim, por exemplo, sendo $X = (0,1] \subset \mathbb{R}$, temos que, por exemplo, $x = 0$ é ponto de acumulação de $(0,1]$, pois $\forall \varepsilon > 0$, segue que $\exists x \in (0,1]$ tal que $x \in B(0,\varepsilon) \setminus \{0\}$. De fato, basta tomar, por exemplo, $x = \min\{\frac{0+\varepsilon}{2}, \frac{0+1}{2}\}$.

O conjunto de todos os pontos de acumulação de X é chamado de *derivado* de X e é denotado por X'. Assim,

$$X' = \{a \in \mathbb{R} : \forall \varepsilon > 0, (B(a,\varepsilon) \setminus \{a\}) \cap X \neq \emptyset\}.$$

Por exemplo, observamos que $\mathbb{Q}' = \mathbb{R}$. De fato, obviamente se tem que $\mathbb{Q}' \subset \mathbb{R}$, pela própria definição de derivado de um conjunto. Resta, então mostrar a contenção contrária. Dados $a \in \mathbb{R}$ e $\varepsilon > 0$ quaisquer. Pela densidade dos racionais em $\mathbb{R}$ tem-se que

$$(B(a,\varepsilon) \setminus \{a\}) \cap \mathbb{Q} \neq \emptyset,$$

e então $a \in \mathbb{Q}'$, e como $a \in \mathbb{R}$ é qualquer, segue que $\mathbb{R} \subset \mathbb{Q}'$, como queríamos mostrar.

Analogamente se mostra que $\mathbb{I}' = \mathbb{R}$ e deixamos a encargo do leitor.

Proposição 6.24 *Seja $X \subset \mathbb{R}$. São equivalentes:*

(i) $a \in X'$.

(ii) $\forall n \in \mathbb{N}$, $\exists x_n \in X$ *tal que* $x_n \in B(a, \frac{1}{n}) \setminus \{a\}$.

(iii) *Existe* $(x_n) \subset X$ *sequência tal que* $x_n \neq a, \forall n$ *e* $x_n \to a$.

Demonstração. (i) $\Rightarrow$ (ii). Suponha que $a \in X'$. Então, $\forall \varepsilon > 0$, $\exists x_n \in X$ tal que $x_n \in B(a, \varepsilon) \setminus \{a\}$.

Em particular, $\forall n \in \mathbb{N}$, tome $\varepsilon = \frac{1}{n}$, e então $x_n \in B(a, \frac{1}{n}) \setminus \{a\}$, ou seja, vale (ii).

(ii) $\Rightarrow$ (iii). Suponha que, $\forall n$ tem-se que $\exists x_n \in X$ tal que $x_n \in B(a, \frac{1}{n}) \setminus \{a\}$. Então

$$0 < |x_n - a| < \frac{1}{n}, \ \forall n \in \mathbb{N}.$$

Dado $\varepsilon > 0$, tome $n_0 \in \mathbb{N}$ tal que $n_0 > \frac{1}{\varepsilon}$. Então, $\forall n \geq n_0$, tem-se

$$\frac{1}{n} \leq \frac{1}{n_0} < \varepsilon,$$

e daí, $\forall n \geq n_0$, temos

$$0 < |x_n - a| < \frac{1}{n} \leq \frac{1}{n_0} < \varepsilon,$$

ou seja, $x_n \to a$ com $x_n \neq a$, i.e., vale (iii).

(iii) $\Rightarrow$ (i). Suponha que $\exists (x_n) \subset X$, com $x_n \neq a$, $\forall n$ e tal que $x_n \to a$.

Então, $\forall \varepsilon > 0$, $\exists n_0 \in \mathbb{N}$ tal que, $\forall n \geq n_0$, $x_n \in B(a, \varepsilon) \setminus \{a\}$, i.e., vale (i).

□

Exemplo. Seja $X = \{\frac{1}{n} : n \in \mathbb{N}\}$. Note que, escrevendo $x_n = \frac{1}{n}$ e $a = 0$, tem-se que $x_n \neq a$, $\forall n$ e $x_n = \frac{1}{n} \to a = 0$. Logo, pela Proposição 6.24, segue que $0 \in X'$.

Corolário 6.25 *Seja $X \subset \mathbb{R}$. Se $X' \neq \emptyset$, então X é infinito.*

Demonstração. De fato, se $X' \neq \emptyset$, seja $a \in X'$. Então pela Proposição 6.24, existe sequência $(x_n) \subset X$ tal que $x_n \neq a$, $\forall n$ e $x_n \to a$, ou seja, o conjunto X é infinito, pois contém essas sequência infinita.

□

Convém observar que a recíproca do corolário acima é falsa, ou seja, se X for infinito não implica que $X' \neq \emptyset$. Por exemplo, $\mathbb{N}$ é infinito, mas $\mathbb{N}' = \emptyset$, pois $\forall a \in \mathbb{N}$, tomando $\varepsilon = \frac{1}{2} > 0$, temos que $B(a, \frac{1}{2}) \setminus \{a\}$ não contém nenhum número natural.

Proposição 6.26 *Se $X \subset \mathbb{R}$, então valem as propriedades:*

(a) $X' \subset \overline{X}$.

(b) $X \cup X' = \overline{X}$.

Demonstração. (a) Dado $a \in X'$. Então, $\forall \varepsilon > 0$, temos

$$(B(a,\varepsilon) \setminus \{a\}) \cap X \neq \emptyset.$$

Em particular, $B(a,\varepsilon) \cap X \neq \emptyset$, e então $a \in \overline{X}$, como queríamos mostrar.

(b) De fato, como pelo item (a) vale $X' \subset \overline{X}$ e como vale $X \subset \overline{X}$, segue que $X \cup X' \subset \overline{X}$. Resta mostrar a contenção contrária.

De fato, se $a \in \overline{X}$, então, $\forall \varepsilon > 0$, temos que $B(a,\varepsilon) \cap X \neq \emptyset \quad (*)$. Temos, pois, duas possibilidades:

- se $a \in X$, então $a \in X \subset X \cup X'$,
- se $a \notin X$, então devido a (*), $(B(a,\varepsilon) \setminus \{a\}) \cap X \neq \emptyset$, e então $a \in X' \subset X \cup X'$.

Em qualquer dos casos acima concluímos que $a \in X \cup X'$. Logo, vale que $\overline{X} \subset X \cup X'$.

□

Exercícios

1. Seja $X = (1,1] \cup \{2\}$. Prove que $(0,1) \subset X'$, $0 \in X'$ e $1 \in X'$.
2. Prove que todo ponto interior de um conjunto $X \subset \mathbb{R}$ é um ponto de acumulação de X, i.e., que $\text{int}(X) \subset X'$ (Obs.: Em particular, se X for aberto, então $X \subset X'$).
3. *Sejam $A, B \subset \mathbb{R}$. Prove que $(A \cup B)' = A' \cup B'$.
4. Determine o interior, a fronteira, o derivado e o fecho do seguinte subconjunto dos números reais:
$$A = \{\frac{n}{n^2+1} : n \in \mathbb{N}\} \cup (\frac{4}{3}, \frac{3}{2}) \cup \{\frac{n+1}{n} : n \in \mathbb{N}\}.$$
5. **(Sel. Mestrado UFSM 2017/2)** Seja $A = \{x \in \mathbb{R}\ x \in [0,1] \cap \mathbb{Q}\}$. Encontre, justificando sua resposta:
   (a) o conjunto dos pontos de acumulação de A;
   (b) a fronteira de A;
   (c) o conjunto dos pontos interiores de A.

6.7 Subconjuntos compactos

Definição 6.27 Sejam (M, d) um espaço métrico e $X \subset M$. Dizemos que uma família $(C_\lambda)_{\lambda\in\Lambda}$ de conjuntos $C_\lambda \subset M$ é uma *cobertura* de X se, e somente se, $X \subset \cup_{\lambda\in\Lambda} C_\lambda$.

Ou seja, temos que $\forall x \in X$, $\exists \lambda_0 \in \Lambda$ tal que $x \in C_{\lambda_0}$.

Quando os C_λ da família que cobre X forem abertos, dizemos que a cobertura $(C_\lambda)_{\lambda\in\Lambda}$ é uma *cobertura aberta* de X.

Definição 6.28 Chama-se uma *subcobertura* de uma cobertura $(C_\lambda)_{\lambda\in\Lambda}$ de X uma subfamília $(C_\lambda)_{\lambda\in\Lambda_1}$, com $\Lambda_1 \subset \Lambda$, tal que ainda se tem $X \subset \cup_{\lambda\in\Lambda_1} C_\lambda$.

Diante dos conceitos acima estabelecidos, podemos finalmente apresentar a principal definição desta seção, já adaptada para o espaço métrico dos reais, nosso objeto de estudo.

Definição 6.29 Um subconjunto $K \subset \mathbb{R}$ chama-se *compacto* de $\mathbb{R}$ quando toda cobertura aberta de K possuir uma subcobertura finita.

Proposição 6.30 *Se K for um compacto de $\mathbb{R}$, então K é limitado e fechado.*

Demonstração. Seja K um compacto de $\mathbb{R}$. A prova consiste em mostrar duas afirmações:

Af 01. K é limitado:

Para cada $m \in \mathbb{N}$ fixado, defina o aberto $K_m = (-m, m)$ de $\mathbb{R}$. Note que

$$\bigcup_{m=1}^{\infty} K_m = \mathbb{R},$$

e daí

$$K \subset \bigcup_{m=1}^{\infty} K_m = \mathbb{R}.$$

Portanto, a família $(K_m)_{m\in\mathbb{N}}$ é uma cobertura aberta de K. Como K é compacto, por hipótese, segue que existe uma subcobertura finita de K, ou seja, $\exists M \in \mathbb{N}$ tal que

$$K \subset \bigcup_{m=1}^{M} K_m = (-M, M).$$

Portanto, K é limitado, pois $K \subset (-M, M)$.

Af. 02. K é fechado:

De fato, basta mostrar que $K^{\complement} = \mathbb{R} \setminus K$ é um aberto de $\mathbb{R}$.

Seja $a \in K^{\complement}$ qualquer. Para cada $n \in \mathbb{N}$, defina o conjunto

$$K_n = \{x \in \mathbb{R} : |x - a| > \frac{1}{n}\} = (-\infty, a - \frac{1}{n}) \cup (a + \frac{1}{n}, +\infty).$$

Logo, cada K_n é um aberto de $\mathbb{R}$.

Afirmamos que

$$\mathbb{R} \setminus \{a\} = \bigcup_{n=1}^{\infty} K_n. \tag{6.7}$$

De fato, dado $x \in \mathbb{R} \setminus \{a\}$, então $x \neq a$, e daí, como $\mathbb{R}$ é arquimediano, para $|x - a| > 0$ segue que $\exists n_0 \in \mathbb{N}$ tal que $|x - a| > \frac{1}{n_0}$, ou seja, temos que $x \in K_{n_0} \subset \bigcup_{n=1}^{\infty} K_n$. Logo, temos pela arbitrariedade da escolha do x que

$$\mathbb{R} \setminus \{a\} \subset \bigcup_{n=1}^{\infty} K_n. \tag{6.8}$$

Verifiquemos a contenção contrária: dado $x \in \bigcup_{n=1}^{\infty} K_n$, então $\exists n_0 \in \mathbb{N}$ tal que $x \in K_{n_0}$, e então

$$|x - a| > \frac{1}{n_0} > 0,$$

i.e., $x \in \mathbb{R}$ e $x \neq a$, ou seja, $x \in \mathbb{R} \setminus \{a\}$. Logo, pela arbitrariedade de escolha do x, segue que

$$\bigcup_{n=1}^{\infty} K_n \subset \mathbb{R} \setminus \{a\} \tag{6.9}$$

De (6.8) e (6.9) segue a igualdade (6.7).

Como $a \notin K$, segue que $K \subset \mathbb{R} \setminus \{a\}$, o que, por (6.7), segue que

$$K \subset \bigcup_{n=1}^{\infty} K_n.$$

Assim, temos que $(K_n)_n$ é uma cobertura para K. Como K é compacto, por hipótese, segue que $\exists p \in \mathbb{N}$ tal que

$$K \subset \bigcup_{n=1}^{p} K_n = K_p = (-\infty, a - \frac{1}{p}) \cup (a + \frac{1}{p}, +\infty).$$

Disso, segue que $K \cap (a - \frac{1}{p}, a + \frac{1}{p}) = \emptyset$, e então $B(a, \frac{1}{p}) \subset K^{\complement}$, ou seja, $K^{\complement}$ é um aberto de $\mathbb{R}$.

Isso completa a prova da proposição.

□

No que segue, mostraremos que a recíproca da proposição acima também é verdadeira.

Teorema 6.31 *(Teorema de Heine-Borel) Um subconjunto $K \subset \mathbb{R}$ é compacto se, e somente se, for limitado e fechado.*

Demonstração. Se $K \subset \mathbb{R}$ for compacto, então pela Proposição 6.30 segue que K é limitado e fechado.

Reciprocamente, suponha que K é limitado e fechado em $\mathbb{R}$ e seja $(A_\lambda)_{\lambda \in \Lambda}$ uma família de abertos que cobre K. Precisamos destacar uma subcobertura finita de tal família.

Por absurdo, suponha que K não está contido em nenhuma união finita de elementos de $(A_\lambda)_{\lambda \in \Lambda}$.

Como K é limitado, $\exists M > 0$ tal que $K \subset [-M, M]$, e denote por $I_1 = [-M, M]$. Dividimos I_1 pelo ponto médio obtendo $I_1' = [-M, 0]$ e $I_1'' = [0, M]$.

Pelo menos um dos dois conjuntos $I_1' \cap K$ ou $I_1'' \cap K$ é não vazio e possui a propriedade de não estar contido na união de qualquer número finito de elementos da família $(A_\lambda)_{\lambda \in \Lambda}$.

Sem perda de generalidade, assuma que $K \cap I_1'$ não está contido na união de um número finito de conjuntos de $(A_\lambda)_\lambda$, e denote $I_2 = I_1'$ (caso contrário, escreva $I_2 = I_1''$).

Note que $I_2 \subset I_1$.

Divida I_2 ao meio em dois subintervalos I_2' e I_2''. Sem perda de generalidade, assuma que $K \cap I_2'$ é não vazio e não está contido em uma união finita de abertos de $(A_\lambda)_\lambda$, escreva $I_3 = I_2'$ (senão, escreva $I_3 = I_2''$). Note que $I_3 \subset I_2$.

Seguindo indutivamente, obtemos uma sequência de intervalos (I_n) fechados e encaixados. Então, pelo teorema dos intervalos fechados e encaixados, $\exists c \in I_n$, $\forall n$.

Disso, cada intervalo I_n contém infinitos elementos de K, e $c \in \overline{K}$, pois c é o limite de uma sequência de pontos de K. Como K é fechado, segue que $c \in K$.

Então, existe A_{λ_0} em $(A_\lambda)_\lambda$ com $c \in A_{\lambda_0}$, e como A_{λ_0} é aberto, $\exists \varepsilon > 0$ tal que $B(c, \varepsilon) \subset A_{\lambda_0}$.

Por outro lado, como os I_n são obtidos por repetidas bissecções de $I_1 = [-M, M]$, então o comprimento ℓ_{I_k} do $k-$ésimo subintervalo será

$$\ell_{I_k} = \frac{M}{2^{k-2}}.$$

Tome $n_0 \in \mathbb{N}$ tal que $\dfrac{M}{2^{n_0-2}} < \varepsilon$.

Assim,

$$I_{n_0} \subset B(c, \varepsilon) \subset A_{\lambda_0}.$$

Mas então temos que, se n_0 é tal que $\frac{M}{2^{n_0-2}} < \varepsilon$, então

$$K \cap I_{n_0} \subset I_{n_0} \subset A_{\lambda_0},$$

i.e., $K \cap I_{n_0}$ está contido em um único conjunto A_{λ_0} de $(A_\lambda)_{\lambda \in \Lambda}$, um absurdo, pois $K \cap I_{n_0}$ por construção não poderia estar contido numa união finita de abertos de $(A_\lambda)_{\lambda \in \Lambda}$.

Logo, K é compacto, concluindo a prova do teorema.

□

Um interessante exemplo de conjunto compacto é o conjunto de Cantor apresentado na Seção 6.4, visto que ele é limitado e fechado.

Já o conjunto $\mathbb{Q}$ dos racionais não é compacto, pois não é limitado (nem fechado).

Obs.: Alguns autores definem compacto como sendo limitado e fechado, ou seja, usam o Teorema de Heine-Borel acima como definição para compacto. Neste caso, a Definição 6.29 de compacto que apresentamos se torna um teorema, chamado de *Teorema de Borel-Lebesgue.*

Exercícios

1. Dê um exemplo de cobertura aberta para o intervalo $(0, 1)$ que não possua subcobertura finita.

2. Mostre que o conjunto $\{0, 1, \frac{1}{2}, \frac{1}{3}, ...\}$ é compacto de duas formas:

   (a) usando a definição de conjunto compacto;

(b) usando o Teorema de Heine-Borel.

3. Se A e B forem dois compactos de $\mathbb{R}$, mostre que $A \cup B$ também é um compacto de $\mathbb{R}$.

4. Prove que a união finita de compactos de $\mathbb{R}$ é um compacto. Em seguida, mostre através de um exemplo que esse resultado é falso se considerarmos uma família infinita de compactos.

5. Prove que a interseção de uma família de compactos de $\mathbb{R}$ é um compacto de $\mathbb{R}$.

6. **(Sel. Mestrado UFBA 2015/2)** Considere o conjunto $X = \mathbb{R} \setminus \mathbb{Z}$, isto é, o conjunto diferença entre o conjunto dos números reais e o conjunto dos números inteiros $\mathbb{Z}$. Mostre que X é um subconjunto aberto de $\mathbb{R}$. O conjunto X é um compacto de $\mathbb{R}$?

7. O conjunto de Cantor $\mathcal{C}$ é um compacto de $\mathbb{R}$? Justifique.

8. ***(Sel. Mestrado UFSM 2011/1)**

   (a) Considere o conjunto $Y = (1, 2) \cup \{0, 3, 4\} \cup \{\frac{1}{n} : n \in \mathbb{N}\}$. Encontre $\text{int}(Y)$ e $\overline{Y}$. Além disso, diga se Y é aberto, fechado ou nem aberto nem fechado. Justifique.

   (b) Prove que se K é compacto, então o conjunto

   $$S = \{x + y : x, y, \in K\}$$

   também é compacto.

   (c) Dados $A, B \subset \mathbb{R}$ mostre que $\overline{A \cap B} \subset \overline{A} \cap \overline{B}$. Dê um exemplo em que $\overline{A \cap B} \neq \overline{A} \cap \overline{B}$.

Capítulo 7

Teoria dos limites

A Matemática pura é, à sua maneira, a poesia das ideias lógicas.
- Albert Einstein -

Neste capítulo estudaremos o importante conceito de limite de função e suas propriedades. Em seguida, faremos o estudo de limites infinitos e no infinito. Encerraremos o capítulo estudando os dois limites notáveis clássicos e suas consequências.

7.1 Definição e exemplos

Do capítulo anterior lembramos que, dado $X \subset \mathbb{R}$, $a \in \mathbb{R}$ é um ponto de acumulação de X, i.e., $a \in X'$, se, e somente se,

$$\forall \delta > 0,\ \exists x \in X \ \text{ tal que } \ x \in B(a,\delta) \setminus \{a\}.$$

Ou seja, $a \in X'$ se, e somente se, $\forall \delta > 0$, $\exists x \in X$ tal que $0 < |x - a| < \delta$.

Este conceito é fortemente usado na definição de limite de função que apresentamos a seguir.

Definição 7.1 Sejam $f : X \to \mathbb{R}$ e $a \in \mathbb{R}$ um ponto de acumulação do conjunto X (i.e., $a \in X'$). Dizemos que $L \in \mathbb{R}$ é o *limite de $f(x)$ quando x tende para a*, e escrevemos

$$L = \lim_{x \to a} f(x),$$

se, e somente se,

$$\forall \varepsilon > 0,\ \exists \delta > 0 \ \text{ tal que}, \forall x \in X \ : \ 0 < |x - a| < \delta \Longrightarrow |f(x) - L| < \varepsilon.$$

Em notação de abertos, podemos escrever:

$$\lim_{x \to a} f(x) = L \Leftrightarrow \forall \varepsilon > 0, \exists \delta > 0 \text{ tal que}, \forall x \in B(a,\delta) \setminus \{\varepsilon\} \Rightarrow f(x) \in B(L,\varepsilon).$$

Obs. Observe que, para cada ε dado existe um δ, ou seja, a escolha de δ depende da escolha de ε.

A definição de limite nos diz que dada $f : X \to \mathbb{R}$, fixado um raio $\varepsilon > 0$, construímos uma *vizinhança* $(L - \varepsilon, L + \varepsilon)$ centrada em $L \in \mathbb{R}$. Tomando-se um ponto de acumulação $a \in \mathbb{R}$, podemos construir uma *vizinhança perfurada* $(a - \delta, a) \cup (a, a + \delta)$ em torno de a, de raio $\delta > 0$, tal que, existindo o limite, significará que se tomarmos qualquer x na vizinhança perfurada de a, e isto é indicado por $\forall x \in X, 0 < |x - a| < \delta$, a distância entre x e a é menor que δ, e positiva, e isto implicará que a distância entre a imagem de x por f e o valor L ficará menor do que ε, ou seja, implicará em $|f(x) - L| < \varepsilon$. Abaixo temos um desenho para ilustrar a definição.

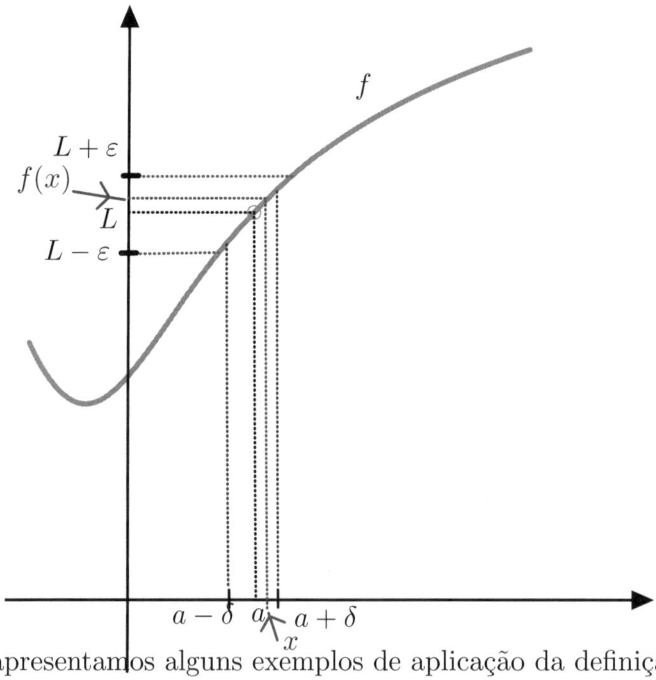

A seguir apresentamos alguns exemplos de aplicação da definição de limite.

Exemplo 1. Prove que $\lim_{x \to 1} 3x + 2 = 5$.

Solução. Seja $f(x) = 3x + 2$. Dado $\varepsilon > 0$, precisamos achar $\delta > 0$ tal que $\forall x$ tal que $0 < |x - 1| < \delta$ implique em $|f(x) - 5| < \varepsilon$. Para isto, avaliemos a diferença $|f(x) - 5|$:

$$|f(x) - 5| = |3x + 2 - 5| = |3x - 3| = |3(x - 1)| = 3|x - 1|.$$

Como $0 < |x - 1| < \delta$, temos

$$|f(x) - 5| = 3|x - 1| < 3\delta.$$

Como precisamos ter $|f(x) - 5| < \varepsilon$, basta tomar $\varepsilon = 3\delta$, e daí obter

$$\delta = \frac{\varepsilon}{3}.$$

Portanto, dado $\varepsilon > 0$, conseguimos obter um $\delta > 0$ que satisfaz as desigualdades exigidas da definição geral de limite. Portanto, existe o limite acima, ou seja,

$$\lim_{x \to 1} 3x + 2 = 5.$$

□

Exemplo 2. Prove que $\lim_{x \to 3} x^2 - 2 = 7$.

Solução. Dado $\varepsilon > 0$, vamos encontrar um $0 < \delta < 1$ que depende do ε dado tal que

$$0 < |x - 3| < \delta < 1 \Rightarrow |f(x) - 7| < \varepsilon.$$

Analisando a desigualdade $|f(x) - 7|$:

$$|f(x) - 7| = |x^2 - 2 - 7| = |x^2 - 9| = |(x + 3)(x - 3)| = |x + 3| \cdot |x - 3|.$$

Como $0 < |x - 3| < \delta < 1$, temos

$$|x + 3| = |x - 3 + 6| \leq |x - 3| + 6 < \delta + 6.$$

Daí[1]

$$|f(x) - 7| = |x + 3| \cdot |x - 3| < (\delta + 6)\delta = \delta^2 + 6\delta < \delta + 6\delta = 7\delta.$$

Portanto, basta tomar $\varepsilon = 7\delta$, ou seja, obtemos $\delta = \dfrac{\varepsilon}{7} > 0$. Isto prova a igualdade requerida.

□

Exemplo 3. Mostre que $\lim_{x \to 5} \sqrt{x - 1} = 2$.

Solução. Dado $\varepsilon > 0$. Vamos encontrar $\delta > 0$ tal que $|f(x) - 2| < \varepsilon$, sempre que $0 < |x - 5| < \delta$. Suponha encontrado tal $\delta > 0$. Assim, avaliando $|f(x) - 2|$, vamos obter

$$|f(x) - 2| = |\sqrt{x - 1} - 2| = \left|(\sqrt{x - 1} - 2) \cdot \frac{\sqrt{x - 1} + 2}{\sqrt{x - 1} + 2}\right| =$$

[1] Obtivemos êxito nesta cadeia de desigualdades pois observamos que, sendo $0 < \delta < 1$, temos $\delta^2 < \delta$. Realmente, se esta conclusão fosse falsa, ou seja, se $\delta^2 \geq \delta$, então teríamos $\delta^2 - \delta \geq 0$, i.e., $\delta(\delta - 1) \geq 0$. Como $\delta = 0$ ou $\delta = 1$ não podem ocorrer, por construção, segue que $\delta(\delta - 1) > 0$. Sendo $\delta > 0$ e o produto $\delta(\delta - 1)$ deve ser positivo, concluímos então que $\delta - 1 > 0$, ou seja, $\delta > 1$, o que contradiz a construção feita. Logo, realmente é verdadeira a desigualdade $\delta^2 < \delta$ para $0 < \delta < 1$.

$$= \left|\frac{(x-1)-4}{\sqrt{x-1}+2}\right| = \frac{|x-5|}{|\sqrt{x-1}+2|} < \frac{\delta}{|\sqrt{x-1}+2|},$$

e como $|\sqrt{x-1}+2| \geq 2$, então

$$\frac{1}{|\sqrt{x-1}+2|} \leq \frac{1}{2},$$

e disso

$$|f(x)-2| < \frac{\delta}{|\sqrt{x-1}+2|} \leq \frac{\delta}{2}.$$

Logo, tomando $\delta = 2\varepsilon$, teremos

$$|f(x)-2| < \frac{\delta}{2} = \frac{2\varepsilon}{2} = \varepsilon,$$

provando que $\lim\limits_{x\to 5} \sqrt{x-1} = 2$.

□

Exemplo 4. Mostre que $\lim\limits_{x\to 2} \dfrac{2x-1}{x+2} = \dfrac{3}{4}$.

Solução. Primeiramente note que $x \neq -2$. Dado $\varepsilon > 0$, vamos encontrar $0 < \delta < 1$ tal que $\forall x : 0 < |x-2| < \delta$, implique em $|f(x) - L| < \varepsilon$. Avaliando esta última diferença, temos

$$|f(x)-L| = \left|\frac{2x-1}{x+2} - \frac{3}{4}\right| = \left|\frac{4(2x-1)-3(x+2)}{4(x+2)}\right| = \left|\frac{5x-10}{4(x+2)}\right| =$$

$$= \frac{5}{4}\frac{|x-2|}{|x+2|}.$$

Como $|x-2| < \delta$, obtemos

$$|f(x)-L| < \frac{5}{4}\frac{\delta}{|x+2|}. \tag{7.1}$$

Precisamos agora fazer uma majoração para $|x+2|$. Note que

$$0 < |x-2| < \delta \Leftrightarrow |x-2| < \delta,\ x \neq 2 \Leftrightarrow -\delta < x-2 < \delta,\ x \neq 2.$$

Somando 4 em toda esta última cadeia de desigualdades obtemos

$$4-\delta < x+2 < \delta+4.$$

Disso, segue que $x+2 > 4-\delta$. Como $0 < \delta < 1$, temos $-\delta > -1$ e daí

$$|x+2| > 4-\delta > 4-1 > 3.$$

Assim, tomando o inverso desta desigualdade obtemos $\dfrac{1}{|x+2|} < \dfrac{1}{3}$ e com isto (7.1) fica

$$|f(x) - L| < \frac{5\delta}{4|x+2|} < \frac{5\delta}{4 \cdot 3} = \frac{5\delta}{12}.$$

Assim, basta tomar $\varepsilon = \dfrac{5\delta}{12}$, o que determina que podemos escolher δ como

$$\delta = \frac{12\varepsilon}{5},$$

provando que o limite acima existe.

□

Exemplo 5. Mostre que $\displaystyle\lim_{x \to -1} \frac{x^2 - 1}{x + 1} = -2.$

Solução. Dado $\varepsilon > 0$, precisamos achar $\delta > 0$ tal que $\forall x \in \mathbb{R}$ tal que $0 < |x+1| < \delta$ implique em $|f(x) + 2| < \varepsilon$ (é importante notar que o fato de $|x + 1| > 0$ impede que x possa vir a ser igual a -1, que não pertence ao domínio de f, mas é um ponto de acumulação).

Suponha obtido tal $\delta > 0$. Então, avaliando a diferença $|f(x) - (-2)|$, temos

$$|f(x) + 2| = \left| \frac{x^2 - 1}{x + 1} + 2 \right| = \left| \frac{(x+1)(x-1)}{(x+1)} + 2 \right| = |x - 1 + 2| = |x + 1| < \delta.$$

Logo, basta tomar $\delta = \varepsilon$.

□

Exercícios

1. Usando a definição de limite, prove que

   (a) $\displaystyle\lim_{x \to 2} x^2 = 4$ (b) $\displaystyle\lim_{x \to 4} \frac{1}{x - 1} = \frac{1}{3}$

   (c) $\displaystyle\lim_{x \to a} \sqrt{x} = \sqrt{a}$, $a > 0$ (d) $\displaystyle\lim_{x \to 1} \sqrt[3]{x} = 1.$

2. **(Sel. Mestrado UFBA/2015/2)** Use a definição formal de limite de função real para mostrar que $\displaystyle\lim_{x \to 0} x^2 = 0$.

3. Se $\displaystyle\lim_{x \to a} f(x) = L$, mostre que $\displaystyle\lim_{x \to a} [-f(x)] = -L$.

4. Usando a definição de limite, mostre que se $\displaystyle\lim_{x \to a} f(x) = L$, então

$$\lim_{x \to a} |f(x)| = |L|.$$

5. Sejam $f : X \to \mathbb{R}$, $a \in X'$ e $Y = f(X \setminus \{a\})$. Se $\lim\limits_{x \to a} f(x) = L$, mostre que $L \in \overline{Y}$.

7.2 Propriedades dos limites

Nesta seção apresentamos as principais propriedades de limites. Comecemos com a questão da unicidade. Em todos os teoremas e resultados aqui apresentados a é um ponto de acumulação do conjunto X.

Teorema 7.2 *(Unicidade do limite) Sejam $f : X \to \mathbb{R}$ uma função e $a \in X'$. Se $\lim\limits_{x \to a} f(x) = L$ e $\lim\limits_{x \to a} f(x) = M$, então $L = M$.*

Demonstração. Seja $f : X \to \mathbb{R}$ com a ponto de acumulação de X. Suponhamos que o limite exista, ou seja,

$$\exists \lim_{x \to a} f(x) = L \ \text{ e } \ \exists \lim_{x \to a} f(x) = M.$$

Vamos mostrar que $L = M$. Por absurdo, suponha que $L \neq M$.
Tome então $\varepsilon = \dfrac{|L - M|}{2} > 0$.
Como $\lim\limits_{x \to a} f(x) = L$, segue que $\exists \delta_1 > 0$ tal que $\forall x \in X$, $0 < |x - a| < \delta_1$ $\Rightarrow |f(x) - L| < \dfrac{\varepsilon}{2}$.

Do mesmo modo, como $\lim\limits_{x \to a} f(x) = M$, segue que $\exists \delta_2 > 0$ tal que $\forall x \in X$, $0 < |x - a| < \delta_2 \Rightarrow |f(x) - M| < \dfrac{\varepsilon}{2}$.

Tomando $\delta = \min\{\delta_1, \delta_2\} > 0$, segue que valem ambas as implicações acima. Assim,

$$|L - M| = |L - f(x) + f(x) - M| \leq |f(x) - L| + |f(x) - M| < \frac{\varepsilon}{2} + \frac{\varepsilon}{2} = \varepsilon.$$

Logo,

$$|L - M| < \varepsilon = \frac{|L - M|}{2} \Rightarrow |L - M| < \frac{|L - M|}{2} \Rightarrow 1 < \frac{1}{2},$$

o que é um absurdo. Portanto, $L = M$, ou seja, o limite é único.

□

Teorema 7.3 *Se $\lim\limits_{x \to a} f(x) = L$ e $a \in X'$, então f é limitada numa vizinhança do ponto a, ou seja, existem $A > 0$ e $\delta > 0$ tais que, $\forall x \in X$ tal que $0 < |x - a| < \delta$, então $|f(x)| < A$.*

Demonstração. Dado $\varepsilon = 1 > 0$. Como $\exists \lim_{x \to a} f(x) = L$, segue que $\exists \delta > 0$ tal que, $\forall x \in X$, $0 < |x - a| < \delta \Rightarrow |f(x) - L| < 1$.

Como, por propriedade dos módulos,

$$|f(x)| - |L| \leq |f(x) - L| < 1,$$

segue que

$$|f(x)| < 1 + |L|,$$

ou seja, f é limitada por $A := 1 + |L|$ numa vizinhança do ponto a.

□

Teorema 7.4 *O limite de uma constante é a própria constante. Em outras palavras: seja $f : X \to \mathbb{R}$ dada por $f(x) = k$, $\forall x \in X$, onde $k \in \mathbb{R}$ e $a \in X'$. Então*

$$\lim_{x \to a} f(x) = \lim_{x \to a} k = k.$$

Demonstração. Queremos mostrar que $\lim_{x \to a} k = k$.
Dado $\varepsilon > 0$, precisamos obter um $\delta > 0$ tal que $\forall x$, $0 < |x-a| < \delta \Rightarrow |f(x)-L| < \varepsilon$.
Como

$$|f(x) - L| = |k - k| = 0 < \varepsilon,$$

segue que qualquer $\delta > 0$ serve. Podemos tomar, por exemplo, $\delta = \varepsilon$.

□

O teorema a seguir, conhecido por *Teorema do Sanduíche* ou *Teorema do Confronto*, é de extrema importância para provar resultados posteriores, tais como limites notáveis.

Teorema 7.5 *(Teorema do sanduíche) Sejam $f, g, h : X \to \mathbb{R}$ funções tais que, $\forall x \in X$ temos $f(x) \leq g(x) \leq h(x)$ e seja a um ponto de acumulação de X. Se $\lim_{x \to a} f(x) = \lim_{x \to a} h(x) = L$, então*

$$\lim_{x \to a} g(x) = L.$$

Demonstração. Sejam f, g e h nas hipóteses do teorema.

Como $\lim_{x \to a} f(x) = L$ segue que, dado $\varepsilon > 0$, $\exists\, \delta_1 > 0$ tal que, $\forall x \in X$, $0 < |x - a| < \delta_1 \Rightarrow |f(x) - L| < \varepsilon$, donde segue que

$$-\varepsilon < f(x) - L < \varepsilon \tag{7.2}$$

Como $\lim_{x \to a} h(x) = L$ segue que, dado $\varepsilon > 0$ (o mesmo), $\exists \delta_2 > 0$ tal que, $\forall x \in X$, $0 < |x - a| < \delta_2 \Rightarrow |h(x) - L| < \varepsilon$, donde segue que

$$-\varepsilon < h(x) - L < \varepsilon \tag{7.3}$$

Como, por hipótese, $\forall x \in X$, temos

$$f(x) \leq g(x) \leq h(x),$$

subtraindo L em toda esta cadeia de desigualdades obtemos

$$f(x) - L \leq g(x) - L \leq h(x) - L.$$

Tome $\delta = \min\{\delta_1, \delta_2\} > 0$. Disso, segue que ambas as desigualdades (7.2) e (7.3) serão verdadeiras. Como $f(x) - L > -\varepsilon$, por (7.2) e $h(x) - L < \varepsilon$, por (7.3), segue que

$$-\varepsilon < f(x) - L \leq g(x) - L \leq h(x) - L < \varepsilon,$$

ou seja,

$$|g(x) - L| < \varepsilon,$$

sempre que $0 < |x - a| < \delta$. Isto prova o teorema.

□

Proposição 7.6 *(Heine) Sejam $f : X \to \mathbb{R}$ uma função e $a \in X'$. São equivalentes as afirmações:*

(i) $\lim_{x \to a} f(x) = L$;

(ii) $\exists (x_n) \subset X$, $x_n \to a$, $x_n \neq a$, $\forall n \in \mathbb{N} \Longrightarrow f(x_n) \to L$.

Obs. Alguns autores também usam esta proposição como uma definição dinâmica de limite de função, e neste caso é uma definição segundo Heine. Em seguida se mostra que esta definição é equivalente à definição usual de limite, ou seja, a proposição aqui apresentada.

Demonstração. (i) $\Rightarrow$ (ii). Suponha que $\lim_{x \to a} f(x) = L$. Suponha também que exista uma sequência de pontos (x_n) em X tal que $x_n \to a$, com $x_n \neq a$, $\forall n$.

Dado $\varepsilon > 0$. Como $\lim_{x \to a} f(x) = L$, segue que $\exists \delta > 0$ tal que $\forall x \in X$ tal que $0 < |x - a| < \delta$ implique em $|f(x) - L| < \varepsilon$.

Como $x_n \to a$, $x_n \neq a, \forall n$, segue que $\exists n_0 \in \mathbb{N}$ tal que $\forall n \geq n_0$ implique em $0 < |x_n - a| < \delta$.

Então, em particular tem-se que $|f(x_n) - L| < \varepsilon$, ou seja, mostramos que $f(x_n) \to L$, i.e., vale (ii).

(ii) $\Rightarrow$ (i). Suponha que $\exists (x_n) \subset X$, $x_n \to a$ e $x_n \neq a$, $\forall n \Rightarrow f(x_n) \to L$.

Vamos mostrar que $\lim\limits_{x \to a} f(x) = L$, ou seja, mostrar que

$$\forall \varepsilon > 0, \exists \delta > 0 \text{ tal que } \forall x \in X,\ 0 < |x - a| < \delta \Rightarrow |f(x) - L| < \varepsilon. \quad (7.4)$$

Dado $\varepsilon > 0$. Por absurdo, suponha que não exista $\delta > 0$ satisfazendo (7.4).

Assim, em particular, para $\delta = \frac{1}{n}$, $\exists (x_n) \subset X$ tal que $0 < |x_n - a| < \frac{1}{n}$, mas

$$|f(x_n) - L| \geq \varepsilon,$$

ou seja, teríamos $f(x_n) \not\to L$.

Porém, por hipótese temos que $f(x_n) \to L$, um absurdo! Logo, vale (i).

□

Vejamos um exemplo.

Exemplo. Prove que não existe $\lim\limits_{x \to 0} \operatorname{sen} \dfrac{1}{x}$.

Solução. Observe que $0 \in X'$. Para mostrar que não existe o limite, vamos construir duas sequências que convirjam para o ponto de acumulação, mas que as respectivas sequências das imagens convirjam para valores diferentes. Para isso, defina as sequências (x_n) e (y_n) por

$$x_n = \frac{1}{2n\pi} \quad \text{e} \quad y_n = \frac{1}{2n\pi + \frac{\pi}{2}}.$$

Então, temos que $x_n \to 0$ e $y_n \to 0$, mas

$$f(x_n) = \operatorname{sen} \frac{1}{\frac{1}{2n\pi}} = \operatorname{sen}(2n\pi) \to 0$$

e

$$f(y_n) = \operatorname{sen} \frac{1}{\frac{1}{2n\pi + \frac{\pi}{2}}} = \operatorname{sen}(2n\pi + \frac{\pi}{2}) \to 1,$$

logo concluímos que (ii) da Proposição 7.6 é falsa, e então (i) também é falsa, ou seja,

$$\nexists \lim_{x \to 0} \operatorname{sen} \frac{1}{x}.$$

Isso aconteceu pois perto de $x = 0$ a função $f(x) = \text{sen}\frac{1}{x}$, $x \neq 0$, oscila "absurdamente" entre -1 e 1.

Teorema 7.7 *Sejam $f, g : X \to \mathbb{R}$ funções e $a \in X'$ tais que $\lim_{x\to a} f(x) = L$ e $\lim_{x\to a} g(x) = M$. Então, valem as seguintes propriedades aritméticas*

(a) $\lim_{x\to a} (f(x) \pm g(x)) = L \pm M$ *(o limite da soma é a soma dos limites e o limite de diferença é a diferença dos limites)*

(b) $\lim_{x\to a} f(x) \cdot g(x) = LM$ *(o limite do produto é o produto dos limites)*

(c) $\lim_{x\to a} \dfrac{f(x)}{g(x)} = \dfrac{L}{M}$, *desde que $M \neq 0$.*

Demonstração. Sejam f e g tais que $\lim_{x\to a} f(x) = L$ e $\lim_{x\to a} g(x) = M$.
(a) Vamos mostrar que o limite da soma é a soma dos limites (a diferença fica como exercício). Ou seja, mostraremos que

$$\lim_{x\to a} f(x) + g(x) = \lim_{x\to a} f(x) + \lim_{x\to a} g(x) = L + M.$$

Dado $\varepsilon > 0$.
Como $\lim_{x\to a} f(x) = L$, segue que $\exists \delta_1 > 0$ tal que $\forall x \in X$, $0 < |x - a| < \delta_1$, implica em

$$|f(x) - L| < \frac{\varepsilon}{2}. \tag{7.5}$$

Como $\lim_{x\to a} g(x) = M$, segue que $\exists \delta_2 > 0$ tal que $\forall x \in X$, $0 < |x - a| < \delta_2$, implica em

$$|g(x) - M| < \frac{\varepsilon}{2}. \tag{7.6}$$

Tomando $\delta = \min\{\delta_1, \delta_2\} > 0$, temos que ambas as desigualdades (7.5) e (7.6) serão válidas e disso temos

$$|(f(x) + g(x)) - (L + M)| = |f(x) - L + g(x) - M| \leq$$

$$\leq |f(x) - L| + |g(x) - M| < \frac{\varepsilon}{2} + \frac{\varepsilon}{2} < \varepsilon.$$

Assim, concluímos que dado $\varepsilon > 0$ obtivemos um $\delta > 0$ tal que $\forall x \in X$, $0 < |x - a| < \delta$ implica em

$$|(f(x) + g(x)) - (L + M)| = |f(x) - L + g(x) - M| < \varepsilon,$$

o que prova que $\lim_{x\to a} f(x) + g(x) = L + M$, justamente o que queríamos.

(b) Dado $\varepsilon > 0$.
Primeiramente note que pelo Teorema 7.3, como $\exists \lim_{x \to a} f(x) = L$, segue que f é limitada por uma constante $K > 0$ numa vizinhança do ponto a.

Como $\lim_{x \to a} f(x) = L$, segue que $\exists \delta_1 > 0$ tal que, $\forall x \in B(a, \delta_1) \setminus \{a\}$, implica em[2]

$$|f(x) - L| < \frac{\varepsilon}{2(|M| + 1)} \tag{7.7}$$

Além disso, como $\lim_{x \to a} g(x) = M$, segue que $\exists \delta_2 > 0$ tal que, $\forall x \in B(a, \delta_2) \setminus \{a\}$, implica em

$$|g(x) - M| < \frac{\varepsilon}{2K}, \tag{7.8}$$

onde $K > 0$ é o tomado numa vizinhança adequada do ponto a, de modo a tornar f limitada nela, a qual será dada por $B(a, \delta) \setminus \{a\}$, onde $\delta = \min\{\delta_1, \delta_2\} > 0$, pois neste caso valem simultaneamente (7.7) e (7.8) e também valerá que $|f(x)| < K$.

Isso, posto, avaliamos a distância $|f(x)g(x) - LM|$ como segue:

$$\begin{aligned}
|f(x)g(x) - LM| &= |f(x)g(x) - f(x)M + f(x)M - LM| \leq \\
&\leq |f(x)g(x) - f(x)M| + |f(x)M - LM| = \\
&= |f(x)| \cdot |g(x) - M| + |M| \cdot |f(x) - L| < \\
&< K|g(x) - M| + |M| \cdot |f(x) - L| < \\
&< K|g(x) - M| + (|M| + 1) \cdot |f(x) - L| < \\
&< K\frac{\varepsilon}{2K} + (|M| + 1)\frac{\varepsilon}{2(|M| + 1)} = \frac{\varepsilon}{2} + \frac{\varepsilon}{2} = \varepsilon.
\end{aligned}$$

Logo, vale a propriedade (b).

(c) Primeiramente, observe que

$$\frac{f(x)}{g(x)} = f(x) \cdot \frac{1}{g(x)}.$$

Portanto, para provar que (c) é verdadeira, basta provar a afirmação abaixo.
Af. $\lim_{x \to a} \frac{1}{g(x)} = \frac{1}{M}$, com $M \neq 0$:
Observe que

$$\left| \frac{1}{g(x)} - \frac{1}{M} \right| = \left| \frac{M - g(x)}{Mg(x)} \right| = \frac{|g(x) - M|}{|M| \cdot |g(x)|}.$$

[2]Usamos $|M| + 1$ para conseguir montar uma majoração, no final, apenas por ε. Adicionamos 1 a $|M|$ para abranger o caso quando $M = 0$.

Tome $\delta_1 > 0$ tal que $0 < |x-a| < \delta_1 \Rightarrow |g(x) - M| < \dfrac{|M|}{2}$ (isto é possível pois $\lim_{x\to a} g(x) = M$). Além disso, temos

$$|g(x)| = |M - M + g(x)| \geq |M| - |g(x) - M| > |M| - \frac{|M|}{2} = \frac{|M|}{2}$$

Portanto, $|g(x)| > \dfrac{|M|}{2}$, i.e., $\dfrac{1}{|g(x)|} < \dfrac{2}{|M|}$, e daí

$$\left|\frac{1}{g(x)} - \frac{1}{M}\right| = \frac{|g(x) - M|}{|M| \cdot |g(x)|} < \frac{|g(x) - M|}{|M|}\frac{2}{|M|} = \frac{2}{|M|^2}|g(x) - M|.$$

Dado $\varepsilon > 0$. Assim, como $\lim_{x\to a} g(x) = M$, temos que $\exists \delta_2 > 0$ tal que

$$0 < |x-a| < \delta_2 \Rightarrow |g(x) - M| < \frac{|M|^2}{2}\varepsilon.$$

Tome $\delta = \min\{\delta_1, \delta_2\}$. Assim, para este δ temos que $0 < |x-a| < \delta$ implica em

$$\left|\frac{1}{g(x)} - \frac{1}{M}\right| < \frac{2}{|M|^2}|g(x) - M| \ \text{ e } \ |g(x) - M| < \frac{|M|^2}{2}\varepsilon,$$

ou seja,

$$\left|\frac{1}{g(x)} - \frac{1}{M}\right| < \frac{2}{|M|^2}\frac{|M|^2}{2}\varepsilon = \varepsilon.$$

Portanto vale a afirmação.

Assim, pela afirmação acima e usando o item (b), concluímos (c).

□

Proposição 7.8 *Sejam $a \in X'$ e $f, g : X \to \mathbb{R}$ funções tais que $\lim_{x\to a} f(x) = 0$ e g limitada em $X \setminus \{a\}$. Então,*

$$\lim_{x\to a} f(x) \cdot g(x) = 0,$$

mesmo que não exista o limite da g em $x = a$.

Demonstração. Dado $\varepsilon > 0$. Como g é limitada em $X \setminus \{a\}$, segue que $\exists M > 0$ tal que $|g(x)| \leq M$, $\forall x \in X \setminus \{a\}$.

Como $\lim_{x\to a} f(x) = 0$, segue que $\exists \delta > 0$ tal que, $\forall x \in X$: $0 < |x-a| < \delta$, implica em

$$|f(x) - 0| < \frac{\varepsilon}{M}.$$

Então,

$$|f(x)\cdot g(x)-0| = |f(x)|\cdot|g(x)| \le \frac{\varepsilon}{M}\cdot M = \varepsilon.$$

Isso conclui a prova da proposição.

□

Vejamos um exemplo de aplicação.

Exemplo. Mostre que $\lim\limits_{x\to 1} |x-1|\cdot \operatorname{sen}\left(\dfrac{1}{x-1}\right) = 0.$

Solução. Considerando $f(x)=|x-1|$, temos que $\lim\limits_{x\to 1}|x-1| = 0$ e considerando $g(x)=\operatorname{sen}\left(\frac{1}{x-1}\right)$, sabemos que g é limitada em $\mathbb{R}\setminus\{1\}$, visto que $|\operatorname{sen}\alpha|\le 1$, $\forall \alpha\in\mathbb{R}$. Então, pela proposição acima segue que[3]

$$\lim_{x\to 1}|x-1|\cdot\operatorname{sen}\left(\frac{1}{x-1}\right)=0.$$

Teorema 7.9 *(limite de função composta) Sejam $f: A\to\mathbb{R}$, $g: B\to\mathbb{R}$ funções tais que $f(A)\subset B$, a ponto de acumulação de A e b ponto de acumulação de B, com $b\in B$. Se $\lim\limits_{x\to a} f(x)=b$ e $\lim\limits_{y\to b} g(y)=c$, então $\lim\limits_{x\to a}(g\circ f)(x)=g(b)$, onde $g(b)=c$.*

Demonstração. Dado $\varepsilon>0$. Como $\lim\limits_{y\to b} g(y)=c$ segue que $\exists\delta_1>0$ tal que $0<|y-b|<\delta_1$ implica em $|g(y)-c|<\varepsilon$, onde $c=g(b)$.
Ainda, como $\lim\limits_{x\to a} f(x)=b$, para $\delta_1>0$, segue que $\exists\delta>0$ tal que

$$0<|x-a|<\delta \Rightarrow |f(x)-b|<\delta_1.$$

onde $f(x)=y$.

Ou seja, mostramos que dado $\varepsilon>0$, $\exists\delta>0$ tal que $0<|x-a|<\delta$ implica em $|g(y)-c|<\varepsilon$, i.e., $|g(f(x))-g(b)|<\varepsilon$.
Isto mostra que $\lim\limits_{x\to a}(g\circ f)(x)=g(b)$.

□

Exercícios

1. Dê um exemplo em que $\lim\limits_{x\to 0}(f(x)+g(x))$ existe, mas nem $\lim\limits_{x\to 0} f(x)$ e nem $\lim\limits_{x\to 0} g(x)$ existem.

[3] E observe que $\nexists \lim\limits_{x\to 1}\operatorname{sen}\dfrac{1}{x-1}$, basta observar o exemplo dado após a Proposição 7.6.

2. Use a definição de limite para provar que

$$\lim_{x\to 0} x \operatorname{sen} \frac{1}{x} = 0.$$

Em seguida, use o Teorema do Sanduíche para provar o mesmo limite acima.

3. Suponha que para todo x, $|g(x)| \leq x^4$. Calcule $\lim_{x\to 0} \frac{g(x)}{x}$.

4. **(Sel. Mestrado UFSM 2017/1)** Enuncie e prove o Teorema do Sanduíche para funções reais, de uma variável real. A seguir, utilize este teorema para provar que se $f : \mathbb{R} \to \mathbb{R}$ é tal que

$$|f(x) - f(y)| \leq |x - y|^2, \forall x, y, \in \mathbb{R},$$

então f é constante.

5. *Sejam $f, g : A \to \mathbb{R}$ duas funções reais definidas em $A \subset \mathbb{R}$, tais que $f(x) \leq g(x)$, $\forall x \in A$. Se $a \in A'$ e f e g tiverem limite no ponto a, mostre que $\lim_{x\to a} f(x) \leq \lim_{x\to a} g(x)$.

6. **(Sel. Mestrado UFSM 2011/1)** Seja $f : X \to \mathbb{R}$ definida em $X \subset \mathbb{R}$ e $a \in X'$. A fim de que exista $\lim_{x\to a} f(x)$ é suficiente que, para toda sequência de pontos $x_n \in X \setminus \{a\}$ com $\lim_{n\to\infty} x_n = a$, a sequência $(f(x_n))$ seja convergente.

7. Mostre que

$$\lim_{x\to a} f(x) = L \Leftrightarrow \lim_{x\to a}(f(x) - L) = 0 \Leftrightarrow \lim_{h\to 0} f(a + h) = L.$$

8. *Dada a função $f : \mathbb{R} \to \mathbb{R}$ definida por

$$f(x) = \begin{cases} x & \text{, se } \ x \in \mathbb{Q} \\ -x & \text{, se } \ x \notin \mathbb{Q} \end{cases}$$

Mostre que $\lim_{x\to 0} f(x) = 0$, mas $\nexists \lim_{x\to a} f(x)$ se $a \neq 0$.

7.3 Limites laterais

Nesta seção vamos estudar o conceito de limite lateral. Antes, porém, convém definirmos os conjuntos de ponto de acumulação à esquerda e à direita de um conjunto $X \subset \mathbb{R}$.

Definição 7.10 Sejam $X \subset \mathbb{R}$ e $a \in \mathbb{R}$. Dizemos que a é um *ponto de acumulação à direita* de X, e escrevemos $a \in X'_+$ se, e somente se, $\forall \delta > 0$, $X \cap (a, a+\delta) \neq \emptyset$. Analogamente, dizemos que a é um *ponto de acumulação à esquerda* de X, e escrevemos $a \in X'_-$ se, e somente se, $\forall \delta > 0$, $X \cap (a-\delta, a) \neq \emptyset$.

Note que, $a \in X'$ se, e somente se, $a \in X'_+$ e $a \in X'_-$.

Isso posto, podemos definir limites laterais nas definições que seguem.

Definição 7.11 Sejam $X \subset \mathbb{R}$, $f : X \to \mathbb{R}$ uma função e $a \in X'_+$. Dizemos que $L \in \mathbb{R}$ é o *limite à direita* de $f(x)$ quando x tende para a pela direita, e escrevemos

$$\lim_{x \to a^+} f(x) = L,$$

se, e somente se,

$$\forall \varepsilon > 0,\ \exists \delta > 0 \text{ tal que, } \forall x \in X \cap (a, a+\delta) \Rightarrow |f(x) - L| < \varepsilon.$$

Note que nesta definição a expressão $\forall x \in X \cap (a, a+\delta)$ pode ser escrita como

$$\forall x \in X : a < x < a + \delta.$$

Já vamos usar esta outra forma de notação na definição abaixo:

Definição 7.12 Sejam $X \subset \mathbb{R}$, $f : X \to \mathbb{R}$ uma função e $a \in X'_-$. Dizemos que $L \in \mathbb{R}$ é o *limite à esquerda* de $f(x)$ quando x tende para a pela esquerda, e escrevemos

$$\lim_{x \to a^-} f(x) = L,$$

se, e somente se,

$$\forall \varepsilon > 0,\ \exists \delta > 0 \text{ tal que } \forall x \in X : a - \delta < x < a \Rightarrow |f(x) - L| < \varepsilon.$$

Vejamos um exemplo de aplicação.

Exemplo. Seja $f : \mathbb{R} \to \mathbb{R}$ definida por

$$f(x) = \begin{cases} 1 & \text{se } x \geq 2 \\ 0 & \text{se } x < 2. \end{cases}$$

Vamos mostrar que $\lim_{x \to 2^+} f(x) = 1$ e que $\lim_{x \to 2^-} f(x) = 0$.

De fato, dado $\varepsilon > 0$, basta tomar $\delta = \varepsilon$ e observar que,

- $\forall x \in \mathbb{R}$ tal que $2 < x < 2 + \delta$, segue que $|f(x) - 1| = |1 - 1| = 0 < \varepsilon$, ou seja, concluímos que

$$\lim_{x \to 2^+} f(x) = 1.$$

- $\forall x \in \mathbb{R}$ tal que $2 - \delta < x < 2$, segue que $|f(x) - 0| = |0 - 0| = 0 < \varepsilon$, ou seja, concluímos que
$$\lim_{x \to 2^-} f(x) = 0.$$

Teorema 7.13 *Sejam $f : X \to \mathbb{R}$ uma função e $a \in X'_+ \cap X'_-$ (i.e., a é ponto de acumulação à esquerda e à direita do conjunto X). Então,*
$$\lim_{x \to a} f(x) = L \Leftrightarrow \lim_{x \to a^-} f(x) = \lim_{x \to a^+} f(x) = L,$$
ou seja, o limite de f existe em a se, e somente se, os limites laterais em a existirem e forem iguais.

Demonstração. Dado $\varepsilon > 0$. Suponha que $\lim_{x \to a} f(x) = L$. Então, $\exists \delta > 0$ tal que $\forall x \in X$ tal que $0 < |x - a| < \delta$ implica em $|f(x) - L| < \varepsilon$.

Então, $\forall x \in B(a, \delta) \setminus \{a\}$ temos que, em particular, $\forall x \in X \cap (a - \delta, a)$, vale que $|f(x) - L| < \varepsilon$, ou seja, temos que
$$\lim_{x \to a^-} f(x) = L.$$

Do mesmo modo, em particular, $\forall x \in X \cap (a, a + \delta)$, vale que $|f(x) - L| < \varepsilon$, ou seja, temos que
$$\lim_{x \to a^+} f(x) = L.$$

Isso prova a primeira parte.

Reciprocamente, suponha que
$$\lim_{x \to a^-} f(x) = L = \lim_{x \to a^+} f(x).$$

Dado $\varepsilon > 0$.

Como $\lim_{x \to a^-} f(x) = L$, segue que
$$\exists \delta_1 > 0, \text{ tal que} \forall x \in X : a - \delta_1 < x < a \Rightarrow |f(x) - L| < \varepsilon, \tag{7.9}$$
e, como $\lim_{x \to a^+} f(x) = L$, segue que
$$\exists \delta_2 > 0, \text{ tal que} \forall x \in X : a < x < a + \delta_2 \Rightarrow |f(x) - L| < \varepsilon. \tag{7.10}$$

Então, tome $\delta = \min\{\delta_1, \delta_2\} > 0$, e então para tal δ valem (7.9) e (7.10), ou seja, tem-se que $\forall x \in X$ tal que
$$a - \delta < x < a \text{ e } a < x < a + \delta,$$

implicam em $|f(x) - L| < \varepsilon$, ou seja, segue que

$$\lim_{x \to a} f(x) = L,$$

como queríamos mostrar.

□

Por exemplo, a função $f : \mathbb{R} \to \mathbb{R}$ definida por

$$f(x) = \begin{cases} 1 & \text{se } \; x \geq 2 \\ 0 & \text{se } \; x < 2. \end{cases},$$

dada no exemplo da seção anterior não possui limite em 2, pois os limites laterais, embora existam, não são iguais:

$$\lim_{x \to 2^+} f(x) = 1 \neq 0 \lim_{x \to 2^-} f(x).$$

Teorema 7.14 *Sejam $f : X \to \mathbb{R}$ monótona e limitada e $a \in \text{int}(X)$. Então, existem os limites laterais em a.*

Demonstração. Sem perda de generalidade, suponha que f seja crescente e limitada.

Seja $a \in \text{int}(X)$. Defina o conjunto

$$A = \{f(x) \, : \, x \in X, x < a\}.$$

Como $a \in \text{int}(X)$, temos que $A \neq \emptyset$, ou seja, tal conjunto está bem definido. Além disso, A é limitado pois f é limitada, por hipótese.

Como f é crescente, temos que $f(a)$ é uma cota superior para o conjunto A. Portanto, segue que existe $L = \sup A$.

Afirmamos que $L = \lim\limits_{x \to a^-} f(x)$.

De fato, dado $\varepsilon > 0$, pela definição de supremo segue que

$$\exists x_0 \in X \text{ tal que } x_0 < a \Rightarrow L - \varepsilon < f(x_0.)$$

Tome $\delta = a - x_0 > 0$. Vamos mostrar que

$$\forall x \in (a - \delta, a) \Rightarrow |f(x) - L| < \varepsilon.$$

Como $x \in (a - \delta, a)$ e $x_0 = a - \delta$, temos que $x \in (x_0, a)$ e daí $x_0 < x < a$. E como f é crescente, temos que

$$f(x_0) < f(x) < f(a).$$

Mas $f(x_0) > L-\varepsilon$, e então $L-\varepsilon < f(x)$. Mas $f(x) \in A$ pois $x < a$, e disso segue que $f(x) \leq L = \sup A$, i.e., temos

$$L - \varepsilon < f(x) \leq L < L + \varepsilon,$$

ou seja, $|f(x) - L| < \varepsilon$, sempre que $x \in (x_0, a) = (a - \delta, a)$, provando que

$$L = \lim_{x \to a^-} f(x).$$

De modo análogo se faz para o limite à direita.

□

Exercícios

1. Seja $f : \mathbb{R} \setminus \{0\} \to \mathbb{R}$ definida por $f(x) = \frac{1}{1+a^{\frac{1}{x}}}$, onde $a > 1$. Prove que $\lim\limits_{x \to a^+} f(x) = 0$ e $\lim\limits_{x \to a^-} f(x) = 1$.

2. Sejam $f : X \to \mathbb{R}$ monótona e $a \in X'_+$. Se existir uma sequência $(x_n) \subset X$ com $x_n > a$, $x_n \to a$ e $f(x_n) \to L$, mostre que $\lim\limits_{x \to a^+} f(x) = L$.

3. Verifique se existem os limites

$$\lim_{x \to 0^+} \cos\left(\frac{\pi}{x}\right) \quad \text{e} \quad \lim_{x \to 0^-} \cos\left(\frac{\pi}{x}\right).$$

7.4 Limites infinitos e no infinito

Nesta seção apresentamos os diferentes conceitos de limites infinitos e no infinito.

Definição 7.15 Sejam $X \subset \mathbb{R}$ um conjunto, $a \in X'$ e $f : X \to \mathbb{R}$ uma função. Definimos os *limites infinitos*

- $\lim\limits_{x \to a} f(x) = +\infty$ se, e somente se,

$$\forall N > 0, \exists \delta > 0 \text{ tal que } \forall x \in X : 0 < |x - a| < \delta \Rightarrow f(x) > N.$$

- $\lim\limits_{x \to a} f(x) = -\infty$ se, e somente se,

$$\forall N > 0, \exists \delta > 0 \text{ tal que } \forall x \in X : 0 < |x - a| < \delta \Rightarrow f(x) > -N.$$

Exemplo. Mostre que $\lim\limits_{x \to 1} \dfrac{1}{(x-1)^2} = +\infty$.

Solução. Dado $N > 0$, vamos mostrar que $\exists\delta > 0$ tal que $\forall x$ tal que $0 < |x-1| < \delta$, implique em $f(x) > N$.

De fato, basta tomar $\delta = \frac{1}{\sqrt{N}}$, e então $\forall x \in \mathbb{R}$ tal que $0 < |x-1| < \delta = \frac{1}{\sqrt{N}}$, tem-se

$$x - 1 \leq |x-1| < \frac{1}{\sqrt{N}},$$

e disso segue que

$$f(x) = \frac{1}{(x-1)^2} > \left(\sqrt{N}\right)^2 = N,$$

ou seja, vale o limite apresentado.

Definição 7.16 Sejam $X \subset \mathbb{R}$ um conjunto ilimitado (superiormente ou inferiormente, cf. cada caso a seguir) e $f : X \to \mathbb{R}$ uma função. Definimos os *limites no infinito*

- $\lim\limits_{x \to +\infty} f(x) = L$, com $L \in \mathbb{R}$, se, e somente se,

$$\forall\varepsilon > 0, \exists M > 0 \text{ tal que } \forall x \in X : x > M \Rightarrow |f(x) - L| < \varepsilon.$$

- $\lim\limits_{x \to -\infty} f(x) = L$, com $L \in \mathbb{R}$, se, e somente se,

$$\forall\varepsilon > 0, \exists M > 0 \text{ tal que } \forall x \in X : x < -M \Rightarrow |f(x) - L| < \varepsilon.$$

- $\lim\limits_{x \to +\infty} f(x) = +\infty$ se, e somente se,

$$\forall N > 0, \exists M > 0 \text{ tal que } \forall x \in X : x > M \Rightarrow f(x) > N.$$

- $\lim\limits_{x \to +\infty} f(x) = -\infty$ se, e somente se,

$$\forall N > 0, \exists M > 0 \text{ tal que } \forall x \in X : x > M \Rightarrow f(x) < -N.$$

- $\lim\limits_{x \to -\infty} f(x) = +\infty$ se, e somente se,

$$\forall N > 0, \exists M > 0 \text{ tal que } \forall x \in X : x < -M \Rightarrow f(x) > N.$$

- $\lim\limits_{x \to -\infty} f(x) = -\infty$ se, e somente se,

$$\forall N > 0, \exists M > 0 \text{ tal que } \forall x \in X : x < -M \Rightarrow f(x) < -N.$$

Nas definições acima é interessante esboçar um desenho para ilustrar cada um dos limites apresentados, a fim de entender e fixá-los.

No que segue, apresentamos alguns exemplos.

Exemplo 01. Mostre que $\lim_{x\to+\infty} \frac{1}{x^2} = 0$.

Solução. Dado $\varepsilon > 0$, precisamos achar $M > 0$ tal que, $\forall x > M$, implique em $|f(x) - 0| < \varepsilon$.

Basta tomar $M = \frac{1}{\sqrt{\varepsilon}} > 0$. Assim, $\forall x > M$, temos $\frac{1}{x} < \frac{1}{M} = \sqrt{\varepsilon}$ e, portanto,

$$|f(x) - 0| = \left|\frac{1}{x^2}\right| = \frac{1}{x^2} = \left(\frac{1}{x}\right)^2 < \frac{1}{M^2} = (\sqrt{\varepsilon})^2 = \varepsilon,$$

como queríamos mostrar.

Exemplo 02. Mostre que $\lim_{x\to+\infty} \operatorname{sech} x = 0$.

Solução. Dado $\varepsilon > 0$, precisamos achar $M > 0$ tal que, $\forall x > M$, implique em $|\operatorname{sech} x - 0| < \varepsilon$. Avaliando $|\operatorname{sech} x - 0|$, temos

$$|\operatorname{sech} x - 0| = |\operatorname{sech} x| = \left|\frac{2}{e^x + e^{-x}}\right| = \frac{2}{e^x + e^{-x}}.$$

Como $e^x + e^{-x} > x$, e queremos $x > M$, segue que

$$\frac{1}{e^x + e^{-x}} < \frac{1}{x} < \frac{1}{M}, \text{ e daí}$$

$$|\operatorname{sech} x - 0| = \frac{2}{e^x + e^{-x}} < \frac{2}{M}.$$

Assim, se considerarmos $\varepsilon := \frac{2}{M}$, é suficiente tomar $M = \frac{2}{\varepsilon} > 0$.

Exemplo 03. Seja $f : \mathbb{R} \to \mathbb{R}$, dada por $f(x) = e^x$. Vamos mostrar que

$$\lim_{x\to+\infty} f(x) = +\infty.$$

Solução. Note que $f(x) = e^x$ é crescente. Dado $N > 1 > 0$, tome $M = \ln N > 0$ e disso segue que $\forall x \in \mathbb{R}, x > M = \ln N$, temos $f(x) = e^x > e^M = e^{\ln N} = N \Rightarrow f(x) > N$ sempre que $x > M$. Ou seja, $f(x) \underset{x\to+\infty}{\longrightarrow} +\infty$.

Exemplo 04. Seja $f : \mathbb{R}\backslash\{0\} \to \mathbb{R}$, $f(x) = \frac{1}{|x|}$, mostre que:

(a) $\lim_{x\to+\infty} f(x) = 0,$

(b) $\lim_{x\to 0} f(x) = +\infty.$

Solução.

(a) $\lim_{x\to+\infty} \frac{1}{|x|} = 0$: Dado $\varepsilon > 0$, precisamos achar $M > 0$ tal que,

$$\forall x > M \Rightarrow |\frac{1}{|x|} - 0| < \varepsilon.$$

De fato, basta tomar $M = \frac{1}{\varepsilon} > 0$ e, com isso, teremos, $\forall x > M$:

$$|f(x) - 0| = |f(x)| = \left|\frac{1}{|x|}\right| = \frac{1}{|x|} = \frac{1}{x} < \frac{1}{M} = \varepsilon$$

Ou seja, $\frac{1}{|x|} \underset{x\to+\infty}{\longrightarrow} 0$

(b) $\lim_{x\to 0} \frac{1}{|x|} = +\infty$:
Dado $N > 0$, precisamos achar $\delta > 0$ tal que,

$$\forall x \in \mathbb{R}\backslash\{0\} : 0 < |x - 0| < \delta \Rightarrow f(x) > N.$$

De fato, tome $\delta = \frac{1}{N}$. Assim, $\forall x \in \mathbb{R}\backslash\{0\} : 0 < |x| < \delta$, temos $0 < |x| < \delta \Rightarrow \frac{1}{|x|} > \frac{1}{\delta} = N > 0$. Ou seja, $\frac{1}{|x|} \underset{x\to+0}{\longrightarrow} +\infty$.

Teorema 7.17 *(Teorema do Sanduíche para limites no infinito) Sejam $f, g, h : X \to \mathbb{R}$, $X \subset \mathbb{R}$ ilimitado superiormente, tais que $f(x) \leq g(x) \leq h(x)$, $\forall x \in X$. Se $\lim_{x\to+\infty} f(x) = \lim_{x\to+\infty} h(x) = L$, então $\lim_{x\to+\infty} g(x) = L$.*

Demonstração. Dado $\varepsilon > 0$. Como $\lim_{x\to+\infty} f(x) = L$, $\exists M_1 > 0 : \forall x \in X, x > M_1 \Rightarrow |f(x) - L| < \varepsilon$ $(*)$. Ainda, $\lim_{x\to+\infty} h(x) = L$, $\exists M_2 > 0 : \forall x \in X, x > M_2 \Rightarrow |h(x) - L| < \varepsilon$ $(**)$. Tome $M = \max\{M_1, M_2\} > 0$. Logo, valem $(*)$ e $(**)$ $\forall x > M$.

Como, $\forall x \in X$, $f(x) \leq g(x) \leq h(x)$, então $f(x) - L \leq g(x) - L \leq h(x) - L$. De $(*)$ temos que $-\varepsilon < f(x) - L < \varepsilon$ e de $(**)$ temos $-\varepsilon < h(x) - L < \varepsilon$.

Portanto,

$$-\varepsilon < f(x) - L \leq g(x) - L \leq h(x) - L < \varepsilon \Rightarrow -\varepsilon < g(x) - L < \varepsilon, \forall x > M$$

ou seja,

$$|g(x) - L| < \varepsilon, \text{ sempre que } x > M,$$

i.e., mostramos que $\lim_{x\to+\infty} g(x) = L$

□

Exercícios

1. Defina $\lim_{x\to a^+} f(x) = +\infty$, $\lim_{x\to a^+} f(x) = -\infty$, $\lim_{x\to a^-} f(x) = +\infty$ e

$$\lim_{x\to a^-} f(x) = -\infty.$$

   Em seguida, prove que

$$\lim_{x\to a^+} \frac{1}{x-a} = +\infty \quad \text{e} \quad \lim_{x\to a^-} \frac{1}{x-a} = -\infty.$$

2. Prove que $\lim_{x\to +\infty} e^x = +\infty$ e que $\lim_{x\to -\infty} e^x = 0$.

3. Prove que $\lim_{x\to +\infty} \tanh x = 1$

4. Prove que $\lim_{x\to -\infty} \dfrac{3x+1}{2x+5} = \dfrac{3}{2}$.

5. Prove que $\lim_{x\to -\infty} (1 + a^x) = \begin{cases} 1 & \text{se } \ a > 1 \\ +\infty & \text{se } \ 0 < a < 1 \end{cases}$.

6. Prove que se $\lim_{x\to a} f(x) = L$ e $\lim_{x\to a} g(x) = +\infty$, então

$$\lim_{x\to a} [f(x) + g(x)] = +\infty.$$

7. Suponha que f e g possuem limites em $\mathbb{R}$ quando $x \to +\infty$ e que $f(x) \leq g(x)$, $\forall x \in (a, +\infty)$. Prove que $\lim_{x\to +\infty} f(x) \leq \lim_{x\to +\infty} g(x)$.

8. *Seja $f : (a, +\infty) \to \mathbb{R}$. Usando apenas a definição de limite no infinito, prove que são equivalentes:

   (i) $\exists \lim_{x\to +\infty} f(x) = L \in \mathbb{R}$,

   (ii) para toda sequência (x_n) em $(a, +\infty)$, $x_n \to +\infty \Longrightarrow f(x_n) \to L$.

9. *Seja $f : (0, +\infty) \to \mathbb{R}$ uma função. Prove que $\lim_{x\to +\infty} f(x) = L$ se, e somente se,

$$\lim_{x\to 0^+} f(\frac{1}{x}) = L.$$

10. Mostre que se $f : (a, +\infty) \to \mathbb{R}$ é tal que $\lim_{x\to +\infty} x f(x) = L$, onde $L \in \mathbb{R}$, então $\lim_{x\to +\infty} f(x) = 0$.

11. Sejam $X \subset \mathbb{R}$, $a \in X'$ e $f, g : X \to \mathbb{R}$ tais que

$$\lim_{x \to a} f(x) = -\infty \quad \text{e} \quad \lim_{x \to a} g(x) = L \in \mathbb{R}.$$

Prove que $\lim_{x \to a}(f + g)(x) = -\infty$ e que $\lim_{x \to a}(f \cdot g)(x) = \begin{cases} -\infty & \text{se } L > 0 \\ +\infty & \text{se } L < 0 \end{cases}.$

12. Sejam $X \subset \mathbb{R}$, $a \in X'$ e $f, g : X \to \mathbb{R}$ tais que

$$\lim_{x \to a} f(x) = \lim_{x \to a} g(x) = -\infty.$$

Prove que $\lim_{x \to a}(f + g)(x) = -\infty$ e que $\lim_{x \to a}(f \cdot g)(x) = +\infty$

13. **(Sel. Mestrado UFRGS 2011/2)**
(a) Seja $f : (a, +\infty) \to \mathbb{R}$. Defina precisamente o significado de $\lim_{x \to \infty} f(x) = L$.
(b) Prove que se $\lim_{x \to \infty} f(x) = A$ e $\lim_{x \to \infty} g(x) = B$, então $\lim_{x \to \infty} (f(x) + g(x)) = A + B$.

7.5 Limites notáveis

Nesta seção vamos estudar dois limites extremamente importantes, que costumam aparecer em certas aplicações do Cálculo: o *limite tigonométrico fundamental* e o *limite exponencial fundamental.* Tais limites são chamados de *limites notáveis.* Deixamos para o final deste capítulo pois esses dois limites necessitam de um estudo de limites laterais e no infinito.

Teorema 7.18 *(limite trigonométrico fundamental) é verdadeiro o seguinte limite, chamado de limite trigonométrico fundamental:*

$$\lim_{x \to 0} \frac{\operatorname{sen} x}{x} = 1.$$

Obs.: Este limite nos diz que, próximo da origem o seno de um arco e o próprio arco são aproximadamente iguais.

Demonstração. Observe a ilustração abaixo, onde destacamos um arco x, o seu seno e a sua tangente.

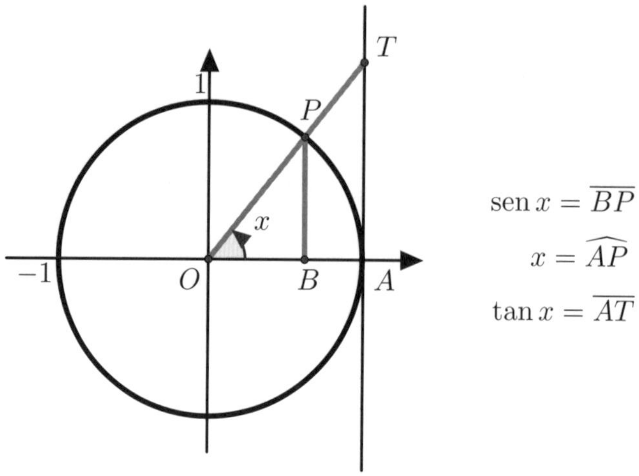

Tome $0 < \delta < \frac{\pi}{2}$. Assim, $\forall x \in (0, \delta)$, temos a seguinte cadeia de desigualdades:

$$\operatorname{sen} x \leq x \leq \tan x,$$

ou seja,

$$\operatorname{sen} x \leq x \leq \frac{\operatorname{sen} x}{\cos x}.$$

Como $x \neq 0$ pois $x \in (0, \delta)$, segue que $\operatorname{sen} x \neq 0$. Assim, dividindo-se a cadeia de desigualdades acima por $\operatorname{sen} x$ obtemos

$$1 \leq \frac{x}{\operatorname{sen} x} \leq \frac{1}{\cos x}.$$

Tomando os inversos obtemos

$$\cos x \leq \frac{\operatorname{sen} x}{x} \leq 1.$$

Pelo Teorema do Sanduíche (Teorema 7.5), como $\lim\limits_{x \to 0^+} \cos x = \cos 0 = 1$ e $\lim\limits_{x \to 0^+} 1 = 1$, concluímos que

$$\lim_{x \to 0^+} \frac{\operatorname{sen} x}{x} = 1 \tag{7.11}$$

Resta obter $\lim\limits_{x \to 0^-} \dfrac{\operatorname{sen} x}{x}$. Para isto, considere $x \in (-\delta, 0)$. Assim, $\forall x \in (-\delta, 0)$, vale a seguinte cadeia de desigualdades:

$$\tan x \leq x \leq \operatorname{sen} x.$$

Como $\operatorname{sen} x \neq 0$ é negativo, dividindo a cadeia de desigualdades acima por $\operatorname{sen} x$ obtemos

$$\frac{\tan x}{\operatorname{sen} x} \geq \frac{x}{\operatorname{sen} x} \geq \frac{\operatorname{sen} x}{\operatorname{sen} x},$$

ou seja,

$$\frac{1}{\cos x} \geq \frac{x}{\operatorname{sen} x} \geq 1.$$

Tomando os inversos, encontramos

$$1 \leq \frac{\operatorname{sen} x}{x} \leq \cos x.$$

Aplicando o Teorema do Sanduíche para $x \to 0^-$ obtemos $\lim_{x\to 0^-} 1 = 1$ e $\lim_{x\to 0^-} \cos x = \cos 0 = 1$. Portanto, concluímos que

$$\lim_{x\to 0^-} \frac{\operatorname{sen} x}{x} = 1 \tag{7.12}$$

De (7.11) e (7.12) obtemos

$$\lim_{x\to 0} \frac{\operatorname{sen} x}{x} = 1,$$

o que queríamos mostrar.

□

Vejamos um exemplo de aplicação.

Exemplo. Calcule o limite $\lim_{x\to 0} \frac{1-\sqrt{\cos x}}{3x^2}$.

Solução. Observe que a priori se obtém o símbolo de indeterminação $\frac{0}{0}$. Como envolve um número trigonométrico, precisamos obter "sen (arco)/arco", onde o arco tende a zero quando a incógnita tender ao ponto de acumulação. Neste caso, o procedimento a seguir é usar uma identidade trigonométrica adequada e proceder conforme se faz em Cálculo:

$$\lim_{x\to 0} \frac{1-\sqrt{\cos x}}{3x^2} = \lim_{x\to 0} \frac{1-\sqrt{\cos x}}{3x^2} \cdot \frac{1+\sqrt{\cos x}}{1+\sqrt{\cos x}} = \lim_{x\to 0} \frac{1-\cos x}{3x^2(1+\sqrt{\cos x})} =$$

$$= \lim_{x\to 0} \frac{\operatorname{sen}^2 x}{x^2} \cdot \frac{1}{3(1+\cos x)} \cdot \frac{1}{1+\sqrt{\cos x}} =$$

$$= \lim_{x\to 0} \frac{\operatorname{sen} x}{x} \cdot \frac{\operatorname{sen} x}{x} \cdot \frac{1}{3(1+\cos x)} \cdot \frac{1}{1+\sqrt{\cos x}} = \frac{1}{3\cdot 2\cdot 2} = \frac{1}{12}.$$

Corolário 7.19 *Também valem os limites* $\lim_{x\to 0} \frac{\tan x}{x} = 1$, $\lim_{x\to 0} \frac{\arcsin x}{x} = 1$ *e* $\lim_{x\to 0} \frac{\arctan x}{x} = 1$.

Demonstração. Faremos a prova dos dois primeiros e o terceiro fica a encargo do leitor. Também deixaremos que o leitor verifique que inicialmente, substituindo a variável pela tendência, obtemos indeterminação.

Basta observar que

$$\lim_{x\to 0}\frac{\tan x}{x}=\lim_{x\to 0}\frac{\frac{\operatorname{sen} x}{\cos x}}{x}=\lim_{x\to 0}\frac{\operatorname{sen} x}{x}\cdot\frac{1}{\cos x}=\lim_{x\to 0}\frac{1}{\cos x}=\frac{1}{1}=1,$$

e o primeiro limite está provado.

Para provar o segundo basta notar que, sendo $\arcsin x = w$, temos $\operatorname{sen} w = x$ e daí, mudando de variável, temos que $w \to 0$ quando $x \to 0$ e, portanto,

$$\lim_{x\to 0}\frac{\arcsin x}{x}=\lim_{w\to 0}\frac{w}{\operatorname{sen} w}=\frac{1}{\lim\limits_{w\to 0}\frac{\operatorname{sen} w}{w}}=1.$$

□

O próximo teorema encerra o segundo limite notável.

Teorema 7.20 *(limite exponencial fundamental) Vale o seguinte limite:*

$$\lim_{x\to+\infty}\left(1+\frac{1}{x}\right)^x=e,$$

onde $2 < e < 3$ é o número de Euler.

Demonstração. Usaremos a Proposição 4.13. Como $x \to +\infty$, então, para todo $x > 0$ tem-se que existe $n \in \mathbb{N}$ tal que $n \le x < n+1$. Tomando os inversos, vamos obter

$$\frac{1}{n+1}<\frac{1}{x}\le\frac{1}{n}.$$

Somando 1, vem

$$1+\frac{1}{n+1}<1+\frac{1}{x}\le 1+\frac{1}{n},$$

e, com $n \le x < n+1$, vem

$$\left(1+\frac{1}{n+1}\right)^n\le\left(1+\frac{1}{x}\right)^x\le\left(1+\frac{1}{n}\right)^{n+1},$$

e então

$$\left(1+\frac{1}{n+1}\right)^{n+1-1}\le\left(1+\frac{1}{x}\right)^x\le\left(1+\frac{1}{n}\right)^n\left(1+\frac{1}{n}\right),$$

ou seja,

$$\frac{\left(1+\frac{1}{n+1}\right)^{n+1}}{1+\frac{1}{n+1}}\le\left(1+\frac{1}{x}\right)^x\le\left(1+\frac{1}{n}\right)^n\left(1+\frac{1}{n}\right)$$

Observando que $x \to +\infty$ quando $n \to \infty$ pois $n \leq x$, e aplicando o Teorema do Sanduíche para limites no infinito (Teorema 7.17), segue que

$$\lim_{n\to\infty} \frac{\left(1+\dfrac{1}{n+1}\right)^{n+1}}{1+\dfrac{1}{n+1}} \leq \lim_{x\to+\infty}\left(1+\frac{1}{x}\right)^x \leq \lim_{n\to+\infty}\left(1+\frac{1}{n}\right)^n\left(1+\frac{1}{n}\right),$$

e, portanto, pela Proposição 4.13 segue que

$$e \leq \lim_{x\to+\infty}\left(1+\frac{1}{x}\right)^x \leq e,$$

ou seja, o resultado desejado.

□

Vejamos um exemplo de aplicação.

Exemplo. Calcule o limite $\displaystyle\lim_{x\to+\infty}\left(\frac{1-4x+x^2}{x^2+2x}\right)^{\frac{2-x^2-5x}{3x-1}}$.

Solução. Analisando base e expoente, vamos encontrar, a priori, 1^∞, que é o símbolo de indeterminação que indica a utilização do segundo limite notável.

Assim, precisamos primeiramente reescrever "1 + expressão", na base, onde a "expressão" tende a zero quando a variável tender ao infinito. Isso tudo deve estar elevado à potência "1/expressão". Neste exemplo, o procedimento é somar e subtrair 1 na base. Depois, eliminar as indeterminações como se faz em Cálculo:

$$\lim_{x\to+\infty}\left(\frac{1-4x+x^2}{x^2+2x}\right)^{\frac{2-x^2-5x}{3x-1}} = \lim_{x\to+\infty}\left(1+\frac{1-4x+x^2}{x^2+2x}-1\right)^{\frac{2-x^2-5x}{3x-1}} =$$

$$\lim_{x\to+\infty}\left(1+\frac{1-4x+x^2-x^2-2x}{x^2+2x}\right)^{\frac{2-x^2-5x}{3x-1}} = \lim_{x\to+\infty}\left(1+\frac{1-6x}{x^2+2x}\right)^{\frac{2-x^2-5x}{3x-1}} =$$

$$= \left[\lim_{x\to+\infty}\left(1+\frac{1-6x}{x^2+2x}\right)^{\frac{x^2+2x}{1-6x}}\right]^{\frac{1-6x}{x^2+2x}\cdot\frac{2-x^2-5x}{3x-1}} = e^{\lim_{x\to+\infty}\frac{6x^3}{3x^3}} = e^2.$$

Corolário 7.21 *Também vale o limite* $\displaystyle\lim_{x\to-\infty}\left(1+\frac{1}{x}\right)^x = e.$

Demonstração. Dado $x < 0$. Escreva $t = -x > 0$. Assim, temos que $t \to +\infty$ quando $x \to -\infty$. Dessa forma, fazendo uma mudança de variável, vamos obter

$$\lim_{x\to-\infty}\left(1+\frac{1}{x}\right)^{x} = \lim_{y\to+\infty}\left(1-\frac{1}{y}\right)^{-y} = \lim_{y\to+\infty}\left(\frac{y-1}{y}\right)^{-y} =$$

$$= \lim_{y\to+\infty}\left(\frac{y}{y-1}\right)^{y} = \lim_{y\to+\infty}\left(\frac{y-1+1}{y-1}\right)^{y} = \lim_{y\to+\infty}\left(1+\frac{1}{y-1}\right)^{y} =$$

$$= \lim_{y\to+\infty}\left(1+\frac{1}{y-1}\right)^{y-1+1} = \lim_{y\to+\infty}\left(1+\frac{1}{y-1}\right)^{y-1}\left(1+\frac{1}{y-1}\right) = e\cdot 1 = e.$$

□

Corolário 7.22 *Vale o seguinte limite*

$$\lim_{x\to 0}(1+x)^{\frac{1}{x}} = e.$$

Demonstração. Escreva $w = \frac{1}{y}$. Assim, temos que $w \to +\infty$ quando $y \to 0^+$ e $w \to -\infty$ quando $y \to 0^-$.

Vamos, então, examinar os limites laterais que seguem:

- $\displaystyle\lim_{x\to 0^+}(1+x)^{\frac{1}{x}} = \lim_{w\to+\infty}\left(1+\frac{1}{w}\right)^{w} = e.$
- $\displaystyle\lim_{x\to 0^-}(1+x)^{\frac{1}{x}} = \lim_{w\to-\infty}\left(1+\frac{1}{w}\right)^{w} = e.$

Logo, como os limites laterais acima são iguais, o resultado segue.

□

Exercícios

1. Calcule cada limite abaixo, se existir:

(a) $\displaystyle\lim_{x\to 0}\frac{1-\cos x}{2x^2}$

(b) $\displaystyle\lim_{x\to 0}\frac{x-\operatorname{sen} 2x}{x+\operatorname{sen} x}$

(c) $\displaystyle\lim_{x\to 0}\frac{1-\sqrt{\cos x}}{x^2}$

(d) $\displaystyle\lim_{x\to+\infty}\left(1+\frac{3}{2x}\right)^{-2x}$

(e) $\displaystyle\lim_{x\to+\infty}\left(\frac{x^2+2x}{x^2-1}\right)^{6x-4}$

(f) $\displaystyle\lim_{x\to-\infty}\left(\frac{x^2-3x+2}{x^2-2x+4}\right)^{\frac{1-2x^2}{3x-1}}$

(g) $\displaystyle\lim_{x\to 0}(1+2\operatorname{sen} x)^{\cot x+4}$

(h) $\displaystyle\lim_{x\to 0}\left(\frac{x^2+3x+1}{x^3+1}\right)^{\frac{1}{x}}$

(i) $\lim_{x \to 0} \frac{1}{x^2} \ln \sec x$ (j) $\lim_{x \to 0} \frac{2x + \operatorname{sen} 3x}{x^3} \ln \sec x$

2. Usando o segundo limite notável, prove o importante limite abaixo, onde $a > 0$, $a \neq 1$:

$$\lim_{x \to 0} \frac{a^x - 1}{x} = \ln a$$

3. Usando o exercício anterior, calcule os seguintes limites:

(a) $\lim_{x \to 0} \frac{2^x - 3^x}{\operatorname{sen} 3x}$ (b) $\lim_{x \to 0} \frac{e^{mx} - 1}{3^x - 8^{2x}}$ (c) $\lim_{x \to 0} \frac{\operatorname{senh} x}{x}$

4. *A função *seno hiperbólico* de um arco $x \in \mathbb{R}$ é definida por $f : \mathbb{R} \to \mathbb{R}$,

$$f(x) = \operatorname{senh} x = \frac{e^x - e^{-x}}{2}.$$

(a) Represente a função inversa $x = \operatorname{arcsenh} y$ em termos de logaritmos.

(b) Prove que $\lim_{x \to -\infty} f(x) = -\infty$.

(c) Com a representação obtida em (a), calcule o limite $\lim_{y \to 0} \frac{1}{y} \operatorname{arcsenh} y$.

5. (a) Sabendo que a função *tangente hiperbólica* de um arco $x \in \mathbb{R}$ é definida por

$$\tanh x = \frac{e^x - e^{-x}}{e^x + e^{-x}},$$

represente $x = \operatorname{arctanh} y$ em termos de logaritmos.

(b) Com a representação obtida em (a), calcule o limite

$$\lim_{y \to 0} \frac{1 - y}{y \cdot \operatorname{sen} y} \operatorname{arctanh} 5y^2.$$

Capítulo 8

Continuidade

"Tanquam ex ungue leonem." (Reconheço o leão pela marca da sua pata)

- Jean Bernoulli[1] -

Como já mencionamos no Capítulo 6, este capítulo encerra formalmente a parte da Topologia na reta. Apresentaremos os importantes conceitos de continuidade e continuidade uniforme, explorando a diferença aparentemente sutil, mas enorme, entre estes dois conceitos.

8.1 Continuidade

Definição 8.1 Dizemos que uma função $f : X \to \mathbb{R}$ é *contínua* no ponto $a \in X$ se, e somente se, para qualquer $\varepsilon > 0$ escolhido, existir um $\delta > 0$, tal que $\forall x \in X$ tal que $|x - a| < \delta$, implicar em $|f(x) - f(a)| < \varepsilon$.

Uma outra maneira de escrever a definição acima é em termos de bolas abertas: $f : X \to \mathbb{R}$ é contínua em $a \in X$ se, e somente se,

$$\forall \varepsilon > 0,\ \exists \delta > 0 \,\text{tal que}\, \forall x \in X\ :\ x \in B(a, \delta) \Rightarrow f(x) \in B(f(a), \varepsilon).$$

Note na definição acima que, para f ser contínua em um ponto, é necessário que este ponto pertença ao domínio da f.

Definição 8.2 Dizemos que uma função $f : X \to \mathbb{R}$ é contínua se for contínua em todos os pontos do seu domínio X.

Mais precisamente, uma função $f : X \to \mathbb{R}$ é contínua em X se, e somente se,

$$\forall x \in X, \forall \varepsilon > 0,\ \exists \delta > 0\ :\ \forall y \in X,\ |x - y| < \delta\ \Rightarrow\ |f(x) - f(y)| < \varepsilon.$$

[1]Em 1697 Jean Bernoulli havia proposto um problema matemático e tinha recebido várias soluções, algumas de matemáticos famosos, e uma anônima; mas ele reconheceu esta solução como sendo de Isaac Newton.

Grosso modo, uma função f é contínua em seu domínio se, dados quaisquer dois pontos do seu domínio, muito próximos (a menos de δ), suas imagens mediante f continuarão também muito próximas (a menos de ε).

Quando uma função não for contínua em um ponto dizemos que ela é *descontínua* no referido ponto.

Definição 8.3 Dizemos que um ponto $a \in X \subset \mathbb{R}$ é um *ponto isolado* do conjunto X se $\exists \delta > 0$ tal que $X \cap (a-\delta, a+\delta) = \{a\}$. Ou seja, a é um ponto isolado de X se existir um intervalo aberto, centrado em a, cuja intersecção com X é somente o ponto a.

Observe que se X for um conjunto de pontos isolados (ou seja, se $a \in X$ mas $a \notin X'$), então **toda** função $f : X \to \mathbb{R}$ é contínua. De fato, por exemplo, considere $X = \mathbb{Z}$. É óbvio que todos os pontos de $\mathbb{Z}$ são isolados. Assim, tomando $\varepsilon > 0$ qualquer, temos que, se $\forall a \in \mathbb{Z}$, $|x-a| < \delta < 1$, então $x = a$ e daí, $|f(x) - f(a)| = |f(a) - f(a)| = 0 < \varepsilon$. Ou seja, f é contínua, independentemente de como é dada a expressão que a define. Isto aconteceu porque neste caso X é formado apenas por pontos isolados.

Se $a \in X \cap X'$ (ou seja, a também for um ponto de acumulação do conjunto X), então a noção de continuidade reduz-se à de limite, ou seja, segue imediatamente da definição de função contínua o resultado abaixo:

Proposição 8.4 *Uma função $f : X \to \mathbb{R}$ é contínua em um ponto $a \in X \cap X'$ se, e somente se,*

$$\lim_{x \to a} f(x) = f(a).$$

Vejamos um exemplo de aplicação.

Exemplo 1. Verifique se a função abaixo é contínua em $x = 2$:

$$f(x) = \begin{cases} \dfrac{x^2-4}{x-2}, & \text{se } x < 2 \\ x^2 - 3x + 6, & \text{se } x \geq 2 \end{cases}$$

Solução. Primeiramente, perceba que $f(2) = 4$.

Agora precisamos ver se $\exists \lim\limits_{x \to 2} f(x)$. Para responder a isto, precisaremos recorrer aos limites laterais:

- $\lim\limits_{x \to 2^-} f(x) = \lim\limits_{x \to 2^-} \dfrac{x^2-4}{x-2} = \dfrac{0}{0}.$
Como resultou em uma indeterminação, vamos removê-la mediante uma

simplificação, fatorando o numerador:

$$\lim_{x\to 2^-} f(x) = \lim_{x\to 2^-} \frac{(x+2)(x-2)}{x-2} = \lim_{x\to 2^-} x+2 = 4$$

Portanto, $\lim_{x\to 2^-} f(x) = 4$

- $\lim_{x\to 2^+} f(x) = \lim_{x\to 2^+} x^2 - 3x + 6 = (2)^2 - 3(2) + 6 = 4 - 6 + 6 = 4.$
  Portanto, $\lim_{x\to 2^+} f(x) = 4$

Logo, $\exists \lim_{x\to 2} f(x) = 4 = f(2)$ e, com isto, concluímos que f é contínua no ponto $x = 2$.

Teorema 8.5 *Sejam $X \subset \mathbb{R}$, $a \in X$ e $f : X \to \mathbb{R}$ uma função. São equivalentes as afirmações:*

(i) *f é contínua em a;*

(ii) *$\forall (x_n) \subset X$, tal que $x_n \to a$, implica em $f(x_n) \to f(a)$.*

Demonstração.
(i) $\Rightarrow$ (ii). Suponha que f é contínua em a.

Suponha também uma sequência $(x_n) \subset X$ tal que $x_n \to a$.

Vamos mostrar que $f(x_n) \to f(a)$.

Dado $\varepsilon > 0$. Pela continuidade de f no ponto a segue que $\exists \delta > 0$ tal que $\forall x \in X$ com $|x - a| < \delta$ implica em $|f(x) - f(a)| < \varepsilon$.

Como $x_n \to a$, para o $\delta > 0$ acima, $\exists n_0 \in \mathbb{N}$ tal que, $\forall n \geq n_0$, tem-se $|x_n - a| < \delta$.

Mas, como $|x_n - a| < \delta$, $\forall n \geq n_0$, pela continuidade de f em a segue que

$$|f(x_n) - f(a)| < \varepsilon,$$

ou seja, $f(x_n) \to f(a)$, provando assim (ii).

(ii) $\Rightarrow$ (i). Suponha que para toda sequência $(x_n) \subset X$ com $x_n \to a$ vale que $f(x_n) \to f(a)$.

Por absurdo, suponha que f não seja contínua em a. Assim, temos que $\exists \varepsilon_0 > 0$ tal que $\forall \delta > 0$, $\exists x \in X$ tal que

$$|x - a| < \delta, \text{ mas } |f(x) - f(a)| \geq \varepsilon_0.$$

Para cada $n \in \mathbb{N}$, tomando $\delta = \frac{1}{n}$, temos que $\exists x_n \in X$ tal que

$$|x_n - a| < \frac{1}{n} \text{ e } |f(x_n) - f(a)| \geq \varepsilon_0.$$

Logo, $x_n \to 0$ mas $f(x_n) \not\to f(a)$, uma contradição com a hipótese inicial. Logo f é contínua no ponto a, provando assim (i).

□

Teorema 8.6 *Sejam $f : X \to \mathbb{R}$, $g : Y \to \mathbb{R}$ funções tais que $f(X) \subset Y$, com f contínua em $a \in X$ e g contínua em $b = f(a)$. Então, $g \circ f : X \to \mathbb{R}$ é contínua no ponto a.*

Obs.: Este teorema nos diz que composição de funções contínuas é uma função contínua.

Demonstração. Usaremos o Teorema 8.5 para a prova. Seja $(x_n) \subset X$ tal que $x_n \to a$. Como f é contínua em a segue que $f(x_n) \to f(a)$.

Como g é contínua em $b = f(a)$, e $(f(x_n))_n \subset Y$ é tal que $f(x_n) \to f(a) = b$, então

$$g(f(x_n)) \to g(f(a)),$$

i.e.,

$$(g \circ f)(x_n) \to (g \circ f)(a),$$

ou seja, $g \circ f$ é contínua no ponto a.

□

Teorema 8.7 *Sejam $f, g : X \to \mathbb{R}$ funções contínuas. Então, as funções $f + g$, $f - g$, $f \cdot g$ e $\frac{f}{g}$ também são contínuas.*

Demonstração. As demonstrações são parecidas com o que fizemos ao estudar as propriedades operatórias dos limites. Por isto, faremos aqui apenas a prova da continuidade da soma $f + g$.

Sejam $f, g : X \to \mathbb{R}$ contínuas. Dado $x \in X$. Dado $\varepsilon > 0$. Pela continuidade de f temos que $\exists\, \delta_1 > 0$ tal que $\forall y \in X$, $|x - y| < \delta_1$, implica em $|f(x) - f(y)| < \frac{\varepsilon}{2}$.

Também, pela continuidade de g segue que $\exists\, \delta_2 > 0$ tal que $\forall y \in X$, $|x - y| < \delta_2$, implica em $|g(x) - g(y)| < \frac{\varepsilon}{2}$.

Tome $\delta = \min\{\delta_1, \delta_2\} > 0$.

Assim, para este $\delta > 0$ valem $|f(x) - f(y)| < \frac{\varepsilon}{2}$ e $|g(x) - g(y)| < \frac{\varepsilon}{2}$. Assim, $\forall\, y \in X$ tal que $|x - y| < \delta$ temos

$$|(f+g)(x) - (f+g)(y)| = |f(x) + g(x) - f(y) - g(y)| =$$

$$= |(f(x) - f(y)) + (g(x) - g(y))| \leq |f(x) - f(y)| + |g(x) - g(y)| <$$

$$< \frac{\varepsilon}{2} + \frac{\varepsilon}{2} = \varepsilon.$$

Portanto, dados $\varepsilon > 0$ e $x \in X$, mostramos que $\exists \delta > 0$ tal que $\forall y \in X$, $|x - y| < \delta$, implica em $|(f+g)(x) - (f+g)(y)| < \varepsilon$, ou seja, $f + g$ é contínua em todo o seu domínio X, visto que o ponto x era qualquer em X.

□

Definição 8.8 Seja $f : X \to \mathbb{R}$ uma função. Dizemos que uma descontinuidade em um ponto $a \in \mathbb{X}$ é de *primeira espécie* quando existirem os limites laterais em a, mas forem distintos. Caso contrário, a descontinuidade é chamada de *segunda espécie.*

Por exemplo, a função $f : \mathbb{R} \to \mathbb{R}$ definida por

$$f(x) = \begin{cases} \frac{1}{1+e^{\frac{1}{x}}} & \text{, se } \ x \neq 0 \\ 0 & \text{, se } \ x = 0 \end{cases}$$

é descontínua no ponto 0 e a descontinuidade é de primeira espécie, pois existem os limites laterais em 0 e são distintos:

$$\lim_{x \to 0^-} f(x) = 1 \ \text{ e } \ \lim_{x \to 0^+} f(x) = 0.$$

8.2 Exemplos de funções contínuas

Nesta seção apresentaremos alguns exemplos de funções contínuas, provadas pela definição.

Exemplo 1. A função $f : \mathbb{R} \to \mathbb{R}$ dada por $f(x) = x^2$ é contínua em toda a reta.

Solução. Dado $a \in \mathbb{R}$ qualquer. Dado $\varepsilon > 0$. Precisamos achar $\delta > 0$ tal que $\forall x \in \mathbb{R}$ com $|x - a| < \delta$ implique em $|f(x) - f(a)| < \varepsilon$.

Suponha termos obtido o $\delta > 0$. Assim, vamos avaliar $|f(x) - f(a)|$:

$$|f(x) - f(a)| = |x^2 - a^2| = |(x - a)(x + a)| = |x - a| \cdot |x + a|.$$

Escreva $|x + a| = |x - a + 2a| \leq |x - a| + 2|a|$, e então

$$|f(x) - f(a)| \leq |x - a|(|x - a| + 2|a|),$$

e se $|x-a|<\delta$, então

$$|f(x)-f(a)|<\delta(\delta+2|a|).$$

Logo, como devemos ter $|f(x)-f(a)|<\varepsilon$, basta escolher $\delta>0$ tal que

$$\delta(\delta+2|a|)=\varepsilon,$$

e então, completando um quadrado perfeito, vamos obter

$$\delta^2+2|a|\delta+|a|^2-|a|^2=\varepsilon,$$

i.e.,

$$(\delta+|a|)^2=\varepsilon+|a|^2,$$

donde segue que

$$\delta=\sqrt{\varepsilon+|a|^2}-|a|>0.$$

Ou seja, $\forall\varepsilon>0$, obtemos $\delta>0$ (a saber: $\delta=\sqrt{\varepsilon+|a|^2}-|a|$), tal que $\forall x\in\mathbb{R}$ tal que $|x-a|<\delta$ implica em

$$|f(x)-f(a)|<\delta(\delta+2|a|)=(\sqrt{\varepsilon+|a|^2}-|a|)(\sqrt{\varepsilon+|a|^2}-|a|+2|a|)=\varepsilon,$$

provando que $f(x)=x^2$ é contínua em a, e, como $a\in\mathbb{R}$ é qualquer, segue que f é contínua em toda a reta.

□

Exemplo 2. Prove que $f:(-\infty,1)\to\mathbb{R}$ dada por $f(x)=\sqrt{1-x}$ é contínua em todo o seu domínio.

Solução. Dado $a\in(-\infty,1)$. Dado $\varepsilon>0$, precisamos achar $\delta>0$ tal que $\forall x\in(-\infty,1)$ tal que $|x-a|<\delta$ implique em $|f(x)-f(a)|<\varepsilon$.

Suponha já encontrado o tal $\delta>0$. Então, avaliando $|f(x)-f(a)|$, vamos obter:

$$|f(x)-f(a)|=|\sqrt{1-x}-\sqrt{1-a}|=\left|(\sqrt{1-x}-\sqrt{1-a})\frac{\sqrt{1-x}+\sqrt{1-a}}{\sqrt{1-x}+\sqrt{1-a}}\right|=$$

$$=\frac{|1-x-(1-a)|}{|\sqrt{1-x}+\sqrt{1-a}}=\frac{|x-a|}{\sqrt{1-x}+\sqrt{1-a}}<\frac{\delta}{\sqrt{1-x}+\sqrt{1-a}},$$

e, como $\sqrt{1-x}+\sqrt{1-a}>\sqrt{1-a}$, segue que

$$|f(x)-f(a)|<\frac{\delta}{\sqrt{1-x}+\sqrt{1-a}}<\frac{\delta}{\sqrt{1-a}},$$

e, como queremos que fique menor do que ε, basta nomear $\varepsilon = \frac{\delta}{\sqrt{1-a}}$, e então basta tomar $\delta = \varepsilon\sqrt{1-a}$, e daí tem-se

$$|f(x) - f(a)| < \varepsilon,$$

sempre que $|x - a| < \delta$, ou seja, f é contínua em a, e pela arbitrariedade de a, segue que f é contínua em todo o seu domínio.

□

Exemplo 3. Prove que $f : \mathbb{R} \to \mathbb{R}$ dada por $f(x) = \operatorname{sen} x$ é contínua em toda a reta real.

Solução. Dado $a \in \mathbb{R}$ qualquer. Dado $\varepsilon > 0$, precisamos achar $\delta > 0$ tal que $\forall x \in \mathbb{R}$ tal que $|x - a| < \delta$ implique em $|f(x) - f(a)| < \varepsilon$.

Suponha que tenhamos encontrado o $\delta > 0$. Assim, avaliando a diferença $|f(x) - f(a)|$, e lembrando da Trigonometria a fórmula

$$\operatorname{sen} p = \operatorname{sen} q = 2 \operatorname{sen} \frac{p-q}{2} \cdot \cos \frac{p+q}{2},$$

vamos obter

$$|f(x) - f(a)| = |\operatorname{sen} x - \operatorname{sen} a| = \left|2 \operatorname{sen} \frac{x-a}{2} \cdot \cos \frac{x+a}{2}\right| =$$

$$= 2 \cdot \left|\operatorname{sen} \frac{x-a}{2}\right| \cdot \left|\cos \frac{x+a}{2}\right|.$$

Como $|\cos w| \leq 1$, $\forall w \in \mathbb{R}$ e $|\operatorname{sen} \theta| \leq |\theta|$, $\forall \theta \in \mathbb{R}$, temos que

$$|f(x) - f(a)| = 2 \cdot \left|\operatorname{sen} \frac{x-a}{2}\right| \cdot \left|\cos \frac{x+a}{2}\right| \leq 2 \left|\frac{x-a}{2}\right| \cdot 1 = |x - a| < \delta,$$

e então basta escolher $\delta = \varepsilon$, e então

$$|f(x) - f(a)| < \varepsilon,$$

sempre que $|x - a| < \delta$, ou seja, f é contínua no ponto a. E como $a \in \mathbb{R}$ é qualquer, segue que $f(x) = \operatorname{sen} x$ é contínua em toda a reta real.

□

Exemplo 4. A função $h : (-\infty, 1) \to \mathbb{R}$ dada por $h(x) = \operatorname{sen} \sqrt{1 - x}$ é contínua em todo o seu domínio, pois, conforme o Teorema 8.6, temos $h = g \circ f$, onde $g : \mathbb{R} \to \mathbb{R}$ dada por $g(x) = \operatorname{sen} x$ e $f : (-\infty, 1) \to \mathbb{R}$ dada por $f(x) = \sqrt{1 - x}$ e foi mostrado acima que são contínuas.

Exemplo 5. Prove que a função $f : (0, +\infty) \to \mathbb{R}$ dada por $f(x) = \ln x$ é contínua em seu domínio.

Solução. Dado $a \in (0, +\infty)$, i.e., $a > 0$, vamos mostrar que $\lim\limits_{x \to a} \ln x = \ln a$. Isso provará que f é contínua em a. Observe ainda que, conforme o estudo de limites laterais, é suficiente mostrar que

$$\lim_{x \to a^+} \ln x = \ln a \text{ e que } \lim_{x \to a^-} \ln x = \ln a.$$

(a) Prova de $\lim\limits_{x \to a^+} \ln x = \ln a$:

Dado $\varepsilon > 0$, precisamos achar $\delta > 0$ tal que $\forall x > 0$ tal que $a < x < a + \delta$ implique em $|\ln x - \ln a| < \varepsilon$.

Vamos estimar $|\ln x - \ln a|$: usando de propriedade operatória dos logaritmos, temos

$$|\ln x - \ln a| = |\ln \frac{x}{a}|$$

Como neste caso $x > a$, temos que $\frac{x}{a} > 1$ (lembre que $a > 0$) e daí

$$|\ln x - \ln a| = |\ln \frac{x}{a}| = \ln \frac{x}{a},$$

Agora, observe que, neste caso, como $x < a + \delta$, segue que $\frac{x}{a} < \frac{a+\delta}{a}$, e como $f(x) = \ln x$ é uma função crescente, concluímos que

$$|\ln x - \ln a| = \ln \frac{x}{a} < \ln \frac{a + \delta}{a}.$$

Como a estimativa acima deve ser controlada por ε, se escrevermos $\varepsilon = \ln \frac{a+\delta}{a}$, isolando δ obtemos $\delta = a(e^{\varepsilon} - 1)$, como desejado (note que tal δ depende da escolha do ε).

Ou seja, dado $\varepsilon > 0$, conseguimos encontrar $\delta > 0$ (mais precisamente, $\delta = a(e^{\varepsilon} - 1)$), tal que $\forall x$ tal que $a < x < a + \delta$ implica em $|\ln x - \ln a| < \varepsilon$, ou seja, provamos que

$$\lim_{x \to a^+} \ln x = \ln a. \tag{8.1}$$

(b) Prova de $\lim\limits_{x \to a^-} \ln x = \ln a$: dado $\varepsilon > 0$, precisamos achar $\delta > 0$ tal que $\forall x > 0$ tal que $a - \delta < x < a$ implique em $|\ln x - \ln a| < \varepsilon$.

Vamos estimar $|\ln x - \ln a|$: usando de propriedade operatória dos logaritmos, temos

$$|\ln x - \ln a| = |\ln \frac{x}{a}|$$

Como neste caso $0 < x < a$, temos que $0 < \frac{x}{a} < 1$ (lembre que $a > 0$) e daí

$$|\ln x - \ln a| = |\ln \frac{x}{a}| = -\ln \frac{x}{a},$$

Agora, observe que, neste caso, como $x > a - \delta$, segue que $\frac{x}{a} > \frac{a-\delta}{a}$, e como $g(x) = -\ln x$ é uma função decrescente, concluímos que

$$|\ln x - \ln a| = -\ln \frac{x}{a} < -\ln \frac{a-\delta}{a}.$$

Como a estimativa acima deve ser controlada por ε, se escrevermos $\varepsilon = -\ln \frac{a-\delta}{a}$, isolando δ obtemos $\delta = \frac{a(e^{\varepsilon}-1)}{e^{\varepsilon}}$, como desejado (note que tal δ depende da escolha do ε).

Ou seja, dado $\varepsilon > 0$, conseguimos encontrar $\delta > 0$ (mais precisamente, $\delta = \frac{a(e^{\varepsilon}-1)}{e^{\varepsilon}}$), tal que $\forall x$ tal que $a - \delta < x < a$ implica em $|\ln x - \ln a| < \varepsilon$, ou seja, provamos que

$$\lim_{x \to a^-} \ln x = \ln a. \tag{8.2}$$

Portanto, por (8.1) e (8.2) concluímos que

$$\lim_{x \to a} \ln x = \ln a,$$

ou seja, $f(x) = \ln x$ é contínua no ponto $a > 0$. Como $a \in (0, +\infty)$ é qualquer, pela sua arbitrariedade segue que f é contínua em todo o seu domínio, com queríamos mostrar.

□

Exemplo 06. Defina $f : \mathbb{R} \to \mathbb{R}$ por

$$f(x) = \begin{cases} 1 & , \text{ se } x \in \mathbb{Q} \\ 0 & , \text{ se } x \in \mathbb{I}. \end{cases}$$

Mostremos que f é descontínua em todo ponto do seu domínio.

De fato, dado $a \in \mathbb{R}$ qualquer. Então $a \in \mathbb{Q}$ ou $a \in \mathbb{I}$.

Tome $\varepsilon_0 = \frac{1}{2} > 0$.

- Se $a \in \mathbb{Q}$, então, pela densidade dos irracionais em $\mathbb{R}$, $\forall \delta > 0$, $\exists x_\delta \in \mathbb{I}$ tal que $|x_\delta - a| < \delta$, mas $|f(x_\delta) - f(a)| = |0 - 1| > \frac{1}{2} = \varepsilon_0$, i.e., f não é contínua em $a \in \mathbb{Q}$.

- Se $a \in \mathbb{I}$, então, pela densidade dos racionais em $\mathbb{R}$, $\forall \delta > 0$, $\exists x_\delta \in \mathbb{Q}$ tal que $|x_\delta - a| < \delta$, mas $|f(x_\delta) - f(a)| = |1 - 0| > \frac{1}{2} = \varepsilon_0$, i.e., f não é contínua em $a \in \mathbb{I}$.

Ou seja, f não é contínua em nenhum ponto do seu domínio.

Exemplo 07. Defina $f : (0, +\infty) \to \mathbb{R}$ por[2]

$$f(x) = \begin{cases} \frac{1}{k} & , \text{ se } x = \frac{m}{k},\ m, k \in \mathbb{N} \text{ e m.d.c.}\,(m, k) = 1 \\ 0 & , \text{ se } x \in \mathbb{I}. \end{cases}$$

Afirmamos que f não é contínua em nenhum $a \in \mathbb{Q} \cap (0, +\infty)$ e contínua em todo $a \in \mathbb{I} \cap (0, +\infty)$. Vamos provar esta afirmação examinando dois casos:

Caso I. Se $a = \frac{m}{k} \in \mathbb{Q} \cap (0, +\infty)$ (i.e. racional positivo) com m.d.c$(m, k) = 1$ (i.e., cuja representação está na forma irredutível, ou seja, sem divisores em comum). Neste caso, seja (x_n) uma sequência de números irracionais em $(0, +\infty)$ tal que

$$x_n \to a = \frac{m}{k}.$$

Então, $f(x_n) = 0$, para todo n, ou seja, temos a sequência de imagens

$$(f(x_n))_n = (0, 0, 0, 0, 0, 0, ...),$$

e disso, obviamente, $f(x_n) \to 0$, mas $f(a) = \frac{1}{k} \neq 0$.

Logo, f não é contínua em $a \in \mathbb{Q} \cap (0, +\infty)$.

Caso II. Seja a irracional em $(0, +\infty)$. Então $f(a) = 0$.

Dado $\varepsilon > 0$. Então, pela propriedade arquimediana, $\exists n_0 \in \mathbb{N}$ tal que

$$0 < \frac{1}{n_0} < \varepsilon.$$

Sejam X_j, $j = 1, 2, 3, ..., n_0$ os conjuntos definidos por

$$X_j = \{\frac{n}{j} : n \in \mathbb{N}\}.$$

Então, estes n_0 conjuntos $X_1, X_2, ..., X_{n_0}$ são todos fechados, pois são enumeráveis.

[2]Esta função foi introduzida em 1875 por Johanes Karl Tomae, e é conhecida como *função Tomé*.

Logo, o conjunto

$$X = \bigcup_{j=1}^{n_0} X_j$$

é um fechado de $\mathbb{R}$, e também é enumerável.

Como $a \in \mathbb{I}$, segue que $a \notin X$. Além disso, devido à enumerabilidade de X, segue que $\exists \delta > 0$ tal que

$$B(a, \delta) \cap X = \emptyset. \tag{8.3}$$

Como X é o conjunto de todos os números racionais positivos com denominador menor ou igual a n_0, então de (8.3) segue que todos os racionais presentes em $B(a, \delta)$ possuem denominador maior do que n_0.

Disso, $\forall x \in B(a, \delta)$, temos que

- se x for racional: neste caso, temos que $f(x) = \frac{1}{k}$. Pelo exposto acima segue que $k > n_0$, e então $\frac{1}{k} < \frac{1}{n_0}$. Assim,

$$|f(x) - f(a)| = |f(x) - f(0)| = |f(x)| = \frac{1}{k} < \frac{1}{n_0} < \varepsilon.$$

- se x for racional, então

$$|f(x) - f(a)| = |0 - 0| < \varepsilon.$$

Logo, concluímos neste caso que, $\forall x \in B(a, \delta)$ (seja x racional positivo ou irracional positivo), concluímos que

$$|f(x) - f(a)| < \varepsilon,$$

ou seja, f é contínua em todo a irracional positivo.

Para encerrar, um fato que observamos consiste em notar que, conforme o Teorema 8.6, tem-se que a composição de funções contínuas resulta em uma função contínua. No entanto, se as funções não forem contínuas, a composição entre elas pode resultar em uma função contínua ou uma não contínua. Por exemplo, as funções $f, g : \mathbb{R} \to \mathbb{R}$ definidas por

$$f(x) = \begin{cases} 1 & \text{, se } x \in \mathbb{Q} \\ 0 & \text{, se } x \in \mathbb{I}. \end{cases} \quad \text{e} \quad g(x) = \begin{cases} 0 & \text{, se } x \in \mathbb{Q} \\ 1 & \text{, se } x \in \mathbb{I}. \end{cases}$$

são ambas descontínuas em toda a reta, mas $g \circ f$ será contínua em toda a reta! (Verifique)

Exercícios

1. Prove que a função $f : (-\infty, 1) \to \mathbb{R}$ definida por $f(x) = \frac{1}{\sqrt{1-x}}$ é contínua em todo o seu domínio.

2. Prove que a função $f : \mathbb{R} \to \mathbb{R}$ definida por $f(x) = a^x$ é contínua. (Sugestão: $|a^x - a^b| = a^b|a^{x-b} - 1|$)

3. Prove que a função $f : \mathbb{R} \setminus \{0\} \to \mathbb{R}$ dada por $f(x) = \dfrac{1}{\sqrt[3]{x}}$ é contínua.

4. Mostre que a função real definida por

$$f(x) = \begin{cases} x \cdot \operatorname{sen} \frac{1}{x}, & \text{se } x \neq 0 \\ 0, & \text{se } x = 0 \end{cases}$$

   é contínua em $x = 0$.

5. Mostre que toda função $f : \mathbb{Z} \to \mathbb{R}$ é contínua.

6. **(Sel. Mestrado UFRGS 2003/2)** Mostre que a função $f : \mathbb{R} \to \mathbb{R}$ dada por $f(x) = 1$ se x é racional e $f(x) = 0$ se x é irracional **não** é contínua em nenhum ponto.

7. ***(Sel. Mestrado UFRGS 2008/2)** Considere duas sequências reais $(a_n)_n$ e $(b_n)_n$ tais que a_n converge para a e b_n converge para b. Se $f : \mathbb{R} \to \mathbb{R}$ é uma função contínua, então obtenha de forma rigorosa o limite da sequência $(a_n f(b_n))_n$.

8. ***(Sel. Mestrado UFRGS 2017/2)** Sejam $a \in \mathbb{R}$ e $f : \mathbb{R} \to \mathbb{R}$ satisfazendo a seguinte propriedade: para cada $n \in \mathbb{N}$ existe uma função $g_n : \mathbb{R} \to \mathbb{R}$, contínua em a, tal que $|f(x) - g_n(x)| < \frac{1}{n}$ para todo $x \in (a - \frac{1}{n}, a + \frac{1}{n})$. Prove que f é contínua em a.

9. *Seja $f : [a, b] \to \mathbb{R}$ contínua tal que, $\forall n \in \mathbb{N}$, $\exists x_n \in [a, b]$ tal que

$$|f(x_n) - x_n| < \frac{1}{n}.$$

   Prove que existe $x \in [a, b]$ tal que $f(x) = x$. (**Sugestão:** Use o Teorema de Bolzano-Weierstrass).

10. **(Sel. Mestrado UFSM 2011/1)** Seja $f : \mathbb{R} \to \mathbb{R}$ uma função contínua que se anula nos racionais. Prove que f é identicamente nula.

11. Uma função f é dita ser *simetricamente contínua* em um ponto x se

$$\lim_{h \to 0}[f(x+h) - f(x-h)] = 0.$$

Mostre que, se f é contínua em um ponto, então é simetricamente contínua no ponto, mas que a recíproca não é verdadeira.

8.3 Funções contínuas em intervalos

Teorema 8.9 *(Teorema do valor intermediário - T.V.I) Sejam I um intervalo e $f : I \to \mathbb{R}$ uma função contínua e $a, b \in I$ tais que $f(a) < d < f(b)$. Então, existe $c \in \mathbb{R}$ entre a e b tal que $f(c) = d$.*

Demonstração. Seja $f : I \to \mathbb{R}$ contínua e $a, b \in I$. Sem perda de generalidade, assuma que $a < b$. Como $f(a) < d < f(b)$, temos que $f(a) \neq f(b)$.

Defina o conjunto $X = \{x \in [a, b] : f(x) < d\}$.

Temos que $X \neq \emptyset$ pois $a \in X$, já que $f(a) < d$. Logo, X está bem definido.

Note que X é limitado superiormente por b, visto que

$$f(b) > d > f(x), \forall x \in X,$$

ou seja, b é uma cota superior para o conjunto X. Logo, existe $\sup X := c$.

Afirmamos que $f(c) = d$. De fato, como $c = \sup X$, então,

$$\forall n \in \mathbb{N}, \exists x_n \in X \text{ tal que } c - \frac{1}{n} < x_n \leq c.$$

Então, pelo Teorema do Sanduíche para sequências temos que $x_n \to c$. E, como f é contínua, segue que

$$f(x_n) \to f(c). \tag{8.4}$$

Mas, como $x_n \in X, \forall n$, então

$$f(x_n) < d, \forall n. \tag{8.5}$$

De (8.4) e (8.5) concluímos que

$$f(c) \leq d. \tag{8.6}$$

Para chegarmos na igualdade desejada, resta mostrar a desigualdade contrária. De fato, por outro lado,

$$c + \frac{1}{n} > c = \sup X \Rightarrow c + \frac{1}{n} \notin X,$$

então

$$f(c + \frac{1}{n}) \geq d, \forall n. \tag{8.7}$$

Mas, pela continuidade de f, temos

$$c + \frac{1}{n} \to c \Rightarrow f(c + \frac{1}{n}) \to f(c), \tag{8.8}$$

e, por (8.7) e (8.8), concluímos que

$$f(c) \geq d. \tag{8.9}$$

De (8.6) e (8.9) segue o resultado.

□

Vejamos um exemplo de aplicação.

Exemplo 1. Todo polinômio de grau ímpar com coeficientes reais possui uma raiz real.

Solução. Seja $p(x) = a_0 + a_1x + a_2x^2 + ... + a_nx^n$, com $a_n \neq 0$ e n ímpar. Considere $a_n > 0$ (o caso $a_n < 0$ é análogo). Assim, temos que

- $\lim_{x \to +\infty} p(x) = \lim_{x \to +\infty} x^n \left(a_n + \frac{a_{n-1}}{x} + ... + \frac{a_0}{x^n}\right) = +\infty,$
- $\lim_{x \to -\infty} p(x) = \lim_{x \to -\infty} x^n \left(a_n + \frac{a_{n-1}}{x} + ... + \frac{a_0}{x^n}\right) = -\infty.$

Portanto, temos

$$\lim_{x \to +\infty} p(x) = +\infty,$$

e disso segue que para $N = 1$, $\exists A > 0$ tal que, $\forall x \geq A$, implica em $p(x) > 1$, e de

$$\lim_{x \to -\infty} p(x) = -\infty,$$

segue que para $N = -1$, $\exists B > 0$ tal que, $\forall x \leq B$, implica em $p(x) \leq -1$.

Logo,

$$p(B) \leq -1 < 0 < 1 \leq p(A),$$

e como $p(x) = a_0 + a_1x + ... + a_nx^n$ é contínua, pelo Teorema do Valor Intermediário (T.V.I) segue que existe c entre A e B tal que $f(c) = 0$, ou seja, $p(x)$ tem uma raiz real.

Corolário 8.10 *A imagem de um intervalo por uma função contínua é um intervalo.*

Demonstração. Seja $f : I \to \mathbb{R}$ contínua e $J \subset I$, onde J é um intervalo.

Seja $f(J) = \{f(x) : x \in J\}$ o conjunto imagem de J por f. A mostrar: $f(J)$ é um intervalo.

Dados $y_1, y_2 \in f(J)$. Sem perda de generalidade, assuma que $y_1 < y_2$. Seja $y \in \mathbb{R}$ tal que $y_1 < y < y_2$. Para mostrar que $f(J)$ é um intervalo, basta mostrar que $y \in f(J)$.

Como $y_1, y_2 \in f(J)$, segue que existem $x_1, x_2 \in J$ tais que $f(x_1) = y_1$ e $f(x_2) = y_2$. Logo, temos que

$$f(x_1) = y_1 < y < y_2 = f(x_2),$$

e, como f é contínua, pelo T.V.I segue que existe c entre x_1 e x_2 tal que $f(c) = y$, ou seja, $f(J)$ é um intervalo, como queríamos mostrar.

□

Observação. Você pode pensar que este Corolário poderia "falhar" considerando, por exemplo, $f : \mathbb{R} \to \mathbb{R}$ dada por $f(x) \equiv 1$ (função constante igual a 1), que é contínua. Porém, tomando qualquer intervalo, por exemplo, $[0, 1]$, temos que $f([0, 1]) = \{1\}$, ou seja, um conjunto formado por apenas um ponto, que é um intervalo, chamado de "*intervalo degenerado*".

Teorema 8.11 *(Teorema de Weierstrass ou do Valor extremo) Seja $f : [a, b] \to \mathbb{R}$ contínua no intervalo fechado $[a, b]$. Então f é limitada e assume um valor máximo e um valor mínimo em $[a, b]$.*

Demonstração. Mostraremos apenas que f é limitada superiormente e assume valor máximo em $[a, b]$, visto que a prova da outra parte é feita analogamente.

Seja $f : [a, b] \to \mathbb{R}$ contínua. Mostremos primeiramente que f é limitada superiormente. De fato, se por absurdo f não for limitada superiormente, então,

$$\forall n \in \mathbb{N}, \exists x_n \in [a, b] \text{ tal que } \ f(x_n) > n.$$

Como $x_n \in [a, b], \forall n$, temos que a sequência (x_n) é limitada. Então, pelo Teorema de Bolzano-Weirestrass, existe uma subsequência (x_{n_k}) convergente, digamos $x_{n_k} \to c$.

Portanto,

$$a \leq x_{n_k} \leq b, \forall n_k \Rightarrow a \leq c \leq b \Rightarrow c \in [a, b].$$

Assim, temos que

$$x_{n_k} \to c \in [a, b] \text{ e } f \text{ é contínua em } c,$$

donde segue, por continuidade, que

$$f(x_{n_k}) \to f(c). \tag{8.10}$$

Mas $f(x_n) \to +\infty$, pois $f(x_n) > n$, $\forall n$. Em particular, $f(x_{n_k}) > n_k$, donde segue que $f(x_{n_k}) \to +\infty$, o que entra em contradição com (8.10). Absurdo! Logo, f é limitada superiormente.

Por fim, mostremos que f assume um valor máximo em $[a, b]$. Como mostramos acima que f é limitada superiormente, segue que existe um supremo.

Seja então $M = \sup\limits_{x \in [a,b]} f(x)$.

Precisamos mostrar que $\exists x_0 \in [a, b]$ tal que $f(x_0) = M$.

Pela definição de supremo temos que, $\forall n \in \mathbb{N}$, $\exists x_n \in [a, b]$ tal que $M - \dfrac{1}{n} < f(x_n) \leq M$. Então, pelo Teorema do Sanduíche para sequências temos que

$$f(x_n) \to M.$$

Como $x_n \in [a, b]$, $\forall n$, temos que a sequência (x_n) é limitada. Logo, pelo Teorema de Bolzano-Weirestrass, existe uma subsequência (x_{n_k}) convergente para um limite ℓ, i.e.,

$$x_{n_k} \to \ell, \text{ com } \ell \in [a, b].$$

Por continuidade de f segue que $f(x_{n_k}) \to f(\ell)$.

Mas $f(x_n) \to M$.

Portanto, pela unicidade do limite segue que $f(\ell) = M$, ou seja, f assume um valor máximo em $[a, b]$.

□

Exercícios

1. Dada a função real de variável real $f(x) = 4 + 3x - x^2$. Use o Teorema do Valor Intermediário para mostrar que existe um $c \in [2, 5]$ tal que $f(c) = 1$. Determine também o valor de $f(c)$.

2. Use o Teorema do Valor Intermediário para mostrar que $f(x) = 3x^5 - 5x^4 - 3x - 1$ possui uma raiz real no intervalo $[1, 2]$. Idem para o intervalo $[-1, -\frac{1}{2}]$.

3. Mostre que o Teorema do Valor Intermediário garante que a equação $x^3 + x + 3 = 0$ tenha uma raiz entre -2 e -1.

4. ***(Sel. Mestrado UFSM 2013/1)** Dizemos que uma função $f : I \to \mathbb{R}$ é *côncava* se, para quaisquer $x, y \in I$ e $t \in [0, 1]$, temos

$$f(tx + (1 - t)y) \geq tf(x) + (1 - t)f(y).$$

Seja $f : [a, b] \to \mathbb{R}$ côncava e contínua, com $f(a) < f(b)$. Mostre que, para cada $d \in (f(a), f(b))$, existe um único $c \in (a, b)$ tal que $f(c) = d$.

5. **(Sel. Mestrado UFSM 2012/1)**

   (a) Sejam $f, g : [a, b] \to \mathbb{R}$ contínuas, com $g(a) < f(a)$ e $f(b) < g(b)$. Mostre que existe $c \in (a, b)$ tal que $f(c) = g(c)$.

   (b) Sendo $D = \mathbb{R} \backslash \{\pm k\pi : k \in \mathbb{N}\}$, através do item (a) mostre que a função $h : D \to \mathbb{R}$ definida por $h(x) = x - \cot(x)$ possui infinitas raízes.

6. **(Sel. Mestrado UFSM 2015/1)**

   (a) Mostre que a função $f : [-1, 1] \to \mathbb{R}$, definida por

$$f(x) = \begin{cases} -2x^2 - 2x & \text{se } \; x \in [-1, -\frac{1}{2}] \\ |x| & \text{se } \; x \in (-\frac{1}{2}, 0] \\ x \operatorname{sen} \frac{1}{x} & \text{se } x \in (0, 1], \end{cases}$$

   é contínua.

   (b) A função dada no item anterior assume valor máximo no domínio de definição? Justifique.

7. *Seja $f : [0, 1] \to \mathbb{R}$ uma função contínua tal que $f(0) = f(1)$. Prove que existe $c \in [0, \frac{1}{2}]$ tal que $f(c) = f(c + \frac{1}{2})$.

8. **(Sel. Mestrado UFSM 2018/1)** Seja $f : (0, 1) \to \mathbb{R}$ contínua, tal que $f(x)^2 = 1$, para todo $x \in (0, 1)$. Prove, utilizando o Teorema do Valor Intermediário, que ou $f(x) = 1$, para todo $x \in (0, 1)$ ou $f(x) = -1$, para todo $x \in (0, 1)$.

9. Sejam $f, g : [a, b] \to \mathbb{R}$ funções contínuas em $[a, b]$, tais que $f(a) \geq g(a)$ e $f(b) \leq g(b)$. Prove que existe $c \in [a, b]$ tal que $f(c) = g(c)$.

10. *Sejam $f, g : [a, b] \to \mathbb{R}$ contínuas tais que $f(x) < g(x)$, $\forall x \in [a, b]$. Prove que $\exists m > 0$ tal que, para todo $x \in [a, b]$, $g(x) - f(x) \geq m$.

8.4 Continuidade uniforme

Nesta seção vamos apresentar um conceito mais forte de continuidade, chamado de *continuidade uniforme.*

Definição 8.12 Dizemos que uma função $f : I \to \mathbb{R}$ é *uniformemente contínua* se, e somente se, $\forall \varepsilon > 0, \exists \delta > 0$ tal que, $\forall x, y \in I$ tal que $|x - y| < \delta$, implique em $|f(x) - f(y)| < \varepsilon$.

Observe que a diferença entre continuidade e continuidade uniforme é sutil: na continuidade, dado $x \in I$, para todo $\varepsilon > 0$ escolhido, existe $\delta > 0$ (tal δ depende de ε e, também, do x escolhido) tal que $\forall y \in I$ tal que $|x - y| < \delta$ implica em $|f(x) - f(y)| < \varepsilon$, ou seja, a propriedade de continuidade é dita *local.* Já na continuidade uniforme, dado $\varepsilon > 0$, existe $\delta > 0$ (tal delta só depende da escolha do ε, não mais de ε e de algum ponto) tal que $\forall x, y \in I$ tal que $|x-y| < \delta$ implique em $|f(x) - f(y)| < \varepsilon$, ou seja, o δ estabelece uma propriedade de continuidade *global.*

No que segue, apresentamos alguns exemplos e contraexemplos de funções uniformemente contínuas,.

Exemplo 1. A função $f : \mathbb{R} \to \mathbb{R}$ dada por $f(x) = x^2$, embora seja contínua, não é uniformemente contínua.

Solução. De fato, mostremos que tal f não pode ser uniformemente contínua. Dado $\varepsilon = 1 > 0$ e tome $x = n$ e $y = n + \frac{1}{n}$. Então, $\forall n \in \mathbb{N}$, tome $\delta > 0$ tal que $\frac{1}{n} < \delta$. Temos, então, que

$$|x - y| = \frac{1}{n} < \delta,$$

mas

$$|f(x) - f(y)| = |n^2 - (n + \frac{1}{n})^2| = 2 + \frac{1}{n^2} > 1 = \varepsilon,$$

ou seja, f não é uniformemente contínua.

Exemplo 2. A função $f : [1, +\infty) \to \mathbb{R}$ dada por $f(x) = \dfrac{1}{x}$ é uniformemente contínua.

Solução. Dado $\varepsilon > 0$, vamos obter $\delta > 0$ tal que $\forall x, y \in [1, +\infty)$ tal que $|x-y| < \delta$ implique em

$$|f(x) - f(y)| < \varepsilon.$$

De fato,

$$|f(x) - f(y)| = \left|\frac{1}{x} - \frac{1}{y}\right| = \frac{|x - y|}{xy} < \frac{\delta}{xy},$$

e como $x, y \geq 1$, então $\frac{1}{xy} \leq 1$ e disso,

$$|f(x) - f(y)| < \frac{\delta}{xy} \leq \delta,$$

ou seja, basta tomarmos $\delta = \varepsilon$.

Exemplo 3. A função $f : (0, 2] \to \mathbb{R}$ dada por $f(x) = \dfrac{1}{x}$ é obviamente contínua, mas não é uniformemente contínua.

Solução. De fato, para $\varepsilon_0 = 1$, $\forall n \in \mathbb{N}$, $n \geq 2$, tome $\delta > 0$ tal que $\frac{1}{n} < \delta$.

Tomando $x_n = \frac{1}{n}$ e $y_n = \frac{2}{n}$, temos que $x_n, y_n \in (0, 2]$ e são tais que

$$|x_n - y_n| = |\frac{1}{n} - \frac{2}{n}| = \frac{1}{n} < \delta,$$

mas

$$|f(x_n) - f(y_n)| = \left|n - \frac{n}{2}\right| = \frac{n}{2} \geq 1 = \varepsilon_0,\ \forall n \geq 2,$$

ou seja, f não é uniformemente contínua.

A proposição abaixo estabelece um importante resultado que será usado no estudo de integrais.

Proposição 8.13 *Toda função contínua $f : [a, b] \to \mathbb{R}$ em um intervalo fechado é uniformemente contínua.*

Demonstração. Seja $f : [a, b] \to \mathbb{R}$ contínua.

Por absurdo, suponha que f não seja uniformemente contínua. Então,

$$\exists \varepsilon_0 > 0 \text{ tal que} \forall \delta > 0,\ \exists x, y \in I = [a, b] : |x - y| < \delta \text{ mas } |f(x) - f(y)| \geq \varepsilon_0.$$

Para cada $n \in \mathbb{N}$, tomando $\delta = \frac{1}{n}$, $\exists x_n,\ y_n \in I = [a, b]$ tais que

$$|x_n - y_n| < \delta = \frac{1}{n}, \text{ mas } |f(x_n) - f(y_n)| \geq \varepsilon_0.$$

Como $I = [a, b]$ é um intervalo limitado e $(x_n) \subset [a, b]$, então a sequência (x_n) é limitada. Assim, pelo Teorema de Bolzano-Weierstrass segue que existe subsequência (x_{n_k}) convergente, digamos,

$$x_{n_k} \to c,$$

e, como $a \leq x_{n_k} \leq b$, segue que $a \leq c \leq b$, ou seja, $c \in [a, b]$.

Mas $|x_{n_k} - y_{n_k}| < \frac{1}{n_k} \to 0$ e, portanto, $y_{n_k} \to c$, ou seja, temos que a sequência (y_n), que também é limitada, possuirá uma subsequência (y_{n_k}) que converge também para o mesmo $c \in [a, b]$.

Ou seja, temos que $x_{n_k} \to c$ e $y_{n_k} \to c$, e como f é contínua, por hipótese, segue que

$$f(x_{n_k}) \to f(c) \quad \text{e} \quad f(y_{n_k}) \to f(c),$$

o que é um absurdo, pois $|f(x_{n_k}) - f(y_{n_k})| \geq \varepsilon_0$.

Logo, f é uniformemente contínua.

□

Obs.: Note que na demonstração acima, se o intervalo não fosse fechado, então c poderia não pertencer ao intervalo, e então não poderíamos usar a continuidade de f, pois neste caso teríamos $x_{n_k} \to c$, mas não teria sentido escrever $f(x_{n_k}) \to f(c)$, pois não existiria $f(c)$.

Proposição 8.14 *Se $f : I \to \mathbb{R}$ é uma função uniformemente contínua em $I \subset \mathbb{R}$ e se $(x_n)_n$ é uma sequência de Cauchy em I, então $(f(x_n))_n$ é uma sequência de Cauchy em $\mathbb{R}$.*

Demonstração. Como f é uniformemente contínua em I, $\forall \varepsilon > 0$, $\exists \delta > 0$ tal que $\forall x, y, \in I$ tal que $|x - y| < \delta$ implica em $|f(x) - f(y)| < \varepsilon$.

Tome (x_n) uma sequência de Cauchy em I. Então, $\exists n_0 \in \mathbb{N}$ tal que $\forall m, n \geq n_0$ implica em $|x_m - x_n| < \delta$.

E, pela continuidade uniforme, segue que

$$|f(x_m) - f(x_n)| < \varepsilon, \quad \text{sempre que } m, n \geq n_0,$$

ou seja, a sequência $(f(x_n))_n \subset \mathbb{R}$ também é de Cauchy, como queríamos mostrar.

□

Exercícios

1. Mostre que a função $f : \mathbb{R} \to \mathbb{R}$ dada por $f(x) = \dfrac{1}{1 + x^2}$ é uniformemente contínua.

2. Prove que $f : \mathbb{R} \to \mathbb{R}$ definida por $f(x) = \dfrac{x^3}{1 + x^2}$ é uniformemente contínua.

3. *Mostre que a função $f(x) = \frac{1}{x^2}$ é uniformemente contínua em $[1, +\infty)$, mas não é uniformemente contínua em $(0, +\infty)$.

4. Se $f, g : I \to \mathbb{R}$ forem uniformemente contínuas, mostre que $f + g$ também é uniformemente contínua.

5. Prove que se f e g são uniformemente contínuas em $\mathbb{R}$, então $g \circ f$ também é uniformemente contínua em $\mathbb{R}$.

6. Seja $f : I \to \mathbb{R}$ uma função. Prove que são equivalentes as seguintes afirmações:

   (i) f é uniformemente contínua;

   (ii) se $x_n, y_n \in I$ são tais que $x_n - y_n \to 0$, então $f(x_n) - f(y_n) \to 0$.

7. Seja $f : I \to \mathbb{R}$. Prove que são equivalentes:

   (i) f não é uniformemente contínua;

   (ii) $\exists \varepsilon > 0$, $\exists x_n, y_n \in I$ tais que $|x_n - y_n| \to 0$ e $|f(x_n) - f(y_n)| \geq \varepsilon$, $\forall n \in \mathbb{N}$.

8. Mostre que a função contínua $f : \mathbb{R} \to \mathbb{R}$ definida por $f(x) = \operatorname{sen} x^2$ não é uniformemente contínua. (Sugestão: use o exercício 7)

8.5 Funções de Lipschitz

Nesta seção vamos estudar o importante conceito de função de Lipschitz e sua relação com a continuidade uniforme.

Definição 8.15 Dizemos que uma função $f : I \to \mathbb{R}$ é de *Lipschitz* se $\exists M > 0$ tal que $\forall x, y \in I$,

$$|f(x) - f(y)| \leq M|x - y|.$$

A constante $M > 0$ é chamada de *constante de Lipschitz*.

Vejamos alguns exemplos e contraexemplos.

Exemplo 1. A função $f : \mathbb{R} \to \mathbb{R}$ dada por $f(x) = \operatorname{sen} x$ é de Lipschitz.

De fato, dados $x, y \in \mathbb{R}$, temos

$$|f(x) - f(y)| = |\operatorname{sen} x - \operatorname{sen} y| = \left| 2 \operatorname{sen} \frac{x - y}{2} \cos \frac{x + y}{2} \right| =$$

$$= 2 \left| \operatorname{sen} \frac{x - y}{2} \right| \cdot \left| \cos \frac{x + y}{2} \right|.$$

Como $|\cos\alpha| \leq 1$ e $|\text{sen}\,\alpha| \leq |\alpha|$, $\forall\alpha$, segue que

$$|f(x) - f(y)| \leq 2\left|\frac{x-y}{2}\right| \cdot 1 = |x-y|.$$

Logo, realmente, f é de Lipschitz com $M = 1$.

Exemplo 2. A função $f : [0, +\infty) \to \mathbb{R}$ dada por $f(x) = \sqrt{x}$ **não é** de Lipschitz.

Desconfiamos disso pois, observando o gráfico de f, perto da origem ele parece possuir retas tangentes com inclinações muito "fortes", o que sugere que f não seja de Lipschitz. Veremos que, realmente, perto de zero a função dada não satisfaz a condição de Lipschitz.

De fato, se por absurdo f fosse de Lipschitz, então existiria $M > 0$ tal que, $\forall x, y \in [0, +\infty)$,

$$|f(x) - f(y)| \leq M|x-y|.$$

Em particular, tome $x = 0$ e $y = \dfrac{1}{n}$, onde $n \in \mathbb{N}$ (note que quanto maior for o valor do natural n, mais perto de x estará y). Disso, temos

$$|f(x) - f(y)| = \left|f(0) - f(\frac{1}{n})\right| = \frac{1}{\sqrt{n}}.$$

Logo,

$$|f(x) - f(y)| \leq M|x-y| \Rightarrow \frac{1}{\sqrt{n}} \leq M\left|0 - \frac{1}{n}\right| = \frac{M}{n}.$$

Portanto, teríamos

$$\frac{n}{\sqrt{n}} \leq M \Rightarrow \sqrt{n} \leq M, \ \forall n \in \mathbb{N},$$

ou seja,

$$n \leq M^2, \ \forall n \in \mathbb{N}.$$

Mas isto implica que o conjunto $\mathbb{N}$ dos números naturais seria limitado superiormente no corpo dos reais por M^2, o que é um absurdo, pois $\mathbb{R}$ é arquimediano. Portanto, concluímos que tal função f não é de Lipschitz.

Abaixo temos o esboço gráfico da função f, bem como duas retas tangentes próximas à origem, indicando geometricamente que as inclinações delas aumentam gradativamente à medida que tomamos pontos cada vez mais próximos de zero (lembrando do Cálculo, observe que exatamente em $x = 0$ f não é derivável).

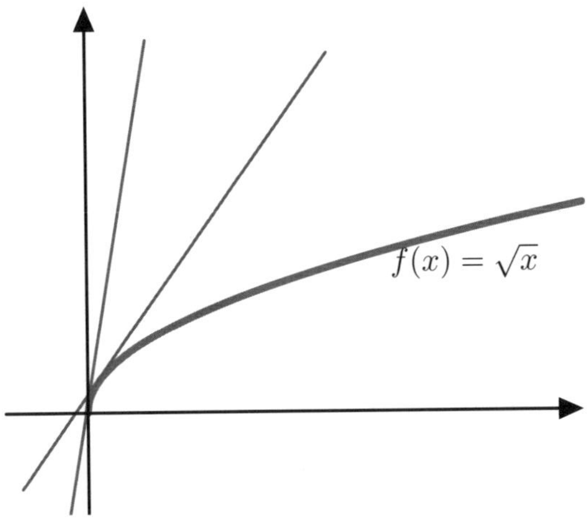

Proposição 8.16 *Se $f : I \to \mathbb{R}$ for de Lipschitz, então f é uniformemente contínua.*

Demonstração. Seja $f : I \to \mathbb{R}$ de Lipschitz com constante de Lipschitz $M > 0$.

Dado $\varepsilon > 0$. Como f é de Lipschitz, temos que $\exists M > 0$ tal que, $\forall x, y \in I$,

$$|f(x) - f(y)| \leq M|x - y|.$$

Tome $\delta = \dfrac{\varepsilon}{M}$. Assim, $\forall x, y \in I$ tal que $|x - y| < \delta$, e temos

$$|f(x) - f(y)| \leq M|x - y| < M\delta = M\frac{\varepsilon}{M} = \varepsilon.$$

Portanto, f é uniformemente contínua em I.

□

Observamos ao leitor que, em geral a recíproca dessa proposição é falsa, ou seja, podemos ter funções que são uniformemente contínuas, mas que não são de Lispschitz (veja, por exemplo, o Exercício 3 abaixo).

Vejamos alguns exemplos de aplicação do resultado acima.

Exemplo 1. A função $f : \mathbb{R} \to \mathbb{R}$ dada por $f(x) = \operatorname{sen} x$ é uniformemente contínua.

Solução. De fato, basta observar que tal função é de Lipschitz (já mostramos anteriormante) e, portanto, uniformemente contínua.

Exemplo 2. A função $f : [0, 10] \to \mathbb{R}$ dada por $f(x) = x^2$ é uniformemente contínua.

Solução. Isso é imediato pela Proposição 8.13, mas mostremos este fato com o conceito de Lipschitz.

De fato, note que, para quaisquer $x, y \in [0, 10]$, tem-se que $0 \leq x + y \leq 20$, e, disso,

$$|f(x) - f(y)| = |x^2 - y^2| = |(x + y)(x - y)| = |x + y| \cdot |x - y| \leq 20 \cdot |x - y|,$$

ou seja,

$$|f(x) - f(y)| \leq 20 \cdot |x - y|, \forall x, y \in [0, 10],$$

i.e., f é de Lipschitz, com $M = 20$. E, sendo de Lipschitz, segue que f é uniformemente contínua.

Exercícios

1. *Se $f, g : I \to \mathbb{R}$ são limitadas e de Lipschitz, mostre que $f \cdot g$ também é de Lipschitz.

2. Mostre que $f(x) = x^2$ definida em $|x| \leq 12$ é lipschitziana, mas $f(x) = x^2$ definida em $\mathbb{R}$ não é.

3. *Verifique que a recíproca da Proposição 8.16 em geral é falsa, considerando a função $f : [0, 1] \to \mathbb{R}$ dada por $f(x) = \sqrt{x}$.

4. Mostre que a função $f : [0, +\infty) \to [0, +\infty)$ dada por $f(x) = \sqrt[n]{x}$ não é lipschitziana num intervalo da forma $[0, a]$, $a > 0$, embora seja uniformemente contínua aí.

5. ***Def.** Dizemos que uma função $f : I \to \mathbb{R}$ é uma *função de Hölder* se $\exists\, M > 0$ e $\exists\, \alpha \in (0, 1]$ tais que

$$|f(x_1) - f(x_2)| \leq M|x_1 - x_2|^{\alpha}, \forall x_1, x_2 \in I.$$

Note que, no caso particular $\alpha = 1$, f é de Lipschitz .

(a) Mostre que se $f : I \to \mathbb{R}$ é de Hölder, então f é uniformemente contínua.

(b) Mostre que se a condição de Hölder permitisse $\alpha > 1$, seguiria que $f'(x) = 0$, $\forall x$ no interior de I e, portanto, teríamos f constante (esta é a razão para impor a condição $\alpha \leq 1$ na definição).

(c) Mostre que a função $f : [0, +\infty) \to \mathbb{R}$, $f(x) = \sqrt{x}$, satisfaz a condição de Hölder com $M = 1$ e $\alpha = \frac{1}{2}$, sendo, portanto, uniformemente contínua (Sugestão: basta uma manipulação algébrica simples).

Capítulo 9

Derivada

"Fermat, o verdadeiro inventor do cálculo diferencial."

- Laplace -

Neste capítulo vamos formalizar a teoria sobre derivadas, provando inúmeros resultados que são apenas enunciados em um curso de Cálculo.

9.1 Derivada

Definição 9.1 Seja $I \subset \mathbb{R}$ um intervalo aberto, $f : I \to \mathbb{R}$ uma função, $a \in I' \cap I$ (ou seja, a é um ponto de acumulação de I que pertence ao conjunto I). Dizemos que f é derivável em a quando existir o limite

$$f'(a) = \lim_{x \to a} \frac{f(x) - f(a)}{x - a}.$$

Observe que a função quociente $q(x) = \dfrac{f(x) - f(a)}{x - a}$ está bem definida para todo $x \neq a$, ou seja, em $I \setminus \{a\}$, que possui $x = a$ como ponto de acumulação.

O número real $f'(a)$ é chamado de derivada de f no ponto $x = a$. Conforme estudado em Cálculo I, tal número possui um significado geométrico interessante: representa o coeficiente angular da reta tangente ao gráfico de f em $(a, f(a))$.

Podemos redefinir a derivada em um ponto a da seguinte maneira: pondo $x - a = h$, e daí obtemos

$$f'(a) = \lim_{h \to 0} \frac{f(a + h) - f(a)}{h}.$$

Nesta notação, verificamos que a função $\xi(h) = \dfrac{f(a+h)-f(a)}{h}$ está bem definida no conjunto $\{h \in \mathbb{R} \setminus \{0\} : a+h \in I\}$, que possui $h = 0$ como ponto de acumulação.

Definição 9.2 Seja $X \subset \mathbb{R}$ um conjunto aberto. Dizemos que uma função $f : X \to \mathbb{R}$ é *derivável no conjunto* X quando existir a derivada de f em todos os pontos $a \in X \cap X'$.

Ou seja, sendo $f : X \to \mathbb{R}$ derivável no aberto $X \subset \mathbb{R}$, definimos a *função derivada* $f' : X \to \mathbb{R}$ por

$$f'(x) = \lim_{h\to 0} \frac{f(x+h)-f(x)}{h}$$

Usando a definição de derivada podemos deduzir todas as regras de derivação comumente estudadas em um curso de Cálculo. Apenas para ilustrar, vejamos dois exemplos.

Exemplo 1. Dada $f : (0,+\infty) \to \mathbb{R}$, $f(x) = \ln x$. Logo, para determinar, a fórmula para $f'(a)$, com $a \in (0,+\infty)$, considere $h \neq 0$ tal que $a+h \in (0,+\infty)$. Assim, de posse do segundo limite notável, vamos obter

$$f'(a) = \lim_{h\to 0} \frac{f(a+h)-f(a)}{h} = \lim_{h\to 0} \frac{1}{h} \ln \frac{a+h}{a} = \lim_{h\to 0} \ln \left(1+\frac{h}{a}\right)^{\frac{1}{h}} =$$

$$= \ln \left[\lim_{h\to 0} \left(1+\frac{h}{a}\right)^{\frac{a}{h}}\right]^{\frac{h}{a}\cdot\frac{1}{h}} = \ln e^{\frac{1}{a}} = \frac{1}{a}.$$

Por fim, como $a \in (0,+\infty)$ é arbitrário, segue que a função derivada $f' : (0,+\infty) \to \mathbb{R}$ é dada por

$$f'(x) = \frac{1}{x}.$$

Exemplo 2. Seja $f : \mathbb{R} \to \mathbb{R}$ dada por $f(x) = \cos x$. Vamos determinar $f'(a)$, para $a \in \mathbb{R}$. Seja $h \neq 0$ tal que $a+h \in \mathbb{R}$ e daí

$$f'(a) = \lim_{h\to 0} \frac{\cos(a+h)-\cos a}{h},$$

e transformando em produto pela fórmula da Trigonometria

$$\cos p - \cos q = -2\,\mathrm{sen}\frac{p+q}{2} \cdot \mathrm{sen}\,\frac{p-q}{2},$$

usando o primeiro limite notável, vamos obter

$$f'(a) = \lim_{h\to 0} \frac{-2\,\mathrm{sen}\frac{2a+h}{2} \cdot \mathrm{sen}\frac{h}{2}}{2} = \lim_{h\to 0} -\mathrm{sen}\frac{2a+h}{2} = -\,\mathrm{sen}\,a.$$

Como $a \in \mathbb{R}$ é arbitrário, concluímos que a função derivada de $f(x) = \cos x$ é $f' : \mathbb{R} \to \mathbb{R}$, $f'(x) = -\operatorname{sen} x$.

Teorema 9.3 *(Propriedades aritméticas de derivação) Sejam $f, g : I \to \mathbb{R}$ deriváveis em um ponto $a \in I \cap I'$. Então $f \pm g$, $f \cdot g$ e f/g (neste caso $g(a) \neq 0$) são deriváveis em a e*

$$(f \pm g)'(a) = f'(a) \pm g'(a),$$

$$(f \cdot g)'(a) = f'(a) \cdot g(a) + f(a) \cdot g'(a),$$

$$\left(\frac{f}{g}\right)'(a) = \frac{g(a) \cdot f'(a) - f(a) \cdot g'(a)}{[g(a)]^2}.$$

Demonstração. Basta aplicar a definição de derivada em cada uma. Faremos apenas a terceira e deixamos a prova das duas primeiras para o leitor.

Sejam f, g nas hipóteses do teorema. Assim,

$$\left(\frac{f}{g}\right)'(a) = \lim_{h \to 0} \frac{(\frac{f}{g})(a+h) - (\frac{f}{g})(a)}{h},$$

se o limite acima existir. Vamos mostrar que tal limite de fato existe, calculando o seu valor. De fato,

$$\left(\frac{f}{g}\right)'(a) = \lim_{h \to 0} \frac{(\frac{f}{g})(a+h) - (\frac{f}{g})(a)}{h} = \lim_{h \to 0} \frac{\frac{f(a+h)}{g(a+h)} - \frac{f(a)}{g(a)}}{h} =$$

$$= \lim_{h \to 0} \frac{f(a+h) \cdot g(a) - g(a+h) \cdot f(a)}{h \cdot g(a+h) \cdot g(a)} =$$

$$= \lim_{h \to 0} \frac{f(a+h) \cdot g(a) - f(a) \cdot g(a) + f(a) \cdot g(a) - g(a+h) \cdot f(a)}{h \cdot g(a+h) \cdot g(a)} =$$

$$= \lim_{h \to 0} \frac{g(a) \left[\frac{f(a+h) - f(a)}{h}\right] - f(a) \left[\frac{g(a+h) - g(a)}{h}\right]}{g(a+h) \cdot g(a)} =$$

$$= \frac{g(a) \cdot f'(a) - f(a) \cdot g'(a)}{[g(a)]^2}.$$

□

Exercícios

1. Use a definição de derivada para calcular a derivada de cada função num ponto de acumulação a do domínio:

(a) $f : (0, +\infty) \to \mathbb{R}, \quad f(x) = \sqrt{x}$.
(b) $f : \mathbb{R} \to \mathbb{R}, \quad f(x) = \operatorname{sen} x$.
(c) $f : \mathbb{R} \to \mathbb{R}, \quad f(x) = \tanh x$.
(d) $f : (-\frac{\pi}{2}, \frac{\pi}{2}) \to \mathbb{R}, f(x) = \sec x$.

2. ***(Sel. Mestrado UFRGS 2005/2)** Seja $f(x) = \ln x$, $x > 0$. Supondo conhecido que f é derivável em 1 e que

$$1 = f'(1) = \lim_{h \to 0} \frac{\ln(1+h)}{h},$$

prove que

$$f'(x) = \frac{1}{x}$$

para todo $x > 0$.

3. Seja $f : I \to \mathbb{R}$ contínua. Dado $a \in I \cap I'$, defina $\xi : I \to \mathbb{R}$ pondo

$$\xi(x) = \begin{cases} \frac{f(x)-f(a)}{x-a} & \text{se} \quad x \neq a \\ L & \text{se} \quad x = a \end{cases}.$$

Prove que ξ é contínua se, e somente se, existe $f'(a)$ e $f'(a) = L$.

4. ***(Sel. Mestrado UFRGS 2009/2)** Suponha que $f : (a, b) \to \mathbb{R}$ é derivável em $x \in x \in (a, b)$.

(a) Prove que $f'(x) = \dfrac{1}{2} \lim\limits_{h \to 0} \dfrac{f(x+h) - f(x-h)}{h}$.

(b) A igualdade acima sugere a possibilidade de uma nova definição da noção de diferenciabilidade e de derivada. Pergunta-se: esta nova maneira resulta em uma noção de derivada equivalente à usual?

5. **(Sel. Mestrado UFRGS 2013/1)** Seja f uma função definida num intervalo aberto $(a, b) \subset \mathbb{R}$ que contém a origem.

(a) Prove que se f é derivável em 0, então

$$\lim_{x \to 0} \frac{f(x) - f(-x)}{x} = 2f'(0).$$

(b) Mostre que se f é uma função par, então o limite do item anterior existe mesmo que f não seja derivável em 0. Dê exemplos de funções em que o limite acima existe e que não sejam deriváveis.

(c) Prove que se f é monótona e

$$\lim_{x \to 0} \frac{f(x) - f(-x)}{x} = 0,$$

então f é derivável em 0.

9.2 Derivadas laterais

Do mesmo modo que foi estudado em limites, temos os conceitos de derivadas laterais, como seguem.

Definição 9.4 Seja $f : I \to \mathbb{R}$ e $a \in I \cap I'_+$ (ou seja, a é um ponto de acumulação à direita de I, pertencente a a), definimos a *derivada à direita* de f no ponto a por

$$f'_+(a) = \lim_{x \to a^+} \frac{f(x) - f(a)}{x - a} = \lim_{h \to 0^+} \frac{f(a+h) - f(a)}{h}.$$

Definição 9.5 Seja $f : I \to \mathbb{R}$ e $a \in I \cap I'_-$ (ou seja, a é um ponto de acumulação à esquerda de I, pertencente a a), definimos a *derivada à esquerda* de f no ponto a por

$$f'_-(a) = \lim_{x \to a^-} \frac{f(x) - f(a)}{x - a} = \lim_{h \to 0^-} \frac{f(a+h) - f(a)}{h}.$$

Quando $a \in I \cap I'$ então temos que a é ponto de acumulação à esquerda e à direita de f e podemos definir ambas as derivadas laterais em a: $f'_-(a)$ e $f'_+(a)$. Como tais derivadas laterais são, na verdade, limites laterais, concluímos que f é derivável em $x = a$ se, e somente se, as derivadas laterais existirem e forem iguais. Ou seja,

$$\exists f'(a) \Leftrightarrow f'_-(a) = f'_+(a).$$

Neste ponto convém um comentário importante: sempre definimos a função derivada em um aberto de $\mathbb{R}$. Isto porque, por exemplo, se tivéssemos uma f definida de $[0, 1]$ em $\mathbb{R}$, então, por exemplo, não teria sentido pedir $f'(0)$, pois neste caso $f'_-(0)$ não estaria definida. Dessa forma, se for solicitada uma tal derivada, na verdade somente tem sentido uma derivada lateral.

Exercícios

1. Dada $f : \mathbb{R} \to \mathbb{R}$ definida por $f(x) = |x|$. Calcule as derivadas laterais $f'_-(0)$ e $f'_+(0)$. O que concluímos sobre a existência de $f'(0)$? O que isso significa geometricamente?

2. *Seja $f : \mathbb{R} \to \mathbb{R}$ definida por

$$f(x) = \begin{cases} x^2 & , \text{ se } x \text{ racional} \\ 0 & , \text{ se } x \text{ irracional.} \end{cases}$$

Prove que f é derivável em $x = 0$ e determine $f'(0)$.

3. Seja $a \in I$ um ponto de máximo local para a função $f : I \to \mathbb{R}$. Se f possui derivada à direita no ponto a, mostre que $f'_+(a) \leq 0$. Se existir

$f'_-(a)$, mostre que $f'_-(a) \geq 0$. Dê um exemplo onde em um máximo local as derivadas laterais existam e sejam diferentes.

4. Seja $f : I \to \mathbb{R}$ contínua no intervalo aberto I. Se, para cada $x \in I$, existir $f'_+(x)$ e for $f'_+(x) > 0$, então f é crescente.

5. *Sejam $f, g, h : I \to \mathbb{R}$ tais que, para todo $x \in I$ se tenha $f(x) \leq g(x) \leq h(x)$. Se num ponto $a \in I \cap I'$ tem-se $f(a) = h(a)$ e existirem $f'(a) = h'(a)$, mostre que existe $g'(a)$ e tem o mesmo valor.

   Obs. Podemos dizer que este resultado é o "Teorema do Sanduíche para derivadas".

6. **(Sel. Mestrado UFSM 2009/1)** Mostre que a função $f : \mathbb{R} \to \mathbb{R}$ dada por

$$f(x) = \begin{cases} x^3 \operatorname{sen} \frac{1}{x} & , \text{ se } \ x \neq 0 \\ 0 & , \text{ se } \ x = 0 \end{cases}$$

   e derivável com derivada primeira contínua.

7. **(Sel. Mestrado UFBA 2019/1)** Seja $f : \mathbb{R} \to \mathbb{R}$ dada por

$$f(x) = \begin{cases} x^2 \operatorname{sen}\left(\frac{1}{x}\right) & , \text{ se } x \neq 0 \\ 0 & , \text{ caso contrário.} \end{cases}$$

   (a) Mostre que $f'(x)$ existe para cada $x \in \mathbb{R}$.

   (b) f' é contínua no ponto $x = 0$?

8. ***(Sel. Mestrado UFRGS 2013/2)** Sejam f, g, h funções definidas no intervalo $[0, b)$, satisfazendo

$$f(0) = g(0) = h(0) \ \text{ e } \ f(x) \leq g(x) \leq h(x) \ \text{ para } \ x \in [0, b).$$

   (a) Prove que f, g e h são deriváveis em 0, então

$$f'(0) \leq g'(0) \leq h'(0).$$

   (b) Prove que se f e h são deriváveis em 0 e $f'(0) = h'(0)$, então g é derivável em 0 e $g'(0) = f'(0) = h'(0)$.

   (c) Seja $g : [0, +\infty) \to \mathbb{R}$ a função definida por

$$g(x) = \begin{cases} 0 & , \text{ se } \ x = 0 \\ x^2 \operatorname{sen}\left(\frac{1}{x}\right) & , \text{ se } \ x > 0 \end{cases}$$

   é derivável em $x = 0$? Em caso afirmativo, qual é a sua derivada? A derivada é contínua no zero? Justifique sua resposta.

9. **(Sel. Mestrado UFRGS 2017/1)** Seja $f : \mathbb{R} \to \mathbb{R}$ satisfazendo $2x^2 - 1 \leq f(x) \leq x^4$ para todo $x \in (0, 2)$. Prove, usando a definição de derivada, que f é diferenciável em $a = 1$, com $f'(1) = 4$.

10. Seja $f : \mathbb{R} \to \mathbb{R}$ a função real definida por

$$f(x) = \begin{cases} (x-1)\arctan\dfrac{1}{x-1}, & \text{se} \quad x \neq 1, \\ 0, \ \text{se } x = 1 \end{cases}$$

   (a) Mostre que f é contínua em $x = 1$.
   Obs.: Lembre da Trigonometria que $\arctan(-\infty) = -\frac{\pi}{2}$ e que $\arctan(+\infty) = \frac{\pi}{2}$.

   (b) Verifique se f é derivável em $x = 1$.

   (c) Calcule $f'(x)$.

9.3 A derivada como uma aproximação linear

Nesta seção vamos apresentar uma outra maneira de definir a derivada de uma função num ponto, como sendo uma aproximação linear.

Se f for uma função derivável em um ponto a, defina o número $r(h)$ por

$$r(h) = f(a+h) - f(a) - f'(a) \cdot h.$$

Assim, temos que

$$\lim_{h \to 0} \frac{r(h)}{h} = \lim_{h \to 0} \left[\frac{f(a+h) - f(a)}{h} - f'(a) \right] = 0.$$

A ilustração abaixo fornece uma ideia geométrica para a definição de $r(h)$.

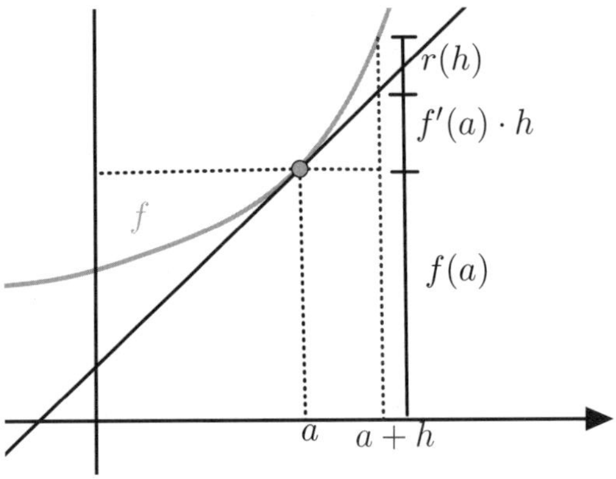

O número $r(h)$ é denominado de *resto* de h e o limite acima nos diz que o resto $r(h)$ converge para zero quando h converge para zero, mais rapidamente do que h, ou seja, tem-se que $r(h) << h$, significando que $r(h)$ é muito menor do que h. Isto posto, podemos redefinir o conceito de derivada em um ponto como segue.

Definição 9.6 Seja $I \subset \mathbb{R}$ um intervalo aberto, $f : I \to \mathbb{R}$ uma função, $a \in I' \cap I$. Dizemos que f é derivável em a se existir o número $f'(a) \in \mathbb{R}$ tal que, pondo

$$f(a+h) = f(a) + f'(a) \cdot h + r(h),$$

tem-se

$$\lim_{h\to 0} \frac{r(h)}{h} = 0.$$

Exemplo. Dado $f(x) = \operatorname{sen} x$, sabemos que para todo $a \in \mathbb{R}$, tem-se que $f'(a) = \cos a$. Então,

$$\operatorname{sen}(a+h) = \operatorname{sen} a + \cos a \cdot h + r(h),$$

onde

$$\lim_{h\to 0} \frac{r(h)}{h} = \lim_{h\to 0} \frac{\operatorname{sen}(a+h) - \operatorname{sen} a - \cos a \cdot h}{h} =$$

$$= \lim_{h\to 0} \left[\frac{\operatorname{sen} a \cdot (\cos h - 1)}{h} + \frac{\operatorname{sen}\ h}{h} \cdot \cos a - \frac{\cos a \cdot h}{h} \right] = 0.$$

Ou seja, temos que, para h pequeno,

$$\operatorname{sen}(a+h) \approx \operatorname{sen} a + h \cdot \cos a.$$

A expressão $f'(a) \cdot h$, que fornece uma boa aproximação para o acréscimo $f(a+h) - f(a)$, recebe o nome de *diferencial* de f no ponto a, e costuma ser denotado por

$$df(a) = f'(a) \cdot h.$$

Vejamos um exemplo mais prático: Vamos obter uma aproximação para $\sqrt{4,1}$. Para isso vamos considerar $f(x) = \sqrt{x}$. Como $f'(a) = \frac{1}{2\sqrt{a}}$, pondo

$$f(a+h) = f(a) + f'(a) \cdot h + r(h),$$

temos que

$$\lim_{h\to 0} \frac{r(h)}{h} = 0 \text{ (Verifique!)}$$

Logo, temos que, para h "pequeno", vale a aproximação

$$\sqrt{a+h} \approx \sqrt{a} + \frac{1}{2\sqrt{a}} \cdot h,$$

ou seja, tomando $a = 4$ e $h = 0,1 = \frac{1}{10}$, como h é "pequeno", temos uma aproximação linear, em termos de h para $\sqrt{4,1}$:

$$\sqrt{4,1} \approx \sqrt{4} + \frac{1}{2\sqrt{4}} \cdot \frac{1}{10} = \frac{81}{40} = 2,025.$$

Apenas para comparar, uma calculadora científica nos fornecerá para $\sqrt{4,1}$ a aproximação $2,0248456731$.

Um resultado importante que temos é o seguinte:

Proposição 9.7 *Se $f : I \to \mathbb{R}$ é uma função que é derivável em $a \in I \cap I'$, então f é contínua em a.*

Demonstração. Como f é derivável em a, segue que existe $f'(a)$ tal que

$$f(a+h) = f(a) + f'(a) \cdot h + r(h),$$

com $\lim_{h \to 0} \frac{r(h)}{h} = 0$.

Assim,

$$\lim_{h \to 0} f(a+h) = \lim_{h \to 0} [f(a) + f'(a) \cdot h + r(h)] = f(a),$$

pois $r(h) << h$ e $r(h) \to 0$ quando $h \to 0$. Logo,

$$\lim_{h \to 0} f(a+h) = f(a),$$

ou seja, f é contínua em a.

□

Como um bom exercício, prove esse resultado usando a Definição 9.1.

Observação 9.8 Como se estuda em Cálculo, é bem sabido que a recíproca da proposição acima, em geral, é falsa. Por exemplo, $f : \mathbb{R} \to \mathbb{R}$ dada por $f(x) = |x|$ é contínua em 0, mas não é derivável em 0. Verifique isso usando derivadas laterais!

Exercícios

1. Usando diferenciais, encontre uma aproximação para $\sqrt[3]{9}$ e para $\sqrt[4]{15}$.

2. **(Sel. Mestrado UFRGS 2015/1)**

   (a) Seja $f : I \to \mathbb{R}$ derivável no ponto $a \in I$. Mostre que a função $r : J \to \mathbb{R}$ definida no intervalo $J = \{h \in \mathbb{R} : a + h \in I\}$ pela igualdade
   $$f(a+h) = f(a) + f'(a) \cdot h + r(h),$$
   satisfaz $\lim_{h \to 0} \frac{r(h)}{h} = 0$.

   (b) Sejam $f, g : I \to \mathbb{R}$ deriváveis no ponto $a \in I$, com $f(a) = 0 = g(a)$ e $g'(a) \neq 0$. Mostre que
   $$\lim_{x \to a} \frac{f(x)}{g(x)} = \frac{f'(a)}{g'(a)}.$$

   (c) Calcule $\lim_{x \to 1} \frac{x^2 - 1}{x - 1}$.

3. *Seja $I \subset \mathbb{R}$ um intervalo aberto e $a \in I$. Mostre que f é derivável em a, com derivada L, se, e somente se, existir uma função $\eta_f : I \to \mathbb{R}$ tal que $\eta_f(a) = 0$, η_f é contínua em a, e
   $$f(x) = f(a) + (x - a)(L + \eta_f(x)), \ \forall x \in I.$$

9.4 Regra da Cadeia

Teorema 9.9 *(Regra da cadeia) Sejam A e B intervalos abertos, $f : A \to \mathbb{R}$, $g : B \to \mathbb{R}$ funções com $f(A) \subset B$, $a \in A$ e $b = f(a)$. Se f é uma função derivável em a e g uma função derivável em $b = f(a)$, então a função $g \circ f : A \to \mathbb{R}$ é derivável em a e*
$$(g \circ f)'(a) = g'(f(a)) \cdot f'(a).$$

Demonstração. Sejam f e g funções nas hipóteses acima. Assim, sendo f derivável em a e g derivável em b, temos
$$f(a+h) = f(a) + f'(a) \cdot h + r_1(h)$$
e
$$g(b+k) = g(b) + g'(b) \cdot k + r_2(k)$$
com $\lim_{h \to 0} \frac{r_1(h)}{h} = 0$ e $\lim_{k \to 0} \frac{r_2(k)}{k} = 0$.

Dado $h \neq 0$ tal que $a+h \in A$, montemos a composição no ponto $a+h$. Assim,

$$g(f(a+h)) = g(f(a) + f'(a) \cdot h + r_1(h)).$$

sabendo que $f(a) = b$ e chamando $k = f'(a) \cdot h + r_1(h) = f(a+h) - f(a)$, temos

$$g(f(a+h)) = g(f(a)) + g'(f'(a) \cdot h + r_1(h)) + r_2(f'(a) \cdot h + r_1(h)) =$$

$$= g(f(a)) + g'(f'(a) \cdot h + r_1(h)) + r_2(f(a+h) - f(a)).$$

Subtraindo $g(f(a))$ na igualdade acima e, após, efetuando a divisão por h, obtemos

$$\frac{g(f(a+h)) - g(f(a))}{h} = g'(f(a))\left(f'(a) + \frac{r_1(h)}{h}\right) + \frac{r_2(f(a+h) - f(a))}{h}.$$

Como $\dfrac{r_1(h)}{h} \to 0$ quando $h \to 0$, temos

$$(g \circ f)'(a) = \lim_{h \to 0} \frac{g(f(a+h)) - g(f(a))}{h} =$$

$$= \lim_{h \to 0} g'(f(a)) \cdot f'(a) + \frac{r_2(f(a+h) - f(a))}{h} =$$

$$= g'(f(a)) \cdot f'(a) + \lim_{h \to 0} \frac{r_2(f(a+h) - f(a))}{h}.$$

Portanto,

$$(g \circ f)'(a) = g'(f(a)) \cdot f'(a) + \lim_{h \to 0} \frac{r_2(f(a+h) - f(a))}{h}.$$

Resta apenas mostrar que o limite à direita da igualdade acima vale zero. Porém, notamos que $r_2(f(a+h) - f(a)) = 0$ se $f(a+h) - f(a) = 0$, e se $h \neq 0$ temos

$$\frac{r_2(f(a+h) - f(a))}{h} = \frac{r_2(f(a+h) - f(a))}{f(a+h) - f(a)} \cdot \frac{f(a+h) - f(a)}{h} =$$

$$= \frac{r_2(k)}{k} \cdot \frac{f(a+h) - f(a)}{h} \to 0 \cdot f'(a) = 0 \text{ quando } h \to 0.$$

Portanto, concluímos que $\dfrac{r_2(f(a+h) - f(a))}{h} \to 0$ quando $h \to 0$ e então

$$(g \circ f)'(a) = g'(f(a)) \cdot f'(a)$$

e o teorema está provado.

□

Vejamos um exemplo de aplicação.

Exemplo. Dados $f : \mathbb{R} \to (-1, 1)$ e $g : (-1, 1) \to \mathbb{R}$, respectivamente, por $f(x) = \operatorname{sen} x$ e $g(x) = \sqrt{x+1}$, determine $(g \circ f)'(x)$.

Solução. Como $(g \circ f)'(x) = g'(f(x)) \cdot f'(x)$, pela regra da cadeia, temos

$$f'(x) = \cos x \;\text{ e }\; g'(x) = \frac{1}{2\sqrt{x+1}},$$

e então

$$(g \circ f)'(x) = g'(f(x)) \cdot f'(x) = \frac{1}{\sqrt{f(x)+1}} \cdot \cos x = \frac{\cos x}{2\sqrt{\operatorname{sen} x + 1}}.$$

Exercícios

1. Use a regra da cadeia para deduzir as seguintes fórmulas de derivação, onde $v = v(x)$:

   (a) $(\operatorname{sen} v)' = \cos v \cdot v'$ (b) $(\cos v)' = -\operatorname{sen} v \cdot v'$

   (c) $(\tan v)' = \sec^2 v \cdot v'$ (d) $(\cot v)' = -\csc^2 v \cdot v'$

   (e) $(e^v)' = e^v \cdot v'$ (f) $(\ln v)' = \frac{v'}{v}$

2. **(Sel. Mestrado UFRGS 2005/2)** Sejam $f, g : \mathbb{R} \to \mathbb{R}$ tais que $f(g(x)) = x$, para todo $x \in \mathbb{R}$. Suponha que g seja derivável e com derivada não nula em todos os pontos. Prove que f é derivável e que

$$f'(g(x)) = \frac{1}{g'(x)},$$

   para todo $x \in \mathbb{R}$.

3. **(Sel. Mestrado UFRGS 2004/1)** Prove que $\lim_{x \to 0} f'(x) = 0$, onde

$$f(x) = g(x) \operatorname{sen} \frac{1}{x}, \;\; x \neq 0$$

   sabendo que $g : \mathbb{R} \to \mathbb{R}$ é duas vezes derivável com segunda derivada contínua e satisfazendo $g(0) = g'(0) = g''(0) = 0$.

4. Seja I um intervalo aberto. Uma função $f : I \to \mathbb{R}$ é dita ser de *classe* C^1 se for derivável e a derivada $f' : I \to \mathbb{R}$ for contínua. Uma função $f : I \to \mathbb{R}$ é de *classe* C^2 se sua derivada $f' : I \to \mathbb{R}$ for de classe C^1. Prove que se $f(I) \subset J$, $f : I \to \mathbb{R}$ e $g : J \to \mathbb{R}$ são de classe C^2, então a composta $g \circ f : I \to \mathbb{R}$ também é de classe C^2.

9.5 Máximo e mínimo local

Proposição 9.10 *Seja a um ponto interior de um intervalo I e $f : I \to \mathbb{R}$ derivável em a, com $f'(a) > 0$. Então, existe $\delta > 0$ tal que:*

(i) *para todo $x \in (a - \delta, a)$, tem-se $f(x) < f(a)$;*

(ii) *para todo $x \in (a, a + \delta)$, tem-se $f(x) > f(a)$.*

Demonstração. Como f é derivável em $a \in I \cap I'$, segue que existe $f'(a)$, tal que

$$f'(a) = \lim_{x \to a} \frac{f(x) - f(a)}{x - a} > 0.$$

Assim, seja $\varepsilon = \frac{f'(a)}{2} > 0$. Então, pela definição de limite, segue que existe $\delta > 0$ tal que, para todo x tal que $0 < |x - a| < \delta$, implique em

$$\left| \frac{f(x) - f(a)}{x - a} - f'(a) \right| < \varepsilon = \frac{1}{2} f'(a).$$

Disso, segue que

$$-\frac{1}{2} f'(a) < \frac{f(x) - f(a)}{x - a} - f'(a) < \frac{1}{2} f'(a),$$

donde segue que

$$0 < \frac{1}{2} f'(a) < \frac{f(x) - f(a)}{x - a} < \frac{3}{2} f'(a).$$

Portanto concluímos que, para todo x tal que $0 < |x - a| < \delta$, segue que

$$\frac{f(x) - f(a)}{x - a} > 0.$$

Logo, concluímos que

$$\begin{cases} f(x) - f(a) > 0, \ \forall x \in (a, a + \delta), \\ f(x) - f(a) < 0, \ \forall x \in (a - \delta, a). \end{cases}$$

□

Porém, o fato de que $f'(a) > 0$ não implica que exista um $\delta > 0$ tal que f seja crescente no intervalo $(a - \delta, a + \delta)$. Para ilustrar isso, vejamos um exemplo.

Dado $\alpha > 0$, defina a função $f : \mathbb{R} \to \mathbb{R}$, pondo

$$f(x) = \begin{cases} \alpha x + x^2 \operatorname{sen} \frac{1}{x} & , \text{ se } \ x \neq 0 \\ 0 & , \text{ se } \ x = 0 \end{cases}$$

Afirmação 1. $f'(0)$ existe e $f'(0) > 0$. De fato, basta notar que

$$\frac{f(x) - f(0)}{x - 0} = \frac{\alpha x + x^2 \operatorname{sen} \frac{1}{x}}{x} = \alpha + x \operatorname{sen} \frac{1}{x},$$

e, como $\operatorname{sen} \frac{1}{x}$ é limitada, temos que

$$f'_-(0) = \lim_{x \to 0^-} \frac{f(x) - f(0)}{x - 0} = \lim_{x \to 0^-} \left(\alpha + x \operatorname{sen} \frac{1}{x} \right) = \alpha > 0,$$

e

$$f'_+(0) = \lim_{x \to 0^+} \frac{f(x) - f(0)}{x - 0} = \lim_{x \to 0^+} \left(\alpha + x \operatorname{sen} \frac{1}{x} \right) = \alpha > 0.$$

Logo, vale a Afirmação 1, ou seja, $\exists\, f'(0) = \alpha > 0$.

Afirmação 2. Se $\alpha > 0$ for suficientemente pequeno, então f não é crescente em nenhum intervalo da forma $(-\delta, \delta)$.

De fato, considere as sequências

$$x_n = \frac{1}{2n\pi + \frac{\pi}{2}} \quad \text{e} \quad y_n = \frac{1}{2n\pi - \frac{\pi}{2}}.$$

Logo, temos que $0 < x_n < y_n$, $\forall n \in \mathbb{N}$. Porém,

$$f(x_n) - f(y_n) = [\alpha x_n + x_n^2 \cdot (1)] - [\alpha y_n + y_n^2 \cdot (-1)] =$$

$$= \alpha(x_n - y_n) + x_n^2 + y_n^2 = \alpha \left(\frac{1}{2n\pi + \frac{\pi}{2}} - \frac{1}{2n\pi - \frac{\pi}{2}} \right) + \left(\frac{1}{2n\pi + \frac{\pi}{2}} \right)^2 + \left(\frac{1}{2n\pi - \frac{\pi}{2}} \right)^2$$

$$= \frac{-\alpha\pi}{\left(2n + \frac{1}{2}\right)\left(2n - \frac{1}{2}\right)\pi^2} + \frac{1}{\left(2n + \frac{1}{2}\right)^2 \pi^2} + \frac{1}{\left(2n - \frac{1}{2}\right)^2 \pi^2} =$$

$$= \frac{-\alpha\pi\left(4n^2 - \frac{1}{4}\right) + 8n^2 + \frac{1}{2}}{\left(2n + \frac{1}{2}\right)^2 \left(2n - \frac{1}{2}\right)^2 \pi^2} = \frac{4n^2(2 - \alpha\pi) + \frac{\alpha\pi}{4} + \frac{1}{2}}{\left(2n + \frac{1}{2}\right)^2 \left(2n - \frac{1}{2}\right)^2 \pi^2} > 0,$$

se, e somente se, $2 - \alpha\pi > 0$, se, e somente se, $\alpha < \frac{2}{\pi}$.

Assim, tomando $\alpha > 0$ tal que $0 < \alpha < \frac{2}{\pi}$, temos que, $\forall n \in \mathbb{N}$, $0 < x_n < y_n$ e $f(x_n) > f(y_n)$.

Como $x_n \to 0$ e $y_n \to 0$, segue que f não é crescente no intervalo $(-\delta, \delta)$, qualquer que seja $\delta > 0$.

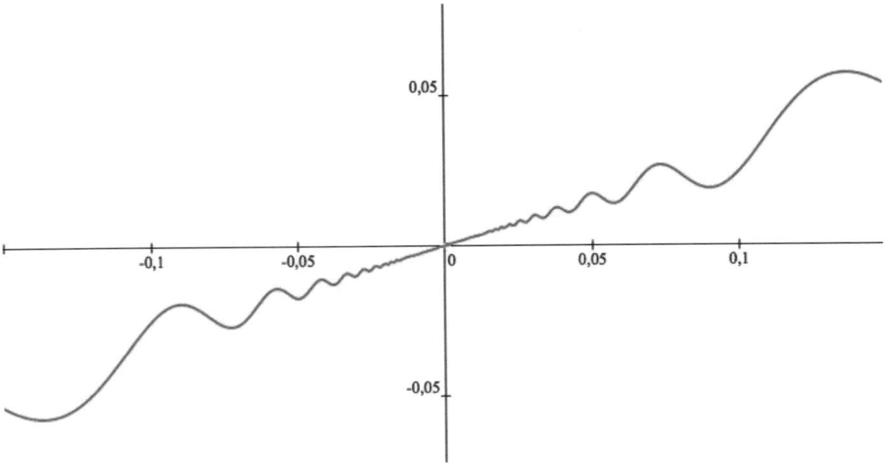

Apenas para ilustrar, apresentamos um esboço gráfico para f, no caso quando $\alpha = 0,3$. Veja que numa vizinhança da origem o esboço gráfico de f oscila.

Um resultado análogo ao da Proposição 9.10 é apresentado a seguir.

Proposição 9.11 *Seja a um ponto interior de um intervalo I e $f : I \to \mathbb{R}$ derivável em a, com $f'(a) < 0$. Então, existe $\delta > 0$ tal que:*

(i) *para todo $x \in (a - \delta, a)$, tem-se $f(x) > f(a)$;*

(ii) *para todo $x \in (a, a + \delta)$, tem-se $f(x) < f(a)$.*

Demonstração. A prova é análoga à da Proposição 9.10, bastando tomar $\varepsilon = -\frac{1}{2}f'(a) > 0$.

□

Motivados pelos resultados acima, definimos os conceitos de máximo e mínimo local.

Definição 9.12 Seja $f : I \to \mathbb{R}$ e $a \in I$ um ponto interior. Dizemos que a é um ponto de máximo local para f se existir $\delta > 0$ tal que $f(x) \leq f(a)$, para todo $x \in (a - \delta, a + \delta)$.

Definição 9.13 Seja $f : I \to \mathbb{R}$ e $a \in I$ um ponto interior. Dizemos que a é um ponto de mínimo local para f se existir $\delta > 0$ tal que $f(x) \geq f(a)$, para todo $x \in (a - \delta, a + \delta)$.

Proposição 9.14 *Se $f : I \to \mathbb{R}$ for derivável em um ponto interior $a \in I$ e tal ponto for de máximo local (ou de mínimo local), então $f'(a) = 0$.*

Demonstração. Faremos prova no caso em que $a \in I$ é um ponto de máximo local (o caso em que $a \in I$ é u ponto de mínimo local é análogo).

Como $f : I \to \mathbb{R}$ possui um máximo local em $a \in I$, segue que existe $\delta > 0$ tal que $f(x) \leq f(a)$, para todo $x \in (a-\delta, a+\delta)$. Dessa forma, concluímos que

$$f'_+(a) = \lim_{x\to a^+} \frac{f(x)-f(a)}{x-a} \leq 0, \ \forall x \in (a, a+\delta),$$

e

$$f'_-(a) = \lim_{x\to a^-} \frac{f(x)-f(a)}{x-a} \geq 0, \ \forall x \in (a-\delta, a).$$

Logo, temos que $f'_+(a) \leq 0$ e $f'_-(a) \geq 0$. Como f é derivável em a, segue que

$$f'(a) = f'_+(a) = f'_-(a) = 0.$$

□

9.6 Funções deriváveis em intervalos

Quando uma função $f : I \to \mathbb{R}$ é derivável em todos os pontos a do intervalo aberto I, definimos a *função derivada* $f' : I \to \mathbb{R}$, à qual associa a cada ponto $x \in I$ a derivada $f'(x)$. Isto posto, convém apresentar o seguinte conceito.

Definição 9.15 Dizemos que uma função derivável $f : I \to \mathbb{R}$ é *continuamente derivável* ou *de classe* C^1, se a função derivada $f' : I \to \mathbb{R}$ for contínua.

Tal conceito pode, à primeira vista, parecer estranho, mas alertamos que, de fato, uma função derivada não precisa ser contínua. Um exemplo clássico para justificar essa observação consiste em considerar a função $f : \mathbb{R} \to \mathbb{R}$, definida por

$$f(x) = \begin{cases} x^2 \operatorname{sen} \frac{1}{x} & , \text{ se } \ x \neq 0 \\ 0 & , \text{ se } \ x = 0 \end{cases}.$$

Não é difícil verificar que f é derivável em toda reta, e em particular em $x = 0$, mas ao determinar a função derivada f' constatamos que ela não é contínua em $x = 0$ (Verifique!)

No entanto, observamos algo surpreendente: existe uma versão do Teorema do valor intermediário para a derivada, que seria algo similar ao Teorema do Valor Intermediário para funções contínuas. No entanto, a versão para derivada que provaremos a seguir não exige que f seja de classe C^1, ou seja, a função derivada f' não precisa ser contínua para o Teorema do Valor Intermediário para derivadas. Vejamos.

Teorema 9.16 *(Teor. do valor intermediário para derivadas) Seja $f : I \to \mathbb{R}$ uma função derivável em todos os pontos do intervalo I. Se $a, b \in I$ e $f'(a) < d < f'(b)$, então existe um ponto c entre a e b tal que $d = f'(c)$.*

Demonstração. Sem perda de generalidade, vamos supor que $a < b$. Temos dois casos a considerar:

- Caso 1: $d = 0$, ou seja, suponha que $f'(a) < 0 < f'(b)$.

Como f é derivável em b e tal que $f'(b) > 0$, segue pela Proposição 9.10 que existe $\delta_1 > 0$ tal que

$$\begin{cases} \forall x \in (b - \delta_1, b), \ f(x) < f(b) \\ \text{e} \\ \forall x \in (b, b + \delta_1), \ f(x) > f(b) \end{cases} \tag{9.1}$$

Do mesmo modo, como f é derivável em a e tal que $f'(a) < 0$, segue pela Proposição 9.11 que existe $\delta_2 > 0$ tal que

$$\begin{cases} \forall x \in (a - \delta_2, a), \ f(x) > f(a) \\ \text{e} \\ \forall x \in (a, a + \delta_2), \ f(x) < f(a) \end{cases} \tag{9.2}$$

Seja $\delta = \min\{\delta_1, \delta_2\} > 0$. Assim, temos de (9.1) e (9.2) que

$$\begin{cases} f(x) < f(a), \ \forall x \in (a, a + \delta) \\ \text{e} \\ f(x) < f(b), \ \forall x \in (b - \delta, b) \end{cases} \tag{9.3}$$

Como f é contínua em $[a, b] \subset I$ (pois é derivável - veja Proposição 9.7), pelo Teorema do Valor Extremo segue que f assume valores máximo em mínimo em $[a, b]$. Devido a (9.3) temos que existe um ponto c entre a e b tal que c é ponto de mínimo de f em $[a, b]$, e, além disso, temos que $c \neq a$ e $c \neq b$, ou seja, c não assume os extremos do intervalo $[a, b]$.

Sendo f derivável em $(a, b) \subset I$ e possuindo um ponto de mínimo relativo em $c \in (a, b)$, segue pela Proposição 9.14 que $f'(c) = 0 = d$.

Isso conclui o primeiro caso.

- Caso 2: $d \neq 0$, ou seja, $f'(a) < d < f'(b)$, com $d \neq 0$ (caso geral).

Neste caso, defina a função $g : I \to \mathbb{R}$ por $g(x) = f(x) - d \cdot x$. Então, g é derivável com derivada $g'(x) = f'(x) - d$.

Dessa forma, dados $a, b \in I$, temos que $g'(a) = f'(a) - d$ e $g'(b) = f'(b) - d$. Como por hipótese vale que $f'(a) < d < f'(b)$, subtraindo d em toda essa cadeia de desigualdades vamos encontrar

$$g'(a) < 0 < g'(b),$$

ou seja, a função g encontra-se nas hipóteses do Caso 1. Assim, conforme o Caso 1, segue que existe c entre a e b tal que $g'(c) = 0$, e como $g'(c) = f'(c) - d$, segue que $f'(c) = d$, como queríamos mostrar.

□

Teorema 9.17 *(Teorema de Rolle) Seja $f : [a, b] \to \mathbb{R}$ tal que f é contínua no intervalo fechado $[a, b]$ e derivável no aberto (a, b). Se $f(a) = f(b)$, então $\exists c \in (a, b)$ tal que $f'(c) = 0$.*

Demonstração. Seja f contínua em $[a, b]$. Logo, pelo Teorema do Valor Extremo segue que f assume um valor máximo e um valor mínimo em $[a, b]$. Como $f(a) = f(b)$, pelo menos um dos dois casos (máximo ou mínimo) ocorre em um ponto $c \in (a, b)$. Mas f é derivável em (a, b). Portanto, pela Proposição 9.14 segue que $f'(c) = 0$.

□

Teorema 9.18 *(Teorema de Lagrange ou Teorema do Valor Médio - T.V.M) Seja $f : [a, b] \to \mathbb{R}$ contínua em $[a, b]$ e derivável em (a, b). Então, existe um ponto c em (a, b) tal que*

$$f'(c) = \frac{f(b) - f(a)}{b - a}.$$

Obs.: Antes de provar o T.V.M, vejamos seu significado geométrico. Considere f nas hipóteses do teorema. Ligando os pontos $P(a, f(a))$ e $Q(b, f(b))$ e considerando o triângulo retângulo PQR destacado na figura abaixo, temos que a tangente do ângulo θ destacado será numericamente igual à inclinação da reta tangente ao gráfico de f em algum ponto $c \in [a, b]$.

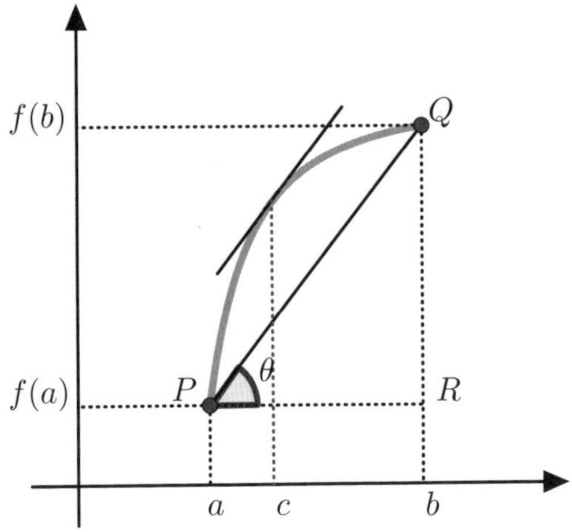

Demonstração do teorema. Seja f nas hipóteses do teorema.

Defina $g : [a, b] \to \mathbb{R}$ por

$$g(x) = f(x) - f(a) - \frac{f(b) - f(a)}{b - a}(x - a).$$

Como f é contínua em $[a, b]$ segue que g é contínua em $[a, b]$ e como f é derivável em (a, b) segue que g também o é, com

$$g'(x) = f'(x) - \frac{f(b) - f(a)}{b - a}.$$

Além disso, note que

$$g(a) = f(a) - f(a) - \frac{f(b) - f(a)}{b - a}(a - a) = 0$$

e

$$g(b) = f(b) - f(a) - \frac{f(b) - f(a)}{b - a}(b - a) = 0.$$

Logo, temos que $g(a) = g(b)$ e estamos, portanto, nas hipóteses do Teorema de Rolle. Portanto, por esse teorema segue que $\exists c \in (a, b)$ tal que $g'(c) = 0$, ou seja,

$$0 = g'(c) = f'(c) - \frac{f(b) - f(a)}{b - a}.$$

Portanto,

$$f'(c) = \frac{f(b) - f(a)}{b - a}$$

□

Algumas consequências do Teorema do Valor Médio são apresentadas abaixo.

Corolário 9.19 *Seja $f : I \to \mathbb{R}$ uma função derivável no intervalo I. Então, f é crescente em I se, e somente se, $f'(x) \geq 0$, para todo $x \in I$.*

Demonstração. Seja $f : I \to \mathbb{R}$ derivável em I.
Suponha que f seja crescente em I. Assim, para todo $a \in I$ vale que

$$f'(a) = f'_+(a) = \lim_{x \to a^+} \frac{f(x) - f(a)}{x - a} \geq 0,$$

pois se $x \to a^+$, segue que $x > a$ e daí $x - a > 0$, e também como f é crescente em I segue que $f(x) \geq f(a)$, e daí $f(x) - f(a) \geq 0$.

Reciprocamente, suponha que $f'(x) \geq 0$, $\forall x \in I$. Sejam $x_1, x_2 \in I$ tais que $x_1 < x_2$. Logo, pelo T.V.M. segue que existe um ponto $c \in (x_1, x_2)$ tal que

$$f(x_2) - f(x_1) = f'(c)(x_2 - x_1) \geq 0,$$

ou seja, concluímos que $f(x_1) \leq f(x_2)$, ou seja, f é crescente em I.

□

Corolário 9.20 *Se $f : I \to \mathbb{R}$ for uma função derivável em I tal que $f'(x) > 0$, para todo $x \in I$, então f é estritamente crescente em I.*

Demonstração. Segue análogo à recíproca do corolário acima.

□

Observação 9.21 A recíproca do Corolário 9.20 é falsa, ou seja, o fato de f ser estritamente crescente em I não implica que $f'(x) > 0$, para todo $x \in I$. Por exemplo, $f : \mathbb{R} \to \mathbb{R}$ dada por $f(x) = x^3$ é tal que $f'(0) = 0$.

Corolário 9.22 *Seja $f : I \to \mathbb{R}$ uma função derivável no intervalo I. Então, f é decrescente em I se, e somente se, $f'(x) \leq 0$, para todo $x \in I$.*

Demonstração. É análoga à prova do Corolário 9.19.

□

Corolário 9.23 *Se $f : I \to \mathbb{R}$ for uma função derivável em I tal que $f'(x) < 0$, para todo $x \in I$, então f é estritamente decrescente em I.*

Demonstração. Fica como exercício.

□

Uma observação análoga à Observação 9.21 deve ser feita para este corolário. Deixemos para o leitor escrever.

Corolário 9.24 *Se $f : I \to \mathbb{R}$ for uma função derivável em I tal que $f'(x) = 0$, para todo $x \in I$, então f é constante em I.*

Demonstração. Dados $x_1, x_2 \in I$ quaisquer tais que $x_1 < x_2$. Pelo T.V.M. segue que existe $c \in (x_1, x_2)$ tal que

$$f(x_2) - f(x_1) = f'(c)(x_2 - x_1) = 0(x_2 - x_1) = 0,$$

e então segue que $f(x_2) = f(x_1)$, $\forall x_1, x_2 \in I$. Como x_1 e x_2 são quaisquer em I, segue que f é constante em I.

□

Corolário 9.25 *Sejam $f, g : I \to \mathbb{R}$ funções deriváveis em um intervalo I tais que $f'(x) = g'(x)$, para todo $x \in I$. Então, existe um ponto $c \in \mathbb{R}$ tal que $f(x) = g(x) + c$.*

Demonstração. Defina $h : I \to \mathbb{R}$ por $h(x) = f(x) - g(x)$. Então, h é derivável em I e

$$h'(x) = f'(x) - g'(x).$$

Como por hipótese $f'(x) = g'(x)$, para todo $x \in I$, segue que $h'(x) = 0$, para todo $x \in I$.

Pelo corolário anterior segue que $h(x) = c$, onde c é uma constante real. Portanto, $f(x) = g(x) + c$.

□

Lembrando do estudo de funções contínuas, uma função $f : I \to \mathbb{R}$ é dita ser de *Lipschitz* ou *lipschitziana* se existir uma constante positiva $M > 0$ tal que, para quaisquer $x, y \in I$, implicar em

$$|f(x) - f(y)| \leq M|x - y|.$$

O número positivo M que satisfaz a desigualdade acima chama-se *constante de Lipschitz*. Isto posto, temos o seguinte resultado relacionado à derivada:

Corolário 9.26 *Seja $f : I \to \mathbb{R}$ uma função derivável em um intervalo I. Então, f é de Lipschitz se, e somente se, existir $M > 0$ tal que $|f'(x)| \leq M$, para todo $x \in I$.*

Demonstração. Primeiramente, suponha que f é de Lipschitz. Então, existe $M > 0$ tal que, para quaisquer $x, y \in I$, vale a desigualdade

$$|f(x) - f(y)| \leq M|x - y|.$$

Então

$$\left|\frac{f(x)-f(y)}{x-y}\right| \leq M.$$

Passando o limite quando $x \to y$, segue que

$$\left|\lim_{x\to y}\frac{f(x)-f(y)}{x-y}\right| \leq \lim_{x\to y} M = M,$$

e, como f é derivável em I, obtemos

$$|f'(x)| \leq M.$$

Reciprocamente, suponha que exista $M > 0$ tal que $|f'(x)| \leq M$, $\forall x \in I$. Assim, para $x, y \in I$ quaisquer, como f é derivável em I, segue pelo T.V.M. que existe c entre x e y tal que

$$f(x) - f(y) = f'(c)(x-y),$$

e daí segue que

$$|f(x) - f(y)| = |f'(c)| \cdot |x-y| \leq M \cdot |x-y|,$$

ou seja, f é de Lispchitz.

□

Corolário 9.27 *Sejam I um intervalo aberto, $a \in I$ e $f : I \to \mathbb{R}$ uma função contínua em I. Suponha que f seja derivável em x, para todo $x \in I$, mas $x \neq a$. Se existir $\lim_{x\to a} f'(x) = L$, então f também é derivável em a, com $f'(a) = L$.*

Demonstração. Seja $x \in I$, $x \neq a$. Logo, $x > a$ ou $x < a$. Vamos considerar o caso em que $x > a$. Nesse caso, aplicaremos o T.V.M. em $[a, x]$. Como f é contínua em $[a, x]$ e derivável em (a, x), segue pelo T.V.M. que existe $c \in (a, x)$ tal que

$$f'(c) = \frac{f(x)-f(a)}{x-a}.$$

Então, temos que (note que como $c \in (a, x)$ e $x \to a$ segue que $c \to a$)

$$f'(a) = \lim_{x\to a}\frac{f(x)-f(a)}{x-a} = \lim_{x\to a} f'(c) = \lim_{c\to a} f'(c) = L.$$

□

No que segue, apresentamos alguns exemplos de aplicação do Teorema do Valor Médio para desigualdades.

Exemplo 1. Mostre que $\ln(1+x) \leq x$, $\forall x \geq 0$.

Solução. Defina $f : [0, \infty) \to \mathbb{R}$ por

$$f(x) = \ln(1 + x) - x.$$

Precisamos mostrar que $f(x) \leq 0$, para todo $x \geq 0$. Notamos que $\forall x \geq 0$, vale que

$$f'(x) = \frac{1}{1+x} - 1 \leq 0.$$

Portanto, $f'(x) \leq 0$, $\forall x \in (0, \infty)$. Logo, pelo Corolário 9.22 segue que f é decrescente em $(0, \infty)$, e disso segue que

$$x \geq 0 \Rightarrow f(x) \leq f(0) = 0,$$

donde segue que

$$\ln(1 + x) \leq x, \ \forall x \geq 0.$$

□

Exemplo 2. Mostre que $e^x \geq 1 + x$, $\forall x \in \mathbb{R}$.

Solução. Defina $f : \mathbb{R} \to \mathbb{R}$ por $f(x) = e^x - x$. Então, f é derivável em toda a reta, com

$$f'(x) = e^x - 1.$$

Assim, temos que

$$\bullet\ f'(x) > 0, \ \forall x \in (0, +\infty),$$

$$\bullet\ f'(x) < 0, \ \forall x \in (-\infty, 0).$$

Logo, temos que f é estritamente crescente em $(0, +\infty)$ e estritamente decrescente em $(-\infty, 0)$. Assim, segue que

- $\forall x \in (0, \infty)$, $x > 0 \Rightarrow f(x) > f(0)$, ou seja,

$$e^x - x > e^0 - 0 = 1 \Rightarrow e^x > 1 + x.$$

- $\forall x \in (-\infty, 0)$, $x < 0 \Rightarrow f(x) > f(0)$, ou seja,

$$e^x - x > e^0 - 0 = 1 \Rightarrow e^x > 1 + x.$$

Ou seja, acabamos de mostrar que $\forall x \in \mathbb{R} \setminus \{0\}$, vale que $e^x > 1 + x$, e no caso em que $x = 0$ temos $e^x = 1 + x$. Conclusão: $e^x \geq 1 + x$, $\forall x \in \mathbb{R}$.

□

Teorema 9.28 *(Teor. do Valor Médio de Cauchy) Sejam $f, g : [a,b] \to \mathbb{R}$ funções contínuas em $[a,b]$ e deriváveis em (a,b). Então, existe $c \in (a,b)$ tal que*

$$[g(b) - g(a)]f'(c) = [f(b) - f(a)]g'(c).$$

Observação. Quando $g(x) = x$, o teorema acima fornece o T.V.M. (Verifique!)

Demonstração. Dados $f, g : [a,b] \to \mathbb{R}$ nas hipóteses do teorema, defina $\varphi : [a,b] \to \mathbb{R}$ por

$$\varphi(x) = (g(b) - g(a))(f(x) - f(a)) - (g(x) - g(a))(f(b) - f(a)).$$

Note que φ é contínua em $[a,b]$ e derivável em (a,b) e é tal que $\varphi(a) = \varphi(b) = 0$. Logo, φ encontra-se nas hipóteses do Teorema de Rolle. Disso, segue que existe $c \in (a,b)$ tal que $\varphi'(c) = 0$. Como

$$\varphi'(x) = (g(b) - g(a))f'(x) - g'(x)(f(b) - f(a)),$$

segue que

$$\varphi'(c) = (g(b) - g(a))f'(c) - g'(c)(f(b) - f(a)) = 0,$$

donde segue o resultado.

□

Uma consequência importante do teorema acima é a seguinte versão da Regra de L'Hôpital:

Corolário 9.29 *(Regra de L'Hôpital) Sejam $f, g : (a,b] \to \mathbb{R}$ deriváveis, tais que*

(i) $\lim\limits_{x \to a^+} f(x) = \lim\limits_{x \to a^+} g(x) = 0$,

(ii) $g(x) \neq 0$ *e* $g'(x) \neq 0$, $\forall x \in (a,b)$,

(iii) $\lim\limits_{x \to a^+} \dfrac{f'(x)}{g'(x)} = L$.

Então

$$\lim_{x \to a^+} \frac{f(x)}{g(x)} = L.$$

Demonstração. Suponha que valem (i), (ii) e (iii). Redefina $f, g : [a,b] \to \mathbb{R}$ impondo que $f(a) = g(a) = 0$. Assim, f e g passam a ser contínuas em $[a,b]$. Dado $x \in (a,b)$. Pelo Teorema do Valor Médio de Cauchy em $[a,x]$, segue que existe $c \in (a,x)$ tal que

$$\frac{f(x)}{g(x)} = \frac{f(x) - f(a)}{g(x) - g(a)} = \frac{f'(c)}{g'(c)},$$

e então

$$\lim_{x\to a^+} \frac{f(x)}{g(x)} = \lim_{c\to a^+} \frac{f'(c)}{g'(c)} = L.$$

$\square$

Exercícios

1. Seja $f : [a,b] \to \mathbb{R}$ contínua, derivável em (a,b). Suponha que $f(a) = f(b) = 0$. Então, dado um $k \in \mathbb{R}$, mostre que existe $c \in \mathbb{R}$ tal que $f'(c) = k \cdot f(c)$. Sugestão. Tome $p(x) = f(x) \cdot e^{-kx}$ a aplique o Teorema de Rolle.

2. *Use o Teorema do Valor Médio para mostrar que

$$\left| \frac{\cos \alpha x - \cos \beta x}{x} \right| \leq |\beta - \alpha|, \text{ se } \ x \neq 0.$$

3. *Mostre que $\sqrt{1+h} < 1 + \frac{1}{2}h$, se $h > 0$.

4. Aplique o Teorema do Valor Médio a $f(x) = \sqrt{x}$ em $[100, 101]$ para mostrar que

$$\sqrt{101} = 10 + \frac{1}{2\sqrt{c}}$$

para algum c em $(100, 101)$.

5. Explique por que o Teorema do Valor Médio não se aplica à função $f(x) = |x|$ no intervalo $[-1, 2]$.

6. Seja f contínua em $[1,3]$ e derivável em $(1,3)$. Suponha que, para todo $x \in (1,3)$, vale que $1 \leq f'(x) \leq 2$, Prove que $2 \leq f(3) - f(1) \leq 4$.

7. *Suponha que as funções f e g sejam contínuas em $[a,b]$ e deriváveis em (a,b). Suponha também que $f(a) = g(a)$ e que $f'(x) < g'(x)$ para $a < x < b$. Prove que $f(b) < g(b)$.

8. Use o T.V.M. e seus corolários para provar que valem as desigualdades:

   (a) $\dfrac{x}{1+x^2} < \arctan x < x$, $\forall x \geq 0$.

   (b) $\dfrac{x}{\sqrt{1-x^2}} \geq \operatorname{arcsen} x \geq x$, $\forall x \in [0,1)$.

   (c) $x - \dfrac{x^3}{3} < \arctan x$, $\forall x > 0$.

(d) $\dfrac{\pi}{6}+\dfrac{2x-1}{\sqrt{3}} < \operatorname{arcsen} x < \dfrac{\pi}{6}+\dfrac{2x-1}{2\sqrt{1-x^2}}$, para $\frac{1}{2} < x < 1$. Observe que $\operatorname{arcsen}\frac{1}{2} = \frac{\pi}{6}$.

9. *Seja f duas vezes derivável no intervalo $[0,2]$. Mostre que se $f(0)=0$, $f(1)=2$ e $f(2)=4$, então existe um $x_0 \in (0,2)$ tal que $f''(x_0)=0$.

10. Seja $f:\mathbb{R}\to\mathbb{R}$ derivável tal que $f(\pi)=\pi$ e $f(e)=e$. Mostre que existe $x\in\mathbb{R}$ tal que $f'(x)=1$.

11. *Suponha que f é uma função derivável com $f'(x)=x^2f(x)$, para todo $x\in\mathbb{R}$, e tal que $f(0)=1$. Mostre que $f(x)\cdot f(-x)=1$, para todo $x\in\mathbb{R}$.

12. **(Sel. Mestrado UFSM 2012/1)** Suponha que $f:[0,\infty)\to\mathbb{R}$ seja derivável, com $f(0)=0$, e que $f':(0,\infty)\to\mathbb{R}$ seja crescente. Mostre que a função $g:(0,\infty)\to\mathbb{R}$ definida por $g(x)=\dfrac{f(x)}{x}$ é crescente em $(0,\infty)$.

13. **(Sel. Mestrado UFRGS 2009/1)** Sejam f e g funções reais contínuas e deriváveis em $[a,b]$. Use o Teorema do Valor Médio para mostrar que:

    (a) Se $f(a)=f(b)$, então existe $c\in(a,b)$ tal que $f'(c)=0$.

    (b) Se $f(a)=g(a)$ e $f(b)=g(b)$, então existe $c\in(a,b)$ tal que $f'(c)=g'(c)$.

14. *Se $r>0$, prove que $\ln y-\ln x\leq \dfrac{y-x}{r}$, sempre que $r\leq x\leq y$.

15. ***(Sel. Mestrado UFRGS 2009/1)** Dado $x>0$, mostre que $\ln x\geq 1-\dfrac{1}{x}$.

16. **(Sel. Mestrado UFRGS 2015/2)** Suponhamos que f é uma função diferenciável em $\mathbb{R}$ tal que $|f'(x)|\leq M<1$ para todo x real. Seja a_1 um número real qualquer e (a_n) uma sequência definida recursivamente $a_{n+1}=f(a_n)$ para $n\in\mathbb{N}$.

    (a) Mostre que

    $$|a_{n+2}-a_{n+1}|\leq M|a_{n+1}-a_n|,\quad \text{para todo}\quad n.$$

    (b) Prove que a_n converge.

17. *Se f é uma função contínua que é derivável em um intervalo aberto I contendo 0 e se $f(0)=0$, prove que existe um c entre 0 e x tal que

    $$f(x)=\frac{f'(c)}{c^{n-1}}\cdot\frac{x^n}{n}.$$

    (Sugestão.: aplique o Teorema do Valor Médio de Cauchy para $f(x)$ e $g(x)=x^n$)

9.7 Fórmula de Taylor

Nosso objetivo nesta seção é apresentar uma fórmula que permita aproximar uma função qualquer por um certo polinômio, com um erro de aproximação pequeno, numa vizinhança de um ponto a no interior de um intervalo onde a função esteja definida. De fato, na Seção 9.3 definimos que uma função $f : I \to \mathbb{R}$ é derivável em um ponto a no interior de I, se existir um número $f'(a)$ tal que, pondo

$$f(a+h) = f(a) + f'(a)h + r(h),$$

então

$$\lim_{h \to 0} \frac{r(h)}{h} = 0,$$

ou seja, obtemos uma aproximação linear de f numa vizinhança do ponto a, com um erro (resto) $r(h)$.

Vamos demonstrar uma fórmula que nos permita obter uma aproximação melhor do que a linear. Antes, porém, necessitamos estabelecer o conceito de derivadas sucessivas e funções de classe C^n, $n \in \mathbb{N}$.

9.7.1 Derivadas sucessivas e a classe de funções C^n

Na seção anterior, dada uma função $f : [a, b] \to \mathbb{R}$, se f for derivável em todos os pontos do intervalo aberto (a, b), definimos a função derivada $f' : (a, b) \to \mathbb{R}$. Do mesmo modo, sendo f' derivável em (a, b), podemos definir a função derivada da função derivada, ou seja, a derivada segunda $f'' : (a, b) \to \mathbb{R}$, e assim por diante.

Dado $n \in \mathbb{N}$, a derivada de ordem n ou derivada ene-ésima de f em um ponto a é definida indutivamente por

$$f^{(0)}(a) = f(a),$$

$$f^{(1)}(a) = f'(a),$$

$$f^{(n)}(a) = \left(f^{(n-1)}\right)'(a).$$

Definição 9.30 Dizemos que uma função $f : [c, d] \to \mathbb{R}$ é n vezes derivável em um ponto $a \in (c, d)$ se f possuir derivadas até a ordem $n-1$ em todos os pontos de uma vizinhança de a e se existir $f^{(n)}(a)$.

Definição 9.31 Dizemos que uma função $f : [a, b] \to \mathbb{R}$ é de classe C^n, e escrevemos $f \in C^n$, quando f for n vezes derivável em $[a, b]$ e a função $f^{(n)}$ é uma função contínua em $[a, b]$.

Por exemplo, para $n = 0, 1, 2, ...$, defina as funções $f_n : \mathbb{R} \to \mathbb{R}$ por

$$f_n(x) = x^n|x| = \begin{cases} x^{n+1} & \text{se } x \geq 0 \\ -x^{n+1} & \text{se } x < 0 \end{cases}.$$

Note que cada f_n é derivável com

$$f_n'(x) = \begin{cases} (n+1)x^n & \text{se } x \geq 0 \\ -(n+1)x^n & \text{se } x < 0 \end{cases},$$

pois é fácil ver que $\exists\, f_n'(0) = f_{n_-}'(0) = f_{n_+}'(0) = 0$. Portanto, concluímos que

$$f_n'(x) = (n+1)f_{n-1}(x),$$

e com isso a derivada segunda ficará

$$f_n''(x) = (n+1)f_{n-1}'(x) = (n+1)nf_{n-2}(x).$$

Seguindo por indução, chegaremos a $f_n^{(n)}(x) = (n+1)!f_0(x)$, onde $f_0(x) = |x|$, que é contínua, mas não é derivável em $x = 0$. Portanto, concluímos que, para todo n fixado, temos que $f_n \in C^n$, mas $f_n \notin C^{n+1}$.

Quando a definição acima for verdadeira para todo $n \in \mathbb{R}$, temos o conceito de função classe C^∞, dado abaixo.

Definição 9.32 Quando f for infinitamente derivável com com todas as derivadas $f^{(n)}$ contínuas, $n = 0, 1, 2, 3, ...$, diremos que f é uma função de classe C^∞, e escrevemos $f \in C^\infty$.

9.7.2 Fórmula de Taylor

No que segue, apresentamos um importante lema.

Lema 9.33 *Seja $r : I \to \mathbb{R}$ uma função n vezes derivável no ponto $0 \in I$. Então, são equivalentes:*

(i) $r(0) = r'(0) = r''(0) = ... = r^{(n)}(0) = 0$;

(ii) $\lim_{h \to 0} \dfrac{r(h)}{h^n} = 0$.

Demonstração. Faremos a prova de cada implicação por indução sobre n.

(i) $\Rightarrow$ (ii):
(a) Quando $n = 1$, ou seja, suponha que vale $r(0) = r'(0) = 0$. Então,

$$\lim_{h\to 0} \frac{r(h)}{h} = \lim_{h\to 0} \frac{r(h) - r(0)}{h - 0} = r'(0) = 0.$$

Logo, vale a base da indução.

(b) Dado que $r(0) = r'(0) = ... = r^{(n)}(0) = 0$, e suponha que (ii) esteja provado até a ordem $n - 1$, ou seja, que vale

$$\lim_{h\to 0} \frac{r(h)}{h^{n-1}} = 0.$$

Aplicando essa hipótese de indução para $r'(h)$, obtemos

$$\lim_{h\to 0} \frac{r'(h)}{h^{n-1}} = 0.$$

Assim, dado $\varepsilon > 0$, segue que existe $\delta > 0$, tal que, $\forall 0 < |h| < \delta$, implica em

$$\left| \frac{r'(h)}{h^{n-1}} - 0 \right| < \varepsilon.$$

Dessa forma, avaliando

$$\left| \frac{r(h)}{h^n} \right|,$$

obtemos, pelo T.V.M., que existe $c \in (0, h)$ tal que

$$\left| \frac{r(h)}{h^n} \right| = \left| \frac{r(h) - r(0)}{h^n} \right| = \left| \frac{r'(c)(h-0)}{h^n} \right| = \left| \frac{r'(c)}{h^{n-1}} \right|,$$

e, como $0 < c < h < \delta$, segue que $\frac{1}{h} < \frac{1}{c}$, e daí obtemos a majoração

$$\left| \frac{r(h)}{h^n} \right| = \left| \frac{r'(c)}{h^{n-1}} \right| < \left| \frac{r'(c)}{c^{n-1}} \right| < \varepsilon.$$

Isso prova que $\lim_{h\to 0} \frac{r(h)}{h^n} = 0$ e, portanto, pelo Princípio da Indução Matemática segue que vale (ii).

(ii) $\Rightarrow$ (i):
(a) Suponha que (ii) vale para $n = 1$, ou seja, que vale $\lim_{h\to 0} \frac{r(h)}{h} = 0$. Então, como r e r' são deriváveis e, portanto, contínuas, segue que

$$r(0) = \lim_{h\to 0} h \cdot \frac{r(h)}{h} = 0,$$

e

$$r'(0) = \lim_{h \to 0} \frac{r(h) - r(0)}{h - 0} = \lim_{h \to 0} \frac{r(h)}{h} = 0.$$

Logo, $r(0) = r'(0) = 0$, ou seja, vale a base da indução.

(b) Dado que

$$\lim_{h \to 0} \frac{r(h)}{h^n} = 0, \tag{9.4}$$

e supondo que

$$r(0) = r'(0) = ... = r^{(n-1)}(0) = 0, \tag{9.5}$$

precisamos mostrar que $r^{(n)}(0) = 0$.

Defina $\varphi : I \to \mathbb{R}$ por

$$\varphi(h) = r(h) - \frac{r^{(n)}(0)}{n!} h^n.$$

Assim, temos que φ é n vezes derivável em 0, com

$$\varphi^{(k)}(h) = r^{(k)}(h) - \frac{r^{(n)}(0)}{(n-k)!} h^{n-k}, \tag{9.6}$$

para $k = 0, 1, 2, ..., n-1$.

Logo, por (9.5) e (9.6) temos que

$$\varphi(0) = \varphi'(0) = \varphi''(0) = ... = \varphi^{(n-1)}(0) = 0,$$

e como

$$\varphi^{(n)}(h) = r^{(n)}(h) - \frac{r^{(n)}(0)}{0!} = r^{(n)}(h) - r^{(n)}(0),$$

segue que

$$\varphi^{(n)}(0) = r^{(n)}(0) - r^{(n)}(0) = 0.$$

Portanto, pela parte (b) da implicação (i) $\Rightarrow$ (ii) provada anteriormente, segue que

$$\lim_{h \to 0} \frac{\varphi(h)}{h^n} = 0. \tag{9.7}$$

Agora, pela definição de φ, podemos escrever

$$r(h) = \varphi(h) + \frac{r^{(n)}(0)}{n!} h^n,$$

e daí, segue que

$$\lim_{h\to 0}\frac{r(h)}{h^n}=\lim_{h\to 0}\frac{\varphi(h)+\dfrac{r^{(n)}(0)}{n!}h^n}{h^n}=\lim_{h\to 0}\frac{\varphi(h)}{h^n}+\lim_{h\to 0}\frac{r^{(n)}(0)}{n!}. \tag{9.8}$$

Pela hipótese de indução (9.4) e por (9.7), temos que (9.8) fornece

$$r^{(n)}(0)=0,$$

como queríamos mostrar. Isso conclui a prova da indução que (ii) $\Rightarrow$ (i). Portanto, conclui-se a prova do lema.

□

Definição 9.34 Seja $f : I \to \mathbb{R}$ uma função n vezes derivável em $a \in I$. Definimos o *polinômio de Taylor de ordem* n da função f no ponto a como o polinômio

$$p(h)=a_0+a_1h+a_2h^2+...+a_nh^n,$$

cujas derivadas de ordem $\leq n$ no ponto $h=0$ coincidem com as derivadas de ordem n de f no ponto a, i.e.,

$$p^{(k)}(0)=f^{(k)}(a), \text{ para } k=0,1,2,...,n. \tag{9.9}$$

Afirmamos que as derivadas $p^{(0)}(0)$, $p'(0)$, $p''(0)$, ..., $p^{(n)}(0)$ determinam de forma única o polinômio $p(h)$, pois

$$p'(h)=a_1+2a_2h+3a_3h^2+...+na_nh^{n-1},$$

$$p''(h)=2a_2+3\cdot 2a_3h+...+n(n-1)a_nh^{n-2},$$

$$p^{(3)}(h)=3\cdot 2a_3+4\cdot 3a_4h^2+...+n(n-1)(n-2)a_nh^{n-3},$$

e, em geral, para $k=0,1,2,...,n$,

$$p^{(k)}(h)=k!\cdot a_k+\sum g(h),$$

onde $\sum g(h)$ denota uma soma de termos que contém h. Logo, para $h=0$ e usando (9.9), segue que

$$f^{(k)}(a)=p^{(k)}(0)=k!a_k, \text{ para } k=0,1,2,...,n,$$

e daí, para $k=0,1,2,...,n$, temos

$$a_k=\frac{f^{(k)}(a)}{k!}.$$

Portanto, o polinômio de Taylor de ordem n da função $f : I \to \mathbb{R}$ no ponto $a \in I$ fica unicamente determinado por

$$p(h) = a_0 + a_1 h + a_2 h^2 + ... + a_n h^n = f(a) + \frac{f'(a)}{1!}h + \frac{f''(a)}{2!}h^2 + ... + \frac{f^{(n)}(a)}{n!}h^n.$$

Isto posto, apresentamos o teorema:

Teorema 9.35 *(Fórmula de Taylor infinitesimal) Seja $f : I \to \mathbb{R}$ uma função n vezes derivável em $a \in I$. Então, para todo $h \in \mathbb{R}$ tal que $a + h \in I$, tem-se*

$$f(a+h) = f(a) + f'(a)h + \frac{f''(a)}{2!}h^2 + ... + \frac{f^{(n)}(a)}{n!}h^n + r(h),$$

onde $\lim_{h\to 0} \frac{r(h)}{h^n} = 0.$

Além disso, $p(h) = \sum_{k=0}^{n} \frac{f^{(k)}(a)}{k!}h^k$ *é o único polinômio de grau menor ou igual a n tal que $f(a+h) = p(h) + r(h)$ com* $\lim_{h\to 0} \frac{r(h)}{h^n} = 0.$

Demonstração. Dado $h \in \mathbb{R}$ tal que $a + h \in I$, defina $r(h)$ por

$$r(h) = f(a+h) - p(h), \tag{9.10}$$

onde $p(h)$ é um polinômio de grau $\leq n$ e $r(h)$ é tal que

$$\lim_{h\to 0} \frac{r(h)}{h^n} = 0. \tag{9.11}$$

Vamos mostrar que $p(h)$ é o polinômio de Taylor. Note que, por construção, temos que $r(h)$ possui derivadas no ponto 0 até a ordem n. Dessa forma, observando (9.11), estamos nas hipóteses do Lema 9.33. Assim, concluímos que

$$r(0) = r'(0) = r''(0) = ... = r^{(n)}(0) = 0. \tag{9.12}$$

As derivadas de ordem k de (9.10), para $k = 0, 1, 2, ..., n$, são dadas por

$$r^{(k)}(h) = f^{(k)}(a+h) - p^{(k)}(h),$$

e daí, por (9.12) segue que

$$0 = r^{(k)}(0) = f^{(k)}(a) - p^{(k)}(0), \quad \text{para} \quad k = 0, 1, 2, ..., n.$$

Logo, $f^{(k)}(a) = r^{(k)}(0)$, e daí segue pela Definição 9.34 que $p(h)$ é o polinômio de Taylor, o qual já mostramos ser único, e é da forma

$$p(h) = \sum_{k=0}^{n} \frac{f^{(k)}(a)}{k!}h^k.$$

□

Observação 9.36 Pondo $a+h=x$, temos $h=x-a$ e então podemos escrever

$$f(x)=f(a)+f'(a)(x-a)+\frac{f''(a)}{2!}(x-a)^2+...+\frac{f^{(n)}(a)}{n!}(x-a)^n+r(x-a),$$

com

$$\lim_{x\to a}\frac{r(x-a)}{(x-a)^n}=0.$$

Uma aplicação imediata da Fórmula de Taylor infinitesimal é a proposição que segue.

Proposição 9.37 *Seja $f:I\to\mathbb{R}$ uma função n vezes derivável em um ponto $a\in I$. Suponha que $f'(a)=f''(a)=...=f^{(n-1)}(a)=0$ e $f^{(n)}(a)\neq 0$. Então*

(a) *se n for ímpar, então a não é ponto de máximo local, nem ponto de mínimo local para f.*

(b) *se n for par, então*

- *se $f^{(n)}(a)>0$, então a é ponto de mínimo local para f,*
- *se $f^{(n)}(a)<0$, então a é ponto de máximo local para f.*

Demonstração. Como $f'(a)=f''(a)=...=f^{(n-1)}(a)=0$ e $f^{(n)}(a)\neq 0$, pela Fórmula de Taylor infinitesimal, segue que

$$f(a+h)-f(a)=\frac{f^{(n)}(a)}{n!}h^n+r(h)=\left(\frac{f^{(n)}(a)}{n!}+\frac{r(h)}{h^n}\right)h^n.$$

Como $\frac{r(h)}{h^n}\to 0$ quando $h\to 0$ e $\frac{f^{(n)}(a)}{n!}\neq 0$, segue que:

(a) se n for ímpar, então:

- $h^n>0$ para $h>0$;
- $h^n<0$ para $h<0$,

e então $f(a+h)-f(a)$ possuirá um sinal à direita contrário ao sinal à esquerda de a. Logo, o ponto a não é ponto de máximo local e nem de mínimo local para f.

(b) se n for par, então $h^n>0$, $\forall h\neq 0$. Logo, o sinal de $h^n\left(\frac{f^{(n)}(a)}{n!}+\frac{r(h)}{h^n}\right)$, para $0<|h|<\delta$, é o mesmo sinal de $f^{(n)}(a)$. Assim,

- se $f^{(n)}(a) > 0$ então $f(a+h) - f(a) > 0$ para $0 < h < \delta$, e daí é mínimo local para f,
- se $f^{(n)}(a) < 0$ então $f(a+h) - f(a) < 0$ para $0 < h < \delta$, e daí é máximo local para f.

Isso conclui a prova da proposição.

□

No que segue, apresentamos uma segunda Fórmula de Taylor, onde o resto assume uma forma diferente da infinitesimal.

Teorema 9.38 *(Fórmula de Taylor com resto de Lagrange) Seja f uma função n vezes derivável no intervalo aberto do tipo $(a-\delta, a+\delta)$, onde $\delta > 0$, com $f^{(n-1)}$ contínua em $[a-\delta, a+\delta]$. Então, dado $b \in (a-\delta, a+\delta)$, existe c entre a e b tal que*

$$f(b) = f(a) + f'(a)(b-a) + \frac{f''(a)}{2!}(b-a)^2 + ...$$

$$... + \frac{f^{(n-1)}(a)}{(n-1)!}(b-a)^{n-1} + \frac{f^{(n)}(c)}{n!}(b-a)^n.$$

Além disso, pondo $b = a+h$, segue que existe $\theta \in (0,1)$ tal que

$$f(a+h) = f(a) + f'(a)h + \frac{f''(a)}{2!}h^2 + ... + \frac{f^{(n-1)}(a)}{(n-1)!}h^{n-1} + \frac{f^{(n)}(a+\theta h)}{n!}h^n.$$

Observação. Note que o caso $n = 1$ é o T.V.M. usual.

Demonstração. Sem perda de generalidade, vamos supor $a < b$. Defina $\varphi : [a,b] \to \mathbb{R}$ por

$$\varphi(x) = f(b) - f(x) - f'(x)(b-x) - \frac{f''(x)}{2!}(b-x)^2 - ...$$

$$... - \frac{f^{(n-1)}(x)}{(n-1)!}(b-x)^{n-1} - \frac{A}{n!}(b-x)^n,$$

onde $A \in \mathbb{R}$ é tal que $\varphi(a) = 0$. Tal escolha para A torna φ contínua em $[a,b]$. Por construção temos que φ é derivável em (a,b), com

$$\varphi'(x) = f'(x) - f''(x)(b-x) - f'(x) - \frac{1}{2}f'''(x)(b-x)^2 - 2(b-x)\frac{f''(x)}{2} - ...$$

$$... - \frac{f^{(n-1)}(x)}{(n-1)!}(n-1)(b-x)^{n-2} - \frac{f^{(n)}(x)}{(n-1)!}(b-x)^{n-1} + \frac{A}{(n-1)!}(b-x)^{n-1},$$

donde segue que

$$\varphi'(x) = \frac{A - f^{(n)}(x)}{(n-1)!}(b-x)^{n-1}.$$

Assim, sendo φ contínua em $[a, b]$ e derivável em (a, b), e notando que $\varphi(a) = 0 = \varphi(b)$, estamos nas hipóteses do Teorema de Rolle, e daí segue que existe $c \in (a, b)$ tal que $\varphi'(c) = 0$, e, com isso, segue que

$$0 = \varphi'(c) = \frac{A - f^{(n)}(c)}{(n-1)!}(b-c)^{n-1} \Leftrightarrow A = f^n(c).$$

Logo, para $x = a$, teremos

$$0 = \varphi(a) = f(b) - f(a) - f'(a)(b-a) - ... - \frac{f^{(n-1)}(a)}{(n-1)!}(b-a)^{n-1} - \frac{f^{(n)}(c)}{n!}(b-a)^n,$$

e daí a fórmula é obtida isolando-se $f(b)$, onde $c \in (a, b)$.

Para mostrar a segunda parte do teorema, observe que, denotando $b = a + h$, segue que $h = b - a$ e, assim,

$$f(a+h) = f(a) + f'(a)h + \frac{f''(a)}{2!}h^2 + ... + \frac{f^{(n-1)}(a)}{(n-1)!}h^{n-1} + \frac{f^{(n)}(c)}{n!}h^n,$$

onde $c \in (a, a+h)$ e, portanto, $c = a + \theta h$, para algum $0 < \theta < 1$. Isso conclui a prova do teorema.

□

Exercícios

1. Seja $f_n : \mathbb{R} \to \mathbb{R}$ definida por

$$f_n(x) = \begin{cases} x^{2n} \operatorname{sen} \frac{1}{x} & \text{se} \quad x \neq 0 \\ 0 & \text{se} \quad x = 0 \end{cases}.$$

   Mostre que f_n é n vezes derivável, mas que sua ene-ésima derivada não é contínua no ponto $x = 0$, logo, $f \notin C^n$.

2. *Use a igualdade

$$\frac{1}{1-x} = 1 + x + ... + x^n + \frac{x^{n+1}}{1-x}$$

   e a Fórmula de Taylor infinitesimal para calcular as derivadas sucessivas, no ponto $x = 0$, da função $f : (-1, 1) \to \mathbb{R}$, dada por $f(x) = \dfrac{1}{1-x}$.

3. Seja $f : \mathbb{R} \to \mathbb{R}$ uma função par, i.e., $f(x) = f(-x)$, para todo $x \in \mathbb{R}$. Mostre que na expressão da fórmula de Taylor em torno de 0 não aparecem as derivadas ímpares em 0. Enuncie e demonstre um resultado análogo para funções ímpares, i.e., tais que $f(x) = -f(-x)$, para todo $x \in \mathbb{R}$.

4. *Sejam $f, g : I \to \mathbb{R}$ duas vezes deriváveis no ponto $a \in I$. Se $f(a) = g(a)$, $f'(a) = g'(a)$ e $f(x) \geq g(x)$, para todo $x \in I$, prove que $f''(a) \geq g''(a)$.

5. *Seja $f : I \to \mathbb{R}$ uma função duas vezes derivável em $a \in I$. Prove que

$$\lim_{h \to 0} \frac{f(a+h) - 2f(a) + f(a-h)}{h^2} = f''(a).$$

6. *Utilize a Fórmula de Taylor infinitesimal para provar a seguinte versão da regra de L'Hôpital: *Sejam $f, g : I \to \mathbb{R}$ funções n vezes deriváveis no ponto $a \in I$, com derivadas nulas neste ponto até a ordem $n-1$. Se $g^{(n)}(a) \neq 0$, então*

$$\lim_{x \to a} \frac{f(x)}{g(x)} = \frac{f^{(n)}(a)}{g^{(n)}(a)}.$$

7. * **(Sel. Mestrado UFRGS 2010/1)** Seja $f : (a, b) \to \mathbb{R}$ uma função diferenciável.

   (a) Se f é não decrescente, prove que $f'(x) \geq 0$ para todo $x \in (a, b)$.

   (b) Suponha que $f(x) < f(y)$ para todos $x, y \in (a, b)$ tais que $x > y$. Podemos afirmar que a derivada de f é estritamente menor que zero em todos os pontos de (a, b)?

   (c) Suponha agora que f é duas vezes diferenciável em (a, b), e que a derivada de segunda ordem de f é estritamente positiva. Prove que f pode ter no máximo um ponto de mínimo local.

8. Seja $f \in C^{n+1}$ em uma vizinhança do ponto a, e considere a Fórmula de Taylor com resto de Lagrange:

$$f(a+h) = f(a) + f'(a)h + ... + \frac{f^{(n-1)}(a)}{(n-1)!}h^{n-1} + \frac{f^n(a+\theta h)}{n!}h^n,$$

com $0 < \theta < 1$. Prove que se $f^{(n+1)}(a) \neq 0$, então $\theta \to \frac{1}{n+1}$ quando $h \to 0$.
Sugestão: compare com a Fórmula de Taylor infinitesimal.

9. *Considere uma função f onde a derivada segunda $f''(x)$ existe e é contínua em $[0, 1]$. Assuma que $f(0) = f(1) = 0$ e suponha que existe $K > 0$ tal que $|f''(x)| \leq K$, para todo $x \in [0, 1]$. Mostre que

$$\left| f'\left(\frac{1}{2}\right) \right| \leq \frac{K}{4} \quad \text{e} \quad |f'(x)| \leq \frac{K}{2}.$$

10. *Suponha $f \in C^2(0, \infty)$ e escreva

$$M_j = \sup_{x \in (0,\infty)} |f^{(j)}(x)|,$$

onde $j = 0, 1, 2$.

(a) Use a Fórmula de Taylor em torno de qualquer x fixado para mostrar que, para todo $h \in (0, \infty)$, tem-se

$$|f'(x)| \leq h \cdot M_2 + \frac{M_0}{h}.$$

(b) Encontre o valor de h que minimiza a parte direita da desigualdade acima. Em seguida, conclua que

$$M_1^2 \leq 4 \cdot M_0 \cdot M_2.$$

11. *Seja $\mathcal{F}$ a coleção de todas as funções duas vezes continuamente deriváveis em $\mathbb{R}$ satisfazendo $f \geq 0$ em $\mathbb{R}$ e $f''(x) \leq 1$ em $\mathbb{R}$. Encontre uma constante $C \in (0, \infty)$ tal que para cada $f \in \mathcal{F}$ e para cada $x \in \mathbb{R}$ tem-se

$$f'(x)^2 \leq C \cdot f(x).$$

9.8 Funções convexas

Definição 9.39 Dizemos que uma função $f : I \to \mathbb{R}$ definida em um intervalo I é *convexa* se, para quaisquer $x_1, x_2 \in I$ e para qualquer número real $\lambda \in [0, 1]$, cumprir a desigualdade:

$$f(\lambda x_1 + (1 - \lambda)x_2) \leq \lambda f(x_1) + (1 - \lambda)f(x_2).$$

A combinação $\lambda x_1 + (1-\lambda)x_2$ é chamada de *combinação convexa*. Chamando $\lambda = \lambda_1$ e $1 - \lambda = \lambda_2$, notamos que $\lambda_1 + \lambda_2 = 1$, com $\lambda_1, \lambda_2 \geq 0$, e podemos escrever a desigualdade da definição acima por

$$f(\lambda_1 x_1 + \lambda_2 x_2) \leq \lambda_1 f(x_1) + \lambda_2 f(x_2).$$

Geometricamente, uma função $f : I \to \mathbb{R}$ é dita convexa em I se, para quaisquer $a, b \in I$, a reta secante ao gráfico de f nos pontos $(a, f(a))$ e $(b, f(b))$ fica acima do gráfico de f.

Assim, seja $x \in (a,b) \subset I$. Logo, $a < x < b$. A equação da reta secante ao gráfico de f nos pontos $(a, f(a))$ e $(b, f(b))$ é dada por

$$y = f(a) + \frac{f(b) - f(a)}{b - a}(x - a).$$

Logo, como $(x, f(x))$ está abaixo do gráfico da reta secante acima destacada, segue que

$$f(x) \leq f(a) + \frac{f(b) - f(a)}{b - a}(x - a),$$

ou seja,

$$\frac{f(x) - f(a)}{x - a} \leq \frac{f(b) - f(a)}{b - a}. \tag{9.13}$$

Por outro lado, a equação da reta secante ao gráfico de f também pode ser escrita por

$$y = f(b) + \frac{f(b) - f(a)}{b - a}(x - b),$$

e, do mesmo modo, como $(x, f(x))$ está abaixo do gráfico da reta secante acima destacada, segue que

$$f(x) \leq f(b) + \frac{f(b) - f(a)}{b - a}(x - b),$$

ou seja (e não esquecendo que $x - b < 0$, por isso trocamos a desigualdade que segue),

$$\frac{f(x) - f(b)}{x - b} \geq \frac{f(b) - f(a)}{b - a},$$

ou melhor,

$$\frac{f(b) - f(x)}{b - x} \geq \frac{f(b) - f(a)}{b - a}. \tag{9.14}$$

Juntando (9.13) e (9.14) obtemos

$$\frac{f(x) - f(a)}{x - a} \leq \frac{f(b) - f(a)}{b - a} \leq \frac{f(b) - f(x)}{b - x}. \tag{9.15}$$

Isto caracteriza a convexidade de f. Faça um desenho para ilustrar.

Mais ainda, sendo f convexa em I, se $a < b < c < d$, pode-se mostrar que

$$\frac{f(b) - f(a)}{b - a} \leq \frac{f(c) - f(b)}{c - b} \leq \frac{f(d) - f(c)}{d - c}, \tag{9.16}$$

ou seja, as declividades vão aumentando. Um simples desenho já justifica este fato.

No entanto, até o momento parece não haver conexão entre a definição dada de função convexa com o seu significado geométrico. Vejamos que de fato a desigualdade da Definição 9.39 se cumpre: dados $x_1, x_2 \in I$ e suponha f convexa em I (sem considerar convexidade como a Definição 9.39, e sim somente seu significado geométrico).

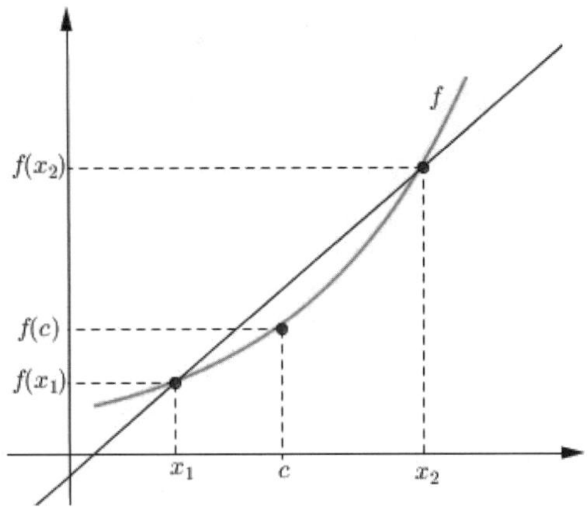

Assim, dado $c \in [x_1, x_2]$, segue que podemos escrever

$$c = \lambda x_1 + (1 - \lambda)x_2, \quad \text{para algum } \lambda \in [0, 1].$$

Logo,

$$f(c) = f(\lambda x_1 + (1 - \lambda)x_2).$$

Afirmamos que $f(c) \leq \lambda f(x_1) + (1 - \lambda)f(x_2)$: De fato, a equação da reta secante ao gráfico de f em $(x_1, f(x_1))$, $(x_2, f(x_2))$ é dada por

$$y = f(x_1) + \frac{f(x_2) - f(x_1)}{x_2 - x_1}(x - x_1),$$

e como todo ponto do gráfico de f no intervalo $[x_1, x_2]$ fica abaixo de tal reta, segue que, em particular quando $x = c$, teremos

$$f(c) \leq f(x_1) + \frac{f(x_2) - f(x_1)}{x_2 - x_1}(c - x_1),$$

onde $c = \lambda x_1 + (1 - \lambda)x_2$, ou seja,

$$f(\lambda x_1 + (1 - \lambda)x_2) \leq f(x_1) + \frac{f(x_2) - f(x_1)}{x_2 - x_1}(\lambda x_1 + (1 - \lambda)x_2 - x_1),$$

o que, organizando adequadamente a direita da desigualdade acima, obtemos

$$f(\lambda x_1 + (1 - \lambda)x_2) \leq \lambda f(x_1) + (1 - \lambda)f(x_2),$$

como queríamos mostrar.

Na proposição que segue podemos estender a combinação convexa para n termos.

Proposição 9.40 *Se $f : I \to \mathbb{R}$ for uma função convexa, então para quaisquer $x_1, x_2, ..., x_n \in I$ e para quaisquer $\lambda_1, \lambda_2, ..., \lambda_n \geq 0$ tais que $\lambda_1 + ... + \lambda_n = 1$, tem-se*

$$f(\sum_{i=1}^{n} \lambda_i x_i) \leq \sum_{i=1}^{n} \lambda_i f(x_i).$$

Demonstração. Seja $f : I \to \mathbb{R}$ for uma função convexa. Faremos a prova por indução sobre n. Como f é convexa, segue que para $n = 2$ a prova já está garantida, ou seja, vale a base da indução.

Suponha então que a desigualdade seja verdadeira para $n - 1$ números reais e sejam $\lambda_1, ..., \lambda_n \geq 0$ tais que $\lambda_1 + ... + \lambda_n = 1$. Se $\lambda_1 = 1$ e $\lambda_2 = ... = \lambda_n = 0$, então vale a base da indução.

Vamos então supor que $\lambda_n < 1$. Assim, podemos escrever

$$\lambda_1 x_1 + ... + \lambda_n x_n = (1 - \lambda_n)\left(\frac{\lambda_1}{1 - \lambda_n} x_1 + ... + \frac{\lambda_{n-1}}{1 - \lambda_n} x_{n-1}\right) + \lambda_n x_n.$$

Denotando

$$y = \frac{\lambda_1}{1 - \lambda_n} x_1 + ... + \frac{\lambda_{n-1}}{1 - \lambda_n} x_{n-1},$$

temos

$$f(\lambda_1 x_1 + ... + \lambda_n x_n) = f((1 - \lambda_n)y + \lambda_n x_n) \leq (1 - \lambda_n) f(y) + \lambda_n f(x_n), \quad (9.17)$$

pois vale para $n = 2$.

Observe também que

$$\frac{\lambda_1}{1 - \lambda_n} + \frac{\lambda_2}{1 - \lambda_n} + ... + \frac{\lambda_{n-1}}{1 - \lambda_n} = \frac{\lambda_1 + ... + \lambda_{n-1}}{1 - \lambda_n} = \frac{1 - \lambda_n}{1 - \lambda_n} = 1,$$

e, como a hipótese da indução vale para $n - 1$ termos,

$$f(y) = f(\frac{\lambda_1}{1 - \lambda_n} x_1 + ... + \frac{\lambda_{n-1}}{1 - \lambda_n} x_{n-1}) \leq$$

$$\leq \frac{\lambda_1}{1 - \lambda_n} f(x_1) + ... + \frac{\lambda_{n-1}}{1 - \lambda_n} f(x_{n-1}),$$

o que, levado para (9.17), fornece

$$f(\lambda_1 x_1 + ... + \lambda_n x_n) \leq (1 - \lambda_n) f(y) + \lambda_n f(x_n) \leq$$

$$\leq \lambda_1 f(x_1) + ... + \lambda_{n-1} f(x_{n-1}) + \lambda_n f(x_n),$$

como queríamos mostrar.

□

Estamos interessados em obter resultados que liguem os conceitos de função convexa com função derivável. No entanto, chamamos a atenção ao fato de que uma função ser convexa não implica que ela seja derivável. Por exemplo, a função $f : \mathbb{R} \to \mathbb{R}$ dada por $f(x) = |x|$ é convexa, pois dados $\lambda_1, \lambda_2 \geq 0$ tais que $\lambda_1 + \lambda_2 = 1$, tem-se que, $\forall x, y \in \mathbb{R}$,

$$f(\lambda_1 x + \lambda_2 y) = |\lambda_1 x + \lambda_2 y| \leq \lambda_1 |x| + \lambda_2 |y| = \lambda_1 f(x) + \lambda_2 f(x).$$

No entanto, f não é derivável na origem.

Vejamos agora um importante resultado.

Proposição 9.41 *Seja $f : I \to \mathbb{R}$ uma função duas vezes derivável em I. Então, f é convexa em I se, e somente se, $f''(x) \geq 0$, $\forall x \in I$.*

Demonstração. Suponha que f seja convexa em I Assim, dados $a < b \in I$ e tomando $a < x < b$, segue por (9.15) que

$$\frac{f(x) - f(a)}{x - a} \leq \frac{f(b) - f(a)}{b - a} \leq \frac{f(x) - f(b)}{x - b}.$$

Como $\lim\limits_{x \to a} \dfrac{f(x) - f(a)}{x - a} = f'(a)$ e $\lim\limits_{x \to b} \dfrac{f(x) - f(b)}{x - b} = f'(b)$, concluímos que

$$f'(a) \leq \frac{f(b) - f(a)}{b - a} \leq f'(b),$$

ou seja, dados $a < b$, mostramos que $f'(a) \leq f'(b)$, ou seja, concluímos que f' é crescente em I, e pelo Corolário 9.19 aplicado a f' segue que $f''(x) \geq 0$, $\forall x \in I$. Isso prova a primeira parte da proposição.

Reciprocamente, suponha que $f''(x) \geq 0$, $\forall x \in I$. Sejam $a, b \in I$, com $a < b$. Dado $h > 0$ tal que $a - h, b + h \in I$.

Assim, pelo Teorema da Fórmula de Taylor com resto de Lagrange segue que existe $c_1 \in (a - h, a)$ e existe $c_2 \in (b, b + h)$ tais que

$$f(a - h) = f(a) + f'(a)(-h) + \frac{f''(c_1)}{2!}(-h)^2,$$

e

$$f(b+h) = f(b) + f'(b)h + \frac{f''(c_2)}{2!}h^2.$$

Mas como $f''(x) \geq 0$ para todo $x \in I$, vamos obter

$$f(a-h) - f(a) \geq f'(a)(-h) \quad \text{e} \quad f(b+h) - f(b) \geq f'(b)h,$$

e, portanto,

$$\frac{f(a) - f(a-h)}{h} \leq f'(a) \quad \text{e} \quad \frac{f(b+h) - f(b)}{h} \geq f'(b). \tag{9.18}$$

Novamente pelo Corolário 9.19, como $f''(x) \geq 0$, $\forall x \in I$, segue que f' é crescente em I, ou seja,

$$a < b \Rightarrow f'(a) \leq f'(b).$$

Logo, como $a < b$, concluímos de (9.18) que

$$\frac{f(a) - f(a-h)}{h} \leq f'(a) \leq f'(b) \leq \frac{f(b+h) - f(b)}{h}.$$

Por fim, escrevendo $x = a - h$ e $y = b + h$, temos que $x < a < b < y$ e são tais que

$$\frac{f(a) - f(x)}{a - x} \leq \frac{f(y) - f(b)}{y - b},$$

ou seja, f é convexa em I.

□

Um importante exemplo de função convexa é a função $f : \mathbb{R} \to \mathbb{R}$ dada por $f(x) = e^x$. De fato, para mostrar isso, basta notar que $f''(x) = e^x > 0$, logo, pela proposição acima, segue que f é convexa (e estritamente, pois a desigualdade é estrita).

No que segue apresentamos dois exemplos de aplicação.

Exemplo 1. Prove a desigualdade existente entre média aritmética e geométrica, ou seja, dados $x_1, x_2, ..., x_n \geq 0$, mostre que

$$\sqrt[n]{x_1 \cdot x_2 \cdot ... \cdot x_n} \leq \frac{x_1 + x_2 + ... + x_n}{n}.$$

Solução. De fato, basta definir $f : \mathbb{R} \to \mathbb{R}$ por $f(x) = e^x$. Como $f''(x) = e^x > 0$, $\forall x \in \mathbb{R}$, segue que f é convexa. Assim,

$$\sqrt[n]{x_1 \cdot x_2 \cdot ... \cdot x_n} = e^{\ln \sqrt[n]{x_1 \cdot x_2 \cdot ... \cdot x_n}} = e^{\frac{1}{n}\ln x_1 + ... + \frac{1}{n}\ln x_n} \leq$$

$$\leq \frac{1}{n}e^{\ln x_1} + ... + \frac{1}{n}e^{\ln x_n} = \frac{x_1 + ... + x_n}{n}.$$

□

Exemplo 2. (Desigualdade de Young) *Dados* $p, q > 1$ *tais que* $\frac{1}{p} + \frac{1}{q} = 1$, *para quaisquer* $a, b \geq 0$, *vale a desigualdade:*

$$a \cdot b \leq \frac{a^p}{p} + \frac{a^q}{q}.$$

Demonstração. Como $f : \mathbb{R} \to \mathbb{R}$ dada por $f(x) = e^x$ é convexa, temos que

$$a \cdot b = e^{\ln(a \cdot b)} = e^{\ln a + \ln b} = e^{\frac{p}{p}\ln a + \frac{q}{q}\ln b} =$$

$$= e^{\frac{1}{p}\ln a^p + \frac{1}{q}\ln a^q} = f(\frac{1}{p}\ln a^p + \frac{1}{q}\ln a^q),$$

e como $f(x) = e^x$ é convexa e $\frac{1}{p} + \frac{1}{q} = 1$, segue que

$$a \cdot b = f(\frac{1}{p}\ln a^p + \frac{1}{q}\ln a^q) \leq \frac{1}{p}f(\ln a^p) + \frac{1}{q}f(\ln b^q) = \frac{1}{p}e^{\ln a^p} + \frac{1}{q}e^{\ln b^q} = \frac{1}{p}a^p + \frac{1}{q}b^q.$$

□

Exercícios

1. Prove a desigualdade de Jensen básica: *Se* $f : I \to \mathbb{R}$ *for uma função convexa em* I, *então*

$$f\left(\frac{a+b}{2}\right) \leq \frac{f(a) + f(b)}{2}, \quad \textit{para todos } a, b \in I.$$

2. Sejam $t_1, t_2, ..., t_n \geq 0$ tais que $t_1 + t_2 + ... + t_n = 1$. Prove que

$$x_1^{t_1} \cdot x_2^{t_2} \cdot ... \cdot x_n^{t_n} \leq t_1 \cdot x_1 + t_2 \cdot x_2 + ... + t_n \cdot x_n.$$

3. *Se f e g são funções convexas, pode-se concluir que a composição $g \circ f$ é também convexa? Se não, que condição devemos impor de modo a garantir a convexidade de $g \circ f$?

4. **(Sel. Mestrado UFRGS 2014/2)**Seja $f : I \to \mathbb{R}$ definida em um intervalo I. A função f é chamada *convexa* se

$$f(tx + (1-t)y) \leq tf(x) + (1-t)f(y),$$

para todo $t \in [0, 1]$ e para todo $x, y \in I$.

(a) Mostre que, para todo $a, x, b \in I$ com $a < x < b$, tem-se que

$$\frac{f(x) - f(a)}{x - a} \leq \frac{f(b) - f(a)}{b - a} \leq \frac{f(x) - f(b)}{x - b}.$$

(b) Prove que toda função convexa $f : (a, b) \to \mathbb{R}$, definida num intervalo aberto (a, b), é contínua.

(c) Dê um exemplo para mostrar que uma função convexa não é necessariamente contínua.

5. *Usando a função $f(x) = x \cdot \ln x$, prove que, para quaisquer $a, b, x, y > 0$, tem-se
$$x \ln \frac{x}{a} + y \ln \frac{y}{a} \geq (x + y) \ln \frac{x + y}{a + b}.$$

6. *Seja $f : [a, b] \to \mathbb{R}$ uma função contínua convexa tal que $f(a) < 0 < f(b)$. Prove que existe um único ponto $c \in (a, b)$ tal que $f(c) = 0$.

Capítulo 10

Integrais

" ... (Riemann) um matemático extraordinário."

- S. Bochner -

Neste capítulo queremos desenvolver uma importante ferramenta do Cálculo: a *integração definida*, que é motivada pelo problema de se determinar a área que uma curva forma em um dado intervalo em relação ao eixo horizontal. Uma aplicação física para isto seria, por exemplo, determinar o trabalho realizado para mover um objeto, conhecendo-se o gráfico deslocamento $\times$ força. Teremos que o referido trabalho será numericamente igual à área que o gráfico da função força faz com o eixo deslocamento. Porém, nem sempre esta área pode ser determinada a partir de decomposição de figuras planas elementares, tais como quadrados, retângulos e triângulos. Somente o estudo de integrais definidas responderá perfeitamente a isto.

10.1 A integral definida

10.1.1 Preliminares

Inicialmente apresentaremos algumas definições e propriedades extremamente importantes que nortearão nossos estudos de integrais.

Definição 10.1 Definimos a *partição* de um intervalo $[a, b]$ por

$$P = \{a = t_0 < t_1 < t_2 < ... < t_n = b\}.$$

Da definição temos que uma partição P de um intervalo $[a, b]$ divide o mesmo intervalo em n subintervalos do tipo $[t_{i-1}, t_i]$.

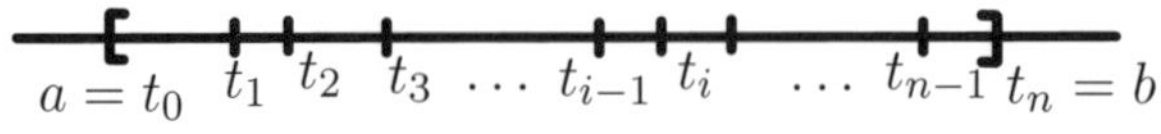

Definição 10.2 Sejam $f : [a, b] \to \mathbb{R}$ limitada e P uma partição de $[a, b]$. Definimos o *ínfimo* e o *supremo* de f em cada subintervalo $[t_{i-1}, t_i]$ da partição, respectivamente, por

$$m_i = \inf_{x \in [t_{i-1}, t_i]} f(x) \quad \text{e} \quad M_i = \sup_{x \in [t_{i-1}, t_i]} f(x).$$

Definição 10.3 Sejam $f : [a, b] \to \mathbb{R}$ limitada e $P = \{a = t_0 < t_1 < ... < t_n = b\}$ uma partição de $[a, b]$. Definimos as somas *superior* e *inferior* de f, em relação à partição P, respectivamente, por

$$S(f; P) := \sum_{i=1}^{n} M_i(t_i - t_{i-1}) \quad \text{e} \quad s(f; P) := \sum_{i=1}^{n} m_i(t_i - t_{i-1}).$$

A seguir, temos uma representação gráfica da definição acima, onde a primeira ilustração representa a soma superior de f em relação a uma partição P e a segunda, a soma inferior.

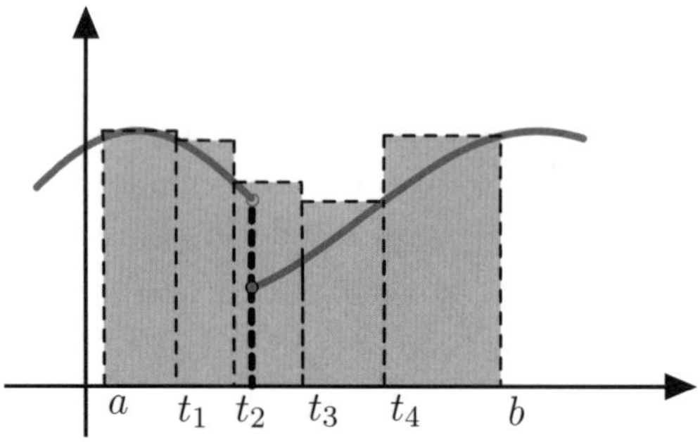

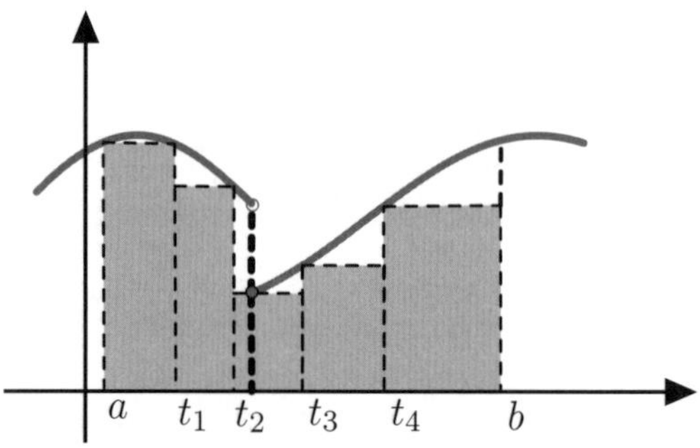

Note que, no caso em que $f \geq 0$, as somas superior e inferior representam, respectivamente, aproximações por excesso e por falta, da área que o gráfico de

f forma com o eixo horizontal no intervalo $[a,b]$. Intuitivamente, se refinarmos a partição de $[a,b]$, ou seja, se "quebrarmos" mais o intervalo $[a,b]$, iremos cada vez mais nos aproximar, por excesso e por falta, da área real. Esta será a ideia de nosso estudo.

Lema 10.4 *Seja $f:[a,b]\to\mathbb{R}$ limitada e P uma partição de $[a,b]$. Então*

$$s(f;P)\leq S(f;P).$$

Demonstração. O que este lema está nos dizendo é que, dada uma partição P de $[a,b]$, a soma inferior sempre é menor ou igual do que a soma superior. Facilmente podemos observar isto mediante uma construção gráfica, como a ilustração apresentada na definição de somas superior e inferior acima. Porém vamos à prova deste lema. Seja P uma partição qualquer de $[a,b]$. Como $m_i\leq M_i$, e $t_i-t_{i-1}>0$ $\forall i\in\{0,1,...,n\}$, temos

$$m_i(t_i-t_{i-1})\leq M_i(t_i-t_{i-1}).$$

Somando estas desigualdades para todos os i's, temos

$$\sum_{i=1}^{n} m_i(t_i-t_{i-1})\leq \sum_{i=1}^{n} M_i(t_i-t_{i-1}),$$

ou seja,

$$s(f;P)\leq S(f;P).$$

□

Definição 10.5 Sejam P e Q duas partições de $[a,b]$. Dizemos que Q é um *refinamento* de P se $P\subset Q$.

O que esta definição quer dizer é que um refinamento de uma partição é uma outra partição do intervalo que contém todos os pontos da partição anterior e pelo menos mais um ponto. Isto pode ser observado na ilustração abaixo, onde Q é um refinamento de P.

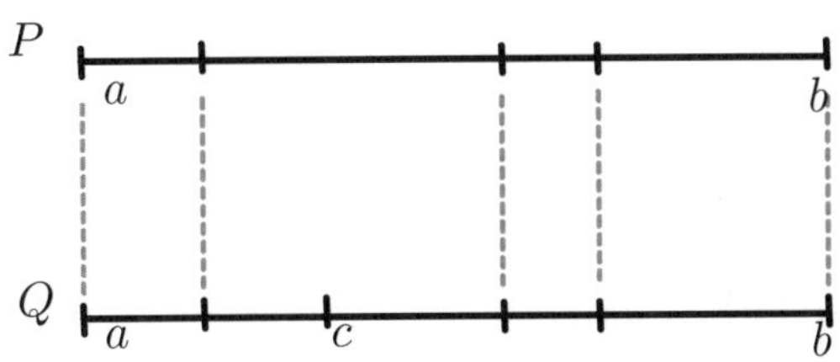

Lema 10.6 *Sejam $f:[a,b]\to\mathbb{R}$ limitada , P e Q duas partições de $[a,b]$, com $P\subset Q$ (i.e., Q é um refinamento de P). Então*

$$s(f;P)\leq s(f;Q)\leq S(f:Q)\leq S(f;P).$$

Obs.: O que este lema está nos informando é que, ao refinarmos uma partição P, a soma inferior não diminui e a soma superior não aumenta. Observe que a desigualdade intermediária é simplesmente o lema anterior. Precisaríamos mostrar então as outras duas. Porém, deixaremos para o leitor fazer algumas construções gráficas e concluir o resultado.

Corolário 10.7 *Sejam $f : [a, b] \to \mathbb{R}$ limitada , P e Q duas partições de $[a, b]$. Então*

$$s(f; P) \leq S(f; Q),$$

ou seja, qualquer soma inferior é sempre menor ou igual do que qualquer soma superior.

Demonstração. Basta notar que $P \cup Q$ é um refinamento tanto de P quanto de Q. Assim, pelo lema acima,

$$s(f; P) \leq s(f; P \cup Q) \leq S(f : P \cup Q) \leq S(f; Q).$$

□

10.1.2 Integrais superior e inferior

Definição 10.8 Seja $f : [a, b] \to \mathbb{R}$ limitada e $\Lambda = \{P : P$ é partição de $[a, b]\}$. Definimos a *integral superior* e a *integral inferior* de f em $[a, b]$, respectivamente, por

$$\overline{\int_a^b} f := \inf_{P \in \Lambda} S(f; P) \quad \text{e} \quad \underline{\int_a^b} f := \sup_{P \in \Lambda} s(f; P)$$

Observe que se $f \geq 0$ temos que estas integrais inferior e superior, na verdade, representam, respectivamente, aproximações por excesso e por falta da área real que f forma com o eixo horizontal em $[a, b]$. Mas pode ser que tal área **não exista!**

No Capítulo 2 estudamos o seguinte resultado, cujo enunciado reescrevemos abaixo:

Proposição 2.41. *Sejam $A, B \subset \mathbb{R}$ conjuntos não vazios tais que, $\forall x \in A$, $\forall y \in B$, $x \leq y$. Então, $\sup A \leq \inf B$. Além disso, vale a igualdade se, e somente se, $\forall \varepsilon > 0$, $\exists x \in A$, $\exists y \in B$ tais que $y - x < \varepsilon$.*

A mesma situação ocorre quando A e B forem os conjuntos dados por

$$A := \{s(f; P) : P \text{ é partição de } [a, b]\}$$

e

$$B := \{S(f; P) : P \text{ é partição de } [a, b]\}$$

Assim, temos pelo comentado acima e pelo Corolário 10.7 que

$$\underline{\int_a^b} f \leq \overline{\int_a^b} \cdot f$$

Mais adiante usaremos estes resultados.

10.1.3 Funções integráveis

Definição 10.9 Seja $f : [a,b] \to \mathbb{R}$ limitada. Dizemos que f é *integrável* (à Riemann) se as integrais superior e inferior forem iguais, ou seja, se

$$\underline{\int_a^b} f = \overline{\int_a^b} f.$$

A este valor comum, chamamos de *integral definida* e escrevemos

$$\int_a^b f \quad \text{ou} \quad \int_a^b f(x)\,dx.$$

A seguir temos alguns exemplos.

Exemplo 1. A função de Dirichlet $f : [0,1] \to \mathbb{R}$ definida por

$$f(x) = \begin{cases} 1, & \text{se } x \in \mathbb{Q} \\ 0, & \text{se } x \notin \mathbb{Q} \end{cases}$$

não é integrável.

Considere $P = \{a = t_0 < t_1 < ... < t_n = b\}$ uma partição qualquer de $[0,1]$. Assim, pela densidade dos irracionais em $\mathbb{R}$ temos

$$m_i = \inf_{x \in [t_{i-1}, t_i]} f(x) = 0.$$

Portanto, qualquer que seja P a partição de $[0,1]$ teremos

$$s(f;P) = \sum_{i=1}^{n} m_i(t_i - t_{i-1}) = 0.$$

Da mesma forma, pela densidade dos racionais em $\mathbb{R}$ temos

$$M_i = \sup_{x \in [t_{i-1}, t_i]} f(x) = 1.$$

Logo,

$$S(f;P) = \sum_{i=1}^{n} M_i(t_i - t_{i-1}) = (t_1 - t_0) + (t_2 - t_1) + ... + (t_n - t_{n-1}) =$$

$$= t_n - t_0 = 1 - 0 = 1,$$

$\forall P$ partição de $[0,1]$. Assim

$$\underline{\int_0^1} f = \sup\{s(f;P) : P \text{ é partição}\} = 0$$

e

$$\overline{\int_0^1} f = \inf\{S(f;P) : P \text{ é partição}\} = 1$$

Disso, segue que

$$\underline{\int_0^1} f = 0 < 1 = \overline{\int_0^1} f,$$

e daí f não é integrável.
Obs.: Realmente, isso era de se esperar, uma vez que não é possível construir o esboço gráfico da função de Dirichlet. Não existe, de fato, uma área.

Exemplo 2. $f : [0,1] \to \mathbb{R}$ dada por

$$f(x) = \begin{cases} 1, & \text{se } 0 \le x < \frac{1}{2} \\ 0, & \text{se } \frac{1}{2} \le x \le 1 \end{cases}$$

Vamos mostrar que esta função é integrável e obter $\displaystyle\int_0^1 f$.

Como $f \ge 0$, então $\int_0^1 f$ representará a área que o gráfico de f forma com o eixo horizontal. O gráfico de f é apresentado abaixo.

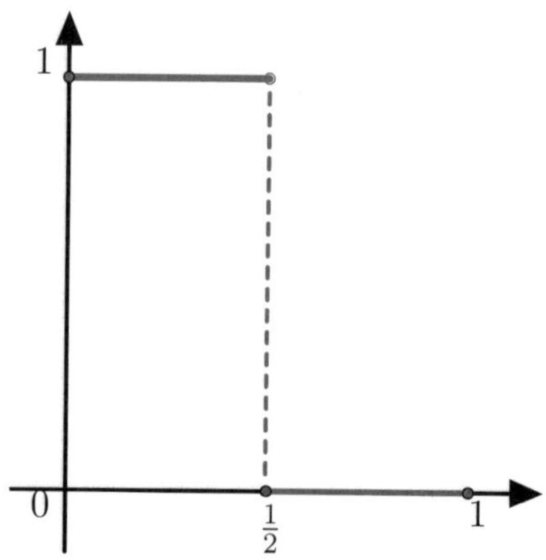

Note que, neste exemplo, como f não é contínua somente no ponto $\frac{1}{2}$, e no restante do domínio ela é uma constante, assumindo valores distintos à esquerda e à direita de $x = \frac{1}{2}$, então construiremos, neste caso particular, uma partição P_n com quatro pontos apenas, mas que, à medida que n aumentar, o retângulo que contiver o ponto $\frac{1}{2}$ será cada vez "mais fino", produzindo uma contribuição para a área cada vez menor.

Assim, seja P_n a partição dada por

$$P_n = \{0, \frac{1}{2} - \frac{1}{n}, \frac{1}{2} + \frac{1}{n}, 1\},\ n \geq 3.$$

Assim,

$$s(f; P_n) = \sum_{i=1}^{n} m_i(t_i - t_{i-1}) =$$

$$= 1\left(\frac{1}{2} - \frac{1}{n} - 0\right) + 0\left(\frac{1}{2} + \frac{1}{n} - \left(\frac{1}{2} + \frac{1}{n}\right)\right) + 0\left(1 - \left(\frac{1}{2} + \frac{1}{n}\right)\right) =$$

$$= \frac{1}{2} - \frac{1}{n}$$

Analogamente,

$$S(f; P_n) = \sum_{i=1}^{n} M_i(t_i - t_{i-1}) = \frac{1}{2} + \frac{1}{n}.$$

Logo, temos

$$\frac{1}{2} - \frac{1}{n} = s(f; P_n) \leq \underline{\int_0^1} f \leq \overline{\int_0^1} f \leq S(f; P_n) = \frac{1}{2} - \frac{1}{n}.$$

Logo, pelo critério do sanduíche, fazendo $n \to \infty$, obtemos

$$\underline{\int_0^1} f = \overline{\int_0^1} f.$$

Logo, f é integrável, com $\displaystyle\int_0^1 f = \frac{1}{2}$.

Realmente, observando que $f \geq 0$ em $[0, 1]$, tal integral corresponde à área que o gráfico de f forma com o eixo horizontal em $[0, 1]$.

Exemplo 3. $f : [0, b] \to \mathbb{R}$ dada por $f(x) = x^2$. Vamos calcular $\displaystyle\int_0^b x^2$.

Para $n \in \mathbb{N}$, considere a partição *regular* P_n de $[0, b]$ dada por

$$P_n = \{0, \frac{1 \cdot b}{n}, \frac{2 \cdot b}{n}, ..., \frac{n \cdot b}{n} = b\},$$

que divide este intervalo em n subintervalos $[t_{i-1}, t_i]$ de mesmo comprimento de tamanho

$$t_i - t_{i-1} = \frac{ib}{n} - \frac{(i-1)b}{n} = \frac{b}{n},$$

visto que $t_i = 0 + \dfrac{ib}{n}$, $\forall i \in \{0, 1, ..., n\}$.

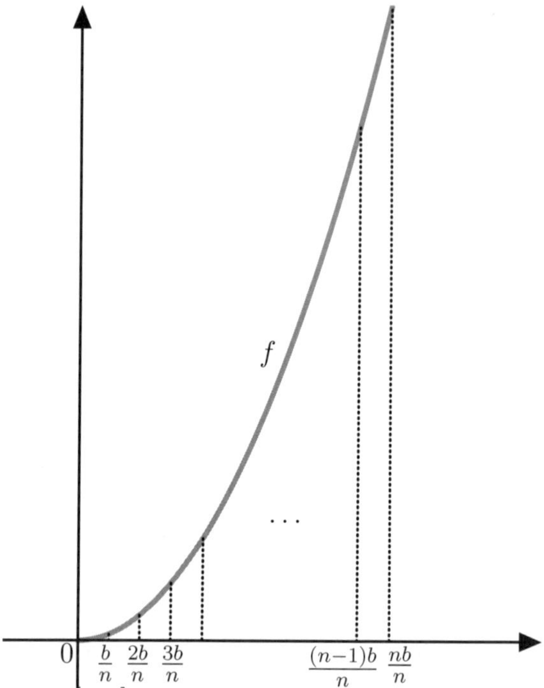

Como f é crescente em $[0, b]$, temos

$$M_i = \sup_{x\in[t_{i-1},t_i]} f(x) = f(t_i) \quad \text{e} \quad m_i = \inf_{x\in[t_{i-1},t_i]} f(x) = f(t_{i-1})$$

Portanto,

$$S(f; P_n) = \sum_{i=1}^{n} M_i(t_i - t_{i-1}) = \sum_{i=1}^{n} f(t_i)\frac{b}{n} =$$

$$= \frac{b}{n}\left(\frac{1^2b^2}{n^2} + \frac{2^2b^2}{n^2} + \frac{3^2b^2}{n^2} + ... + \frac{n^2b^2}{n^2}\right) = \frac{b^3}{n^3}(1^2 + 2^2 + 3^2 + ... + n^2)$$

Observemos aqui um resultado importante que pode ser provado por indução matemática sobre n:

$$1^2 + 2^2 + 3^2 + ... + n^2 = \frac{n(n+1)(2n+1)}{6}.$$

Com isto, continuando os cálculos, temos

$$S(f; P_n) = \frac{b^3}{n^3}(1^2 + 2^2 + 3^2 + ... + n^2) = \frac{b^3}{n^3} \cdot \frac{n(n+1)(2n+1)}{6} =$$

$$= \frac{b^3}{6}\left(1+\frac{1}{n}\right)\left(2+\frac{1}{n}\right) \longrightarrow \frac{b^3}{3} \text{ quando } n \to \infty.$$

Por outro lado,

$$s(f;P_n) = \sum_{i=1}^{n} m_i(t_i - t_{i-1}) = \sum_{i=1}^{n} f(t_{i-1})\frac{b}{n} = \frac{b}{n}\sum_{i=1}^{n}\left[\frac{(i-1)b}{n}\right]^2 =$$

$$= \frac{b^3}{n^3}(0^2 + 1^2 + ... + (n-1)^2) = \frac{b^3}{n^3} \cdot \frac{(n-1)n(2n-1)}{6}.$$

Portanto,

$$s(f;P_n) = \frac{b^3}{6}\left(1-\frac{1}{n}\right)\left(2-\frac{1}{n}\right) \longrightarrow \frac{b^3}{3} \text{ quando } n \to \infty.$$

Assim,

$$\underline{\int_0^b} f = \overline{\int_0^b} f = \frac{b^3}{3}.$$

Portanto, f é integrável e

$$\int_0^b x^2\, dx = \frac{b^3}{3}.$$

Obs.: Para resolver o problema de integração acima, utilizamos de uma igualdade, que pode ser provada por indução matemática sobre n. Citemos aqui outras igualdades que serão úteis em exercícios:

(a) $\sum_{i=1}^{n} k = k \cdot n$, $\forall n \geq 1$.

(b) $1 + 2 + 3 + ... + n = \frac{n(n+1)}{2}$, $\forall n \geq 1$.

(c) $1^2 + 2^2 + 3^2 + ... + n^2 = \frac{n(n+1)(2n+1)}{6}$, $\forall n \geq 1$.

(d) $1^3 + 2^3 + 3^3 + ... + n^3 = \left[\frac{n(n+1)}{2}\right]^2$, $\forall n \geq 1$.

Note, por exemplo, que a igualdade (a) nos diz que ao somar uma constante k com ela mesma n vezes obtemos $n \cdot k$ e a igualdade (b) é nada mais, nada menos, do que a soma dos n primeiros números naturais, que corresponde à soma de n termos da progressão aritmética $(1, 2, 3, ..., n)$. Procure provar as quatro igualdades acima como exercício usando a indução matemática.

Exercícios

1. *Dê um exemplo de uma função $f : [a, b] \to \mathbb{R}$ que não seja integrável, mas seja *módulo-integrável* (i.e., $|f|$ é integrável).

2. Se $f : [0, 1] \to \mathbb{R}$ é limitada e f^2 é integrável em $[0, 1]$, então f é integrável em $[0, 1]$? Justifique.

3. ***(Sel. Mestrado UFRGS 2004/2)** Considerando uma partição conveniente do intervalo $[0, 2]$ e utilizando a definição de integral, obtenha as estimativas

$$\sqrt{2} + \sqrt{3} \leq \int_0^2 \sqrt{x^4 + 2}\, dx \leq 3\sqrt{2} + \sqrt{3}.$$

4. *Use a fórmula

$$\operatorname{sen} h + \operatorname{sen} 2h + \operatorname{sen} 3h + ... + \operatorname{sen} mh = \frac{\cos \frac{h}{2} - \cos\left(\left(m + \frac{1}{2}\right) h\right)}{2 \operatorname{sen} \frac{h}{2}}$$

para determinar a área sob a curva $y = \operatorname{sen} x$ de $x = 0$ até $x = \frac{\pi}{2}$. Faça em duas etapas:

   (a) Divida o intervalo $[0, \frac{\pi}{2}]$ em n subintervalos de igual comprimento (partição regular P) e calcule a correspondente soma superior.

   (b) Determine $\lim\limits_{n \to +\infty} S(f; P)$.

5. **(Sel. Mestrado UFRGS 2017/1)** Seja $f : [1, 2] \to \mathbb{R}$ definida por $f(x) = 0$ se x é irracional e $f(x) = \frac{1}{q}$ se $x = \frac{p}{q}$ é uma fração irredutível com $q > 0$.

   (a) Prove que f é contínua em $x_0 \in [1, 2]$ se, e somente se, x_0 é irracional.

   (b) Prove que $\displaystyle\int_1^2 f(x)x = 0$.

6. **(Sel. Mestrado UFRGS 2007/1)**

   (a) Usando somas de Riemann, obtenha

$$\int_0^1 x^2 dx \qquad \text{(note que } 1 + 4 + ... + n^2 = \frac{1}{6}n(n+1)(2n+1)\text{)}$$

   (b) Seja $f : [2, 3] \to \mathbb{R}$ a função definida por

$$f(x) = \begin{cases} 1/x & \text{se } x \in \mathbb{Q} \\ 2 + \cos x & \text{se } x \notin \mathbb{Q} \end{cases}$$

   Mostre que f não é integrável.

10.1.4 Critério de integrabilidade

Na seção 10.1.2 citamos uma importante proposição cujo enunciado repetimos abaixo:

Proposição 2.41. *Sejam $A, B \subset \mathbb{R}$ conjuntos não vazios tais que $\forall x \in A$, $\forall y \in B$, $x \leq y$. Então, $\sup A \leq \inf B$. Além disso, vale a igualdade se, e somente se, $\forall \varepsilon > 0$, $\exists x \in A$, $\exists y \in B$ tais que $y - x < \varepsilon$.*

Em particular, dada $f : [a, b] \to \mathbb{R}$ limitada, sendo

$$A = \{s(f; P) : P \text{ é partição de } [a, b]\}$$

e

$$B = \{S(f; P) : P \text{ é partição de } [a, b]\},$$

temos

$$\int_{\underline{a}}^{b} f = \sup A \leq \inf B = \int_{a}^{\underline{b}} f,$$

e, de acordo com a afirmação relembrada acima, valerá a igualdade, ou seja, f é **integrável** se, e somente se, $\forall \varepsilon > 0 \ \exists P_1, P_2$ partições de $[a, b]$ tais que

$$S(f; P_1) - s(f; P_2) < \varepsilon.$$

Em palavras, considerando ε um erro entre as aproximações por falta e por excesso da integral, temos que f é integrável (i.e., existirá uma área, considerando o caso $f \geq 0$) se este erro for desprezível.

Já temos assim um tipo de critério para decidir se f é integrável ou não. Porém, vamos melhorar este critério, mostrando que apenas uma partição P é suficiente. Ou seja, vamos provar o lema seguinte.

Lema 10.10 *Uma função limitada $f : [a, b] \to \mathbb{R}$ é integrável se, e somente se, $\forall \varepsilon > 0$, $\exists\, P$ partição de $[a, b]$ tal que*

$$S(f; P) - s(f; P) < \varepsilon.$$

Demonstração. Seja $f : [a, b] \to \mathbb{R}$ limitada. Suponhamos que f seja integrável. Logo, dado $\varepsilon > 0 \ \exists P_1, P_2$ partições de $[a, b]$ tais que

$$S(f; P_1) - s(f; P_2) < \varepsilon.$$

Considere $P = P_1 \cup P_2$, que é um refinamento de ambas as partições P_1 e P_2. Assim, pelo Lema 10.6 temos

$$S(f; P) \leq S(f; P_1) \quad \text{e} \quad s(f; P_2) \leq s(f; P)$$

Portanto, obtemos

$$S(f;P) - s(f;P) \leq S(f;P_1) - s(f;P_2) < \varepsilon.$$

Logo, está provada a suficiência.

Reciprocamente, suponhamos que $\forall \varepsilon > 0$, $\exists$ P partição de $[a,b]$ tal que

$$S(f;P) - s(f;P) < \varepsilon.$$

Vamos mostrar que f é integrável. De fato, basta tomar $P_1 = P_2 = P$, donde segue o resultado.

Portanto, vale também a necessidade e o lema está então provado. □

Definição 10.11 Seja $f : [a,b] \to \mathbb{R}$ limitada. Definimos a *oscilação* de f em $[a,b]$, e denotamos por $\omega(f;[a,b])$ ao número real

$$\omega(f;[a,b]) = \sup_{x\in[a,b]} f(x) - \inf_{x\in[a,b]} f(x).$$

Com isto, enunciamos finalmente o critério de integrabilidade, conhecido como *critério de Darboux.*

Teorema 10.12 *(Critério de Darboux) Seja $f : [a,b] \to \mathbb{R}$ limitada. São equivalentes as afirmações:*

(a) *f é integrável;*

(b) *$\forall \varepsilon > 0$, $\exists$ P partição de $[a,b]$ tal que $S(f;P) - s(f;P) < \varepsilon$;*

(c) *$\forall \varepsilon > 0$, $\exists$ P partição de $[a,b]$ tal que $\displaystyle\sum_{i=1}^{n} \omega(f;[t_{i-1},t_i])(t_i - t_{i-1}) < \varepsilon$.*

Demonstração. Para mostrar que todas as afirmações são equivalentes basta mostrar que $(a) \Leftrightarrow (b)$ e $(b) \Leftrightarrow (c)$.
Note que $(a) \Leftrightarrow (b)$ Já foi mostrado no Lema 10.10. Portanto, resta mostrar $(b) \Leftrightarrow (c)$. Porém, basta observar que

$$\begin{aligned}\sum_{i=1}^{n} \omega(f;[t_{i-1},t_i])(t_i - t_{i-1}) &= \sum_{i=1}^{n} \left(\sup_{x\in[t_{i-1},t_i]} f(x) - \inf_{x\in[t_{i-1},t_i]} f(x) \right)(t_i - t_{i-1}) \\ &= \sum_{i=1}^{n} \sup_{x\in[t_{i-1},t_i]} f(x)(t_i - t_{i-1}) - \sum_{i=1}^{n} \inf_{x\in[t_{i-1},t_i]} f(x)(t_i - t_{i-1}) = \\ &= S(f;P) - s(f;P) < \varepsilon.\end{aligned}$$

Portanto segue que $(b) \Leftrightarrow (c)$.

□

O lema abaixo sobre ínfimo e supremo será útil para o teorema seguinte.

Lema 10.13 *Sejam $f, g : [a, b] \to \mathbb{R}$ limitadas em $[a, b]$. Então, valem as desigualdades*

$$\sup(f + g) \leq \sup f + \sup g$$

e

$$\inf(f + g) \geq \inf f + \inf g.$$

Demonstração. Sejam f e g duas funções limitadas em $[a, b]$. Vamos mostrar que

$$\sup(f + g) \leq \sup f + \sup g.$$

Basta observar que, $\forall x \in [a, b]$, temos

$$(f + g)(x) = f(x) + g(x) \leq f(x) + \sup g \leq \sup f + \sup g.$$

Como esta desigualdade é verdadeira para todo x em $[a, b]$, valerá, em particular para o supremo de $f + g$, ou seja,

$$\sup(f + g) \leq \sup f + \sup g.$$

Da mesma forma mostramos a desigualdade para o ínfimo: $\forall x \in [a, b]$ vale

$$(f + g)(x) = f(x) + g(x) \geq f(x) + \inf g \geq \inf f + \inf g.$$

Logo, em particular, para o ínfimo temos

$$\inf(f + g) \geq \inf f + \inf g.$$

□

No teorema seguinte apresentamos as principais propriedades da integral definida.

Teorema 10.14 *Sejam $f : [a,b] \to \mathbb{R}$ e $g : [a,b] \to \mathbb{R}$ integráveis e c uma constante real. Valem as propriedades*

(a) *$f+g$ e cf são integráveis, com*

$$\int_a^b (f+g) = \int_a^b f + \int_a^b g \quad e \quad \int_a^b cf = c\int_a^b f.$$

(b) *Se $f \geq 0$, então $\int_a^b f \geq 0$. Em particular, se $f \geq g$, então $\int_a^b f \geq \int_a^b g$.*

(c) $\left|\int_a^b f\right| \leq \int_a^b |f|$. *Além disso, se f é limitada por $M > 0$, então*

$$\left|\int_a^b f\right| \leq M(b-a).$$

(d) $\int_a^b f = -\int_b^a f$.

(e) $\int_a^b f = \int_a^c f + \int_c^b f$.

(f) *$f \cdot g$ é integrável.*

Demonstração. Faremos as provas dos itens (a), (b), (c) e (f).
(a) Seja $P = \{a = t_0 < t_1 < ... < t_n = b\}$ uma partição qualquer de $[a,b]$. Aplicando o lema acima em cada subintervalo $[t_{i-1}, t_i]$ temos

$$S(f+g;P) = \sum_{i=1}^{n} \sup(f+g)(t_i - t_{i-1}) \leq \sum_{i=1}^{n} (\sup f + \sup g)(t_i - t_{i-1}) =$$

$$= \sum_{i=1}^{n} \sup f(t_i - t_{i-1}) + \sum_{i=1}^{n} \sup g(t_i - t_{i-1}) = S(f;P) + S(g;P).$$

Logo,

$$S(f+g;P) \leq S(f;P) + S(g;P). \tag{10.1}$$

Também temos

$$s(f+g;P) = \sum_{i=1}^{n} \inf(f+g)(t_i - t_{i-1}) \geq \sum_{i=1}^{n} (\inf f + \inf g)(t_i - t_{i-1}) =$$

$$= \sum_{i=1}^{n} \inf f(t_i - t_{i-1}) + \sum_{i=1}^{n} \inf g(t_i - t_{i-1}) = s(f;P) + s(g;P).$$

Logo,

$$s(f+g;P) \geq s(f;P) + s(g;P). \tag{10.2}$$

Da definição de integral superior temos

$$\int_a^{\underline{b}} f+g = \inf_{P\in B} S(f+g;P),$$

onde $B = \{S(f+g;P) : P$ é partição de $[a,b]\}$.

Juntando esta igualdade com (10.1) obtemos

$$\int_a^{\underline{b}} f+g \leq S(f+g;P) \leq S(f;P) + S(g;P).$$

Pelo lema 10.6 temos que

$$\int_a^{\underline{b}} f+g \leq S(f;P_1) + S(g;P_2),$$

onde P_1 e P_2 são duas partições quaisquer da família $\mathcal{P}$ de partições de $[a,b]$. Logo, como a desigualdade acima será verdadeira para quaisquer partições P_1 e P_2 de $[a,b]$, valerá em particular para aquelas que darão os respecitvos ínfimos, ou seja,

$$\int_a^{\underline{b}} f+g \leq \int_a^{\underline{b}} f + \int_a^{\underline{b}} g. \tag{10.3}$$

Do mesmo modo, usando a noção de ínfimo, obtemos

$$\int_{\overline{a}}^{b} f+g \geq \int_{\overline{a}}^{b} f + \int_{\overline{a}}^{b} g. \tag{10.4}$$

Como f e g são integráveis por hipótese, segue que as integrais superior e inferior de f e g são iguais e daí, com as duas últimas desigualdades obtidas acima, concluímos que $f+g$ também é integrável e

$$\int_a^b f+g = \int_a^b f + \int_a^b g,$$

o que prova a primeira parte de (a), que mostra a *linearidade* da integral definida.

Vejamos a prova da segunda parte, ou seja, mostrar que $\int_a^b cf = c\int_a^b f$. Se $c = 0$, não temos nada a mostrar.

Considere o caso $c > 0$. Como f é integrável em $[a,b]$, dado $\varepsilon > 0$ segue que existe partição P de $[a,b]$ tal que

$$S(f;P) - s(f;P) < \frac{\varepsilon}{c}.$$

Note que, como

$$S(c \cdot f; P) = c \cdot S(f; P) \ \text{ e } \ s(c \cdot f; P) = c \cdot s(f; P),$$

segue que

$$S(c \cdot f; P) - s(c \cdot f; P) = c\,(S(f; P) - s(f; P)) < c \cdot \frac{\varepsilon}{c} = \varepsilon,$$

ou seja, cf é integrável com $\int_a^b cf = c\int_a^b f$.
Já o caso onde $c < 0$ se faz analogamente, pois basta considerar $-c > 0$.

(b) Como $f \geq 0$ em $[a, b]$, então, para qualquer partição $P = \{a = t_0 < t_1 < ... < t_n = b\}$ de $[a, b]$, tem-se que

$$M_i = \sup_{x \in [t_{i-1}, t_i]} f(x) \geq 0 \ \text{ e } \ m_i = \inf_{x \in [t_{i-1}, t_i]} f(x) \geq 0.$$

Portanto,

$$S(f; P_n) = \sum M_i(t_i - t_{i-1}) \geq 0 \ \text{ e } \ s(f; P_n) = \sum m_i(t_i - t_{i-1}) \geq 0.$$

Logo,

$$\int_a^{\underline{b}} f \geq 0 \ \text{ e } \ \int_{\underline{a}}^b f \geq 0,$$

e, como por hipótese f é integrável, segue que

$$\int_a^b f = \int_a^{\underline{b}} f = \int_{\underline{a}}^b f \geq 0.$$

Em particular, se $f(x) \geq g(x)$ em $[a, b]$, definindo $h : [a, b] \to \mathbb{R}$ por $h(x) = f(x) - g(x)$, tem-se que $h(x) \geq 0$, $\forall x \in [a, b]$, e então $\int_a^b h \geq 0$.

Por outro lado, pelo item (a) concluímos que

$$0 \leq \int_a^b f = \int_a^b f - g = \int_a^b f - \int_a^b g,$$

ou seja, segue que

$$\int_a^b f \geq \int_a^b g.$$

(c) Das propriedades de módulo temos que $\forall x \in [a, b]$

$$-|f(x)| \leq f(x) \leq |f(x)|.$$

Usando a propriedade descrita em (b), integrando obtemos

$$\int_a^b -|f(x)|dx \leq \int_a^b f(x)dx \leq \int_a^b |f(x)|dx.$$

Passando o sinal negativo para fora da integral, pois é possível de acordo com (a), temos

$$-\int_a^b |f(x)|dx \leq \int_a^b f(x)dx \leq \int_a^b |f(x)|dx,$$

o que, de acordo com a noção de módulo, temos

$$\left|\int_a^b f(x)dx\right| \leq \int_a^b |f(x)|dx,$$

o que prova a primeira parte de (c).

Ainda, supondo f limitada por $M > 0$, i.e., $|f(x)| \leq M$, $\forall x \in [a,b]$, segue que

$$\left|\int_a^b f(x)dx\right| \leq \int_a^b |f(x)|dx \leq \int_a^b M dx = M\int_a^b dx.$$

Resta mostrar apenas que $\int_a^b 1\, dx = b - a$. Realmente, Para calcular esta integral, note primeiramente que $g(x) = 1$, $\forall x \in [a,b]$. Assim, dada qualquer partição $P = \{a = t_0 < t_1 < ... < t_n = b\}$ de $[a,b]$ temos que

$$M_i = \sup_{x\in[t_{i-1},t_i]} f(x) = 1 = \inf_{x\in[t_{i-1},t_i]} f(x) = m_i.$$

Disso segue que

$$s(f;P) = S(f;P) = \sum_{i=1}^{n} 1 \cdot (t_i - t_{i-1}) =$$

$$= t_1 - t_0 + t_2 - t_1 + ... + t_n - t_{n-1} = t_n - t_0 = b - a.$$

Como isto vale para qualquer partição P, concluímos que

$$\int_{\underline{a}}^b 1\, dx = \int_a^{\underline{b}} 1\, dx = b - a.$$

Portanto,

$$\int_a^b dx = b - a,$$

e daí concluímos que

$$\left|\int_a^b f(x)dx\right| \leq M\int_a^b dx = M(b-a).$$

(f) Sejam $f, g : [a, b] \to \mathbb{R}$ integráveis. Então f e g são limitadas e disso segue que existe $M > 0$ tal que $|f(x)| \leq M$ e $|g(x)| \leq M$, $\forall x \in [a, b]$.

Defina $h : [a, b] \to \mathbb{R}$ por $h(x) = f(x)g(x)$.

Seja $P = \{a = t_0 < t_1 < ... < t_n = b\}$ uma partição de $[a, b]$. Assim, dados $x, y \in [t_{i-1}, t_i]$, temos

$$|h(x) - h(y)| = |f(x)g(x) - f(y)g(y)| = |f(x)g(x) - f(x)g(y) + f(x)g(y) - f(y)g(y)|$$
$$\leq |f(x)| \cdot |g(x) - g(y)| + |g(y)| \cdot |f(x) - f(y)|,$$

e, como f e g são limitadas por $M > 0$, $|g(x) - g(y)| \leq \omega(g; [t_{i-1}, t_i])$ e $|f(x) - f(y)| \leq \omega(f; [t_{i-1}, t_i])$, segue que a estimativa acima fica majorada por

$$|(fg)(x) - (fg)(y)| = |h(x) - h(y)| \leq M[\omega(g; [t_{i-1}, t_i]) + \omega(f; [t_{i-1}, t_i])].$$

Como esta última desigualdade é verdadeira para quaisquer $x, y \in [t_{i-1}, t_i]$, segue que valerá

$$\omega(fg; [t_{i-1}, t_i]) \leq M[\omega(g; [t_{i-1}, t_i]) + \omega(f; [t_{i-1}, t_i])],$$

e daí para $i = 1, 2, ..., n$ tem-se

$$\omega(fg; [t_{i-1}, t_i])(t_i - t_{i-1}) \leq M \cdot \omega(g; [t_{i-1}, t_i])(t_i - t_{i-1}) +$$
$$+ M \cdot \omega(f; [t_{i-1}, t_i])(t_i - t_{i-1}),$$

e, somando para $i = 1, 2, ..., n$, obtemos

$$\sum_{i=1}^{n} \omega(fg; [t_{i-1}, t_i])(t_i - t_{i-1}) \leq M \sum_{i=1}^{n} \omega(g; [t_{i-1}, t_i])(t_i - t_{i-1}) +$$
$$+ M \sum_{i=1}^{n} \omega(f; [t_{i-1}, t_i])(t_i - t_{i-1}).$$

Como f e g são integráveis, por hipótese, segue que, dado $\varepsilon > 0$, existe partição P de $[a, b]$ tal que

$$\sum_{i=1}^{n} \omega(f; [t_{i-1}, t_i])(t_i - t_{i-1}) < \frac{\varepsilon}{2M},$$

e

$$\sum_{i=1}^{n} \omega(g; [t_{i-1}, t_i])(t_i - t_{i-1}) < \frac{\varepsilon}{2M}.$$

Portanto,

$$\sum_{i=1}^{n} \omega(fg; [t_{i-1}, t_i])(t_i - t_{i-1}) \leq M \cdot \frac{\varepsilon}{2M} + M \cdot \frac{\varepsilon}{2M} = \varepsilon,$$

ou seja, $f \cdot g$ é também integrável.

□

Exercícios

1. *Se f é integrável e m e M são tais que $m \leq f(x) \leq M$, $\forall x \in [a, b]$ (i.e., f é limitada em $[a, b]$), mostre que

$$m(b-a) \leq \int_a^b f \leq M(b-a).$$

2. *Se f é integrável (e então limitada) em $[a, b]$, mostre que

$$\left|\int_a^b f\right| \leq (b-a) \sup_{x \in [a,b]} |f(x)|.$$

3. *Suponha que f seja uma função contínua em $[0, 1]$. Mostre que

$$\int_0^1 f(x) x^2 dx = \frac{1}{3} f(\xi),$$

para algum $\xi \in [0, 1]$.

4. **(Sel. Mestrado UFRGS 2004/2)** Seja $f : [a, b] \to \mathbb{R}$ uma função contínua não negativa. Definindo $g : [a, b] \to \mathbb{R}$ por

$$g(x) = \int_a^x f(s)\, ds$$

prove que b é ponto de máximo absoluto de g.

5. *Seja $f : [a, b] \to \mathbb{R}$ uma função.

   (a) Prove que se $f : [a, b] \to \mathbb{R}$ for integrável, então f^2 também o é. (Sugestão: se $|f(x)| \leq M$ para todo $x \in [a, b]$, mostre que $|f^2(x) - f^2(y)| \leq 2M|f(x) - f(y)|$, para todo $x, y \in [a, b]$. Use isso para obter uma estimativa para $S(f^2; P) - s(f^2; P)$ ou para $\sum_{i=1}^n \omega(f^2, [t_{i-1}, t_i])(t_i - t_{i-1})$, para uma partição P dada.)

   (b) Exiba um exemplo para justificar que o fato de f^2 ser integrável não implique em f ser integrável.

6. *Seja $f : [0, 1] \to \mathbb{R}$ uma função de Lipschitz, i.e., $\exists\, K > 0$ tal que

$$|f(x) - f(y)| \leq K|x - y|,$$

para quaisquer $x, y \in [0, 1]$. Mostre que

$$\left|\int_0^1 f - \frac{1}{n} \sum_{i=1}^n f\left(\frac{i}{n}\right)\right| < \frac{K}{2n}.$$

7. *Suponhamos que $f : [0,1] \to \mathbb{R}$ seja contínua, derivável em $(0,1)$, $f(0) = 0$ e $|f'(x)| \leq 1$ para todo $x \in (0,1)$. Mostre que

$$-\frac{1}{2} \leq \int_0^1 f(x)dx \leq \frac{1}{2}.$$

8. **(Sel. Mestrado UFRGS 2014/1)** Seja $f : \mathbb{R} \to \mathbb{R}$ uma função contínua que satisfaz $f(x) \geq c > 0$ para todo $x \in \mathbb{R}$. Defina $F : \mathbb{R} \to \mathbb{R}$ por

$$F(x) = \int_0^x f(t)\, dt.$$

   (a) Prove que F satisfaz $F(y) - F(x) \geq c(y - x)$ para $y \geq x$.

   (b) Prove que F é bijetora e, portanto, tem uma inversa $G = F^{-1} : \mathbb{R} \to \mathbb{R}$.

   (c) Mostre que a inversa de F, denotada por G, satisfaz

$$|G(w) - G(z)| \leq \frac{1}{c}|w - z|,$$

   para todo $z, w \in \mathbb{R}$, isto é, G é uma função de Lipschitz.

9. **(Sel. Mestrado UFSM 2013/1)** Seja $f : [a,b] \to \mathbb{R}$ uma função limitada integrável. Defina

$$F(x) = \int_a^x f(t)\, dt, \quad x \in [a,b].$$

   (a) Mostre que F é contínua em $[a,b]$.

   (b) Prove que se f é contínua em $x_0 \in (a,b)$ então F é derivável em x_0 e $F'(x_0) = f(x_0)$.

   (c) Seja $g : [0,\infty) \to \mathbb{R}$ definida por $g(x) = \displaystyle\int_0^x e^{-t^2} dt$. Mostre que g é estritamente crescente.

10. *Seja $f : [a,b] \to \mathbb{R}$ uma função contínua e considere $M = \max\limits_{x \in [a,b]} |f(x)|$. Prove que

$$\lim_{p \to \infty} \left(\int_a^b |f(x)|^p dx \right)^{\frac{1}{p}} = M.$$

Sugestão: Mostre que, dado $\varepsilon > 0$, existe um intervalo $[c,d] \subset [a,b]$ tal que $|f(x)| \geq M - \varepsilon$, $\forall x \in [c,d]$. Em seguida, mostre que

$$(M - \varepsilon)(d - c)^{\frac{1}{p}} \leq \left(\int_a^b |f(x)|^p dx \right)^{\frac{1}{p}} \leq M(b - a)^{\frac{1}{p}}.$$

11. *Se $f : [a.b] \to \mathbb{R}$ for uma função integrável e $c \in \mathbb{R}$, definimos g em $[a+c, b+c]$ por $g(y) = f(y-c)$. Prove que g é integrável e que $\int_{a+c}^{b+c} g = \int_a^b f$. A função g chama-se *c-translado* de f.

12. Suponha $a > 0$ e considere $f : [-a, a] \to \mathbb{R}$ integrável.

   (a) Se f for par, i.e., se $f(-x) = f(x)$ para todo $x \in [0, a]$, mostre que $\int_{-a}^{a} f = 2\int_0^a f$.

   (b) Se f for ímpar, i.e., se $f(-x) = -f(x)$ para todo $x \in [0, a]$, mostre que $\int_{-a}^{a} f = 0$.

10.2 Outras propriedades da integral

Proposição 10.15 *Toda função monótona $f : [a, b] \to \mathbb{R}$ é integrável.*

Demonstração. Sem perda de generalidade, assuma que $f : [a, b] \to \mathbb{R}$ seja crescente. Logo, f é limitada e, como $[a, b]$ é um intervalo fechado, temos que

$$f(a) \leq f(x) \leq f(b), \forall x \in [a, b].$$

Escreva $m = f(a)$ e $M = f(b)$, e dado $\varepsilon > 0$, escolha $n \in \mathbb{N}$ tal que

$$\frac{(M-m)(b-a)}{n} < \varepsilon.$$

Seja $P = \{a = t_0 < t_1 < ... < t_n = b\}$ a partição regular de $[a, b]$ que divide tal intervalo em n subintervalos de comprimento $\frac{b-a}{n}$. Logo,

$$t_i = a + i \cdot \frac{b-a}{n}, \quad i = 0, 1, 2, ..., n.$$

Sejam $m_i = \inf_{x \in [t_{i-1}, t_i]} f(x) = f(t_{i-1})$ e $M_i = \sup_{x \in [t_{i-1}, t_i]} f(x) = f(t_i)$. Logo, a oscilação de f em cada subintervalo $[t_{i-1}, t_i]$ será dada por

$$\omega(f; [t_{i-1}, t_i]) = M_i - m_i = f(t_i) - f(t_{i-1}),$$

e, assim, temos

$$\sum_{i=1}^{n} \omega(f; [t_{i-1}, t_i])(t_i - t_{i-1}) = \sum_{i=1}^{n} (f(t_i) - f(t_{i-1}))(t_i - t_{i-1}) =$$

$$= \frac{b-a}{n} \sum_{i=1}^{n} (f(t_i) - f(t_{i-1})) = \frac{b-a}{n}(f(b) - f(a)) = \frac{b-a}{n}(M-m) < \varepsilon.$$

Logo, f é integrável em $[a, b]$.

□

Proposição 10.16 *Toda função contínua $f : [a,b] \to \mathbb{R}$ é integrável.*

Demonstração. Como $[a,b]$ é um compacto e f é contínua nesse compacto, segue que f é uniformemente contínua em $[a,b]$.

Assim, dado $\varepsilon > 0$, existe $\delta > 0$ tal que, para quaisquer $x, y \in [a,b]$ com $|x-y| < \delta$, implica em $|f(x) - f(y)| < \frac{\varepsilon}{b-a}$.

Tome $n \in \mathbb{N}$ tal que $\frac{b-a}{n} < \delta$, e seja $P = \{a = t_0 < t_1 < ... < t_n = b\}$ a partição regular de $[a,b]$. Logo,

$$t_i = a + i \cdot \frac{b-a}{n}, \; i = 0, 1, 2, ..., n,$$

e disso segue que

$$t_i - t_{i-1} = a + i \cdot \frac{b-a}{n} - \left(a + (i-1) \cdot \frac{b-a}{n}\right) = \frac{b-a}{n} < \delta.$$

Portanto, $\forall x, y \in [t_{i-1}, t_i]$, teremos $|x-y| < \delta$, e disso

$$|f(x) - f(y)| < \frac{\varepsilon}{b-a}.$$

Em particular, $\sup\limits_{x \in [t_{i-1}, t_i]} f(x) - \inf\limits_{y \in [t_{i-1}, t_i]} f(y) < \frac{\varepsilon}{b-a}$, ou seja,

$$\omega(f; [t_{i-1}, t_i]) < \frac{\varepsilon}{b-a}.$$

Portanto, concluímos que

$$\sum_{i=1}^{n} \omega(f; [t_{i-1}, t_i])(t_i - t_{i-1}) < \sum_{i=1}^{n} \frac{\varepsilon}{b-a}(t_i - t_{i-1}) = \frac{\varepsilon}{b-a}(b-a) = \varepsilon,$$

o que mostra que f é integrável em $[a,b]$.

□

10.3 O Teorema Fundamental do Cálculo

Nesta seção iremos estudar um dos mais importantes teoremas do cálculo, conhecido por *Teorema Fundamental do Cálculo*, que faz uma conexão entre derivadas e integrais, simplificando enormemente a resolução de problemas de obter a integral definida de uma função f. Inicialmente, relembramos algumas definições e propriedades preliminares.

Do capítulo de funções contínuas, lembramos que uma função $f : [a, b] \to \mathbb{R}$ é de *Lipschitz* se $\exists M > 0$ tal que $\forall x, y \in [a, b]$, $|f(x) - f(y)| \leq M|x - y|$ (Definição 8.15).

Observe que, se uma função f for de Lipschitz, segue que ela possui um "certo controle sobre a derivada", uma vez que podemos escrever

$$\frac{|f(x) - f(y)|}{|x - y|} \leq M,$$

o que mostra que, fazendo $x \to y$, temos que $|f'(x)| \leq M$, ou seja, para uma função f que cumprir a condição de Lipschitz, os coeficientes angulares das retas tangentes ao gráfico de tal f variam entre $-M$ e M, ou seja, as inclinações das retas tangentes ao gráfico de f em $[a, b]$ ficam controladas pela constante de Lipschitz M.

No Capítulo 8 apresentamos alguns exemplos de funções de Lipschitz, e mostramos que, se $f : [a, b] \to \mathbb{R}$ for de Lipschitz, então f é uniformemente contínua. E, sendo uniformemente contínua, é então contínua.

Definição 10.17 Seja $f : [a, b] \to \mathbb{R}$ integrável. Definimos $F : [a, b] \to \mathbb{R}$ por

$$F(x) = \int_a^x f(t)dt.$$

Da definição, considerando $f \geq 0$ em $[a, b]$, notamos que a função F nos fornece a área que o gráfico de f forma com o eixo horizontal no intervalo $[a, x]$. Dizemos então, neste caso, que F é a *função área*.

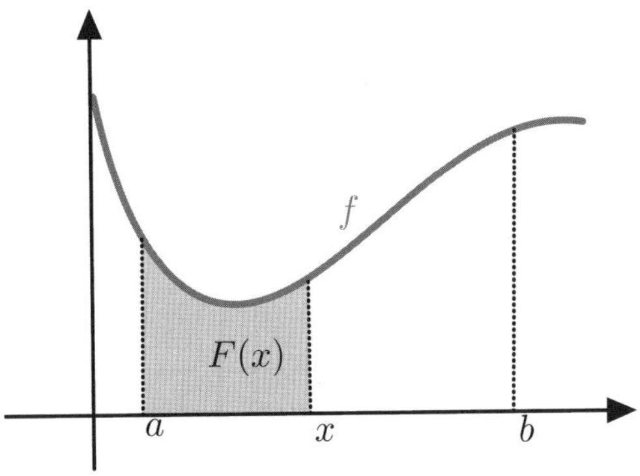

A seguinte proposição trata da continuidade de F.

Proposição 10.18 *A função F é de Lipschitz e, portanto, contínua.*

Demonstração. Seja $F : [a, b] \to \mathbb{R}$ dada por $F(x) = \displaystyle\int_a^x f(t)dt$, com f integrável.

Sendo f integrável, segue que f é limitada. Assim, $\exists K > 0$ tal que $|f(x)| \leq K$, $\forall x \in [a, b]$. Portanto, $\forall x, y \in [a, b]$ e temos

$$|F(x) - F(y)| = \left|\int_a^x f(t)dt - \int_a^y f(t)dt\right| = \left|-\int_x^a f(t)dt - \int_a^y f(t)dt\right| =$$

$$= \left|\int_x^y f(t)dt\right| \leq \int_y^x |f(t)|dt \leq \int_y^x Kdt = K|x - y|.$$

Logo, temos que F é de Lipschitz. Pela proposição anterior segue que F é contínua.

□

Observe que a proposição acima nos diz que F é uma função que melhora a continuidade de f, ou seja, *regulariza* a f, uma vez que não se exige que f seja contínua, mas apenas limitada e, no entanto, F sempre será contínua, independente de f ser ou não.

Vejamos um exemplo para ilustrar isto.

Exemplo 1. Seja $f : [0, 1] \to \mathbb{R}$ dada por

$$f(x) = \begin{cases} 0, & \text{se } 0 \leq x < \frac{1}{2} \\ 1, & \text{se } \frac{1}{2} \leq x \leq 1. \end{cases}$$

cujo gráfico é apresentado abaixo.

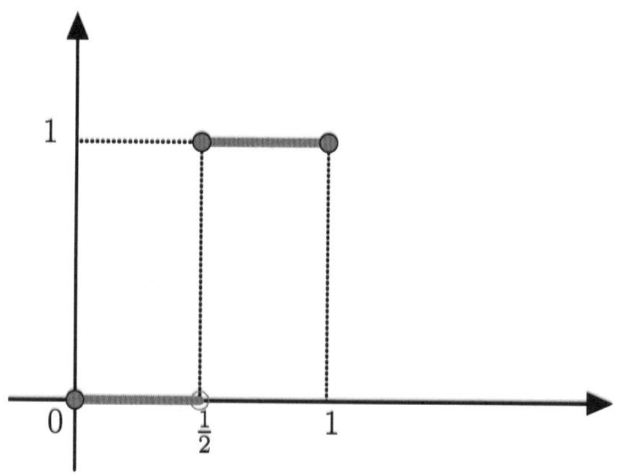

É fácil ver que f não é contínua em $x = \dfrac{1}{2}$. No entanto, temos que $F : [0, 1] \to \mathbb{R}$ é dada por

$$F(x) = \begin{cases} \int_0^x 0dt, & \text{se} \quad 0 \leq x < \frac{1}{2} \\ \int_0^{\frac{1}{2}} 0dx + \int_{\frac{1}{2}}^x 1\, dt, & \text{se} \quad \frac{1}{2} \leq x \leq 1. \end{cases}$$

ou seja,

$$F(x) = \begin{cases} 0, & \text{se} \quad 0 \leq x < \frac{1}{2} \\ x - \frac{1}{2}, & \text{se} \quad \frac{1}{2} \leq x \leq 1 \end{cases}$$

cujo esboço gráfico é apresentado a seguir.

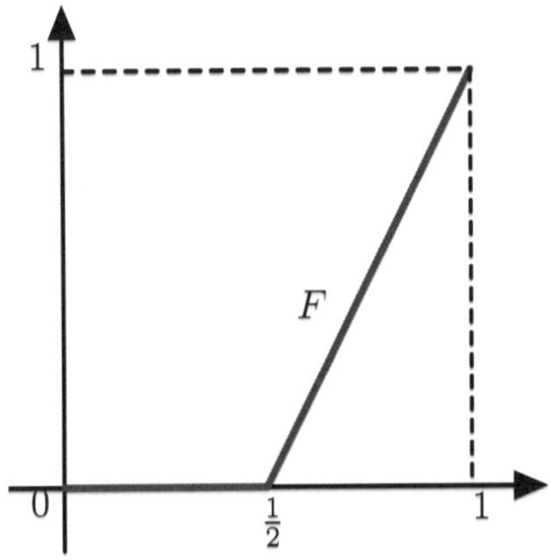

Observe que F é contínua, mesmo f não sendo.

Repare ainda que a área que f forma com o eixo horizontal, no intervalo $[0, \frac{3}{4}]$, corresponde à área de um retângulo de base $b = 1 - \frac{3}{4} = \frac{1}{4}$ e altura $h = 1$, ou seja, $A = \frac{1}{4} \cdot 1 = \frac{1}{4}$ unidades de área. Realmente, isto pode ser observado na função F simplesmente como $A = F(\frac{3}{4}) = \frac{3}{4} - \frac{1}{2} = \frac{1}{4}$ unidades de área.

O próximo teorema nos fornece um resultado extremamente interessante, que nos diz que a continuidade de f nos garante a derivabilidade de F.

Teorema 10.19 *Se $f : [a, b] \to \mathbb{R}$ é contínua em um ponto x_0, então F é derivável em x_0 com $F'(x_0) = f(x_0)$.*
Ou seja,

$$F'(x_0) = \frac{d}{dx}\left(\int_a^x f(t)dt\right)\bigg|_{x=x_0} = f(x_0).$$

Demonstração. Dado $h \in \mathbb{R}$ tal que $x + h \in [a, b]$. Precisamos mostrar que

$$\left|\frac{F(x_0 + h) - F(x_0)}{h} - f(x_0)\right| \to 0$$

quando $h \to 0$.
Como f é contínua em x_0, segue que, dado $\varepsilon > 0$, $\exists\delta > 0$ tal que $|t - x_0| < \delta$ implica em $|f(t) - f(x_0)| < \varepsilon$, ou seja $-\varepsilon < f(t) - f(x_0) < \varepsilon$.

Assim, notando que $f(x_0) = \dfrac{1}{h}\displaystyle\int_{x_0}^{x_0+h} f(x_0)dt$, temos

$$\left|\frac{F(x_0+h) - F(x_0)}{h} - f(x_0)\right| = \left|\frac{1}{h}\left[\int_a^{x_0+h} f(t)dt - \int_a^{x_0} f(t)dt\right] - f(x_0)\right| =$$

$$= \left|\frac{1}{h}\left[\int_{x_0}^{a} f + \int_a^{x_0+h} f\right] - f(x_0)\right| =$$

$$= \left|\frac{1}{h}\int_{x_0}^{x_0+h} f(t)dt - \frac{1}{h}\int_{x_0}^{x_0+h} f(x_0)dt\right| =$$

$$= \left|\frac{1}{h}\int_{x_0}^{x_0+h} [f(t) - f(x_0)]dt\right| < \left|\frac{1}{h}\int_{x_0}^{x_0+h} \varepsilon\, dt\right| = \left|\frac{1}{h}\varepsilon \cdot h\right| = \varepsilon$$

Isto prova o teorema.

□

Vejamos um exemplo clássico de aplicação.

Exemplo. Obtenha $\dfrac{d}{dx}\displaystyle\int_0^{\operatorname{sen} x} e^{-t^2}dt$.

Solução. Trata-se de uma composição de funções.

Seja $F'(x) = \dfrac{d}{dx}\displaystyle\int_0^{\operatorname{sen} x} e^{-t^2}dt$.

Sendo $F(u) = \displaystyle\int_0^{u} e^{-t^2}dt$, temos que $u = \operatorname{sen} x$, e assim, pela regra da cadeia,

$$F'(x) = \frac{d}{dx}\int_0^{\operatorname{sen} x} e^{-t^2}dt = (F(\operatorname{sen} x))' = F'(\operatorname{sen} x) \cdot \cos x.$$

Pelo Teorema 10.19, observando que $f(t) = e^{-t^2}$, temos

$$F'(\operatorname{sen} x) = F'(x_0)\big|_{x_0=\operatorname{sen} x} = \frac{d}{dx}\int_0^{\operatorname{sen} x} e^{-t^2}dt = f'(x_0)\big|_{x_0=\operatorname{sen} x} = e^{-\operatorname{sen}^2 x},$$

segue que

$$F'(x) = F'(\operatorname{sen} x) \cdot \cos x = e^{-\operatorname{sen}^2 x} \cdot \cos x.$$

Teorema 10.20 *(Teorema Fundamental do Cálculo - TFC) Seja $f : [a, b] \to \mathbb{R}$ derivável com f' integrável. Então*

$$\int_a^b f'(x)dx = f(b) - f(a).$$

Obs.: Exige-se no teorema acima que f' seja integrável para se evitar situações como, por exemplo, $f : (0, +\infty) \to \mathbb{R}$ dada por $f(x) = \ln x$. Neste caso temos que $\exists f' : (0, +\infty) \to \mathbb{R}$, $f'(x) = \frac{1}{x}$, no entanto, a área que o gráfico deste ramo de hipérbole forma seria infinita e, portanto, não existiria realmente uma área.

Demonstração. Seja $f : [a, b] \to \mathbb{R}$ derivável com f' integrável. Seja P uma partição qualquer de $[a, b]$ que divide este intervalo em n subintervalos da forma $[t_{i-1}, t_i]$:

$$P = \{a = t_0 < t_1 < t_2 < ... < t_n = b\}.$$

Assim,

$$f(b) - f(a) = \sum_{i=1}^{n} f(t_i) - f(t_{i-1}).$$

Como f é derivável em (t_{i-1}, t_i), pelo Teorema do Valor Médio, segue que $\exists c_i \in (t_{i-1}, t_i)$ tal que $f(t_i) - f(t_{i-1}) = f'(c_i)(t_i - t_{i-1})$, $\forall i \in \{1, 2, ..., n\}$.
Portanto,

$$f(b) - f(a) = \sum_{i=1}^{n} f'(c_i)(t_i - t_{i-1}).$$

Defina para cada subintervalo $[t_{i-1}, t_i]$ os números

$$m_i' = \inf_{x \in [t_{i-1}, t_i]} f'(x) \text{ e } M_i' = \sup_{x \in [t_{i-1}, t_i]} f'(x).$$

Observe que, para cada i

$$m_i' \leq f'(c_i) \leq M_i'.$$

Logo,

$$m_i'(t_i - t_{i-1}) \leq f'(c_i)(t_i - t_{i-1}) \leq M_i(t_i - t_{i-1}).$$

Somando estas desigualdades para cada i obtemos

$$\sum_{i=1}^{n} m_i'(t_i - t_{i-1}) \leq \sum_{i=1}^{n} f'(c_i)(t_i - t_{i-1}) \leq \sum_{i=1}^{n} M_i(t_i - t_{i-1}),$$

ou seja,

$$s(f'; P) \leq f(b) - f(a) \leq S(f'; P)$$

Como, por hipótese, f' é integrável, dado $\varepsilon > 0$, $\exists$ P partição de $[a, b]$ tal que

$$S(f'; P) - s(f'; P) < \varepsilon.$$

Portanto

$$\int_a^b f'(x)dx = f(b) - f(a).$$

□

Teorema 10.21 *(Integração por partes) Sejam $f, g : [a, b] \to \mathbb{R}$ deriváveis com derivadas integráveis. Então.*

$$\int_a^b f'(x)g(x)\,dx = f(b)g(b) - f(a)g(a) - \int_a^b f(x)g'(x)dx.$$

Demonstração. Pela regra da derivada do produto, temos que

$$(f \cdot g)' = f' \cdot g + f \cdot g',$$

com f' integrável, e, sendo g derivável, então g é contínua, e, portanto, pela Proposição 10.16, g é integrável. Assim, $f' \cdot g$ é integrável. Do mesmo modo concluímos que $f \cdot g'$ também é integrável.

Como a soma de funções integráveis é integrável, concluímos que $(f \cdot g)'$ é integrável.

Pelo Teorema Fundamental do Cálculo, temos que

$$\int_a^b (f \cdot g)' = (f \cdot g)(b) - (f \cdot g)(a) = f(b)g(b) - f(a)g(a), \tag{10.5}$$

e, por outro lado,

$$\int_a^b (f \cdot g)' = \int_a^b (f' \cdot g + f \cdot g') = \int_a^b f' \cdot g + \int_a^b f \cdot g'. \tag{10.6}$$

Comparando (10.5) e (10.6), segue o resultado.

□

Teorema 10.22 *(Mudança de variável) Sejam $f : [a, b] \to \mathbb{R}$ contínua, $g : [c, d] \to \mathbb{R}$ derivável com g' integrável e $g([c, d]) \subset [a, b]$. Então*

$$\int_{g(c)}^{g(d)} f(x)dx = \int_c^d f(g(t)) \cdot g'(t)dt.$$

Demonstração. Defina $F : [a, b] \to \mathbb{R}$ por

$$F(x) = \int_a^x f(t)dt.$$

Pelo Teorema 10.19 temos que, sendo f contínua, segue que F é derivável com $F' = f$.

Pela Regra da Cadeia, temos

$$(F \circ g)'(t) = F'(g(t)) \cdot g'(t) = f(g(t)) \cdot g'(t).$$

Além disso, como f e g são contínuas, tem-se que $f \circ g$ é contínua, e pela Proposição 10.16 segue que $f \circ g$ é integrável e, disso,

$$(F \circ g)'(t) = f(g(t)) \cdot g'(t) \text{ é integrável.}$$

Pelo T.F.C., obtemos

$$\int_c^d f(g(t)) \cdot g'(t)dt = \int_c^d (F \circ g)'(t)dt = (F \circ g)(d) - (F \circ g)(c) =$$

$$= F(g(d)) - F(g(c)) = \int_a^{g(d)} f(x)dx - \int_a^{g(c)} f(x)dx = \int_{g(c)}^{g(d)} f(x)dx.$$

□

Exercícios

1. **(Sel. Mestrado UFBA 2018/2)** Considere a função

$$f(x) = \int_{-x^3+1}^{e^{5x}+3x+1} \sqrt{1+t^2}\,\ln(1+t^2)dt.$$

   Calcule $f'(0)$.

2. *Sejam $f : [a,b] \to \mathbb{R}$ contínua, $\varphi : [t_0 - \varepsilon, t_0 + \varepsilon] \to [a,b]$ derivável e $c \in [a,b]$. Prove que as afirmações a seguir são equivalentes:

   A. $\varphi'(t) = f(\varphi(t))$ para todo $t \in [a,b]$ e $\varphi(t_0) = c$.

   B. $\varphi(t) = c + \displaystyle\int_{t_0}^{t} f(\varphi(s))\,ds$ para todo $t \in [a,b]$.

3. *Se $f : [a,b] \to \mathbb{R}$ possui derivada integrável, ponha $m = \dfrac{a+b}{2}$ e prove que

$$f(a) + f(b) = \frac{2}{b-a}\int_a^b [f(x) + (x-m)f'(x)]\,dx.$$

4. *(**Sel. Mestrado UFRGS 2012/2**) Seja $f : [a,b] \to \mathbb{R}$ uma função contínua e seja $x_0 \in (a,b)$.

   (a) Mostre que, dado $\varepsilon > 0$, existe $\delta > 0$ tal que

   $$(f(x_0) - \varepsilon)\delta \leq \int_{x_0}^{x_0+\delta} f(y)dy \leq (f(x_0) + \varepsilon)\delta.$$

   (b) Usando (a), prove que

   $$\lim_{h \to 0^+} \frac{\displaystyle\int_{x_0}^{x_0+h} f(y)dy}{h} = f(x_0).$$

5. (**Sel. Mestrado UFSM 2009/1**) Seja $f : [a,b] \to \mathbb{R}$ contínua. Mostre que existe $c \in (a,b)$ tal que

   $$\int_a^b f(x)dx = f(c)(b-a).$$

   Sugestão. Tome uma primitiva de f e aplique o Teorema do Valor Médio.

6. *(**Sel. Mestrado UFSM 2013/2**) Seja $f : [a,b] \to \mathbb{R}$ contínua. Mostre que se $\int_x^y f(s)ds = 0$, $\forall x, y \in [a,b]$, então $f(x) = 0$, $\forall x \in [a,b]$.

7. Use o Teorema Fundamental do Cálculo para mostrar que se $f : \mathbb{R} \to \mathbb{R}$ é contínua e periódica de período P, i.e., se $f(x+P) = f(x)$, $\forall x \in \mathbb{R}$, então o valor de

   $$\int_x^{x+P} f(t)dt$$

   não depende de x.

8. *Seja $f : [a,b] \to \mathbb{R}$ derivável com f' integrável. Se $f(a) = 0$ e $|f'(x)| \leq M$, $\forall x \in [a,b]$, mostre que

   $$\left|\int_a^b f\right| \leq \frac{M(b-a)^2}{2}.$$

9. (a) Integrando por partes, mostre que

   $$A_n := \int_1^n \ln x dx = n \ln n - n + 1.$$

(b) Se B_n é a soma superior da função $\ln x$ relativamente à partição $\{1, 2, ..., n\}$ do intervalo $[1, n]$, mostre que

$$A_n < B_n = \sum_{k=1}^{n} \ln k = \ln n!.$$

(c) Uma melhor aproximação superior para a área A_n pode ser dada considerando-se, para cada $k = 2, ..., n$ a tangente ao gráfico de $y = \ln x$ pelo ponto $x = k - \frac{1}{2}$. O trapézio com base no intervalo $[k-1, k]$ do eixo x, com dois lados verticais e lado inclinado igual a essa tangente tem área $\ln(k - \frac{1}{2})$. Seja $C_n = \sum_k = 2^n \ln(k - \frac{1}{2})$ a soma das áreas desses trapézios. Mostre que $A_n < C_n < B_n$, para todo $n \in \mathbb{N}$.

10. **(Sel. Mestrado UFRGS 2015/2)** Defina a função $\log : \mathbb{R}^+ \to \mathbb{R}$ por

$$\log(x) := \int_1^x \frac{1}{t} dt.$$

(a) Mostre que

$$\int_a^{ab} \frac{1}{t} dt = \int_1^b \frac{1}{t} dt \quad \text{para } a, b > 0.$$

(b) Mostre que se $x, y > 0$, então $\log(xy) = \log(x) + \log(y)$.

(c) Se $x > 0$, então para todo número racional r temos $\log(x^r) = r \log(x)$.

11. **(Sel. Mestrado UFRGS 2007/2)** Considere a função $f : \mathbb{R} \to \mathbb{R}$. Sua derivada de Lanczos, denotada por DLf, é a função real definida em cada ponto por meio do limite

$$DLf(x_0) = \lim_{h \to 0} \frac{3}{2h^3} \int_{-h}^{h} t f(x_0 + t) dt.$$

(a) Mostre que, se f é diferenciável em x_0, então $DLf(x_0) = f'(x_0)$.

(b) Calcule a derivada de Lanczos de $f(x) = |x|$ quando $x_0 = 0$.

12. *Sejam p e q números reais positivos tais que $\dfrac{1}{p} + \dfrac{1}{q} = 1$. Prove as seguintes afirmações:

(a) Se $u \geq 0$ e $v \geq 0$, então $uv \leq \dfrac{u^p}{p} + \dfrac{v^q}{q}$.

(b) Se f e g são Riemann integráveis em $[a, b]$ com $f, g \geq 0$, e $\displaystyle\int_a^b f^p dx = 1 = \int_a^b g^q dx$, então

$$\int_a^b fg \, dx \leq 1.$$

(c) Se f e g são Riemann integráveis em $[a,b]$, então

$$\left|\int_a^b fg\,dx\right| \leq \left(\int_a^b |f|^p\right)^{\frac{1}{p}} \left(\int_a^b |g|^q\right)^{\frac{1}{q}}.$$

Tal desigualdade é chamada de *Desigualdade de Hölder* para integrais. Quando $p = q = 2$, é chamada de Desigualdades de Cauchy-Schwarz.

(d) Suponha que f' é integrável em $[0,1]$ e $f(0) = 0$. Prove que para todo $x \in [0,1]$ temos

$$|f(x)| \leq \sqrt{\int_0^1 |f'(t)|^2 dt}.$$

13. **(Função Beta de Euler)** Mostre que

$$B(m,n) := \int_0^1 x^{m-1}(1-x)^{n-1}dx = \frac{(m-1)!(n-1)!}{(m+n-1)!}, \ \forall m,n \in \mathbb{N}.$$

Dica: Use integração por partes repetidamente, primeiramente notando que $B(m,n) = \frac{n-1}{m}B(m+1,n-1)$.

10.4 Fórmula de Taylor com resto integral

No capítulo anterior estudamos os teoremas da Fórmula de Taylor com restos infinitesimal e na forma de Lagrange. Vejamos agora a formulação onde o resto fica expresso em termos de uma integral definida, razão pela qual recebe o nome "resto integral". Antes, porém, é salutar enunciar um importante lema.

Lema 10.23 *Seja $\varphi : [0,1] \to \mathbb{R}$ uma função de classe C^{n+1} em um intervalo aberto contendo $[0,1]$. Então*

$$\varphi(1) = \varphi(0) + \varphi'(0) + \frac{\varphi''(0)}{2!} + \ldots + \frac{\varphi^{(n)}(0)}{n!} + \int_0^1 \frac{(1-t)^n}{n!}\varphi^{(n+1)}(t)dt.$$

Demonstração. Pelo Teorema Fundamental do Cálculo, escrevemos

$$\varphi(1) = \varphi(0) + \int_0^1 \varphi'(t)dt.$$

Escreva $f(t) = 1 - t$ e $g(t) = \varphi'(t)$. Então $f'(t) = -1$ e $g'(t) = \varphi''(t)$. Assim,

$$\varphi(1) = \varphi(0) + \int_0^1 \varphi'(t)dt = \varphi(0) - \int_0^1 -1 \cdot g(t)dt =$$

$$= \varphi(0) - \int_0^1 f'(t)g(t)dt.$$

Pelo Teorema 10.21 de integração por partes, identificando $u = g(t)$ e $dv = f'(t)dt$, vamos obter

$$du = g'(t)dt = \varphi''(t)dt \quad \text{e} \quad v = f(t) = 1 - t,$$

e daí

$$\varphi(1) = \varphi(0) - \int_0^1 f'(t)g(t)dt = \varphi(0) - \int_0^1 udv =$$

$$= \varphi(0) - \left[uv|_1 - uv|_0 - \int_0^1 vdu \right] =$$

$$= \varphi(0) - g(t)(1-t)|_1 + g(t)(1-t)|_0 + \int_0^1 (1-t)g'(t)dt =$$

$$= \varphi(0) + \varphi'(0) + \int_0^1 (1-t)\varphi''(t)dt.$$

Novamente, identificando $u = \varphi''(t)$ e $dv = (1-t)dt$, teremos $du = \varphi'''(t)dt$ e $v = -\frac{(1-t)^2}{2}$ e, novamente pela integração por partes, vem

$$\varphi(1) = \varphi(0) + \varphi'(0) + uv|_1 - uv|_0 - \int_0^1 vdu =$$

$$= \varphi(0) + \varphi'(0) + 0 - \varphi''(0)\left(-\frac{1}{2}\right) - \int_0^1 -\frac{(1-t)^2}{2}\varphi'''(t)dt,$$

ou seja,

$$\varphi(1) = \varphi(0) + \varphi'(0) + 0 + \frac{\varphi''(0)}{2} + \int_0^1 \frac{(1-t)^2}{2}\varphi'''(t)dt.$$

Tomando $u = \varphi'''(t)$ e $dv = \frac{(1-t^2)}{2}dt$, obtemos

$$du = \varphi^{(4)}(t)dt \quad \text{e} \quad v = -\frac{(1-t)^3}{2 \cdot 3},$$

e com isso, pelo teorema da integração por partes, vem

$$\varphi(1) = \varphi(0) + \varphi'(0) + \frac{\varphi''(0)}{2} + uv|_1 - uv|_0 - \int_0^1 vdu =$$

$$= \varphi(0) + \varphi'(0) + \frac{\varphi''(0)}{2} + 0 - \varphi'''(0)\left(-\frac{1}{2 \cdot 3}\right) - \int_0^1 -\frac{(1-t)^3}{2 \cdot 3}\varphi^{(4)}(t)dt,$$

ou seja,

$$\varphi(1) = \varphi(0) + \varphi'(0) + \frac{\varphi''(0)}{2} + \frac{\varphi'''(0)}{2 \cdot 3} + \int_0^1 \frac{(1-t)^3}{2 \cdot 3}\varphi^{(4)}(t)dt.$$

Seguindo por indução até a ordem $n + 1$ segue o resultado.

□

De posse do lema acima, provamos:

Teorema 10.24 *(Fórmula de Taylor com resto integral) Seja f uma função de classe C^{n+1} definida em um intervalo aberto contendo $[a, a+h]$. Então*

$$f(a+h)=f(a)+f'(a)h+\frac{f''(a)}{2!}h^2+...$$
$$...+\frac{f^{(n)}(a)}{n!}h^n+\int_0^1\frac{(1-t)^n}{n!}f^{(n+1)}(a+th)h^{n+1}dt.$$

Demonstração. Defina $\varphi : [0,1] \to \mathbb{R}$ por

$$\varphi(t) = f(a+th).$$

Logo, φ é de classe C^{n+1} pois f o é. Além disso, $\varphi(1) = f(a+h)$ e, pela Regra da Cadeia,

$$\varphi'(t) = f'(a+th)h.$$

Em geral, tem-se que

$$\varphi^{(k)}(t)f^{(k)}(a+th)h^k,\ k = 0,1,2,...,n+1,$$

e então pelo Lema 10.23 segue o resultado.

□

Exercícios

1. Mostre que a Fórmula de Taylor com resto integral pode ser escrita como: seja f uma função $n+1$ vezes derivável em um aberto I com $f^{(n+1)}$ integrável em todo subintervalo de I. Seja $a \in I$. Então, dado $x \in I$,

$$f(x) = f(a)+f'(a)(x-a)+\frac{f''(a)}{2!}(x-a)^2+...+\frac{f^{(n)}(a)}{n!}(x-a)^n+R_n(x),$$

onde

$$R_n(x) = \frac{1}{n!}\int_a^x f^{(n+1)}(t)(x-t)^n dt.$$

Em seguida, mostre que se $|f^{(n+1)}(t)| \le M$ para todo t entre a e x, então o resto integral $R_n(x)$ satisfaz a desigualdade

$$|R_n(x)| \le \frac{M}{(n+1)!}|x-a|^{n+1}.$$

2. *Se $0 \leq x \leq \frac{1}{2}$, mostre que $\operatorname{sen} x = x - \frac{x^3}{3!} + r(x)$, onde $|r(x)| \leq \frac{1}{5!}\left(\frac{1}{2}\right)^5$.

3. Seja $f : [a, +\infty) \to \mathbb{R}$ uma função com derivada segunda contínua e tal que $\lim_{x\to\infty} f(x) = \lim_{x\to\infty} f''(x) = 0$. Mostre que $\lim_{x\to\infty} f'(x) = 0$.
(Sugestão: Utilize a Fórmula de Taylor com resto integral para avaliar).

10.5 Teoremas do Valor Médio para integrais

Nesta seção apresentamos três teoremas importantes, denominados de Teoremas do Valor Médio para integrais.

Teorema 10.25 *Seja $f : [a, b] \to \mathbb{R}$ contínua. Então, existe $c \in (a, b)$ tal que*

$$f(c) = \frac{1}{b-a}\int_a^b f(x)dx.$$

No caso onde $f \geq 0$ temos uma interessante interpretação geométrica para esse teorema: como f é contínua no intervalo fechado $[a, b]$, existirá um ponto c entre a e b tal que a área compreendida pelo gráfico de f, as retas verticais $x = a$ e $x = b$ e o eixo horizontal será numericamente igual à área do retângulo de base $b - a$ e altura $f(c)$. Veja a figura abaixo.

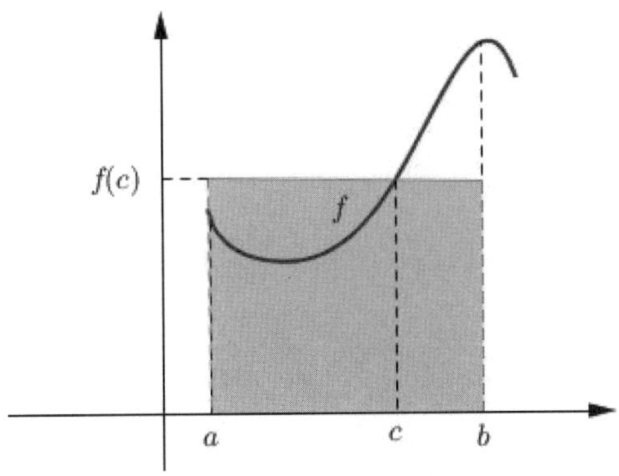

Vamos à prova do teorema.

Demonstração. Como f é contínua em $[a, b]$, segue pelo Teorema do Valor Extremo (Teor. de Weierstrass) que existem x_1, x_2 em $[a, b]$ tais que $f(x_1) = \min_{x\in[a,b]} f(x)$ e $f(x_2) = \max_{x\in[a,b]} f(x)$. Assim, segue que, $\forall x \in [a, b]$:

$$f(x_1) \leq f(x) \leq f(x_2).$$

Integrando em $[a, b]$ vamos obter

$$\int_a^b f(x_1)dx \leq \int_a^b f(x)dx \leq \int_a^b f(x_2)dx,$$

e então

$$f(x_1)\int_a^b dx \leq \int_a^b f(x)dx \leq f(x_2)\int_a^b dx,$$

donde segue que

$$f(x_1) \leq \frac{1}{b-a}\int_a^b f(x)dx \leq f(x_2),$$

e como f é contínua no intervalo fechado de extremidades em x_1 e x_2, contido em $[a, b]$, segue pelo Teorema do Valor Intermediário que $\exists c \in (a, b)$ tal que

$$f(c) = \frac{1}{b-a}\int_a^b f(x)dx.$$

□

Teorema 10.26 *Sejam* $f, g : [a, b] \to \mathbb{R}$ *funções contínuas com* $g(x) > 0$*, para todo* $x \in [a, b]$*. Então, existe* $c \in [a, b]$ *tal que*

$$\int_a^b f(x)g(x)\,dx = f(c)\int_a^b g(x)\,dx.$$

Demonstração. Sendo f contínua em $[a, b]$, segue pelo Teorema do Valor Extremo que f assume valor máximo e assume valor mínimo em $[a, b]$. Assim, sejam M e m, respectivamente, tais valores. Temos, portanto, que

$$m \leq f(x) \leq M, \ \forall x \in [a, b].$$

Sendo $g(x) > 0$, $\forall x \in [a, b]$, temos que

$$m\,g(x) \leq f(x)g(x) \leq M\,g(x).$$

Integrando em $[a, b]$, obtemos

$$\int_a^b m\,g(x) \leq \int_a^b f(x)g(x) \leq \int_a^b M\,g(x),$$

ou seja,

$$m\int_a^b g(x) \leq \int_a^b f(x)g(x) \leq M\int_a^b g(x),$$

e como $g(x) > 0$, $\forall x$, segue que $\int_a^b g > 0$ e daí

$$m \leq \frac{\int_a^b f(x)g(x)}{\int_a^b g(x)} \leq M.$$

Como f é contínua, segue que existem $x_0, x_1 \in [a,b]$ tais que $m = f(x_0)$ e $M = f(x_1)$ e, com isso, obtemos

$$f(x_0) \leq \frac{\int_a^b f(x)g(x)}{\int_a^b g(x)} \leq f(x_1),$$

e, pela continuidade de f, considerando $d = \frac{\int_a^b f(x)g(x)}{\int_a^b g(x)}$, segue pelo Teorema do Valor Intermediário que existe $c \in [a,b]$ tal que $f(c) = d$, ou seja,

$$f(c) = \frac{\int_a^b f(x)g(x)}{\int_a^b g(x)},$$

donde segue o resultado.

□

Corolário 10.27 *Sejam $f, g : [a,b] \to \mathbb{R}$ funções contínuas com $g(x) < 0$, para todo $x \in [a,b]$. Então, existe $c \in [a,b]$ tal que*

$$\int_a^b f(x)g(x)\,dx = f(c)\int_a^b g(x)\,dx.$$

Demonstração. A prova é análoga à do teorema acima. Deixamos para o leitor.

□

Teorema 10.28 *Sejam $f : [a,b] \to \mathbb{R}$ contínua e $g : [a,b] \to \mathbb{R}$ derivável com g' integrável e tal que $g(x) > 0$ para todo $x \in [a,b]$ e g decrescente. Então, existe $\theta \in [a,b]$ tal que*

$$\int_a^b f(x)\cdot g(x)\,dx = g(a)\int_a^\theta f(x)\,dx.$$

Demonstração. Defina $F : [a,b] \to \mathbb{R}$ por

$$F(x) = \int_a^x f(t)dt.$$

Pelo Teorema 10.19 temos que F é contínua e então derivável com $F'(x) = f(x)$.

Pelo teorema da integração por partes (Teorema 10.21), segue que

$$\int_a^b f(x)g(x)dx = \int_a^b F'(x)g(x)dx = F(b)g(b) - F(a)g(a) - \int_a^b F(x)g'(x)dx.$$

Como $F(a) = 0$, obtemos

$$\int_a^b f(x)g(x)dx = F(b)g(b) - \int_a^b F(x)g'(x)dx. \tag{10.7}$$

Como por hipótese g é derivável e decrescente, segue que $g'(x) \leq 0$, $\forall x \in [a,b]$ e g' é contínua. Dessa forma temos que F e g' estão nas hipóteses do Corolário 10.27, e disso segue que $\exists c \in [a,b]$ tal que

$$\int_a^b F(x)g'(x)dx = F(c)\int_a^b f'(x)dx = F(c)(g(b) - g(a)).$$

Assim, (10.7) resulta em

$$\int_a^b f(x)g(x)dx = F(b)g(b) - F(c)(g(b) - g(a)) =$$

$$= F(c)(g(a) - g(b)) + F(b)g(b) =$$

$$= \left[F(c)\frac{g(a) - g(b)}{g(a)} + F(b)\frac{g(b)}{g(a)}\right] g(a).$$

Denotando $\alpha = \dfrac{g(a) - g(b)}{g(a)}$ e $\beta = \dfrac{g(b)}{g(a)}$, notamos que $\alpha + \beta = 1$. Logo, o aditivo acima entre colchetes é uma combinação convexa de $F(c)$ e $F(b)$, e, portanto, $d := F(c) \cdot \alpha + F(b) \cdot \beta$ está entre $F(c)$ e $F(b)$.

Aplicando o Teorema do Valor Intermediário para funções contínuas em F no intervalo $[c,b]$, segue que existe θ entre c e b tal que $F(\theta) = d$. Portanto, concluímos finalmente que

$$\int_a^b f(x)g(x)dx = [F(c) \cdot \alpha + F(b) \cdot \beta]g(a) = d \cdot g(a) =$$

$$= F(\theta)g(a) = g(a)\int_a^\theta f(x)dx.$$

□

Exercícios

1. *Sejam $f : [a,b] \to \mathbb{R}$ monótona, derivável com f' integrável e $g : [a,b] \to \mathbb{R}$ contínua. Mostre que $\exists\, c \in [a,b]$ tal que

$$\int_a^b fg = f(a)\int_a^c g + f(b)\int_c^b g.$$

2. Prove o Corolário 10.27.

10.6 Soma de Riemann

Nesta seção vamos apresentar a definição de *soma de Riemann*. Para isto, vejamos primeiramente a definição de *norma* de uma partição P de $[a, b]$.

Definição 10.29 Seja $P = \{a = t_0 < t_1 < ... < t_n = b\}$ uma partição do intervalo $[a, b]$. Definimos a *norma* da partição P por

$$||P|| = \max_{i \in \{1,2,...,n\}} \{t_i - t_{i-1}\}.$$

Ou seja, a norma de uma partição P de $[a, b]$ é o maior subintervalo $[t_{i-1}, t_i]$ de $[a, b]$.

No que segue apresentamos um importante resultado.

Teorema 10.30 *Seja $f : [a, b] \to \mathbb{R}$ uma função limitada. Então, para todo $\varepsilon > 0$, existe $\delta > 0$ tal que, se P for uma partição qualquer de $[a, b]$ com $||P|| < \delta$, tem-se*

$$\overline{\int_a^b} f \leq S(f; P) < \overline{\int_a^b} f + \varepsilon.$$

Demonstração. Dado $\varepsilon > 0$. Suponha que $f \geq 0$ em $[a, b]$ (se $f < 0$, basta tomar $k > 0$ tal que $f + k \geq 0$ e trabalhar com $f + k$ ao invés de f).

Notamos que, por definição, tem-se que

$$\overline{\int_a^b} f(x)dx \leq S(f; P), \tag{10.8}$$

para toda partição P de $[a, b]$.

Seja $P_0 = \{a = t_0 < t_1 < t_2 < ... < t_n = b\}$ uma partição de $[a, b]$ tal que

$$S(f; P_0) < \overline{\int_a^b} f(x)dx + \frac{\varepsilon}{2}. \tag{10.9}$$

Como f é limitada, seja $M > 0$ tal que $|f(x)| \leq M$, $\forall x \in [a, b]$.

Tome

$$\delta = \frac{\varepsilon}{2 \cdot M \cdot n}, \tag{10.10}$$

onde $M > 0$ é a constante acima definida e n é o número de subintervalos de P_0.

Afirmamos que $\forall$ P partição de $[a, b]$ tal que $||P|| < \delta$, implica em

$$S(f; P) < \overline{\int_a^b} f(x)dx + \varepsilon.$$

De fato, seja $P = \{a = r_0 < r_1 < r_2 < ... < r_n = b\}$ uma partição qualquer de $[a, b]$ tal que $||P|| < \delta$.

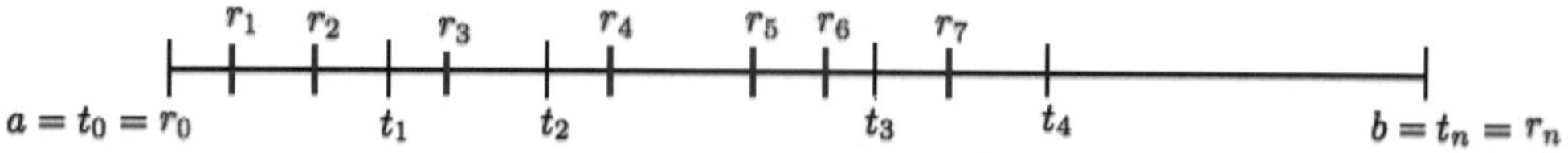

Vamos indicar por $[r_{j-1}, r_j]$ os subintervalos de P que estão contidos em algum subintervalo de P_0, ou seja, tais que $[r_{j-1}, r_j] \subset [t_{i-1}, t_i]$, para algum i fixado, e denotaremos isso por $j \subset i$; e vamos indicar por $[r_{k-1}, r_k]$ os subintervalos restantes de P que contém algum t_i em seu interior.

Portanto, existem no máximo n subintervalos do tipo $[r_{k-1}, r_k]$.

Quando $j \subset i$, temos que $M_j \leq M_i$ e é fácil ver que

$$\sum_{j \subset i} r_j - r_{j-1} \leq t_i - t_{i-1} \quad \text{e} \quad M_k(r_k - r_{k-1}) \leq M||P|| < M \cdot \delta,$$

onde M_i, M_j e M_k denotam os supremos de f em $[t_{i-1}, t_i]$, $[r_{j-1}, r_j]$ e $[r_{k-1}, r_k]$, respectivamente, e notamos que tais supremos são todos maiores ou iguais a zero, pois admitimos $f \geq 0$. Assim,

$$S(f; P) = \sum_j M_j(r_j, r_{j-1}) + \sum_k M_k(r_k - r_{k-1}) \leq$$

$$\leq \sum_{i=1}^{n} M_i(t_i - t_{i-1}) + \sum_k M \cdot \delta \leq S(f; P_0) + M \cdot n \cdot \delta,$$

e por (10.9) e (10.10) vem:

$$S(f; P) \leq S(f; P_0) + M \cdot n \cdot \delta < \int_a^{\underline{b}} f(x)dx + \frac{\varepsilon}{2} + M \cdot n \cdot \delta \cdot \frac{\varepsilon}{2 \cdot M \cdot n},$$

ou seja,

$$S(f; P) < \int_a^{\underline{b}} f(x)dx + \varepsilon.$$

Combinando esta desigualdade com (10.8), segue o resultado.

□

Corolário 10.31 *Sejam $f : [a, b] \to \mathbb{R}$ limitada e P uma partição de $[a, b]$. Então*

$$\lim_{||P|| \to 0} S(f; P) = \int_a^{\underline{b}} f(x)dx.$$

Demonstração. De fato, dado $\varepsilon > 0$, pelo Teorema 10.30 segue que existe $\delta > 0$ tal que

$$\left| S(f;P) - \int_a^b f(x)dx \right| < \varepsilon \,, \quad \text{sempre que} \quad ||P|| < \delta.$$

□

Corolário 10.32 *Sejam $f : [a,b] \to \mathbb{R}$ limitada e P uma partição de $[a,b]$. Então*

$$\lim_{||P|| \to 0} s(f;P) = \int_a^b f(x)dx.$$

Demonstração. Basta provar um teorema análogo ao Teorema 10.30 e o resultado segue.

□

Definição 10.33 Dada uma partição $P = \{a = t_0 < t_1 < ... < t_n = b\}$ de $[a,b]$. Em cada subintervalo $[t_{i-1}, t_i]$ escolhemos arbitrariamente um ponto ξ_i, $i = 1, 2, ..., n$. Estes pontos ξ_i definem uma *partição pontilhada* $P^\star$ de $[a,b]$.

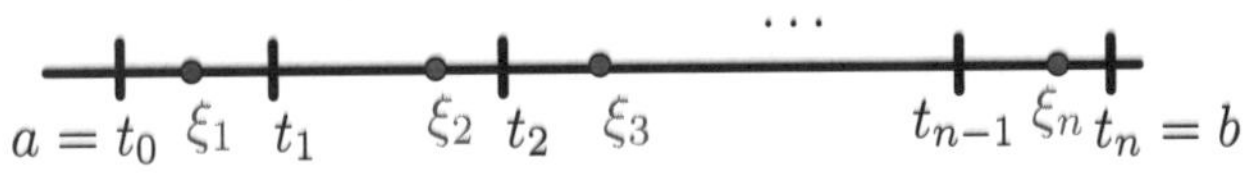

Com esta partição pontilhada $P^\star$ definimos a *soma de Riemann* como segue.

Definição 10.34 Seja $f : [a,b] \to \mathbb{R}$ uma função integrável. Definimos a soma de Riemann por

$$\sum(f;P^\star) = \sum_{i=1}^{n} f(\xi_i)(t_i - t_{i-1}).$$

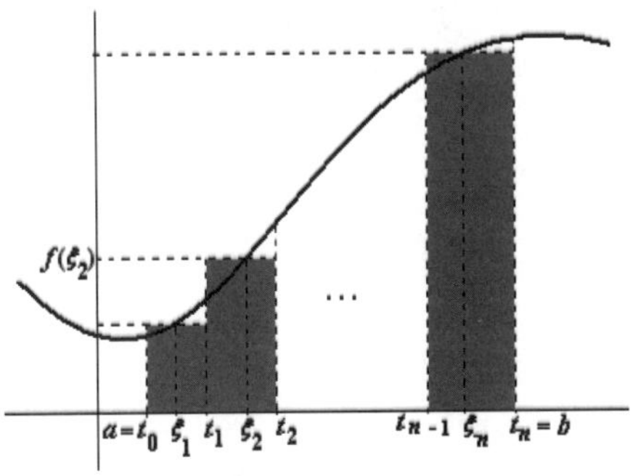

Observe que, sendo m_i e M_i, respectivamente, o ínfimo e o supremo de f em $[t_{i-1}, t_i]$, temos que

$$m_i \leq f(\xi_i) \leq M_i, \; \forall i \in \{1, 2, ..., n\}.$$

Logo, multiplicando por $t_i - t_{i-1}$ e somando para todos os índices i, obtemos a cadeia de desigualdades:

$$s(f;P) \leq \sum(f;P^\star) \leq S(f;P).$$

Considerando f uma função integrável em $[a,b]$, temos que o Teorema do Sanduíche aplicado à cadeia de desigualdades do parágrafo acima, combinado com os Corolários 10.31 e 10.32 e a Definição 10.34, nos fornecem o seguinte resultado:

Teorema 10.35 *Seja* $f : [a,b] \to \mathbb{R}$ *integrável com* $I = \int_a^b f$. *Então*

$$\lim_{||P|| \to 0} \sum(f;P^\star) = I.$$

O que o teorema acima nos diz é que, sendo f uma função integrável, para calcular $\int_a^b f$ basta considerar uma partição pontilhada $P^\star$ de $[a,b]$ qualquer tal que a norma da partição P tenda para zero. A soma então montada tenderá para a integral de f em $[a,b]$.

Exercícios

1. *Seja $P = \{a = t_0 < t_1 < ... < t_n = b\}$ uma partição de $[a,b]$ e $c_1 < c_2$. Em cada subintervalo $[t_{i-1}, t_i]$ destaque um ponto x_i qualquer, determinando assim uma partição pontilhada P^* pelos x_i. Se u pertence ao subintervalo $[t_{i-1}, t_i]$ e $c_1 \leq x_i \leq c_2$, mostre que

$$c_1 - ||P|| \leq u \leq c_2 + ||P||.$$

2. *Sejam $f, g : [a,b] \to \mathbb{R}$ integráveis. Para toda partição $P = \{a = t_0 < t_1 < ... < t_n = b\}$ de $[a,b]$ sejam $P^* = (P;\xi)$ e $P^\# = (P,\eta)$ pontilhamentos de P. Prove que

$$\lim_{||P|| \to 0} \sum f(\xi_i)g(\eta_i)(t_i - t_{i-1}) = \int_a^b f(x)g(x)dx.$$

10.7 Teste da integral para séries numéricas

Nesta seção apresentamos um teste de convergência de séries, denominado de *teste da integral*. O mesmo não foi apresentado no estudo de séries anteriormente pois precisávamos estudar a teoria das integrais definidas. Mais precisamente, precisamos recordar do Cálculo o conceito de *integral imprópria*: Se f é uma função integrável em $[a,b]$, $\forall b > a$, e se existir o limite $\lim_{b\to+\infty} \int_a^b f$, então definimos a **integral imprópria** $\int_a^{+\infty} f$ como este limite.

Teorema 10.36 *Seja $f : [1,+\infty) \to \mathbb{R}$ uma função contínua e decrescente, com $f(x) > 0$, para todo $x \geq 1$. Ponha $a_n = f(n)$, para todo $n \in \mathbb{N}$. Então, a série $\sum_{n=1}^{\infty} a_n$ converge se, e somente se, a integral imprópria $\int_1^{+\infty} f(x)dx$ for convergente.*

Demonstração. Como $f : [1,+\infty) \to \mathbb{R}$ é decrescente, temos que, $\forall x \in [k, k+1]$, com $k \in \mathbb{N}$,

$$f(k+1) \leq f(x) \leq f(k).$$

Integrando em $[k, k+1]$, vem

$$\int_k^{k+1} f(k+1)dx \leq \int_k^{k+1} f(x)dx \leq \int_k^{k+1} f(k)dx,$$

ou seja,

$$f(k+1) \leq \int_k^{k+1} f(x)dx \leq f(k).$$

Somando para $k = 1$ até um n fixado, obtemos

$$\sum_{k=1}^{n} f(k+1) \leq \sum_{k=1}^{n} \int_k^{k+1} f(x)dx \leq \sum_{k=1}^{n} f(k),$$

e então, lembrando que $f(k) = a_k$, temos

$$\sum_{k=1}^{n} a_{k+1} \leq \int_1^{n} f(x)dx \leq \sum_{k=1}^{n} a_n. \tag{10.11}$$

Assim:

($\Rightarrow$) Suponha que $\sum a_n$ converge. Logo, a sequência (s_n) das somas parciais é limitada superiormente, ou seja, $\exists\, M > 0$ tal que

$$s_n = \sum_{k=1}^{n} a_k \leq M, \forall n.$$

Então, de (10.11), obtemos

$$\int_1^{n} f(x)dx \leq \sum_{k=1}^{n} a_n \leq M, \forall n,$$

e então a integral imprópria $\int_1^{\infty} f(x)dx$ converge.

($\Leftarrow$) Reciprocamente, suponha que a integral $\int_1^{+\infty} f(x)dx$ convirja. Então, $\forall n > 1$ fixado, segue que $\exists\, L > 0$ tal que

$$\int_1^n f(x)dx \leq L.$$

Por (10.11) vem que

$$\sum_{k=1}^{n} a_{k+1} \leq \int_1^n f(x)dx \leq L,$$

ou seja,

$$\sum_{k=1}^{n} a_k - a_1 = \sum_{k=1}^{n} a_{k+1} \leq L,$$

e então

$$\sum_{k=1}^{n} a_k \leq a_1 + L,\ \forall n \in \mathbb{N},$$

ou seja, a sequência (s_n) das somas parciais é limitada superiormente por $a_1 + L > 0$ e é também crescente pois os a_j's são positivos. Portanto, (s_n) é convergente, i.e.,

$$\sum_{k=1}^{\infty} a_k < \infty.$$

□

Abaixo apresentamos um exemplo clássico de aplicação.

Exemplo. Estude a convergência da série $\sum_{n=1}^{\infty} \frac{1}{n^p}$, onde $p > 0$.

Solução. Primeiramente, esta série é chamada de *série hiper-harmônica*. Note que no caso $p = 1$ temos uma série harmônica, a qual já mostramos ser divergente. Vamos, portanto, considerar o caso $p > 0$ e $p \neq 1$.

Defina $f : [1, +\infty) \to \mathbb{R}$ por $f(x) = \frac{1}{x^p} = x^{-p}$.

Como $f'(x) = -\frac{p}{x^{p+1}} < 0$, segue que f é decrescente. Além disso, notamos que $f(x) > 0$, $\forall x \in [1, +\infty)$. Estamos, portanto, nas hipóteses do teorema do teste da integral. Assim, calculando a integral imprópria[1]:

$$\int_1^{+\infty} f(x)dx = \int_1^{+\infty} \frac{dx}{x^p} = \lim_{b\to+\infty} \int_1^b x^{-p}dx = \lim_{b\to+\infty} \left.\frac{x^{-p+1}}{-p+1}\right|_1^b =$$

$$= \lim_{b\to+\infty} \left(\frac{b^{1-p}}{1-p} - \frac{1}{1-p}\right) = \begin{cases} +\infty & , \text{ se } \ p<1 \\ \frac{1}{1-p} & , \text{ se } \ p>1 \end{cases}.$$

Logo, pelo teste da integral segue que a série hiper-harmônica $\sum_{n=1}^{\infty} \frac{1}{n^p}$, com $p > 0$, é convergente se $p > 1$ e divergente se $p \leq 1$.

Um bom exercício a fazer é mostrar para quais valores de $p > 0$ a série

$$\sum_{n=2}^{\infty} \frac{1}{n(\ln n)^p}$$

é convergente (segue o mesmo roteiro do exemplo acima, e o caso $p = 1$ deve ser analisado separadamente).

Exercícios

1. Use o teste da integral para estudar a convergência ou divergência de cada série numérica abaixo:

   (a) $\sum_{n=1}^{\infty} ne^{-n}$ (b) $\sum_{n=1}^{\infty} \frac{e^{\arctan n}}{1+n^2}$ (c) $\sum_{n=1}^{\infty} \operatorname{arccot} n$ (d) $\sum_{n=1}^{\infty} \frac{2^n n!}{n^n}$

2. Mostre que a série $\sum_{n=2}^{+\infty} \frac{1}{n(\ln n)^p}$ converge se $p > 1$ e diverge se $p \leq 1$.

[1]Assunto comum em um curso de Cálculo.

Capítulo 11

Sequências de funções

"Se enxerguei mais longe foi porque me apoiei em ombros de gigantes."

- Isaac Newton -

Neste capítulo vamos considerar uma teoria análoga àquela estudada para limites de sequências numéricas aplicada em um tipo especial de sequência, onde os termos são funções ao invés de números reais, ou seja, vamos estudar *sequências de funções* $(f_n)_n = (f_1, f_2, f_3, ...)$.

11.1 Conceito

Definição 11.1 Seja X um conjunto de números reais. Definimos por *sequência de funções* $f_n : X \to \mathbb{R}$ como a correspondência que associa para cada $n \in \mathbb{N}$ uma função f_n de X em $\mathbb{R}$.

Vamos examinar um exemplo. Defina, para cada $n \in \mathbb{N}$, a sequência

$$f_n : [0, 10] \to \mathbb{R}$$

por

$$f_n(x) = \frac{x}{n}.$$

Neste caso, temos

$$f_1 : [0, 10] \to \mathbb{R},\ f_1(x) = x;$$

$$f_2 : [0, 10] \to \mathbb{R},\ f_2(x) = \frac{x}{2};$$

$$f_3 : [0, 10] \to \mathbb{R},\ f_3(x) = \frac{x}{3};$$

e assim por diante. Faça um esboço gráfico dos primeiros termos dessa sequência de funções (f_n). Considere $f : [0, 10] \to \mathbb{R}$ dada por $f(x) = 0$. Podemos observar que, à medida que n aumenta, o gráfico de f_n vai se aproximando cada vez mais do gráfico de f. É nesse sentido que se estuda convergência de sequência de funções. Existem dois tipos importantes de convergência: a *convergência simples* e a *convergência uniforme*, como veremos na próxima seção.

11.2 Convergência simples e uniforme

Definição 11.2 Seja $X \subset \mathbb{R}$ um intervalo. Dada uma sequência de funções $f_n : X \to \mathbb{R}$ e dada $f : X \to \mathbb{R}$, dizemos que:

(1) f_n converge para f *simplesmente*, e escrevemos $f_n \to f$ se, para todo $x \in X$ fixado, $\forall \varepsilon > 0$, $\exists n_0 \in \mathbb{N}$ tal que $|f_n(x) - f(x)| < \varepsilon$, $\forall n \geq n_0$.

(2) f_n converge para f *uniformemente*, e escrevemos $f_n \rightrightarrows f$, se $\forall \varepsilon > 0$, $\exists n_0 \in \mathbb{N}$ tal que, $\forall x \in X$, $\forall n \geq n_0$, $|f_n(x) - f(x)| < \varepsilon$.

Em outras palavras, a sequência de funções $f_n : X \to \mathbb{R}$ converge simplesmente a f quando, para cada $x \in X$ fixado, a sequência de números reais $(f_n(x))_n = (f_1(x), f_2(x), ...)$ converge para o número $f(x)$, e dessa forma o $n_0 \in \mathbb{N}$ da definição depende do ε e da escolha do x, ou seja, $n_0 = n_0(\varepsilon, x)$. Então, para todo $x \in X$ fixado,

$$\lim_{n\to\infty} f_n(x) = f(x).$$

A função $f : X \to \mathbb{R}$, se existir, é chamada de *função limite*.

Já a convergência uniforme é mais forte: dado $\varepsilon > 0$, existe um índice n_0 tal que, a partir desse índice, os gráficos de todas as f_n estarão próximos do gráfico de f a menos de ε. Ou seja, conseguimos obter um n_0 que sirva para todos os $x \in X$, i.e., neste caso o $n_0 \in \mathbb{N}$ dependerá somente do ε, ou seja, $n_0 = n_0(\varepsilon)$. Observe o desenho abaixo, onde temos o gráfico de f e os gráficos dos translados $f + \varepsilon$ e $f - \varepsilon$, onde, no interior, temos uma *faixa de raio* ε, na qual os gráficos de f_n ficam no interior, para todo $n \geq n_0$, pelo fato de a convergência ser uniforme.

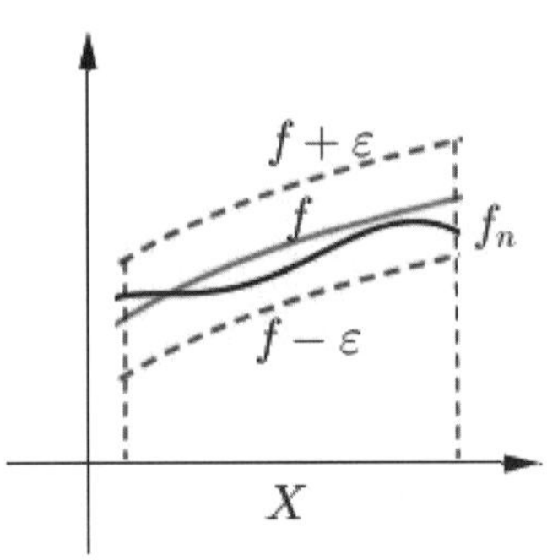

Para deixar esses conceitos de convergência mais claros, vejamos alguns exemplos.

Exemplo 1. Considere a sequência de funções $f_n : [0,1] \to \mathbb{R}$ dada por $f_n(x) = x^n$ e $f : [0,1] \to \mathbb{R}$ definida por

$$f(x) = \begin{cases} 0 & , \text{ se } 0 \leq x < 1 \\ 1 & , \text{ se } x = 1 \end{cases}.$$

É fácil ver que $f_n \to f$ simplesmente. De fato, para todo $x \in [0,1)$ temos que

$$\lim_{n \to \infty} x^n = 0,$$

e

$$\lim_{n \to \infty} 1^n = 1.$$

Porém, afirmamos que f_n não converge para f uniformemente, i.e., $f_n \not\rightrightarrows f$.

De fato, se, por exemplo, tomarmos $\varepsilon = \frac{1}{4}$, construindo a faixa de raio $\varepsilon = \frac{1}{4}$ em torno do gráfico de f, veremos que f_n não fica contida em tal faixa, para qualquer $n \in \mathbb{N}$. Faça um desenho para verificar.

Exemplo 2. Considere a sequência de funções $f_n : \mathbb{R} \to \mathbb{R}$ dada por

$$f_n(x) = \frac{nx}{1 + n^2x^2}.$$

Afirmamos que f_n converge simplesmente para a função $f : \mathbb{R} \to \mathbb{R}$, $f(x) \equiv 0$.

De fato, basta observar que, para cada $x \in \mathbb{R}$ fixado, temos que

$$\lim_{n \to \infty} f_n(x) = \lim_{n \to \infty} \frac{nx}{1 + n^2x^2} = 0 = f(x).$$

No entanto, afirmamos que tal convergência não é uniforme, e isso pode ser verificado se conseguirmos mostrar que todas as funções $f_n : \mathbb{R} \to \mathbb{R}$ tiveram a mesma amplitude, e isso é feito verificando os pontos de máximo e mínimo das f_n. De fato, a derivada de f_n será

$$f_n'(x) = \frac{(1 + n^2x^2)n - nx \cdot 2n^2x}{(1 + n^2x^2)^2} = \frac{n(1 - n^2x^2)}{(1 + n^2x^2)^2} = \frac{n(1 - nx)(1 + nx)}{(1 + n^2x^2)^2}.$$

Logo, os pontos críticos de f são onde $f_n'(0) = 0$, o que nos fornece $x = \pm\frac{1}{n}$, e daí $f_n(\frac{1}{n}) = \pm\frac{1}{2}$.

Primeiramente, notamos que, para todo $x < -\frac{1}{n}$, segue que $1+nx < 0$. Logo, somando -2 nessa desigualdade, vamos obter

$$-2+1+nx < -2 \Rightarrow -1+nx < -2,$$

o que, multiplicando por -1, vem $1-nx > 2 > 0$. Assim, obtemos

$$\forall x < -\frac{1}{n} \Rightarrow f_n'(x) < 0.$$

Analogamente, obteremos

$$\forall x > -\frac{1}{n} \Rightarrow f_n'(x) > 0.$$

Portanto, f_n tem um ponto de mínimo em $x = -\frac{1}{n}$. Deixamos o leitor verificar que f_n possui ponto de máximo em $x = \frac{1}{n}$.

Então, para qualquer faixa de raio menor do que $\frac{1}{2}$ construída para $f(x) \equiv 0$, teremos que os gráficos das f_n não ficarão inteiramente contidos em tal faixa, e então $f_n \not\rightrightarrows f$. Veja a figura abaixo, onde desenhamos, para ilustrar, os gráficos de $f_3(x)$ e $f_7(x)$ e uma faixa de raio $\frac{1}{4}$ centrada em $f(x) \equiv 0$.

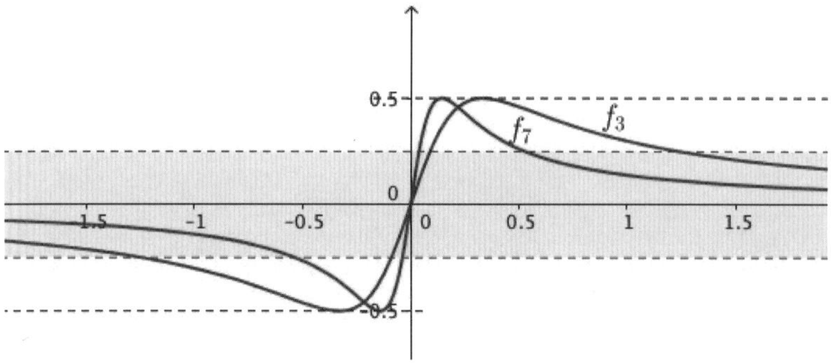

Sejamos mais precisos no que diz respeito à convergência simples neste exemplo: para todo $x \in \mathbb{R}$, vamos mostrar que $f_n \to f \equiv 0$. Dado $\varepsilon > 0$, temos que

$$|f_n(x) - f(x)| = |f_n(x)| = \frac{n|x|}{1+n^2x^2} \leq \frac{n|x|}{n^2x^2} = \frac{1}{n|x|}.$$

Assim, precisamos escolher um $n_0 \in \mathbb{N}$ tal que

$$n_0 > \frac{1}{\varepsilon|x|}, \tag{11.1}$$

e assim, para todo $n \geq n_0$, teremos

$$|f_n(x) - f(x)| \leq \frac{1}{n|x|} \leq \frac{1}{n_0|x|} < \frac{\varepsilon|x|}{|x|} = \varepsilon,$$

para todo $n \geq n_0$, e, portanto, $f_n \to f \equiv 0$ simplesmente.

Observação. Observe neste exemplo que a desigualdade (11.1) nos diz que, se x for muito pequeno, então o n_0 terá de ser muito grande. Logo, a convergência não pode ser uniforme, pois o índice n_0 fica dependendo de ε e de x, ou seja, $n_0 = n_0(\varepsilon, x)$.

No que segue, apresentamos um importante resultado para investigar se uma convergência é uniforme. Antes, porém, precisamos definir sequência de Cauchy para sequência de funções.

Definição 11.3 Uma sequência de funções $f_n : X \to \mathbb{R}$ chama-se *sequência de Cauchy* se, para todo $\varepsilon > 0$, existir $n_0 \in \mathbb{N}$ tal que, para todos $m, n \geq n_0$, implicar em $|f_n(x) - f_m(x)| < \varepsilon$, para todo $x \in X$.

Isso posto, enunciamos:

Teorema 11.4 *Uma sequência de funções $f_n : X \to \mathbb{R}$ é uniformenente convergente se, e somente se, for uma sequência de Cauchy.*

Demonstração. Suponha que $f_n \rightrightarrows f$. Seja $\varepsilon > 0$. Pela definição de convergência uniforme, segue que $\exists n_0 \in \mathbb{N}$ tal que $|f_n(x) - f(x)| < \frac{\varepsilon}{2}$, $\forall n \geq n_0$, $\forall x \in X$.

Logo, para $m, n \geq n_0$ vale:

$$|f_m(x) - f_n(x)| = |f_m(x) - f(x) + f(x) - f_n(x)| \leq$$

$$\leq |f_m(x) - f(x)| + |f_n(x) - f(x)| < \frac{\varepsilon}{2} + \frac{\varepsilon}{2} = \varepsilon,$$

para todo $x \in X$. Ou seja, (f_n) é de Cauchy.

Reciprocamente, suponha que (f_n) é de Cauchy. Então, $\forall \varepsilon > 0$, $\exists n_0 \in \mathbb{N}$ tal que $|f_m(x) - f_n(x)| < \varepsilon$, $\forall x \in X$, $\forall m, n \geq n_0$.

Vamos definir uma função $f : X \to \mathbb{R}$ do seguinte modo: fixado $x_0 \in X$, a sequência de números reais $(f_n(x_0))_n$ é de Cauchy e, portanto, converge para um limite $y_0 = \lim\limits_{n \to \infty} f_n(x_0)$. Defina $f(x_0) = y_0$, e isso para cada x_0 fixado. Isso define $f : X \to \mathbb{R}$.

Vamos mostrar que $f_n \rightrightarrows f$.

Como (f_n) é de Cauchy, dado $\varepsilon > 0$, temos que $\exists n_0 \in \mathbb{N}$ tal que

$$|f_n(x) - f_m(x)| < \frac{\varepsilon}{2}, \ \forall m, n \geq n_0, \ \forall x \in X.$$

Com $x \in X$ e $n \geq n_0$ fixados, a desigualdade acima vale $\forall m \geq n_0$. Fazendo $m \to \infty$, vamos obter

$$|f_n(x) - f(x)| \leq \frac{\varepsilon}{2} < \varepsilon,$$

e isso para todo $n \geq n_0$ e para todo $x \in X$, provando que $f_n \rightrightarrows f$.

□

Outro resultado importante é o descrito abaixo:

Proposição 11.5 *Sejam f_n e $f : X \to \mathbb{R}$. Então, f_n converge para f uniformemente se, e somente se,*

$$d_n = \sup_{x \in X} |f_n(x) - f(x)| \to 0.$$

Demonstração. Suponha que $f_n \to f$ uniformemente. Vamos mostrar que $d_n \to 0$. Dado $\varepsilon > 0$. Como $f_n \to f$ uniformemente, segue que $\exists n_0 \in \mathbb{N}$ tal que $|f_n(x) - f(x)| < \frac{\varepsilon}{2}$, $\forall x \in X$, $\forall n \geq n_0$.

Fixando $n \geq n_0$, vale $|f_n(x) - f(x)| < \frac{\varepsilon}{2}$, $\forall x \in X$. Portanto,

$$\sup_{x \in X} |f_n(x) - f(x)| \leq \frac{\varepsilon}{2},$$

isto é, $d_n \leq \frac{\varepsilon}{2} < \varepsilon$, $\forall n \geq n_0$, ou seja, $d_n \to 0$.

Reciprocamente, suponha que $d_n \to 0$. Então, dado $\varepsilon > 0$, $\exists n_0$ tal que $d_n < \varepsilon$, $\forall n \geq n_0$. Assim, pela definição de supremo segue que, para todo $x \in X$ e para todo $n \geq n_0$, tem-se que

$$|f_n(x) - f(x)| \leq d_n < \varepsilon,$$

o que prova que $f_n \to f$ uniformemente.

□

Vejamos um exemplo de aplicação. Considere $f_n : (0, 1] \to \mathbb{R}$ dada por

$$f_n(x) = nxe^{-nx}.$$

Considerando a função $f : (0, 1] \to \mathbb{R}$, $f(x) \equiv 0$, afirmamos que f_n converge para f simplesmente. De fato, basta notar que

$$\lim_{n \to \infty} f_n(x) = \lim_{n \to \infty} \frac{nx}{e^{nx}} = 0.$$

Vejamos se a convergência é uniforme. A derivada de f_n será

$$f_n'(x) = \frac{ne^{nx} - nxne^{nx}}{e^{2nx}} = \frac{n(1 - nx)}{e^{nx}}.$$

Assim, os pontos críticos são quando $f_n'(x) = 0$, o que corresponde a verificar onde $1 - nx = 0$, ou seja, $x = \frac{1}{n}$. Então,

- se $x < \frac{1}{n}$, então $f_n'(x) = \frac{n(1-nx)}{e^{nx}} > 0$;
- se $x > \frac{1}{n}$, então $f_n'(x) = \frac{n(1-nx)}{e^{nx}} < 0$.

Portanto, segue que $x = \frac{1}{n}$ é um ponto de máximo para as f_n. Usando a Proposição 11.5, temos

$$d_n = \sup_{x\in(0,1]} |nxe^{-nx} - 0| = \max_{x\in(0,1]} \frac{nx}{e^{nx}} = \left.\frac{nx}{e^{nx}}\right|_{x=\frac{1}{n}} = \frac{1}{e} \not\to 0,$$

e então segue que a sequência (f_n) não converge uniformemente.

Abaixo, a título de curiosidade, temos os esboços gráficos de f_1, f_4, f_7 e f_{20} e a reta pontilhada corresponde à altura máxima atingida quando $x = \frac{1}{n}$, que corresponde a $f(\frac{1}{n}) = \frac{1}{e}$. Repare que, realmente, construindo uma faixa de raio ε em torno da função limite $f(x) = 0$, $\forall x \in (0,1]$, temos neste caso que todas as f_n ficam fora da referida faixa, o que ilustra que realmente a convergência para a função identicamente nula não é uniforme, somente simples.

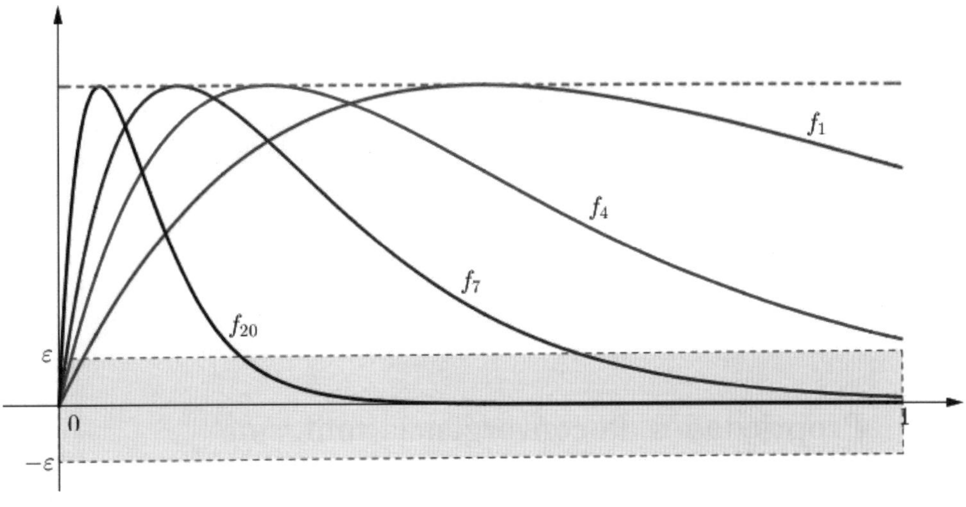

Exercícios

1. Prove que $f_n(x) = nx(1-x)^n$ converge simplesmente, porém não uniformemente, em $[0,1]$, para a função identicamente nula.

2. *Considere a sequência de funções $f_n : [0,1] \to \mathbb{R}$ dada por

$$f_n(x) = \frac{nx^2}{1+nx}.$$

Determine a função limite $f : [0,1] \to \mathbb{R}$ e verifique se $f_n \to f$ uniformemente.

3. Verifique se as sequências de funções $f_n : X \to \mathbb{R}$ em cada item a seguir converge simplesmente e uniformemente, para a função $f : X \to \mathbb{R}$ dada pelo limite das f_n.

   (a) $f_n(x) = \dfrac{nx}{1+n+x}$, com $X = [0,1]$.

   (b) $f_n(x) = \dfrac{1}{n}\arctan(nx)$, $X = (0,+\infty)$.

   (c) $f_n(x) = \dfrac{\operatorname{sen} nx}{n}$, $X = \mathbb{R}$.

   (d) $f_n(x) = \sqrt{n^2x+n} - \sqrt{n^2x}$, $X = (0,+\infty)$.

4. Se $f_n \to f$ e $g_n \to g$ simplesmente em X, prove que $f_n + g_n \to f + g$ simplesmente em X. O mesmo para $f_n g_n$.

5. *Sejam (f_n) uma sequência de funções definida em X tal que $f_n \to f$ uniformemente e g uma função limitada em X. Mostre que $f_n \cdot f \to f \cdot g$ uniformemente em X.

6. Sejam (f_n), (g_n) sequências de funções limitadas em X que convergem uniformemente em X para f e g, respectivamente. Mostre que $(f_n g_n)$ converge uniformemente em X para fg.

11.3 Propriedades da convergência uniforme

Nesta seção vamos apresentar algumas propriedades importantes da convergência uniforme.

Teorema 11.6 *Sejam $f_n, f : X \to \mathbb{R}$ tais que a sequência de funções (f_n) converge a f uniformemente. Seja $x_0 \in X$. Se, para todo $n \in \mathbb{N}$, a função f_n for contínua em x_0, então a função limite f também é contínua em x_0.*

Demonstração. Suponha que $f_n \to f$ uniformemente. Assim, dado $\varepsilon > 0$, segue que existe $n_0 \in \mathbb{N}$ tal que

$$|f_n(x) - f(x)| < \frac{\varepsilon}{3},\ \forall x \in X,\ \forall n \geq n_0. \qquad (11.2)$$

Fixe $n = n_0$. Como f_{n_0} é contínua em x_0, por hipótese, segue que $\exists\delta > 0$ tal que para todo $x \in X$ tal que $|x - x_0| < \delta$, implica em

$$|f_{n_0}(x) - f_{n_0}(x_0)| < \frac{\varepsilon}{3}. \tag{11.3}$$

Isto posto, para todo $x \in X$ tal que $|x - x_0| < \delta$, temos que

$$|f(x) - f(x_0)| = |f(x) - f_{n_0}(x) + f_{n_0}(x) - f_{n_0}(x_0) + f_{n_0}(x_0) - f(x_0)| \leq$$

$$\leq |f(x) - f_{n_0}(x)| + |f_{n_0}(x) - f_{n_0}(x_0)| + |f_{n_0}(x_0) - f(x_0)| < \frac{\varepsilon}{3} + \frac{\varepsilon}{3} + \frac{\varepsilon}{3} = \varepsilon,$$

onde, no aditivo de módulos acima, o primeiro e o terceiro módulos ficam majorados por $\frac{\varepsilon}{3}$ para todo $x \in X$, devido a (11.2) e o segundo fica majorado por $\frac{\varepsilon}{3}$ devido a (11.3). Logo, f também é contínua em x_0.

□

Observação. O teorema acima é falso se a convergência for somente simples. Por exemplo, veja a ilustração abaixo, onde as f_n são todas contínuas em x_0 e convergem para uma f que não é contínua em x_0.

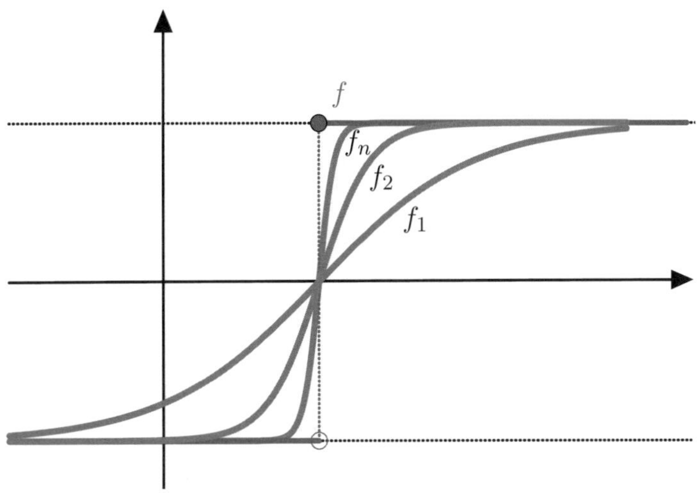

Para um exemplo interessante a fim de constatar esta observação basta revisitar o Exemplo 1 da Seção 11.2, onde as $f_n : [0,1] \to \mathbb{R}$ definidas por $f_n(x) = x^n$ são contínuas em 1, mas a função limite não. Isso ocorreu pois a convergência de tais f_n para a f dada por

$$f(x) = \begin{cases} 0 & , \text{ se } 0 \leq x < 1 \\ 1 & , \text{ se } x = 1 \end{cases}$$

não é uniforme, é apenas simples.

Teorema 11.7 *Seja $f_n : [a,b] \to \mathbb{R}$ uma sequência de funções integráveis, $f : [a,b] \to \mathbb{R}$ uma função. Se $f_n \to f$ uniformemente, então f é integrável e $\int_a^b f_n(x)dx \to \int_a^b f(x)dx$. Em outras palavras,*

$$\lim_{n\to\infty} \int_a^b f_n(x)dx = \int_a^b \lim_{n\to\infty} f_n(x)dx.$$

Demonstração. Suponha as f_n integráveis e que $f_n \to f$ uniformemente.

Af. 01. f é integrável.

Como $f_n \rightrightarrows f$, dado $\varepsilon > 0$, segue que existe $n_0 \in \mathbb{N}$ tal que

$$|f_n(x) - f(x)| < \frac{\varepsilon}{3(b-a)}, \; \forall n \geq n_0, \; \forall x \in [a,b]. \tag{11.4}$$

Como por hipótese esta f_n é integrável em $[a,b]$, segue que existe uma partição $P = \{a = t_0 < t_1 < t_2 < ... < t_n = b\}$ de $[a,b]$ tal que

$$S(f_n; P) - s(f_n; P) < \frac{\varepsilon}{3}. \tag{11.5}$$

De (11.4) segue que

$$f(x) < f_n(x) + \frac{\varepsilon}{3(b-a)}, \; \forall n \geq n_0, \; \forall x \in [a,b],$$

e, como essa desigualdade vale para todo $n \geq n_0$ e para todo $x \in [a,b]$, em particular valerá para

$$f(x) \leq \sup_{x\in[t_{i-1},t_i]} f_n(x) + \frac{\varepsilon}{3(b-a)}, \; \forall n \geq n_0, \; \forall x \in [a,b].$$

Ainda, tal desigualdade é verdadeira para todo $x \in [a,b]$, e em particular valerá para $\sup f$ em $[a,b]$, ou seja,

$$\sup_{x\in[t_{i-1},t_i]} f(x) \leq \sup_{x\in[t_{i-1},t_i]} f_n(x) + \frac{\varepsilon}{3(b-a)}, \; \forall n \geq n_0, \; \forall x \in [a,b].$$

Multiplicando pelo respectivo comprimento $t_i - t_{i-1}$ do subintervalo $[t_{i-1}, t_i]$, obtemos

$$\sup_{x\in[t_i-1,t_i]} f(x)(t_{i-1} - t_i) \leq \sup_{x\in[t_{i-1},t_i]} f_n(x)(t_{i-1} - t_i) + \frac{\varepsilon}{3(b-a)}(t_{i-1} - t_i),$$

o que, somando sob todos os i's, vamos obter

$$\sum_{i=1}^{n} \sup_{x\in[t_i-1,t_i]} f(x)(t_{i-1}-t_i) \leq \sum_{i=1}^{n} \sup_{x\in[t_{i-1},t_i]} f_n(x)(t_{i-1}-t_i) + \sum_{i=1}^{n} \frac{\varepsilon}{3(b-a)}(t_{i-1}-t_i)$$

ou seja,

$$S(f;P) \leq S(f_n;P) + \frac{\varepsilon}{3}. \tag{11.6}$$

Analogamente, obtemos

$$s(f;P) \geq s(f_n;P) - \frac{\varepsilon}{3}. \tag{11.7}$$

Fazendo (11.6) $-$ (11.7), obtemos

$$S(f;P) - s(f;P) \leq S(f_n;P) - s(f_n;P) + \frac{\varepsilon}{3} + \frac{\varepsilon}{3},$$

e, de acordo com (11.5), concluímos

$$S(f;P) - s(f;P) < \frac{\varepsilon}{3} + \frac{\varepsilon}{3} + \frac{\varepsilon}{3} = \varepsilon,$$

e, portanto, f é integrável, ou seja, vale a Afirmação 01.

Af. 02. $\displaystyle\int_a^b f_n \longrightarrow \int_a^b f$.

De fato, como $f_n \rightrightarrows f$, dado $\varepsilon > 0$, existe $n_0 \in \mathbb{N}$ tal que

$$|f_n(t) - f(t)| < \frac{\varepsilon}{b-a}, \ \forall n \geq n_0, \ \forall t \in [a,b].$$

Então

$$|\int_a^b f_n(t)dt - \int_a^b f(t)dt| = |\int_a^b (f_n(t) - f(t))dt| \leq \int_a^b |f_n(t) - f(t)|dt <$$

$$< \frac{\varepsilon}{b-a}\int_a^b dt = \frac{\varepsilon}{b-a}(b-a) = \varepsilon.$$

Logo, vale a Afirmação 2.

As duas afirmações provam o teorema.

□

Vejamos um exemplo de aplicação. Sejam $f_n : [0,1] \to \mathbb{R}$ dadas por $f_n(x) = \dfrac{nx^2}{1+nx}$ e $f : [0,1] \to \mathbb{R}$ dada por $f(x) = x$.

Afirmamos que $f_n \to f$ uniformemente. De fato, basta usar a Proposição 11.5: note que

$$|f_n(x) - f(x)| = \left| \frac{nx^2}{1+nx} - x \right| = \frac{1}{1+nx}.$$

Assim, temos

$$d_n = \sup_{x\in[0,1]} |f_n(x) - f(x)| = \sup_{x\in[0,1]} \frac{x}{1+nx}.$$

Defina $g_n : [0,1] \to \mathbb{R}$ por

$$g_n(x) = \frac{x}{1+nx}.$$

Como

$$g_n'(x) = \frac{1}{(1+nx)^2} > 0, \ \forall x \in [0,1],$$

segue que g_n é crescente em seu domínio. Além disso, g_n também é contínua em $[0,1]$. Portanto,

$$d_n = \sup_{x\in[0,1]} \frac{x}{1+nx} = \sup_{x\in[0,1]} g_n(x) = \max_{x\in[0,1]} g_n(x) = g_n(1) = \frac{1}{1+n} \to 0,$$

e então pela Proposição 11.5 segue que $f_n \to f$ uniformemente.

Verifiquemos, por fim, o Teorema 11.7. Primeiramente, temos por um lado que

$$\int_0^1 f_n(x)dx = \int_0^1 \frac{nx^2}{1+nx}dx,$$

e como

$$\begin{aligned}\int \frac{nx^2}{1+nx}dx &= \frac{1}{n}\int \frac{n^2x^2}{1+nx}dx = \frac{1}{n}\int \frac{n^2x^2-1+1}{1+nx}dx = \\ &= \frac{1}{n}\int \left(\frac{(nx+1)(nx-1)}{1+nx} + \frac{1}{1+nx}\right)dx = \\ &= \frac{1}{n}\int (nx-1)dx + \frac{1}{n}\int \frac{dx}{1+nx} = \\ &= \frac{1}{n}\left(n\frac{x^2}{2} - x\right) + \frac{1}{n^2}\int \frac{ndx}{1+nx} = \\ &= \frac{x^2}{2} - \frac{x}{n} + \frac{1}{n^2}\ln|1+nx| + c,\end{aligned}$$

e então pelo Teorema Fundamental do Cálculo segue que

$$\int_0^1 f_n(x)dx = \frac{x^2}{2} - \frac{x}{n} + \frac{1}{n^2}\ln|1+nx| + c\Big|_0^1 =$$

$$= \frac{1}{2} - \frac{1}{n} + \frac{1}{n^2}\ln(1+n),$$

e então

$$\lim_{n\to\infty}\int_0^1 f_n(x)dx = \lim_{n\to\infty}\left(\frac{1}{2} - \frac{1}{n} + \frac{1}{n^2}\ln(1+n)\right) = \frac{1}{2}.$$

Por outro lado,

$$\int_0^1 \lim_{n\to\infty} f_n(x)dx = \int_0^1 x\,dx = \frac{x^2}{2}\Big|_0^1 = \frac{1}{2},$$

ou seja, cumpriu-se o Teorema 11.7:

$$\lim_{n\to\infty}\int_0^1 f_n(x)dx = \int_0^1 \lim_{n\to\infty} f_n(x)dx,$$

visto que $f_n \to f$ uniformemente.

Observação. Se $f_n \to f$ apenas simplesmente, então o Teorema 11.7 é falso. Por exemplo, considere as $f_n : [0,1] \to \mathbb{R}$ dadas por

$$f_n(x) = \begin{cases} n^2x & \text{, se } \ x \in [0, \frac{1}{n}) \\ -n^2x + 2n & \text{, se } \ x \in [\frac{1}{n}, \frac{2}{n}) \\ 0 & \text{, se } \ x \in [\frac{2}{n}, 1] \end{cases}$$

e $f : [0,1] \to \mathbb{R}$ dada por $f(x) = 0$ (a função identicamente nula).

As f_n são integráveis pois são contínuas. Abaixo temos um esboço gráfico das f_n. Nesse esboço percebemos que $f_n \to f \equiv 0$, pois, à medida que o índice n aumentar, mais alta ficará a altura n do triângulo, mais fina ficará a base de tamanho $\frac{2}{n}$, e então ficará cada vez maior o intervalo $[\frac{2}{n}, 1]$ onde $f_n(x) = 0$.

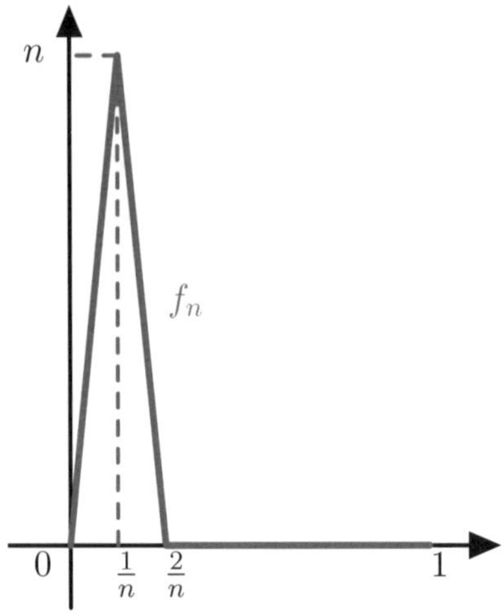

Pelo desenho temos que

$$\int_0^1 f_n(x)dx = \frac{\frac{2}{n} \cdot n}{2} = 1, \ \forall n \geq 3,$$

e então

$$\lim_{n\to\infty} \int_0^1 f_n(x)dx = \lim_{n\to\infty} 1 = 1.$$

Por outro lado,

$$\int_0^1 \lim_{n\to\infty} f_n(x)dx = \int_0^1 0\, dx = 0,$$

ou seja,

$$\int_0^1 f_n \not\to \int_0^1 f.$$

Isso aconteceu porque $f_n \not\rightrightarrows f$.

Ante o teorema acima provado, poderíamos pensar se vale algum análogo para derivadas. No entanto, afirmamos que não. Ou seja, o fato de $f_n \to f$ uniformemente não implica em $f_n' \to f'$. Vejamos dois exemplos para ilustrar esse fato. Por exemplo, as funções $f_n : [0,1] \to \mathbb{R}$ dadas por $f_n(x) = \frac{\operatorname{sen} nx}{n}$ são tais que $f_n \rightrightarrows f \equiv 0$ (verifique!), mas

$$f_n'(x) = \cos nx \not\to f' \equiv 0.$$

De fato, neste exemplo, $f_n'(x) = \cos nx$ não converge nem mesmo simplesmente!

Para um outro exemplo, considere $f : \mathbb{R} \to \mathbb{R}$ dada por $f(x) = |x| = \sqrt{x^2}$ e as $f_n : \mathbb{R} \to \mathbb{R}$ dadas por $f_n(x) = \sqrt{x^2 + \frac{1}{n}}$. Neste caso também temos que $f_n \to f$ uniformemente (verifique!), as f_n são deriváveis, mas $\nexists f'(0)$.

Ou seja, não existe um resultado análogo ao Teorema 11.7 para derivadas, pelo menos no mesmo formato que no referido teorema. O que existe é o resultado seguinte.

Teorema 11.8 *Sejam $f_n : (a, b) \to \mathbb{R}$ uma sequência de funções deriváveis. Suponha que*

(i) $\exists x_0 \in (a, b)$ *tal que a sequência numérica $(f_n(x_0))_n$ é convergente;*

(ii) $f_n' \to g$ *uniformemente.*

Então, f_n converge uniformemente a uma função f em (a, b), e f é derivável com $f' = g$.

Demonstração. Seja $x_0 \in (a.b)$ tal que $(f_n(x_0))_n$ seja convergente.

Para cada $n \in \mathbb{N}$, aplicaremos o T.F.C. para f_n como segue:

$$\int_{x_0}^{x} f_n'(t)dt = f_n(x) - f_n(x_0), \ \forall x \in [a, b],$$

e então

$$f_n(x) = f_n(x_0) + \int_{x_0}^{x} f_n'(t)dt. \tag{11.8}$$

Pelo Teorema 11.7, passando o limite com $n \to \infty$, segue que

$$\exists \lim_{n\to\infty} f_n(x) := f(x),$$

e que então, de (11.8), temos

$$f(x) = \lim_{n\to\infty} f_n(x) = \lim_{n\to\infty} \left(f_n(x_0) + \int_{x_0}^{x} f_n'(t)dt \right) =$$

$$= \lim_{n\to\infty} f_n(x) + \lim_{n\to\infty} \int_{x_0}^{x} f_n'(t)dt,$$

e, como $f_n' \rightrightarrows g$ e $f_n(x_0) \to f(x_0)$, obtemos

$$f(x) = f(x_0) + \int_{x_0}^{x} g(t)dt.$$

Como g é contínua, pelo T.F.C. segue que f é derivável, com $f' = g$.

Resta mostrar que $f_n \rightrightarrows f$. De fato, note que

$$|f_n(x) - f(x)| = |f_n(x_0) + \int_{x_0}^{x} f_n'(t)dt - \left(f(x_0) + \int_{x_0}^{x} g(t)dt\right)| \leq$$

$$\leq |f_n(x_0) - f(x_0)| + \int_{x_0}^{x} |f_n'(t) - g(t)|dt,$$

e então, como por hipótese $f_n' \rightrightarrows g$, então, dado $\varepsilon > 0$, segue que $\exists n_0 > 0$, tal que, $\forall \geq n_0$, implica em

$$|f_n'(t) - g(t)| < \frac{\varepsilon}{2(x - x_0)}, \ \forall t \in (a, b). \tag{11.9}$$

Além disso, como $(f_n(x_0))_n$ converge, segue que $\exists n_1 \in \mathbb{N}$ tal que, $\forall n \geq n_1$, implica em

$$|f_n(x_0) - f(x_0)| < \frac{\varepsilon}{2}. \tag{11.10}$$

Assim, $\forall n \geq \tilde{n} := \max\{n_0, n_1\}$, valem (11.9) e (11.10) e, com isso,

$$|f_n(x) - f(x)| \leq |f_n(x_0) - f(x_0)| + \int_{x_0}^{x} |f_n'(t) - g(t)|dt < \frac{\varepsilon}{2} + \int_{x_0}^{x} \frac{\varepsilon}{2(x - x_0)}dt = \varepsilon,$$

o que mostra que $f_n \rightrightarrows f$.

□

Observação. Na prática, se verificarmos que

(a) as f_n são deriváveis;

(b) $f_n \to f$ uniformemente;

(c) $f_n' \to g$ uniformemente;

então f é derivável e $f' = g$.

Exercícios

1. *Seja $f_n : [1, 2] \to \mathbb{R}$ definida por $f_n(x) = e^{-nx^2}$.

   (a) Obtenha a função limite $f : [1, 2] \to \mathbb{R}$, $f(x) = \lim_{n\to\infty} f_n(x)$ e mostre que (f_n) converge uniformemente para f em $[1, 2]$.

   (b) Calcule $\lim_{n\to\infty} \int_1^2 f_n(x)\, dx$.

2. Se $a > 0$, mostre que $\lim_{n\to\infty} \int_a^\pi \frac{\operatorname{sen} nx}{nx} dx = 0$.

3. Seja (f_n) a sequência definida por $f_n(x) = \frac{nx}{1+nx}$, para $x \in [0,1]$. Mostre que (f_n) converge uniformemente a uma função integrável f e que

$$\int_0^1 f(x)dx = \lim_{n\to\infty} \int_0^1 f_n(x)dx.$$

4. Seja a sequência de funções $f_n : [0,1] \to \mathbb{R}$, onde $f_n(x) = \frac{\operatorname{sen}(nx)}{\sqrt{n}}$. Prove que (f_n) converge uniformemente para 0, mas a sequência das derivadas f_n' não converge em ponto algum do intervalo $[0,1]$.

5. Mostre que a sequência de funções $g_n(x) = x + \frac{x^n}{n}$ converge uniformemente no intervalo $[0,1]$ para uma função derivável g e a sequência das derivadas g_n' converge simplesmente em $[0,1]$, mas g' não é igual a $\lim_{n\to\infty} g_n'$.

6. **(Sel. Mestrado EXTRAMURO/2014)** Considere as funções (f_n), $f_n : [0,2] \to \mathbb{R}$ dadas por $f_n(x) = \frac{x^n}{1+x^n}$. Defina $f(x) = \lim_{n\to\infty} f_n(x)$ quando este limite existir. Considere as afirmações:

   (1) f está bem definida em $[0,2]$ e é descontínua.

   (2) (f_n) converge uniformemente para f.

   (3) $\lim_{n\to\infty} \int_0^2 f_n(x)dx = \int_0^2 f(x)dx$.

   Indique a opção correta:

   (a) Apenas a afirmação (1) é verdadeira.

   (b) Apenas a afirmação (2) é verdadeira.

   (c) Apenas a afirmação (1) é falsa.

   (d) Apenas a afirmação (2) é falsa.

Capítulo 12

Séries de funções

"Uma verdade matemática não é nem simples nem complicada por si mesma. É uma verdade."

- Emile Lemoine -

Neste capítulo final vamos estudar o conceito de séries de funções. Do mesmo modo que no estudo de sequências de funções, existem dois tipos principais de convergências de séries de funções – a convergência simples e a convergência uniforme. Isso porque, considerando (S_n) a sequência das somas parciais $s_n = f_1 + f_2 + ... + f_n$, podemos determinar propriedades análogas a muitas vistas no capítulo anterior. Nosso principal foco de estudo neste capítulo serão as séries uniformemente convergentes e daremos uma atenção especial também ao estudo de séries de potências.

12.1 Conceitos

Definição 12.1 Seja (f_n) uma sequência de funções $f_n : X \to \mathbb{R}$. Para cada $x \in X$, definimos a sequência numérica das somas parciais $(S_n(x))_n$ por

$$S_n(x) = f_1(x) + f_2(x) + ... + f_n(x) = \sum_{k=1}^{n} f_k(x), \ \forall x \in X.$$

Se, para cada $x \in X$ fixado, a série numérica $\sum_{n=1}^{\infty} f_n(x)$ convergir, diremos que a série de funções $\sum_{n=1}^{\infty} f_n$ é convergente.

Para o estudo de séries de funções temos também os conceitos de convergência simples e uniforme, e serão análogos aos estudados no capítulo anterior, considerando a sequência (S_n) das somas parciais da série.

Definição 12.2 Dizemos que a série de funções $\sum f_n$ converge simplesmente se a sequência das somas parciais (S_n) convergir simplesmente, i.e., se para todo $x \in X$, a série numérica $\sum f_n(x)$ convergir.

Neste caso, definimos a função $f : X \to \mathbb{R}$ por

$$f(x) = \sum_{n=1}^{\infty} f_n(x), \; \forall x \in X,$$

chamada de soma da série.

Definição 12.3 Diremos que a série de funções $\sum f_n$ converge uniformemente se a sequência (S_n) das somas parciais convergir uniformemente.

Proposição 12.4 *A série de funções $\sum f_n$ converge uniformemente se, e somente se, $\forall \varepsilon > 0$, $\exists n_0 \in \mathbb{N}$ tal que*

$$\left| \sum_{k=n}^{m} f_k(x) \right| < \varepsilon, \; \forall m > n \geq n_0, \; \forall x \in X.$$

Demonstração. Seja (S_n) a sequência das somas parciais da série $\sum f_n$. Então, temos que $\sum f_n$ converge uniformemente se, e somente se, $(S_n(x))_n$ converge uniformemente, $\forall x \in X$. Mas $(S_n(x))_n$ converge uniformemente se, e somente se, $(S_n(x))_n$ for de Cauchy, $\forall x \in X$, e isso se, e somente se, $\forall \varepsilon > 0$, $\exists n_0 \in \mathbb{N}$ tal que, $\forall m, n \geq n_0$, implicar em $|S_m(x) - S_n(x)| < \varepsilon$, $\forall x \in X$. Sem perda de generalidade, suponha que $m > n \geq n_0$. Então, para o $\varepsilon > 0$ dado e $m > n > n_0$, temos que $\sum f_n$ converge uniformemente se, e somente se,

$$|\sum_{k=n}^{m} f_k(x)| = |\sum_{k=1}^{m} f_k(x) - \sum_{k=1}^{n-1} f_k(x)| = |S_m(x) - S_{n-1}(x)| < \varepsilon.$$

□

12.2 Teste M de Weierstrass

No que segue apresentamos um importante teorema para verificar se a convergência de uma série de funções é uniforme.

Teorema 12.5 *(Teste M de Weierstrass) Seja $\sum f_n$ uma série de funções $f_n : X \to \mathbb{R}$. Suponha que*

(i) $|f_n(x)| \leq M_n$, $\forall n \in \mathbb{N}$, $\forall x \in X$ *(onde $M_n > 0$ é uma constante que depende do índice n);*

(ii) *a série numérica* $\sum_{n=1}^{\infty} M_n$ *é convergente.*

Então a série $\sum f_n$ converge uniformemente.

Demonstração. Como a série numérica $\sum M_n$ converge, pelo critério de Cauchy para séries numéricas (Teorema 5.7), dado $\varepsilon > 0$, segue que existe $n_0 \in \mathbb{N}$ tal que $\forall m > n \geq n_0$, implica em (note que $M_k \geq 0$, $\forall k$)

$$\sum_{k=n}^{m} M_k = |\sum_{k=n}^{m} M_k| < \varepsilon.$$

Portanto, lembrando que de (i) temos $|f_n(x)| \leq M_n$ e a estimativa por ε acima encontrada, temos que

$$|\sum_{k=n}^{m} f_k(x)| \leq \sum_{k=n}^{m} |f_k(x)| \leq \sum_{k=n}^{m} M_k < \varepsilon,$$

e pela Proposição 12.4 segue que $\sum f_n$ converge uniformemente.

□

Exemplo 1. Verifiquemos que $\sum_{n=1}^{\infty} \frac{\operatorname{sen} nx}{n^2}$ converge uniformemente. De fato, definindo $f_n : \mathbb{R} \to \mathbb{R}$ por $f_n(x) = \frac{\operatorname{sen} nx}{n^2}$, observe que:

(i) $|f_n(x)| = |\frac{\operatorname{sen} nx}{n^2}| \leq \frac{1}{n^2}$, $\forall x \in \mathbb{R}$. (Neste caso, tomamos $M_n = \frac{1}{n^2}$)

(ii) $\sum_{n=1}^{\infty} \frac{1}{n^2}$ é convergente, pois é a série hiper-harmônica com $p = 2 > 1$.

Portanto, pelo Teste M de Weierstrass, segue que a série $\sum_{n=1}^{\infty} \frac{\operatorname{sen} nx}{n^2}$ converge uniformemente.

Exemplo 2. A série $\sum_{n=1}^{\infty} \frac{x^n}{n!}$ converge uniformemente em todo intervalo da forma $(-a, a)$.

De fato, basta observar que, definindo $f_n : (-a, a) \to \mathbb{R}$ por $f_n(x) = \dfrac{x^n}{n!}$, temos que

$$|f_n(x)| = \left|\frac{x^n}{n!}\right| \leq \frac{a^n}{n!},$$

i.e., neste caso temos $M_n = \dfrac{a^n}{n!}$. Ainda, a série numérica $\displaystyle\sum_{n=1}^{\infty} \frac{a^n}{n!}$ é convergente, pois pelo teste da razão do limite, denotando o termo geral da série por $b_n = \dfrac{a^n}{n!}$, vem

$$\lim_{n\to\infty} \frac{b_{n+1}}{b_n} = \lim_{n\to\infty} \frac{a^{n+1}}{(n+1)!} \cdot \frac{n!}{a^n} = \lim_{n\to\infty} \frac{a}{n} = 0 < 1.$$

Logo, temos as condições (i) e (ii) do teste M de Weierstrass, donde segue a convergência uniforme da série $\displaystyle\sum_{n=1}^{\infty} \frac{x^n}{n!}$.

Proposição 12.6 *Seja $\sum f_n$ uma série uniformemente convergente de funções integráveis $f_n : [a, b] \to \mathbb{R}$. Então, sua soma é integrável e*

$$\int_a^b \sum_{n=1}^{\infty} f_n(x)dx = \sum_{n=1}^{\infty} \int_a^b f_n(x)dx.$$

Demonstração. Seja (S_n) a sequência das somas parciais da série $\sum f_n$. Como $\sum f_n$ converge uniformemente, segue que a sequência $(S_n(x))_n$ converge uniformemente, $\forall x \in [a, b]$, para $S(x) = \displaystyle\sum_{n=1}^{\infty} f_n(x)$.

Além disso, S_n é integrável, $\forall n$, pois

$$S_n(x) = f_1(x) + f_2(x) + ... + f_n(x)$$

é uma soma de funções integráveis. Então, pelo Teorema 11.7 do capítulo anterior, segue que

$$\lim_{n\to\infty} \int_a^b S_n(x)dx = \int_a^b \lim_{n\to\infty} S_n(x)dx,$$

onde

$$\int_a^b \lim_{n\to\infty} S_n(x)dx = \int_a^b S(x)dx = \int_a^b \sum_{n=1}^{\infty} f_n(x)dx,$$

e

$$\lim_{n\to\infty} \int_a^b S_n(x)dx = \lim_{n\to\infty} \left(\int_a^b (f_1(x) + ... + f_n(x))dx \right) =$$

$$= \lim_{n\to\infty} \left(\int_a^b f_1(x)dx + \int_a^b f_2(x)dx + ... + \int_a^b f_n(x)dx \right) =$$

$$= \lim_{n\to\infty} \sum_{k=1}^{n} \int_a^b f_k(x)dx = \sum_{k=1}^{\infty} \int_a^b f_k(x)dx.$$

□

Vejamos alguns exemplos.

Exemplo 1. Seja $f_n : (-1,1) \to \mathbb{R}$ dadas por $f_n(t) = t^n$. Sabemos que

$$\sum_{n=0}^{\infty} t^n = \frac{1}{1-t}, \text{ para } t \in (-1,1). \text{ (série geométrica)}$$

Para cada $c \in (-1,1)$, temos

(i) $|f_n(t)| = |t^n| \leq |c|^n$, $\forall c \in (-1,1)$.

(ii) $\sum\limits_{n=1}^{\infty} |c|^n$ é convergente (série geométrica de razão $|c| < 1$)

Então, pelo teste M de Weierstrass segue que a série $\sum\limits_{n=1}^{\infty} t^n$ converge uniformemente no intervalo $[-c,c]$. Assim, $\forall x \in [-c,c]$, c.f. a Proposição 12.6,

$$\int_0^x \sum_{n=0}^{\infty} t^n dt = \sum_{n=0}^{\infty} \int_0^x t^n dt,$$

i.e.,

$$\int_0^x \frac{1}{1-t} dt = \sum_{n=0}^{\infty} \left. \frac{t^{n+1}}{n+1} \right|_0^x,$$

logo,

$$-\ln(1-t)|_0^x = \sum_{n=0}^{\infty} \frac{x^{n+1}}{n+1},$$

ou seja,

$$\ln \frac{1}{1-x} = \sum_{n=1}^{\infty} \frac{x^n}{n}, \ \forall x \in (-1,1).$$

Exemplo 2. Para $t \in (-1,1)$, temos a série geométrica

$$\frac{1}{1+t^2} = \frac{1}{1-(-t^2)} = \sum_{n=0}^{\infty} (-t^2)^n = \sum_{n=0}^{\infty} (-1)^n t^{2n}.$$

Esta série será uniformemente convergente em todo intervalo fechado contido em $(-1,1)$. Assim, $\forall x \in (0,1)$, aplicando o Teorema Fundamental do Cálculo, obtemos

$$\int_0^x \frac{1}{1+t^2}dt = \arctan x.$$

Pela Proposição 12.6, temos

$$\arctan x = \int_0^x \frac{1}{1+t^2}dt = \int_0^x \sum_{n=0}^{\infty}(-1)^n t^{2n} dt = \sum_{n=0}^{\infty}(-1)^n \int_0^x t^{2n} dt =$$

$$= \sum_{n=0}^{\infty}(-1)^n \frac{x^{2n+1}}{2n+1},$$

chamada de Série de Taylor para $\arctan x$ no intervalo $(-1,1)$.

Exercícios

1. *Se $\sum |g_n|$ converge uniformemente em X e se existe $K > 0$ tal que $|f_n(x)| \leq K$ para todo $n \in \mathbb{N}$ e todo $x \in X$, mostre que $\sum f_n g_n$ converge uniformemente em X.

2. Determine o raio de convergência da série $\sum a_n x^n$, onde a_n é dada por

   (a) $\dfrac{1}{n^n}$ (b) $\dfrac{n^n}{n!}$ (c) $\dfrac{1}{\ln n}$, $n \geq 2$ (d) $n^{-\sqrt{n}}$

3. Determinar o intervalo de convergência e o raio de convergência de cada série de potências:

   (a) $\displaystyle\sum_{n=1}^{+\infty} \frac{(-2)^n}{\sqrt{n}}(x+3)^n$ (b) $\displaystyle\sum_{n=1}^{+\infty}(-1)^n \frac{(x-1)^n}{(n+1)2^n}$

4. *Mostre que a série de funções $\displaystyle\sum_{n=1}^{\infty} \frac{(\tanh x)^n}{n!}$ converge uniformemente em $[-c,c]$, para qualquer $c > 0$.

5. *Seja $\displaystyle\sum_{n=1}^{\infty} f_n(x)$ uma série de funções definida em $[a,b]$ tal que existe $r \in (0,1)$ de modo que

$$\left|\frac{f_n(x)}{f_{n-1}(x)}\right| \leq r, \ \forall x \in [a,b], \ \forall n \in \mathbb{N}.$$

Suponha que $f_1(x)$ seja limitada. Prove que a série $\sum_{n=1}^{\infty} f_n(x)$ converge uniformemente em $[a,b]$.

12.3 Séries de Potências

Nesta seção estudaremos o importante conceito de séries de potências.

Definição 12.7 Chama-se uma *série de potências* a uma série de funções da forma

$$S(x) = \sum_{n=0}^{\infty} a_n x^n,$$

onde $a_n \in \mathbb{R}$ são os coeficientes da série.

Note que, para cada $x \in \mathbb{R}$ fixado, tal série torna-se uma série numérica.

Teorema 12.8 *Se a série $\sum a_n x_1^n$ converge, então a série $\sum a_n x^n$ converge para todo $x \in \mathbb{R}$ tal que $|x| < |x_1|$. Além disso, para todo $0 < |x| \leq c < |x_1|$, a convergência é uniforme em $[-c,c]$.*

Demonstração. A prova da primeira parte é simples, basta usar o teste da comparação (Teorema 5.8) e deixamos para o leitor. Façamos a prova da segunda parte. Como a série $\sum a_n x_1^n$ converge, segue que o termo geral $a_n x_1^n$ tende a zero quando n tende a infinito. Ou seja, segue que a sequência $(a_n x_1^n)_n$ é limitada. Assim, $\exists\, M > 0$ tal que

$$|a_n x_1^n| \leq M, \; \forall n \in \mathbb{N}.$$

Considere $0 < |x| \leq c < |x_1|$. Assim temos

- $|a_n x^n| \leq |a_n c^n| = |a_n x_1^n \cdot \dfrac{c^n}{x_1^n}| = |a_n x_1^n| \cdot \left|\dfrac{c}{x_1}\right|^n \leq M\left(\dfrac{c}{|x_1|}\right)^n$;
- a série $\sum_{n=0}^{\infty} M\left(\dfrac{c}{|x_1|}\right)^n$ é convergente, pois é uma série geométrica de razão $\frac{c}{|x_1|} < 1$.

Portanto, pelo Teste M de Weierstrass segue que a série $\sum a_n x^n$ converge uniformemente em $[-c,c]$.

□

Precisamos agora saber em qual intervalo vai haver convergência da série, ou seja, precisamos determinar um intervalo no qual a série desenvolvida seja convergente.

Admitamos que a série $\sum a_n x^n$ seja convergente. Assim, pelo teste da raiz temos que

$$\lim_{n\to\infty} \sqrt[n]{|a_n x^n|} < 1 \Leftrightarrow \lim_{n\to\infty} \sqrt[n]{|a_n|} \cdot |x| < 1 \Leftrightarrow |x| < \frac{1}{\lim\limits_{n\to\infty} \sqrt[n]{|a_n|}},$$

ou seja, temos que a série $\sum a_n x^n$ converge para todo x tal que $|x| < \dfrac{1}{\lim\limits_{n\to\infty} \sqrt[n]{|a_n|}}$.

A esse número real definimos por *raio de convergência* da série e o denotamos por

$$R = \frac{1}{\lim\limits_{n\to\infty} \sqrt[n]{|a_n|}}.$$

Portanto, a série $\sum a_n x^n$ converge, para todo x tal que $|x| < R$ (mais que isso: a convergência será uniforme em $[-c, c]$, onde $0 < c < R$). O conjunto dos pontos x tais que $|x| < R$ fornece o intervalo $(-R, R)$, chamado de *intervalo de convergência* da série. Para $|x| = R$ precisamos verificar em cada caso se haverá convergência da série ou não. Abaixo apresentamos alguns exemplos de aplicação.

Exemplo 01. Determine para quais valores de x a série $\sum\limits_{n=1}^{+\infty} \dfrac{n}{3^n} x^n$ é convergente.

Solução. Calculando o raio de convergência R temos

$$R = \frac{1}{\lim\limits_{n\to\infty} \sqrt[n]{|a_n|}} = \frac{1}{\lim\limits_{n\to\infty} \sqrt[n]{\dfrac{n}{3^n}}} = \frac{1}{\dfrac{1}{3}} = 3.$$

Portanto, a série converge para todo x real tal que $|x| < 3$, i.e., em $(-3, 3)$. Resta ver se há convergência nas extremidades, i.e., em $x = -3$ e em $x = 3$:

- $x = -3$:

$$\sum_{n=1}^{+\infty} \frac{n}{3^n}(-3)^n = \sum_{n=1}^{+\infty} (-1)^n n,$$

que é uma série alternada divergente.

- $x = 3$:

$$\sum_{n=1}^{+\infty} \frac{n}{3^n} 3^n = \sum_{n=1}^{+\infty} n,$$

que é divergente.

Portanto, a série dada converge no intervalo aberto $(-3, 3)$.

Exemplo 02. Encontre o raio de convergência e o intervalo de convergência da série

$$\sum_{n=1}^{+\infty} \frac{(-3)^{n-1}x^{n-1}}{\sqrt{n}}$$

Solução. Note que

$$\sqrt[n]{|a_n|} = \sqrt[n]{\frac{3^{n-1}}{\sqrt{n}}} = \frac{3^{1-\frac{1}{n}}}{\sqrt[2n]{n}}.$$

e então

$$R = \frac{1}{\lim\limits_{n\to\infty} \sqrt[n]{|a_n|}} = \frac{1}{\lim\limits_{n\to\infty} \frac{3^{1-\frac{1}{n}}}{\sqrt[2n]{n}}} = \frac{1}{3}.$$

assim, $R = \frac{1}{3}$ e a série converge em $(-\frac{1}{3}, \frac{1}{3})$.
Vejamos nas extremidades do intervalo.

- $x = -\frac{1}{3}$:

$$\sum_{n=1}^{+\infty} \frac{(-3)^{n-1}}{\sqrt{n}} \left(-\frac{1}{3}\right)^{n-1} = \sum_{n=1}^{+\infty} \frac{1}{\sqrt{n}} = \sum_{n=1}^{+\infty} \frac{1}{n^{\frac{1}{2}}}$$

Note que, $\forall n$, $n \geq \sqrt{n}$ e então $\dfrac{1}{n} \leq \dfrac{1}{\sqrt{n}}$. Logo, a série diverge pelo teste da comparação.

- $x = \frac{1}{3}$:

$$\sum_{n=1}^{+\infty} \frac{(-3)^{n-1}}{\sqrt{n}} \left(\frac{1}{3}\right)^{n+1} = \sum_{n=1}^{+\infty} \frac{(-1)^{n-1}}{\sqrt{n}},$$

que é uma série alternada com $b_n = \dfrac{1}{\sqrt{n}} > 0$. Ainda, temos que

(i) $\sqrt{n+1} \geq \sqrt{n}$, $\forall n$ e então $\dfrac{1}{\sqrt{n+1}} \leq \dfrac{1}{\sqrt{n}}$, i.e., $b_{n+1} \leq b_n$;

(ii) $\lim\limits_{n\to\infty} b_n = \lim\limits_{n\to\infty} \dfrac{1}{\sqrt{n}} = 0$.

Portanto, pelo teste de Leibniz, a série é convergente.

Assim, o intervalo de convergência é $(-\dfrac{1}{3}, \dfrac{1}{3}]$.

Observação. Um fato importante que devemos observar neste ponto consiste em notar que, cf. o Teorema 12.8, temos que uma função $f : (-R, R) \to \mathbb{R}$

definida por $f(x) = \sum a_n x^n$ (série de potências) converge uniformemente em todo intervalo fechado da forma $[-c, c]$, onde $0 < c < R$. Por exemplo, a função $f : (-1, 1) \to \mathbb{R}$ dada pela série geométrica $f(x) = \sum_{n=0}^{\infty} x^n$ converge uniformemente em $[-c, c]$, $\forall c \in (0, 1)$, mas não converge quando $x = -1$ e $x = 1$.

12.4 Derivação termo a termo. Série de Taylor

Lembrando do estudo de sequências de funções, lembramos do Teorema 11.8 que, se (f_n) for uma sequência de funções deriváveis tal que

$$f_n \rightrightarrows f \quad \text{e} \quad f_n' \rightrightarrows g,$$

então f é derivável e $f' = g$.

Isso posto, adaptado para séries, temos o seguinte lema:

Lema 12.9 *Considerando $f_n(x) = \varphi_1(x) + \varphi_2(x) + ... + \varphi_n(x)$, com φ_i deriváveis $\forall i \in \mathbb{N}$, temos que, se*

$$\sum \varphi_n(x) \quad \text{e} \quad \sum \varphi_n'(x) \quad \textit{convergem uniformemente,}$$

então

$$\left(\sum \varphi_n(x)\right)' = \sum \varphi_n'(x).$$

Com isso, temos o seguinte resultado:

Teorema 12.10 *Seja $f(x) = \sum_{n=0}^{\infty} a_n x^n$ com raio de convergência $R > 0$. Então f é derivável e a derivada é obtida termo a termo, ou seja,*

$$f'(x) = \sum_{n=0}^{\infty} n \cdot a_n x^{n-1},$$

com o mesmo raio de convergência.

Demonstração. Seja R' o raio de convergência de $\sum n a_n x^{n-1}$. Note que

$$\sum n a_n x^{n-1} \text{ converge } \Leftrightarrow x \sum n a_n x^{n-1} \text{ converge } \Leftrightarrow \sum n a_n x^n \text{ converge.}$$

Assim,

$$R' = \frac{1}{\lim\limits_{n\to\infty} \sqrt[n]{|n a_n|}} = \frac{1}{\lim\limits_{n\to\infty} \sqrt[n]{n} \cdot \sqrt[n]{|a_n|}} = \frac{1}{\lim\limits_{n\to\infty} \sqrt[n]{n} \cdot \lim\limits_{n\to\infty} \sqrt[n]{|a_n|}} =$$

$$= \frac{1}{\lim\limits_{n\to\infty} \sqrt[n]{|a_n|}} = R,$$

onde R é o raio de convergência de $\sum a_n x^n$. Logo, o raio de convergência é o mesmo.

Além disso, $\forall 0 < c < R$ temos que $\sum a_n x^n$ e $\sum n a_n x^{n-1}$ convergem uniformemente em $[-c, c]$. Logo, pelo Lema 12.9 temos $f(x) = \sum a_n x^n$ derivável em $(-c, c)$ e $f'(x) = \sum n a_n x^{n-1}$, $\forall x \in (-c, c)$. Como c é qualquer, vale para todo $x \in (-R, R)$.

□

Corolário 12.11 *Se $f(x) = \sum a_n x^n$ com raio de convergência $R > 0$, então $f \in C^\infty$ e podemos derivar termo a termo repetidas vezes.*

Proposição 12.12 *O termo geral a_n de uma série de potências $\sum\limits_{n=0}^{\infty} a_n x^n$ é dado por*

$$a_n = \frac{f^{(n)}(0)}{n!}.$$

Demonstração. Dada

$$f(x) = \sum_{n=0}^{\infty} a_n x^n = a_0 + a_1 x + a_2 x^2 + a_3 x^3 + a_4 x^4 + ...,$$

temos,

$$f(0) = a_0.$$

Derivando, obtemos

$$f'(x) = a_1 + 2 \cdot a_2 x + 3 \cdot a_3 x^2 + ...,$$

e, disso,

$$f'(0) = a_1.$$

Derivando novamente, obtemos

$$f''(x) = 2 \cdot a_2 + 2 \cdot 3x + ...,$$

e, disso,

$$f''(0) = 2 \cdot a_2 \Rightarrow a_2 = \frac{f''(0)}{2},$$

etc.

□

Dessa forma, uma série de potências pode ser expressa por

$$f(x)=\sum_{n=0}^{\infty}a_nx^n=\sum_{n=0}^{\infty}\frac{f^{(n)}(0)}{n!}\cdot x^n=$$

$$=f(0)+f'(0)\cdot x+\frac{f''(0)}{2!}\cdot x^2+\frac{f'''(0)}{3!}\cdot x^3+...,$$

conhecida por série de Maclaurin (desenvolvida em torno de $x=0$).

Um resultado mais geral consiste em considerar a função f como uma série de potências em $x-a$, i.e.,

$$f(x)=\sum_{n=0}^{\infty}\frac{f^{(n)}(a)}{n!}(x-a)^n,$$

conhecida por *série de Taylor* de f desenvolvida em $x=a$.

Exemplo 1. Vamos desenvolver a função $f(x)=\operatorname{sen}x$ como uma série de potências. Para isto, notamos que

$$f(x)=f^{(4)}(x)=f^{(8)}(x)=f^{(12)}(x)=...=\operatorname{sen}x;$$

$$f'(x)=f^{(5)}(x)=f^{(9)}(x)=f^{(13)}(x)=...=\cos x;$$

$$f''(x)=F^{(6)}(x)=f^{(10)}(x)=f^{(14)}(x)=...=-\ \operatorname{sen}x$$

$$f'''(x)=f^{(7)}(x)=F^{(11)}(x)=f^{(15)}(x)=...=-\cos x\,,$$

e então

$$f(0)=f^{(4)}(0)=f^{(8)}(0)=f^{(12)}(0)=...=\operatorname{sen}0=0;$$

$$f'(0)=f^{(5)}(0)=f^{(9)}(0)=f^{(13)}(0)=...=\cos 0=1;$$

$$f''(0)=F^{(6)}(0)=f^{(10)}(0)=f^{(14)}(0)=...=-\ \operatorname{sen}0=0$$

$$f'''(0)=f^{(7)}(0)=F^{(11)}(0)=f^{(15)}(0)=...=-\cos 0=-1,$$

e, assim,

$$f(x)=\operatorname{sen}x=\sum_{n=0}^{\infty}\frac{f^{(n)}(0)}{n!}x^n=f(0)+f'(0)x+\frac{f''(0)}{2!}x^2+\frac{f'''(0)}{3!}x^3+...$$

$$=x-\frac{x^3}{3!}+\frac{x^5}{5!}-\frac{x^7}{7!}+\frac{x^9}{9!}-...=\sum_{n=0}^{\infty}\frac{(-1)^nx^{2n+1}}{(2n+1)!},$$

e deixamos o leitor verificar que o raio de convergência é infinito.

Do mesmo modo, mostra-se que a expansão em série de potências para $\cos x$ será

$$\cos x = \sum_{n=0}^{\infty} \frac{(-1)^n x^{2n}}{(2n)!}$$

Exemplo 2 – Fórmulas de Euler. Considere a função exponencial $f : \mathbb{R} \to (0, +\infty)$, $f(x) = e^x$, onde $e = 2,7182818284590...$ é o número de Euler. Assim, x não pode ser expresso como um número complexo na forma $a + bi$, com $b \neq 0$.

A menos que estendamos esta função para a teoria de Variáveis Complexas, o que não desejamos, só podemos ter a unidade imaginária em expressões polinomiais. Assim, procuraremos representar e^x na forma de um polinômio $p(x) = a_0 + a_1 x + a_2 x^2 + ... + a_n x^n + ...$, onde $a_i \in \mathbb{C}$, $\forall i \in \{0, 1, 2, ...\}$.
Isto nos sugere a aplicação de séries de Taylor. Logo, desenvolvendo e^x em série de potências em $x = 0$, obtemos

$$f(x) = e^x = 1 + \frac{f'(0)x}{1!} + \frac{f''(0)x^2}{2!} + \frac{f'''(0)x^3}{3!} + ... + \frac{f^n(0)x^n}{n!} + ... =$$

$$= \sum_{k=0}^{+\infty} \frac{f^k(0)x^k}{k!}.$$

Como $\dfrac{d^n}{dx^n}(e^x) = e^x$, temos

$$f(0) = f'(0) = f''(0) = ... = f^n(0) = ... = e^0 = 1,$$

e, com isso, concluímos que

$$e^x = 1 + \frac{x}{1!} + \frac{x^2}{2!} + \frac{x^3}{3!} + ... + \frac{x^n}{n!} + ... = \sum_{k=0}^{+\infty} \frac{x^k}{k!}.$$

Substituindo x por $i\theta$, $i = \sqrt{-1}$, obtemos

$$e^{i\theta} = 1 + \frac{i\theta}{1!} + \frac{(i\theta)^2}{2!} + \frac{(i\theta)^3}{3!} + \frac{(i\theta)^4}{4!} + \frac{(i\theta)^5}{5!} + \frac{(i\theta)^6}{6!} + \frac{(i\theta)^7}{7!} + ...$$

ou seja,

$$e^{i\theta} = 1 + \frac{i\theta}{1!} - \frac{\theta^2}{2!} - \frac{i\theta^3}{3!} + \frac{\theta^4}{4!} + \frac{i\theta^5}{5!} - \frac{\theta^6}{6!} - \frac{i\theta^7}{7!} + ... \qquad (12.1)$$

Separando as partes real e imaginária de (12.1), temos

$$e^{i\theta} = \left(1 - \frac{\theta^2}{2!} + \frac{\theta^4}{4!} - \frac{\theta^6}{6!} + ...\right) + i\left(\frac{\theta}{1!} - \frac{\theta^3}{3!} + \frac{\theta^5}{5!} - \frac{\theta^7}{7!} + ...\right).$$

Como

$$\operatorname{sen}\theta = 1 - \frac{\theta^2}{2!} + \frac{\theta^4}{4!} - \frac{\theta^6}{6!} + ...$$

$$\cos\theta = \frac{\theta}{1!} - \frac{\theta^3}{3!} + \frac{\theta^5}{5!} - \frac{\theta^7}{7!} + ...,$$

temos que (12.1) fica escrito na forma[1]

$$e^{i\theta} = \cos\theta + i \cdot \operatorname{sen}\theta. \tag{12.2}$$

Substituindo θ por $-\theta$ e recordando que o seno é função ímpar e o cosseno é função par, obtemos também

$$e^{-i\theta} = \cos(-\theta) + i \cdot \operatorname{sen}(-\theta) = \cos\theta - i \cdot \operatorname{sen}\theta. \tag{12.3}$$

Somando (12.2) e (12.3) e isolando $\cos\theta$ obtemos

$$\cos\theta = \frac{e^{i\theta} + e^{-i\theta}}{2}. \tag{12.4}$$

Subtraindo (12.3) de (12.2) e isolando $\sin\theta$ obtemos

$$\operatorname{sen}\theta = \frac{e^{i\theta} - e^{-i\theta}}{2i}. \tag{12.5}$$

Estas fórmulas são as clássicas *relações de Euler* que definem as funções circulares em termos de exponenciais. As demais funções circulares também podem ser obtidas aplicando-se essas fórmulas.

Repare que essas fórmulas são muito parecidas com as funções cosseno hiperbólico e seno hiperbólico. De fato, existe uma íntima ligação entre elas através de números complexos. Mais geralmente, existe uma íntima ligação entre as funções hiperbólicas e as trigonométricas.

Antes de chegarmos a essas ligações, porém, deduziremos uma interessante relação, conhecida também como *relação de Euler*, que liga os cinco número mais importantes da Matemática: $0, 1, \pi, e$ e i.

Do estudo de números complexos, temos que um número complezo z possui a representação na forma trigonométrica $z = \rho(\cos\theta + i \cdot \operatorname{sen}\theta)$, onde ρ representa

[1] Este é um resultado importante para o estudo de *Equações Diferenciais*.

o módulo de z, i.e., a distância de z até a origem do plano complexo e θ é o argumento de z, i.e., o ângulo de inclinação do vetor oz em relação ao eixo real, indicado no sentido anti-horário, como na Trigonometria.

Por (12.2) podemos escrever

$$z = \rho(\cos\theta + i \cdot \operatorname{sen}\theta) = \rho e^{i\theta},$$

que é a chamada *forma polar* de um número complexo z. Assim, para representar o complexo $z = -1$ na forma polar, temos $\rho = 1$ e $\theta = \pi$ e, com isso, obtemos

$$-1 = z = 1 \cdot e^{i\pi},$$

ou seja,

$$e^{\pi \cdot i} + 1 = 0.$$

Esta é a chamada relação de Euler.

Voltemos para o assunto anterior, sobre ligações entre funções hiperbólicas e trigonométricas.

Estendendo a definição de seno hiperbólico para os complexos temos que, para $z \in \mathbb{C}$, $\operatorname{senh} z = \dfrac{e^z - e^{-z}}{2}$. Em particular, para $z = ix$ com $x \in \mathbb{R}$, temos

$$\operatorname{senh} ix = \frac{e^{ix} - e^{-ix}}{2} = i \cdot \frac{e^{ix} - e^{-ix}}{2i} = i \cdot \operatorname{sen} x,$$

ou seja,

$$\operatorname{senh} ix = i \cdot \operatorname{sen} x$$

Analogamente se pode mostrar que

$$\cosh ix = \cos x \quad \text{e} \quad \tanh ix = i \cdot \tan x.$$

A demonstração destas fica como exercício.

12.4.1 Algumas séries de potências usuais

Nas seções anteriores já determinamos várias séries de potências, para várias funções conhecidas. A saber, determinamos

$$\arctan x = \sum_{n=0}^{\infty} (-1)^n \frac{x^{2n+1}}{2n+1}, \forall x \in (-1, 1);$$

$$\ln \frac{1}{1-x} = \sum_{n=1}^{\infty} \frac{x^n}{n}, \ \forall x \in (-1,1);$$

$$\operatorname{sen} x = \sum_{n=0}^{\infty} \frac{(-1)^n x^{2n+1}}{(2n+1)!}, \ \forall x \in \mathbb{R};$$

$$\cos x = \sum_{n=0}^{\infty} \frac{(-1)^n x^{2n}}{(2n)!}, \ \forall x \in \mathbb{R};$$

$$e^x = \sum_{n=0}^{+\infty} \frac{x^n}{n!}, \ \forall x \in \mathbb{R}$$

Vamos determinar uma representação em série para a função binomial $f(x) = (1+x)^m$. Observe que, pelo desenvolvimento em binômio de Newton, a soma será finita se n for um número natural. Vamos, então, considerar m negativo ou racional. Neste caso, determinando os coeficientes da série de Maclaurin para tal função, vamos obter

- $f(x) = (1+x)^m \Rightarrow f(0) = 1;$
- $f'(x) = m(1+x)^{m-1} \Rightarrow f'(0) = m;$
- $f''(x) = m(m-1)(1+x)^{m-2} \Rightarrow f''(0) = m(m-1);$
- $f'''(x) = m(m-1)(m-2)(1+x)^{m-3} \Rightarrow f'''(0) = m(m-1)(m-2);$
- $\vdots$
- $f^{(k)}(x) = m(m-1)\cdots(m-(k-1))(1+x)^{m-k}$

  $$\Rightarrow f^{(k)}(0) = m(m-1).\cdots(m-k+1);$$
- $\vdots$

Dessa forma, o desenvolvimento da série será

$$(1+x)^m = \sum_{n=0}^{\infty} \frac{f^{(n)}(0)}{n!} x^n = f(0) + f'(0)x + \frac{f''(0)}{2!}x^2 + \frac{f''(0)}{3!}x^3 + ... =$$

$$= 1 + mx + \frac{m(m-1)}{2!}x^2 + \frac{m(m-1)(m-2)}{3!}x^3 + ...$$

$$... + \frac{m(m-1)...(m-k+1)}{k!}x^k + ...$$

$$= 1 + \sum_{n=1}^{\infty} \frac{m(m-1)...(m-n+1)}{n!} x^n,$$

chamada de série binomial.

Uma outra forma de verificar o raio de convergência de uma série é verificar onde o teste da razão se cumpre. Neste caso, a série binomial será convergente, pelo teste da razão do limite, quando

$$\lim_{n\to\infty} \left| \frac{b_{n+1}}{b_n} \right| < 1 \Leftrightarrow ... \Leftrightarrow \lim_{n\to\infty} \left| \frac{m-n}{n+1} \right| \cdot |x| < 1 \Leftrightarrow |x| < 1,$$

ou seja, o raio de convergência é $R = 1$.

Vejamos um interessante exemplo. Considere determinar a série de Taylor para $f(x) = (1-x^2)^{-\frac{1}{2}}$. Neste caso, pela série binomial acima determinada, temos

$$(1-x^2)^{-\frac{1}{2}} = 1 + \frac{1}{2}x^2 + \frac{1\cdot 3}{2^2\cdot 2!}x^4 + \frac{1\cdot 3\cdot 5}{2^3\cdot 3!}x^6 + ... + \frac{1\cdot 3\cdot 5...(2n-1)}{2^n\cdot n!}x^{2n} + ...$$

para todo $x \in (-1, 1)$.

Se integramos em $[0, x]$, para $x \in (0, 1)$, obteremos a representação em série de potências para a função arco seno de x:

$$\text{arcsen}\, x = \int_0^x \frac{dt}{\sqrt{1-t^2}} = x + \sum_{n=1}^{\infty} \frac{1\cdot 3\cdot 5\cdot ...\cdot (2n-1)}{2^n\cdot n!} \cdot \frac{x^{2n+1}}{2n+1}, \quad |x| < 1.$$

Exercícios

1. (a) Mostre que $\frac{\pi}{4} = \arctan\frac{1}{2} + \arctan\frac{1}{3}$. **Sugestão.** Chame de $\alpha = \arctan\frac{1}{2}$ e $\beta = \arctan\frac{1}{3}$ e use a fórmula $\tan(\alpha+\beta) = \frac{\tan\alpha+\tan\beta}{1-\tan\alpha\cdot\tan\beta}$.

   (b) Usando a expansão em série de potências da função $\arctan x$, deduza que

$$\frac{\pi}{4} = \left(\frac{1}{2} - \frac{1}{3\cdot 2^3} + \frac{1}{5\cdot 2^5} - ...\right) + \left(\frac{1}{3} - \frac{1}{3\cdot 3^3} + \frac{1}{5\cdot 3^5} - ...\right).$$

2. **(Sel. Mestrado UFSM 2013/1)** Prove que é uniformemente convergente, em $[0, +\infty)$, a série

$$\sum_{n=1}^{\infty} x^n e^{-nx}.$$

3. Seja (f_n) uma sequência de funções $f_n : [0,1] \to \mathbb{R}$ definida por $f_n(x) = nx(1-x^2)^n$. Mostre que $f_n \to f \equiv 0$ simplesmente, mas não uniformemente. Verifique que $\displaystyle\int_0^1 f_n(x)dx \longrightarrow \frac{1}{2}$.

4. Obtenha expansões em série de potência para $f(x) = \dfrac{x}{1+x^2}$ e $g(x) = \dfrac{x}{(1+x^2)^2}$.

5. A *função de Bessel de ordem 1* é definida por

$$J_1(x) = \sum_{n=0}^{\infty} \frac{(-1)^n x^{2n+1}}{n!(n+1)!2^{2n+1}}.$$

Mostre que J_1 satisfaz a equação diferencial

$$x^2 J_1''(x) + xJ_1'(x) + (x^2-1)J_1(x) = 0.$$

6. Mostre que a função $f(x) = \displaystyle\sum_{n=0}^{\infty} \frac{(-1)^n x^{2n}}{(2n)!}$ é uma solução da equação diferencial

$$f''(x) + f(x) = 0.$$

7. Seja $f_n(x) = \dfrac{\operatorname{sen} nx}{n^2}$. Mostre que a série $\sum f_n(x)$ converge para todos os valores de x, mas que a série de derivadas $\sum f_n'(x)$ diverge quando $x = 2n\pi$.

8. Considere a série de potências $\displaystyle\sum_{n=0}^{+\infty} x^n = \frac{1}{1-x}$, onde $|x| < 1$.

   (a) A partir da série acima, encontre uma representação em séries de potências para $g(x) = \dfrac{1}{1+x^2}$, apresentando o seu raio de convergência.

   (b) A partir do item anterior e usando integrais, encontre a representação em séries de potências para $\arctan x$. Qual é o seu raio de convergência?

   (c) Conclua que o número irracional π pode ser escrito como a série numérica

$$\pi = 2\sqrt{3}\sum_{n=0}^{+\infty} \frac{(-1)^n}{(2n+1)3^n}$$

9. *Obtenha as séries de potências das funções $\ln(1+x)$ e $\ln(1-x)$. A partir delas, mostre que

$$\ln\frac{1+x}{1-x} = 2\left(x + \frac{x^3}{3} + \frac{x^5}{5} + \frac{x^7}{7} + \ldots\right), \ \forall x \in (-1,1).$$

Usando os 3 primeiros termos e dando um valor conveniente para x, encontre um valor aproximado para $\ln 5$.

10. Encontre a série de Maclaurin para $f(x) = e^{x^4}$. Qual o seu raio de convergência?

11. Usando as séries de potências de e^{-x^2} e $\arctan x$, obtenha a expansão em série de
$$f(x) = e^{-x^2} \arctan x.$$

12. Use séries para calcular os limites:

(a) $\lim\limits_{x \to 0} \dfrac{\operatorname{sen} x - x}{x^3}$ (b) $\lim\limits_{x \to 0} \dfrac{e^x - 1 - x}{x^2}$ (c) $\lim\limits_{x \to 0} \dfrac{1 - \cos x}{1 + x - e^x}$

Apêndice A

Resolução de alguns exercícios

Neste anexo apresentamos a resolução dos exercícios assinalados com um asterisco ao longo da obra.

Capítulo 1

Página 36

03. Provaremos duas contenções:

Af. 01. $f^{-1}(M \setminus N) \subset f^{-1}(M) \setminus f^{-1}(N)$: dado $x \in f^{-1}(M \setminus N)$. Então, $\exists y \in M \setminus N$ tal que $f(x) = y$. Assim, como $y \in M \setminus N$, segue que $y \in M$ e $y \notin N$, ou seja, $f(x) \in M$ e $f(x) \notin N$, e então $x \in f^{-1}(M)$ e $x \notin f^{-1}(N)$, i.e., $x \in f^{-1}(M) \setminus f^{-1}(N)$.

Pela arbitrariedade da escolha do x, segue que vale a **Af. 01**.

Af. 02. $f^{-1}(M) \setminus f^{-1}(N) \subset f^{-1}(M \setminus N)$: dado $x \in f^{-1}(M) \setminus f^{-1}(N)$. Então, $x \in f^{-1}(M)$ e $x \notin f^{-1}(N)$. Logo, $f(x) \in M$ e $f(x) \notin N$, e disso $f(x) \in M \setminus N$. Logo, concluímos que $x \in f^{-1}(M \setminus N)$.

Pela arbitrariedade da escolha do x segue a **Af 02**.

Pelas afirmações 01 e 02 acima segue a igualdade desejada.

Capítulo 2

Página 58

03. Seja $x \in \mathbb{K} \setminus \{0\}$. Vamos mostrar que $(x^{-1})^{-1} = x$. Como $x \neq 0$, segue que $\exists x^{-1} \neq 0$, onde x^{-1} denota o inverso multiplicativo de x. Assim, como $x^{-1} \neq 0$, então o mesmo possui inverso multiplicativo, ou seja, $\exists (x^{-1})^{-1} \neq 0$. Então,

$$(x^{-1})^{-1} \cdot (x^{-1}) = 1.$$

Multiplicando por $x \neq 0$, vem

$$[(x^{-1})^{-1} \cdot (x^{-1})] \cdot x = 1 \cdot x,$$

e, pela associatividade,

$$(x^{-1})^{-1} \cdot [x^{-1} \cdot x] = x,$$

e, como $x^{-1} \cdot x = 1$, obtemos

$$(x^{-1})^{-1} \cdot 1 = x,$$

ou seja,

$$(x^{-1})^{-1} = x.$$

06. (a) $\varphi(1) = \varphi(1 \cdot 1) = \varphi(1) \cdot \varphi(1)$, pois φ preserva produto. Então

$$\varphi(1) = \varphi(1) \cdot \varphi(1),$$

donde segue que

$$\varphi(1) - \varphi(1) \cdot \varphi(1) = 0',$$

onde $0'$ denota o neutro aditivo de $\mathbb{L}$. Logo, pondo $\varphi(1)$ em evidência, obtemos

$$\varphi(1)[1' - \varphi(1)] = 0',$$

e, sendo $\mathbb{L}$ um corpo, segue que

$$\varphi(1) = 0' \text{ ou } \varphi(1) = 1' \qquad (*)$$

Como φ é um monomorfismo, φ é injetivo. Assim, notando que

$$\varphi(0) = \varphi(0 + 0) = \varphi(0) + \varphi(0),$$

e, pela lei do corte para a adição, obtemos

$$\varphi(0) = 0', \qquad (**)$$

e, sendo φ injetiva, concluímos de $(*)$ e $(**)$ que $\varphi(1) = 1'$.

(b) Seja $x \in \mathbb{K} \setminus \{0\}$. Então, pelo item (a), temos

$$1' = \varphi(1) = \varphi(x \cdot x^{-1}) = \varphi(x) \cdot \varphi(x^{-1}),$$

i.e.,

$$\varphi(x) \cdot \varphi(x^{-1}) = 1' \qquad (*)$$

Como $x \neq 0$ e φ é injetiva, temos que $\varphi(x) \neq \varphi(0) = 0'$ (pelo item (a)), e então $\exists(\varphi(x))^{-1} \neq 0'$. Assim, multiplicando $(*)$ por $(\varphi(x))^{-1}$, vem

$$(\varphi(x))^{-1} \left(\varphi(x) \cdot \varphi(x^{-1})\right) = (\varphi(x))^{-1} \cdot 1',$$

e, associando,

$$\left(\underbrace{(\varphi(x))^{-1} \cdot \varphi(x)}_{1'}\right) \cdot \varphi(x^{-1}) = (\varphi(x))^{-1},$$

ou seja,

$$\varphi(x^{-1}) = (\varphi(x))^{-1}.$$

(c) Seja $\varphi : \mathbb{K} \to \mathbb{L}$ um isomorfismo de corpos. Então, φ é bijetiva e preserva soma e produto, i.e.,

$$\varphi(x + y) = \varphi(x) + \varphi(y)$$

e

$$\varphi(x \cdot y) = \varphi(x) \cdot \varphi(y),\ \forall x, y \in \mathbb{K}.$$

Como $\varphi : \mathbb{K} \to \mathbb{L}$ é bijetiva, então existe $\varphi^{-1} : \mathbb{L} \to \mathbb{K}$, inversa da φ, que obviamente é bijetiva. Resta então observar que φ^{-1} preserva soma e produto. De fato, $\forall \omega, \theta \in \mathbb{L}$:

$$\varphi\left(\varphi^{-1}(\omega) + \varphi^{-1}(\theta)\right) = \varphi(\varphi^{-1}(\omega)) + \varphi(\varphi^{-1}(\theta)) = \omega + \theta,$$

ou seja,

$$\varphi\left(\varphi^{-1}(\omega) + \varphi^{-1}(\theta)\right) = \omega + \theta;$$

e aplicando φ^{-1}, vem:

$$\varphi^{-1}\left(\varphi\left(\varphi^{-1}(\omega) + \varphi^{-1}(\theta)\right)\right) = \varphi^{-1}(\omega + \theta),$$

ou seja,

$$(\varphi^{-1} \circ \varphi)(\varphi^{-1}(\omega) + \varphi^{-1}(\theta)) = \varphi^{-1}(\omega + \theta),$$

e, notando que $\varphi^{-1} \circ \varphi = id_{\mathbb{K}}$, obtemos

$$\varphi^{-1}(\omega + \theta) = \varphi^{-1}(\omega) + \varphi^{-1}(\theta), \qquad (*)$$

provando a preservação da soma. Procedendo da mesma forma para o produto, pode-se mostrar [deixamos para o leitor] que

$$\varphi^{-1}(\omega \cdot \theta) = \varphi^{-1}(\omega) \cdot \varphi^{-1}(\theta). \qquad (**)$$

Então, sendo φ^{-1} bijetiva, com $(*)$ e $(**)$ segue que φ^{-1} é um isomorfismo.

Página 62

03. Como $a < b$, então

$$a = \frac{a}{3} + \frac{2a}{3} < \frac{1}{3}a + \frac{2}{3}b < \frac{1}{3}b + \frac{2}{3}b = b,$$

ou seja,

$$a < \frac{1}{3}a + \frac{2}{3}b < b.$$

Além disso, para $a < b$ e $0 < r < 1$, temos

$$a = [r + (1 - r)]a = ra + (1 - r)a < ra + (1 - r)b < rb + (1 - r)b = b,$$

ou seja, obtemos

$$a < ra + (1 - r)b < b,$$

sempre que $a < b$ e $r \in (0, 1)$.

Página 74

01. Como $0 < a < b$, então $\frac{a}{b} > 0$. Assim, tendo em vista que $\mathbb{K}$ arquimediano, segue que $\exists n_0 \in \mathbb{N}$ tal que $0 < \frac{1}{n_0} < \frac{a}{b}$, donde segue que $b < n_0 a$.

03. Denotemos por $x_n = 1 - \frac{1}{3n^2}$ os elementos do conjunto x. Isto posto, temos que:

(i) $x_n = 1 - \dfrac{1}{3n^2} \leq 1$, $\forall n \in \mathbb{N}$.
Logo, $M := 1$ é uma cota superior para o conjunto X.

(ii) Mostremos que $M = 1$ é a menor cota superior para o conjunto X, i.e., mostremos que

$$\forall \varepsilon > 0, \exists n_0 \in \mathbb{N} \text{ tal que } 1 - \varepsilon < x_{n_0} \leq 1. \qquad \text{(A.1)}$$

Por absurdo, suponha que (A.1) seja falso. Então $\exists \varepsilon_0 > 0$ tal que

$$x_n < 1 - \varepsilon_0, \forall n \in \mathbb{N}.$$

Ou seja,

$$1 - \frac{3}{n^2} < 1 - \varepsilon, \forall n \in \mathbb{N}.$$

Isolando n da desigualdade acima, vamos encontrar

$$n < \sqrt{\frac{3}{\varepsilon_0}}, \forall n \in \mathbb{N},$$

ou seja, concluímos que $\mathbb{N} \subset \mathbb{R}$ ficaria limitado superiormente por $\sqrt{\frac{3}{\varepsilon_0}}$, o que é um absurdo, pois $\mathbb{R}$ é arquimediano!

Portanto, vale (A.1), provando (ii).

De (i) e (ii) segue que $\sup X = 1$.

Página 82

03. Primeiramente, note que $\log_2 3 > \log_2 2 = 1 > 0$. Por absurdo, suponha que $\log_2 3 \in \mathbb{Q}$. Então, existem $p, q \in \mathbb{N}$ tais que

$$\log_2 3 = \frac{p}{q}.$$

Então, $2^{\frac{p}{q}} = 3$, e elevando ambos os membros à potência q, segue que

$$2^p = 3^q,$$

mas tal igualdade é um absurdo para $p, q \in \mathbb{N}$! Portanto, $\log_2 3$ é irracional.

12. Dado $y \in \mathbb{R}$, $y > 0$. Como $\emptyset \subset \bigcap_{n=1}^{\infty} (0, \frac{y}{n}]$ é verdadeiro, pois o conjunto vazio sempre é subconjunto de qualquer conjunto, é suficiente mostrar que $\bigcap_{n=1}^{\infty} (0, \frac{y}{n}] \subset \emptyset$. Por absurdo, suponha que

$$\bigcap_{n=1}^{\infty} (0, \frac{y}{n}] \not\subset \emptyset. \qquad (*)$$

Então $\exists x_0 \in \bigcap_{n=1}^{\infty} (0, \frac{y}{n}]$, e disso

$$0 < x_0 \leq \frac{y}{n}, \forall n \in \mathbb{N}.$$

Como $x_0 > 0$ e $y > 0$, então $\frac{x_0}{y} > 0$. Além disso, sendo $\mathbb{R}$ arquimediano, segue que $\exists n_0 \in \mathbb{N}$ tal que

$$0 < \frac{1}{n_0} < \frac{x_0}{y},$$

i.e.,

$$x_0 > \frac{y}{n_0}.$$

Logo, concluímos que

$$x_0 \notin (0, \frac{y}{n_0}]. \qquad (**)$$

Mas por $(*)$ temos que $x_0 \in \bigcap_{n=1}^{\infty} (0, \frac{y}{n}]$, e então em particular devemos ter

$$x_0 \in (0, \frac{y}{n_0}],$$

uma contradição com $(**)$. Portanto, $\bigcap_{n=1}^{\infty}(0, \frac{y}{n}] \subset \emptyset$.

18. Como $f.g : X \to \mathbb{R}$, com $f(x), g(x) \geq 0$, $\forall x \in X$, são limitadas superiormente, então existem $M_1, M_2 > 0$ tais que

$$f(x) \leq M_1 \text{ e } g(x) \leq M_2, \forall x \in X.$$

Assim, M_1 e M_2 são cotas superiores para os conjuntos $f(X)$ e $g(X)$, respectivamente.

Como $\mathbb{R}$ é arquimediano e f e g são limitadas em X, segue que existem

$$L = \sup f = \sup_{x \in X} f(X) \quad \text{e} \quad M = \sup g = \sup_{x \in X} g(X),$$

e então temos que $f(x) \leq L$ e $g(x) \leq M$, $\forall x \in X$. Assim, temos que

$$(fg)(x) = f(x) \cdot g(x) \leq L \cdot M, \ \forall x \in X,$$

i.e., a função fg é limitada em $X \subset \mathbb{R}$. Como $\mathbb{R}$ é completo, segue que existe o supremo $\sup(fg) = \sup_{x \in X}(fg)(X)$.

Além disso, $\forall x \in X$ temos que

$$(fg)(x) = f(x) \cdot g(x) \leq L \cdot M = \sup f \cdot \sup g,$$

ou seja, LM é uma cota superior para o conjunto $(fg)(X)$. E, sendo $\sup(fg)$ a menor cota superior para este conjunto, segue que

$$\sup(fg) \leq L \cdot M = \sup f \cdot \sup g.$$

19. Seja $A \subset \mathbb{R}$, $A \neq \emptyset$ e limitado. Seja $c > 0$. Defina o conjunto

$$cA = \{c \cdot x \, : \, x \in A\}.$$

Vamos provar que $\sup(cA) = c \sup A$ [a prova de que $\inf(cA) = c \inf A$ será análoga e fica para o leitor!]

Af. 01. cA é não vazio. De fato, como $A \neq \emptyset$, $\exists a \in A$. Logo, $ca \in cA$, e disso segue que $cA \neq \emptyset$.

Af. 02. cA é limitado superiormente. De fato, como A é limitado, em particular será limitado superiormente. Então, sendo $A \subset \mathbb{R}$, e como $\mathbb{R}$ é completo, segue que $\exists M \in \mathbb{R}$ tal que $M = \sup A$.
Logo, $\forall x \in A$, $x \leq M = \sup A$. Então,

$$cx \leq cA = c \sup A, \ \forall cx \in cA,$$

i.e., cM é uma cota superior para o conjunto cA, ou seja, cA é limitado superiormente.

Af 03. $\sup(cA) = c \sup A$.
Como $cA \subset \mathbb{R}$ é limitado superiormente e $\mathbb{R}$ é completo, segue que $\exists \sup(cA)$. Além disso, como vimos na **Af.02**, cM é cota superior para cA, e disso segue que (pois $\sup(cA)$ é a menor cota superior para o conjunto cA)

$$\sup(cA) \leq cM,$$

ou seja,

$$\sup(cA) \leq cM = c \sup A. \qquad (I)$$

Então, para provar a igualdade desejada, resta mostrar a desigualdade contrária. Como $\sup A = M$, segue que

$$\forall \varepsilon > 0, \exists x_0 \in A \text{ tal que}$$

$$M - \varepsilon < x_0 \leq M. \qquad (*)$$

Como $c > 0$, então $cx_0 \in A$ e é tal que, devido a $(*)$, $cx_0 > c(M - \varepsilon)$, e então

$$cx_0 > cM - c\varepsilon, \ \forall \varepsilon > 0,$$

e, cf. o Lema 2.40, segue que

$$cx_0 \geq cM. \qquad (**)$$

Como $\sup(cA)$ é cota superior do conjunto cA, então

$$cx_0 \leq \sup(cA).$$

Por $(**)$ segue que

$$c \sup A = cM \leq cx_0 \leq \sup(cA),$$

ou seja,

$$\sup(cA) \geq c \sup A. \qquad (II)$$

De (I) e (II) segue que

$$\sup(cA) = c \sup A.$$

Página 86

01. Como $a > 0$, de $x < y$, pela monotonicidade da multiplicação segue que

$$\frac{x}{a} < \frac{y}{a},$$

com $\frac{x}{a}, \frac{y}{a} \in \mathbb{R}$. Assim, pela densidade dos racionais em $\mathbb{R}$ segue que $\exists q \in \mathbb{Q}$ tal que

$$\frac{x}{a} < q < \frac{y}{a}.$$

Multiplicando por $a > 0$, obtemos

$$x < aq < y,$$

como queríamos mostrar.

02. Sejam $x, y \in \mathbb{R}$, com $x < y$. Precisamos mostrar que $\exists a \in A$ tal que $x < a < y$.

Primeiramente, vamos considerar o caso quando $0 < x < y$. Neste caso, temos que $y - x > 0$. Como $\mathbb{R}$ é arquimediano, segue que $\exists n_0 \in \mathbb{N}$ tal que

$$0 < \frac{1}{n_0} < y - x.$$

Além disso, como $2^{n_0} > n_0$ (de fato, $2^n > n$, $\forall n \in \mathbb{N}$, verifique por indução), temos que

$$0 < \frac{1}{2^{n_0}} < \frac{1}{n_0} < y - x,$$

ou seja,

$$0 < \frac{1}{2^{n_0}} < y - x$$

e daí

$$x \cdot 2^{n_0} + 1 < y \cdot 2^{n_0}. \qquad (*)$$

Como $x > 0$, segue que $x \cdot 2^{n_0} > 0$, e então, $\exists m_0 \in \mathbb{N}$ tal que

$$m_0 - 1 \leq x \cdot 2_0^n < m_0, \qquad (**)$$

ou seja, $x \cdot 2^{n_0}$ fica entre dois números inteiros consecutivos.

De $(**)$ tiramos $m_0 \leq x \cdot 2^{n_0} + 1$, e, juntamente com $(*)$, vem

$$m_0 \leq x \cdot 2^{n_0} + 1 < y \cdot 2^{n_0}. \qquad (***)$$

Ainda, de $(**)$ vem

$$x \cdot 2^{n_0} < m_0 < y \cdot 2^{n_0},$$

e então

$$x < \frac{m_0}{2^{n_0}} < y,$$

onde $\frac{m_0}{2^{n_0}} \in A$, $\forall x, y \in \mathbb{R}$ tais que $0 < x < y$, como desejávamos (note que até aqui mostramos que A é denso em $\mathbb{R}^+$, pois supomos $0 < x < y$).

Resta verificar que isso se verifica quando

$$x < 0 < y \quad \text{e} \quad x < y < 0.$$

Se $x < 0 < y$, então $y - x > 0$ e este caso segue do anterior.

Se $x < y < 0$, então $- < -y < -x$ e, pelo feito no primeiro caso, segue que $\exists m_0, n_0 \in \mathbb{N}$ tais que

$$-y < \frac{m_0}{2^{n_0}} < -x,$$

ou seja,

$$x < -\frac{m_0}{2^{n_0}} < y, \quad \text{onde} \quad -\frac{m_0}{2^{n_0}} \in A.$$

Portanto, A é denso em $\mathbb{R}$.

Capítulo 3

Página 88

02. Como $A \sim M$ e $B \sim N$, segue que $\exists f : A \to M$ e $g : B \to N$ bijeções. Defina $h : A \times B \to M \times N$ por $h(x, y) = (f(x), g(y))$. h é injetora, pois $h(x, y) = h(a, b) \Rightarrow (f(x), g(y)) = (f(a), g(b)) \Rightarrow f(x) = f(a)$ e $g(y) = g(b)$, e, como f e g são injetivas, segue que $(x, y) = (a, b)$. h é sobrejetiva, pois dado $(m, n) \in M \times N$, segue que $m \in M$ e $n \in N$, e como $f : A \to M$ é sobrejetora (pois é bijetora), segue que $\exists a \in A$, tal que $f(a) = m$. Do mesmo modo, pela sobrejetividade da g, temos que $\exists b \in B$, tal que $g(b) = n$. Assim, temos $(m, n) = (f(a), g(b)) = h(a, b)$, onde $(a, b) \in A \times B$. Portanto, h é bijetora e daí, $A \times B \sim M \times N$.

03. A função f é tal que manda $\frac{1}{2} \mapsto 1$ (note que mandamos assim um elemento de $(0, 1)$ para a extremidade 1), $\frac{1}{3} \mapsto \frac{1}{2}$, $\frac{1}{4} \mapsto \frac{1}{3}$, ..., $\frac{1}{n} \mapsto \frac{1}{n-1}$, ... de forma bijetiva para tais pontos. Nos outros casos, obviamente $x \mapsto x$ é bijeção. Portanto, f é bijetiva e, daí, $(0, 1) \sim (0, 1]$.

Página 94

02. Sejam $f : A \to B$ e $g : B \to C$ injetivas. Como a composição de funções injetivas é injetiva, segue que $g \circ f : A \to C$ é injetiva, donde segue que $\operatorname{card} A \leq \operatorname{card}$ C.

03. Podemos fazer as seguintes decomposições, onde as uniões após as igualdades são disjuntas: $A = (A \setminus B) \cup (A \cap B)$, $B = (B \setminus A) \cup (A \cap B)$ e $A \cup B = (A \setminus B) \cup (B \setminus A) \cup (A \cap B)$.

Assim, temos que $\text{card}\, A = \text{card}\,(A \setminus B) + \text{card}\,(A \cap B)$, $\text{card}\, B = \text{card}\,(B \setminus A) + \text{card}\,(A \cap B)$ e $\text{card}\,(A \cup B) = \text{card}\,(A \setminus B) + \text{card}\,(B \setminus A) + \text{card}\,(A \cap B)$. Somando as duas primeiras, obtemos $\text{card}\, A + \text{card}\, B = \text{card}\,(A \setminus B) + \text{card}\,(A \cap B) + \text{card}\,(B \setminus A) + \text{card}\,(A \cap B) = (\text{card}\,(A \setminus B) + \text{card}\,(A \cap B) + \text{card}\,(B \setminus A)) + \text{card}\,(A \cap B) = \text{card}\,(A \cup B) + \text{card}\,(A \cap B)$.

05. Não segue nada conclusivo. Por exemplo, se $X = \mathbb{Q}$, que é denso em $\mathbb{R}$, tem-se que card $X = \aleph_0$, mas se $X = \mathbb{I}$, que também é denso em reais, teremos card $X > \aleph_0$.

Página 104

01. Seja $f : \mathbb{N} \to A = \{\frac{1}{n} : n \in \mathbb{N}\}$ dada por $f(n) = \frac{1}{n}$. Claramente, f é sobrejetiva. Como $\mathbb{N}$ é enumerável, segue, pela Proposição 3.15, que A é enumerável.

09. Seja $X \subset \mathbb{R}$ enumerável. Por absurdo, suponha que $X^{\complement}$ não seja denso em $\mathbb{R}$. Então, $\exists a, b \in \mathbb{R}$, $a < b$, tais que $\nexists x \in X^{\complement}$ tal que $a < x < b$ (i.e., $\forall x$ tal que $a < x < b$, temos que $x \notin X^{\complement}$).

Ou seja, como $\forall x \in (a, b)$, $x \notin X^{\complement}$, então $x \in X$. Logo, temos $(a, b) \subset X$ e, como (a, b) é um intervalo, segue que (a, b) é não enumerável. Ou seja, obtemos um intervalo não enumerável contido no conjunto enumerável X, um absurdo.

Portanto, $X^{\complement}$ é denso em $\mathbb{R}$.

Página 112

04. Sejam M e N conjuntos, tais que $M \subset N$, onde card $M = \mathfrak{m}$ e card $N = \mathfrak{n}$. Seja P com card $P = \mathfrak{p}$, tal que $P \cap M = P \cap N = \emptyset$. Como pela Proposição 1.10-(e) vale a propriedade $M \subset N \Rightarrow M \cup P \subset N \cup P$ e como $P \cap M = P \cap N = \emptyset$, concluímos que $\text{card}\,(M \cup P) \leq \text{card}\, N \cup P$, ou seja, $\text{card}\, M + \text{card}\, P \leq \text{card}\, N + \text{card}\, P$, i.e., $\mathfrak{m} + \mathfrak{p} \leq \mathfrak{n} + \mathfrak{p}$.

06. Sejam M, N e P conjuntos, tais que card $M = \mathfrak{m}$, card $N = \mathfrak{n}$ e $\text{card}\, P = \mathfrak{p}$. Note que $(M^N)^P = \{f : P \to M^N\} = \{f : P \to \{g : N \to M\}\}$ e que $M^{N \times P} = \{h : N \times P \to M\}$. Para toda $f \in (M^N)^P$, para todo $x \in P$, temos que $f(x) \in M^N$ e então $f(x) = g_x : N \to M$ e, para $y \in N$, $g_x(y) = m \in M$. Defina então $\varphi : (M^N)^P \to M^{N \times P}$ pondo $f \mapsto h$. Vamos mostrar que φ é bijetiva. Seja $h : N \times P \to M$. Então, se $(y, x) \in N \times P$, $h(y, x) \in M$. Portanto, $\forall x \in P$, $g_x(y) = h(y, x)$ define uma função de N em M e então $f(x) = g_x$ é uma função de P em M^N. Portanto, $\varphi(f) = h$, i.e., φ é sobrejetiva. Mostraremos agora a injetividade. Sejam $f_1, f_2 \in (M^N)^P$ tais que $f_1 \neq f_2$. Então $\exists x \in P$ tal que $f_1(x) = g_1 \neq g_2 = f_2(x)$ e, como $g_1 \neq g_2$, $\exists y \in N$ tal que $g_1(y) \neq g_2(y)$. Assim, $\varphi(f_1)(y, x) = g_1(y) \neq g_2(y) = \varphi(f_2)(y, x)$, i.e., φ também é injetiva. Portanto, φ é bijetiva, donde segue que $(M^N)^P \sim M^{N \times P}$, ou seja, $(\mathfrak{m}^{\mathfrak{n}})^{\mathfrak{p}} = \mathfrak{m}^{\mathfrak{n} \cdot \mathfrak{p}}$.

Capítulo 4

Página 120

04. Observe que

$$0 \leq \frac{n!}{n^n} = \frac{1}{n} \cdot \frac{2}{n} \cdot \frac{3}{n} \cdot \ldots \cdot \frac{n}{n} \leq \frac{1}{n} \cdot 1 \cdot 1 \cdot \ldots \cdot 1,$$

ou seja, temos que

$$0 \leq \frac{n!}{n^n} \leq \frac{1}{n}, \forall n,$$

e então, aplicando o Teorema do Sanduíche para sequências, segue que

$$\frac{n!}{n^n} \to 0.$$

07. Seja $x_n = \sqrt[n]{2}$. Escreva $b_n = 1 - \sqrt[n]{2}$. Afirmamos que $b_n \leq 0, \forall n$. De fato, se por absurdo existir um $n_0 \in \mathbb{N}$ tal que $b_{n_0} > 0$, então $1 - \sqrt[n_0]{2} > 0$, e disso $\sqrt[n_0]{2} < 1$. Elevando à potência n_0 vamos obter $2 < 1$, um absurdo. Logo $b_n \leq 0, \forall n$.

Então, sendo $\sqrt[n]{2} = 1 - b_n$, elevando à potência n, vamos obter

$$2 = (1 - b_n)^n.$$

Pela Desigualdade de Bernoulli estudada no Capítulo 2, temos

$$2 = (1 - b_n)^n = 1 - n \cdot b_n.$$

Logo,

$$1 - n \cdot b_n \leq 2 \Leftrightarrow n \cdot b_n \geq -1,$$

o que, combinando com o fato de que $b_n \leq 0, \forall n$, obtemos

$$-\frac{1}{n} \leq b_n \leq 0, \forall n.$$

Assim, pelo Teorema do Sanduíche para sequências, concluímos que $b_n \to 0$. Assim, segue que

$$1 - \sqrt[n]{2} = b_n \to 0,$$

ou seja, $\sqrt[n]{2} \to 1$, concluindo o exercício.

08. Note que

$$a \leq \max\{a, b\} \quad \text{e} \quad b \leq \max\{a, b\}. \qquad (I)$$

Observando que

$$\sqrt[n]{a^n + b^n} \geq \sqrt[n]{a^n} = a,$$
$$\sqrt[n]{a^n + b^n} \geq \sqrt[n]{b^n} = b,$$

combinando estas duas desigualdades, podemos escrever

$$\sqrt[n]{a^n + b^n} \geq \max\{a, b\}. \qquad (II)$$

(isto porque $\sqrt[n]{a^n + b^n}$ é maior ou igual do que a e do que b; logo, será maior ou igual ao maior deles, que será $\max\{a, b\}$)

De (I) e de (II), vem:

$$\max\{a, b\} \leq \sqrt[n]{a^n + b^n} \leq \sqrt[n]{(\max\{a, b\})^n + (\max\{a, b\})^n},$$

e então

$$\max\{a, b\} \leq \sqrt[n]{a^n + b^n} \leq \sqrt[n]{2 \cdot (\max\{a, b\})^n},$$

ou seja,

$$\max\{a, b\} \leq \sqrt[n]{a^n + b^n} \leq \sqrt[n]{2} \max\{a, b\}.$$

Aplicando o Teorema do Sanduíche para sequências (exercício 02), e observando que $\sqrt[n]{2} \to 1$ (exercício 7), segue que

$$\lim_{n\to\infty} \max\{a, b\} \leq \lim_{n\to\infty} \sqrt[n]{a^n + b^n} \leq \lim_{n\to\infty} \sqrt[2]{2} \cdot \lim_{n\to\infty} \max\{a, b\},$$

donde segue que $\lim\limits_{n\to\infty} \sqrt[n]{a^n + b^n} = \max\{a, b\}$.

09. Suponha que $\lim\limits_{n\to\infty} a_n = 0$ e que (b_n) é tal que $\exists M > 0$ tal que $|b_n| \leq M$, $\forall n$. Vamos mostrar que $a_n \cdot b_n \to 0$.

Dado $\varepsilon > 0$. Como $a_n \to 0$, segue que $\exists n_0 \in \mathbb{N}$ tal que, $\forall n \geq n_0 \Rightarrow |a_n| < \frac{\varepsilon}{M}$.

Então, $\forall n \geq n_0$, temos

$$|a_n b_n - 0| = |a_n b_n| = |a_n| \cdot |b_n| < \frac{\varepsilon}{M} \cdot M = \varepsilon.$$

Logo, mostramos que, para o $\varepsilon > 0$ dado, obtemos $n_0 \in \mathbb{N}$, tal que, $\forall n \geq n_0$, implique em $|a_n b_n - 0| < \varepsilon$, i.e., $a_n \cdot b_n \to 0$.

Vejamos agora que a conclusão será falsa se retirarmos a hipótese da limitação da sequência (b_n). De fato, sejam $a_n = \frac{1}{n} \to 0$ e (b_n) a sequência dada por $b_n = 0$ [i.e., (b_n) não é limitada]. Neste caso, teremos

$$a_n \cdot b_n = \frac{1}{n} \cdot n = 1 \not\to 0.$$

12. Como (x_n) é limitada, então existe $M = \sup\limits_{n\in\mathbb{N}} x_n$. Suponha que $M \notin \{x_n : n \in \mathbb{N}\}$. Então, $\forall n \in \mathbb{N}$, $\exists k \in \mathbb{N}$ tal que

$$M - \frac{1}{n} < x_k \leq M, \qquad (*)$$

ou seja, $M - \frac{1}{n}$ não serve como cota superior para o conjunto $\{x_n : n \in \mathbb{N}\}$, pois senão M não seria o supremo. Assim, devido a $(*)$, temos que:

- para $n = 1$, $\exists n_1 \geq 1$ tal que $M \geq x_{n_1} > M - 1$;
- para $n = 2$, $\exists n_2 > n_1$ tal que $M \geq x_{n_2} > M - \frac{1}{2}$;
- para $n = 3$, $\exists n_3 > n_2$ tal que $M \geq x_{n_3} > M - \frac{1}{3}$;

$$\vdots$$

- para $n = k$, $\exists n_k > n_{n-1}$ tal que $M \geq x_{n_k} - \frac{1}{k}$;

$$\vdots$$

Ou seja, seguindo indutivamente, construímos uma subsequência (x_{n_k}) de (x_n) tal que

$$M - \frac{1}{k} < x_{n_k} \leq M, \forall n_k.$$

Passando o limite com $k \to \infty$, pelo Teorema do Sanduíche para sequências segue que

$$x_{n_k} \to M,$$

como desejávamos.

Página 133

03. Seja (x_n) sequência com $x_n > 0$, $\forall n$, tal que

$$\lim_{n\to\infty} \frac{x_{n+1}}{x_n} = L < 1.$$

Dado $\varepsilon > 0$ tal que $|L| + \varepsilon < 1$.
Pela definição de limite segue que $\exists n_0 \in \mathbb{N}$ tal que, $\forall n \geq n_0$, implique em

$$\left|\frac{x_{n+1}}{x_n} - L\right| < \varepsilon,$$

e então

$$\left|\frac{x_{n+1}}{x_n}\right| - |L| \leq \left|\frac{x_{n+1}}{x_n} - L\right| < \varepsilon,$$

e então

$$\left|\frac{x_{n+1}}{x_n}\right| < \varepsilon + |L| := \lambda.$$

Ou seja, definimos $\lambda = \varepsilon + |L| < 1$ (e então $\lambda \in (0, 1)$). Assim, temos

$$\left|\frac{x_{n+1}}{x_n}\right| < \lambda \Leftrightarrow |x_{n+1}| < \lambda |x_n|, \; \forall n \geq n_0.$$

Mostremos agora que se $x_n > 0$, $\forall n$ e $\lim\limits_{n\to\infty} \dfrac{x_{n+1}}{x_n} < 1$, então $x_n \to 0$. De fato, pelo feito acima, e como $x_n > 0, \forall n$, temos

$$x_{n+1} < \lambda x_n, \; \forall n \geq n_0,$$

e então

$$x_{n+1} < \lambda x_n < \lambda(\lambda x_{n-1}) = \lambda^2 x_{n-1} < \lambda^2(\lambda x_{n-2}) = \lambda^3 x_{n-2} < \ldots$$
$$\ldots < \lambda^{n-n_0+1} x_{n_0},$$

ou seja,

$$x_{n+1} < \lambda^n \lambda^{1-n_0 x_{n_0}} \to 0,$$

visto que $0 < \lambda < 1$ e $\lambda^{1-n_0 x_{n_0}}$ é uma constante. Portanto, $x_n \to 0$.

Resta mostrar que $\dfrac{a^n}{n!} \to 0$, $\forall a > 0$, e $\dfrac{n!}{n^n} \to 0$.

Provemos o primeiro limite. Seja $x_n = \dfrac{a^n}{n!}$, $a > 0$. Então,

$$\frac{x_{n+1}}{x_n} = \frac{1}{n+1},$$

e daí

$$\lim_{n\to\infty} \frac{x_{n+1}}{x_n} = \lim_{n\to\infty} \frac{a}{n+1} = 0 < 1,$$

e, portanto, pela primeira parte do exercício segue que $x_n \to 0$, ou seja,

$$\frac{a^n}{n!} \to 0.$$

Vejamos, por fim, o segundo. Escreva $x_n = \dfrac{n!}{n^n}$. Então,

$$\frac{x_{n+1}}{x_n} = \frac{\dfrac{(n+1)!}{(n+1)^{n+1}}}{\dfrac{n!}{n^n}} = \left(\frac{n}{n+1}\right)^n =$$

$$= \left(1 + \frac{n}{n+1} - 1\right)^n = \left(1 + \frac{-1}{n+1}\right)^n,$$

e então

$$\lim_{n\to\infty}\frac{x_{n+1}}{x_n}=\lim_{n\to\infty}\left(1+\frac{-1}{n+1}\right)^n=$$

$$=\left[\lim_{n\to\infty}\left(1+\frac{-1}{n+1}\right)^{\frac{n+1}{-1}}\right]^{\frac{-n}{n+1}}=e^{\lim\limits_{n\to\infty}\frac{-n}{n+1}}=e^{-1}=\frac{1}{e}<1.$$

Portanto, pela primeira parte do exercício segue que

$$\frac{n!}{n^n}\to 0.$$

Página 141

02. Defina $f:[0,+\infty)\to\mathbb{R}$ por $f(x)=\sqrt{3+x}$. Então, $f(a_{n-1})=\sqrt{3+a_{n-1}}=a_n$. Além disso, de acordo com o estudado em Cálculo,

$$f'(x)=\frac{1}{2\sqrt{3+x}}>0,\ \forall x\in[0,+\infty).$$

Logo, f é crescente. Temos, assim, as seguintes afirmações:

- **Af. 01.** a sequência (a_n) é monótona. De fato, mostraremos que (a_n) é crescente, i.e., que $a_{n+1}>a_n$, $\forall n$. Isso é feito por Indução sobre n.

  (i) para $n=1$, temos $a_1=\sqrt{3}$, e daí

  $$a_2=\sqrt{3+a_1}=\sqrt{3+\sqrt{3}}>\sqrt{3}=a_1,$$

  e então $a_2>a_1$, ou seja, vale a base da indução.

  (ii) Suponha que $a_k>a_{k-1}$ para um certo índice $n=k$. Precisamos mostrar que vale para $n=k+1$, ou seja, mostrar que $a_{k+1}>a_k$. De fato, como f é crescente, podemos escrever

  $$a_k>a_{k-1}\Rightarrow f(a_k)>f(a_{k+1})\Rightarrow a_{k+1}>a_k.$$

  Logo, a Afirmação 1 segue por indução.

- **Af. 02.** A sequência (a_n) é limitada (superiormente). De fato, mostraremos por indução que $a_n\le 3$, $\forall n$.

  (i) Base da indução. Para $n=1$ temos que $a_1=\sqrt{3}\le 3$. Logo, vale a base da indução.

  (ii) Suponha a desigualdade válida para um certo índice $n=k$, i.e., que $a_k\le 3$. Vamos mostrar que vale para $n=k+1$, ou seja, que vale $a_{k+1}\le 3$. De fato, de $a_k\le 3$, somando 3 vamos obter

  $$3+a_k\le 3+3=6\le 9,$$

  e então, extraindo a raiz quadrada, vem

  $$\sqrt{3+a_k}\le\sqrt{9}=3,$$

  i.e., $a_{k+1}\le 3$. Logo, vale (ii)

  Logo, de (i) e de (ii) segue a Afirmação 02.

Pelas Afirmações 01 e 02 acima segue por teorema que existe $\lim_{n\to\infty} a_n$. Seja $L \in \mathbb{R}$ tal limite. Então, pela definição recursiva da sequência (a_n), obtemos

$$a_n = \sqrt{3 + a_{n-1}}$$

$$\swarrow \qquad\qquad \searrow$$

$$L \qquad\qquad \sqrt{3+L}$$

ou seja, obtemos a equação $L = \sqrt{3+L}$, a qual possui a solução $L = \dfrac{1+\sqrt{13}}{2}$.

Página 141

02. Dado $M > 0$. Como $x_n \to +\infty$, segue que $\exists n_1 \in \mathbb{N}$ tal que

$$\forall n \geq n_1 \Rightarrow x_n > M. \qquad (I)$$

Como por hipótese

$$x_n \leq y_n,\ \forall n \geq n_0, \qquad (II)$$

tomando $\tilde{n} = \max\{n_0, n_1\}$, temos que $\forall n \geq \tilde{n}$, valem (I) e (II), e disso

$$y_n \geq x_n > M.$$

Ou seja, para $M > 0$ dado, obtemos $\tilde{n} \in \mathbb{N}$ tal que, $\forall n \geq \tilde{n}$, implica em $y_n > M$, i.e., $y_n \to +\infty$.

03. Note que, $\forall n \in \mathbb{N}$, temos

$$n < n+1 < n+2 < ... < 2n,$$

Assim,

$$\frac{1}{\sqrt{n}} + \frac{1}{\sqrt{n+1}} + ... + \frac{1}{\sqrt{2n}} > \underbrace{\frac{1}{\sqrt{n}} + \frac{1}{\sqrt{n}} + ... + \frac{1}{\sqrt{n}}}_{n+1 \text{ aditivos}} =$$

$$= (n+1)\frac{1}{\sqrt{n}} = \frac{(n+1)\sqrt{n}}{n} = \left(1 + \frac{1}{n}\right)\sqrt{n} \to +\infty.$$

05. Seja $\lim_{n\to\infty} \dfrac{x_n}{n} = L$, $L > 0$. Então, para $\varepsilon = \frac{L}{2} > 0$ segue que $\exists\, n_0 \in \mathbb{N}$ tal que, $\forall n \geq n_0$, implica em

$$\left|\frac{x_n}{n} - L\right| < \varepsilon = \frac{L}{2},$$

donde segue que

$$L - \frac{L}{2} < \frac{x_n}{n} < L + \frac{L}{2},\ \forall n \geq n_0,$$

ou seja,

$$\frac{x_n}{n} > \frac{L}{2},\ \forall n \geq n_0,$$

o que implica em

$$x_n > \frac{L}{2}n \to +\infty.$$

Página 151

01. Dado $\varepsilon > 0$ qualquer. Precisamos encontrar $n_0 \in \mathbb{N}$ tal que, $\forall m, n \geq n_0$, implique em $|x_m - x_n| < \varepsilon$.

Sem perda de generalidade, assuma que $m > n$. Assim,

$$|x_m - x_n| = \left|\frac{\cos m\pi}{m} - \frac{\cos n\pi}{n}\right| =$$

$$= \left|\frac{n\cos m\pi - m\cos n\pi}{m \cdot n}\right| \leq \frac{n|\cos m\pi| + m|\cos n\pi|}{mn} \leq$$

$$\leq \frac{n}{mn} + \frac{m}{mn} = \frac{1}{m} + \frac{1}{n},$$

e, como $m > n \Rightarrow \frac{1}{m} < \frac{1}{n}$, podemos escrever [e note que acima usamos $|\cos n\pi| \leq 1$]

$$|x_m - x_n| < \frac{1}{n} + \frac{1}{n} = \frac{2}{n}.$$

Logo, basta tomar $n_0 > \frac{2}{\varepsilon}$ e, disso, $\forall m, n \geq n_0$ (e então $\frac{1}{n} < \frac{1}{n_0} < \frac{\varepsilon}{2}$) implica que

$$|x_m - x_n| < \frac{2}{n} \leq \frac{2}{n_0} < 2\frac{\varepsilon}{2} = \varepsilon.$$

Ou seja, (x_n) é uma sequência de Cauchy.

02. Sejam $m > n \in \mathbb{N}$. Tome $p \in \mathbb{N}$ tal que $m = n + p$. Assim, estimamos

$$|x_m - x_n| = |x_{n+p} - x_n| =$$

$$= |x_{n+p} - x_{n+p-1} + x_{n+p-1} - x_{n+p-2} + x_{n+p-2} + ... + x_{n+1} - x_n| \leq$$

$$\leq |x_{n+p} - x_{n+p-1}| + |x_{n+p-1} - x_{n+p-2}| + ... + |x_{n+1} - x_n|,$$

e como cada aditivo da forma $|x_k - x_{k-1}|$ acima, onde $k = n+p, n+p-1, ..., n+1$, fica estimado por r^{k-1}, obtemos

$$|x_m - x_n| < r^{n+p-1} + r^{n+p-2} + ... + r^n,$$

ou seja, a dferença entre x_m e x_n fica controlada pela soma de $n + p - 1 - n + 1 = p$ termos de uma progressão geométrica de razão $q = \frac{r^{n+p-2}}{r^{n+p-1}} = r^{-1}$. Assim, usando da fórmula da soma de p termos de uma P.G., obtemos

$$|x_m - x_n| < r^{n+p-1} + r^{n+p-2} + ... + r^n = \frac{r^{n+p-1}}{1 - \frac{1}{r}} - \frac{r^{n+p-1} \cdot (r^{-1})^p}{1 - \frac{1}{r}} =$$

$$= \frac{r^n}{1-r} - \frac{r^{n+p}}{1-r} \leq \frac{r^n}{1-r}.$$

Assim, para o $\varepsilon > 0$ escolhido, tome $n_0 \in \mathbb{N}$ tal que $\frac{r^{n_0}}{1-r} < \varepsilon$. Assim, $\forall n \geq n_0$, segue que $r^n \leq r^{n_0}$ (pois $0 < r < 1$) e daí

$$\frac{r^n}{1-r} leq \frac{r^{n_0}}{1-r} < \varepsilon.$$

Ou seja, mostramos que $\exists n_0 ß\mathbb{N}$ tal que, $\forall m, n \geq n_0$, implica em $|x_m - x_n| < \varepsilon$, ou seja, a sequência (x_n) é de Cauchy.

07. Seja (x_n) a sequência dada por

$$x_n = \int_1^n \frac{\cos t}{t^2} dt.$$

Vamos mostrar que (x_n) é de Cauchy. Dado $\varepsilon > 0$. Precisamos achar $n_0 \in \mathbb{N}$ tal que, $\forall m, n \geq n_0$, implica em

$$|x_m - x_n| < \varepsilon.$$

Sem perda de generalidade, assuma que $m > n$. Disso, segue que $\exists p \in \mathbb{N}$ tal que $m = n + p$. Avaliando $|x_m - x_n|$, temos

$$|x_m - x_n| = \left|\int_1^m \frac{\cos t}{t^2}dt - \int_1^n \frac{\cos t}{t^2}dt\right| =$$

$$= \left|\int_1^{n+p} \frac{\cos t}{t^2}dt - \int_1^n \frac{\cos t}{t^2}dt\right| =$$

$$= \left|\int_1^n \frac{\cos t}{t^2}dt + \int_n^{n+p} \frac{\cos t}{t^2}dt - \int_1^n \frac{\cos t}{t^2}dt\right| =$$

$$= \left|\int_n^{n+p} \frac{\cos t}{t^2}dt\right| = \left|\int_n^m \frac{\cos t}{t^2}dt\right| \le \int_n^m \left|\frac{\cos t}{t^2}\right| dt \le$$

$$\le \int_n^m \frac{1}{t^2}dt = -\frac{1}{t}\bigg|_n^m = \frac{1}{n} - \frac{1}{m} < \frac{1}{n}.$$

Tome então $n_0 > \frac{1}{\varepsilon}$. Assim, $\forall m, n \ge n_0$, segue que $\frac{1}{n} \le \frac{1}{n_0} < \varepsilon$, e disso segue que

$$|x_m - x_n| < \frac{1}{n} \le \frac{1}{n_0} < \varepsilon, \ \forall m, n \ge n_0,$$

ou seja, (x_n) é uma sequência de Cauchy.

Capítulo 5

Página 166

01. Basta efetuar a decomposição

$$a_n = \frac{1}{n(n+1)} = \frac{1}{n} - \frac{1}{n+1},$$

e considerar a soma parcial

$$s_n = \sum_{k=1}^{n} a_k = 1 - \frac{1}{2} + \frac{1}{2} - \frac{1}{3} + \frac{1}{3} - \frac{1}{4} + ... + \frac{1}{n} - \frac{1}{n+1} = 1 - \frac{1}{n+1}.$$

Assim,

$$\sum_{n=1}^{\infty} \frac{1}{n(n+1)} = \lim_{n\to\infty} s_n = \lim_{n\to\infty}\left(1 - \frac{1}{n+1}\right) = 1.$$

Página 174

01. Basta aplicar o teste da razão. Basta notar que, para $p \in \mathbb{N}$ fixado,

$$n(n+1)(n+2)\cdots(n+p) > n \cdot n \cdot n \cdots n = n^{p+1},$$

e então

$$\frac{1}{n(n+1)\cdots(n+p)} < \frac{1}{n^{p+1}},$$

e como a série hiper-harmônica $\sum \frac{1}{n^r}$ é convergente quando $r > 1$ (e no nosso caso $r = p+1 > 1$), segue pelo teste da comparação que a convergência da série $\sum \frac{1}{n^{p+1}}$ garante a convergência da série desejada.

04. Para que $\sum a_n$ seja convergente, com $a_n > 0$, para todo n, obrigatoriamente se tem que $0 < a_n < 1$, $\forall n \in \mathbb{N}$. Logo, $(a_n)^2 < a_n$, $\forall n$. Como $\sum a_n$ converge, pelo teste da comparação segue a convergência de $\sum (a_n)^2$.
Do mesmo modo, como

$$\frac{a_n}{1 + a_n} < a_n, \ \forall n,$$

pelo mesmo teste segue a convergência da série $\sum \frac{a_n}{1+a_n}$.

07. Como a série $\sum a_n$ é convergente, escreva

$$s = \sum_{n=1}^{\infty} a_n.$$

Então, a sequência (s_N) das somas parciais, dada por

$$s_N = \sum_{n=1}^{N} a_n,$$

é limitada, onde s é uma cota superior. Assim,

$$0 \leq \left| \frac{1}{N} \sum_{n=1}^{N} a_n \right| = \frac{1}{N} | \sum_{n=1}^{n} a_n | \leq \frac{s}{N},$$

e como $\lim\limits_{N \to \infty} \dfrac{s}{N} = 0$, pelo Teorema do Sanduíche aplicado à cadeia de desigualdades acima, o resultado segue.

Página 178

01. Aplicando o teste da razão, vamos obter

$$\frac{a_{n+1}}{a_n} = \left(\frac{n}{n+1} \right)^n = \left(1 + \frac{n}{n+1} - 1 \right)^n = \left(1 + \frac{-1}{n+1} \right)^n =$$

$$= \left(1 + \frac{-1}{n+1} \right)^{\frac{n+1}{-1} \cdot \frac{-1}{n+1} \cdot n}.$$

Assim,

$$\lim_{n \to \infty} \frac{a_{n+1}}{a_n} = \lim_{n \to \infty} \left[\left(1 + \frac{-1}{n+1} \right)^{\frac{n+1}{-1}} \right]^{\frac{-n}{n+1}} = e^{-1} = \frac{1}{e} < 1,$$

e, portanto, a série é convergente.

02. Aplicando o teste da razão

$$\left| \frac{a_{n+1}}{a_n} \right| = \left| \frac{k^{n+1}(n+1)!}{(n+1)^{n+1}} \cdot \frac{n^n}{k^n \cdot n!} \right| = |k| \cdot \left(\frac{n}{n+1} \right)^n.$$

Agora, basta proceder como no exercício anterior.

Capítulo 6

Página 187

03. Sejam $x, y, z \in X_1 \times X_2$, onde $x = (x_1, x_2)$, $y = (y_1, y_2)$ e $z = (z_1, z_2)$. Assim, d será uma métrica em $X_1 \times X_2$ pois:

(i) $d(x, y) = d_1(x, y) + d_2(x, y) \geq 0$, pois d_1 e d_2 são métricas. Além disso,

$$d(x,y) = 0 \Leftrightarrow d_1(x,y) + d_2(x,y) = 0 \Leftrightarrow d_1(x,y) = 0 \text{ e } d_2(x,y) = 0$$

$$\Leftrightarrow x = y.$$

(ii) $d(x, y) = d_1(x, y) + d_2(x, y) = d_1(y, x) + d_2(y, x) = d(y, x)$ [pois sendo d_1 e d_2 métricas, então $d_1(x, y) = d_1(y, x)$ e o mesmo vale para d_2]

(iii) $d(x, y) = d_1(x, y) + d_2(x, y) \leq d_1(x, z) + d_1(y, z) + d_2(x, y) + d_2(y, z) =$

$$= (d_1(x,z) + d_2(x,z)) + (d_1(y,z) + d_2(y,z)) = d(x,z) + d(y,z),$$

onde a desigualdade acima é devido à desigualdade triangular de d_1 e de d_2.

Logo, d define uma métrica em $X_1 \times X_2$.

07. Suponha que $(x_n, y_n) \to (x, y)$ em $\mathbb{R}^2$. Vamos mostrar que $x_n \to x$ e $y_n \to y$.
Dado $\varepsilon > 0$. Então, $\exists n_0 \in \mathbb{N}$ tal que, $\forall n \geq n_0$, tem-se que

$$d((x_n, y_n), (x, y)) < \varepsilon,$$

i.e.,

$$\sqrt{(x_n - x)^2 + (y_n - y)^2} < \varepsilon,$$

i.e., estamos usando como métrica usual a euclidiana.

Então $\sqrt{(x_n - x)^2 + (y_n - y)^2} < \varepsilon$ implica em [cada um dos aditivos dentro do radical é menor do que ε, pois todo radical o é]

$$\sqrt{(x_n - x)^2} < \varepsilon \text{ e } \sqrt{(y_n - y)^2} < \varepsilon,$$

i.e.,

$$|x_n - x| < \varepsilon \text{ e } |y_n - y| < \varepsilon,$$

sempre que $n \geq n_0$, i.e., mostramos que $x_n \to x$ e $y_n \to y$.

Reciprocamente, suponha que $x_n \to x$ e $y_n \to y$. Dado $\varepsilon > 0$. Assim:

- como $x_n \to x$, então $\exists n_1 \in \mathbb{N}$ tal que,

$$\forall n \geq n_1 \Rightarrow |x_n - x| < \frac{\varepsilon}{2}. \qquad (I)$$

- como $y_n \to y$, então $\exists n_2 \in \mathbb{N}$ tal que,

$$\forall n \geq n_2 \Rightarrow |y_n - y| < \frac{\varepsilon}{2}. \qquad (II)$$

Tome $n_0 = \max\{n_1, n_2\} \in \mathbb{N}$. Assim, $\forall n \geq n_0$, valem (I) e (II). Com isso, $\forall n \geq n_0$, temos[1]

$$\sqrt{(x_n - x)^2 + (y_n - y)^2} \leq \sqrt{(x_n - x)^2} + \sqrt{(y_n - y)^2} =$$

[1]Usamos aqui a propriedade $\sqrt{a + b} \leq \sqrt{a} + \sqrt{b}$.

$$= |x_n - x| + |y_n - y| < \frac{\varepsilon}{2} + \frac{\varepsilon}{2} = \varepsilon.$$

Ou seja,

$$d((x_n, y_n), (x, y)) < \varepsilon, \ \forall n \geq n_0,$$

i.e., mostramos que $(x_n, y_n) \to (x, y)$.

Página 194

03. Tome $X = \mathbb{Q}$ e $Y = \mathbb{I}$. Neste caso, $X \cup Y = \mathbb{R}$ e $\text{int}\,(X \cup Y) = \text{int}\,\mathbb{R} = \mathbb{R}$. Porém, $\text{int}\,\mathbb{Q} = \text{int}\,\mathbb{I} = \emptyset$. Assim,

$$\text{int}\,(X) \cup \text{int}\,(Y) = \emptyset \cup \emptyset = \emptyset \neq \mathbb{R} = \text{int}\,(X \cup Y).$$

05. $\text{int}\, W = \emptyset$, pois, dado $(x, y) \in W$, segue que $\forall \delta > 0$, tem-se que $B_\delta(x, y) \not\subset W$, visto que, devido à densidade de $\mathbb{I}$ em $\mathbb{R}$, temos que, independente do $\delta > 0$ escolhido, a bola $B_\delta(x, y)$ sempre conterá pontos do plano com alguma coordenada irracional, não pertencendo, assim, a W. Uma outra solução para este mesmo problema seria observar que W é enumerável, e disso segue que possuirá interior vazio.

07. Dado $a \in X$ e considere a reta bissetriz dos quadrantes ímpares $(r) : x - y = 0$. Assim, tome

$$\delta = \frac{1}{2}\,\text{dist}(a, (r)) > 0,$$

onde $\text{dist}(a, (r))$ denota da distância do ponto a à reta (r), c.f. a Geometria Analítica. Dessa forma, temos que $B_\delta(a) \subset X$, e, pela arbitrariedade da escolha do ponto $a \in X$, segue que X é um aberto de $\mathbb{R}^2$.

11. Mostraremos que $A + B$ é um aberto de $\mathbb{R}$ e deixaremos para o leitor a prova de que $z + A$ também é. Dado $x \in A + B$. Então existem $a \in A$ e $b \in B$ tais que $x = a + b$.
Como A e B são abertos de $\mathbb{R}$ segue que existem $\delta_1, \delta_2 > 0$ tais que

$$B_{\delta_1}(a) \subset A \ \text{ e } \ B_{\delta_2}(b) \subset B.$$

Tome $\delta = \min\{\delta_1, \delta_2\} > 0$. Assim,

$$B_{\frac{\delta}{2}}(a) \subset B_\delta(a) \subset B_{\delta_1}(a) \subset A,$$

e

$$B_{\frac{\delta}{2}}(b) \subset B_\delta(b) \subset B_{\delta_1}(b) \subset B,$$

e então temos que

$$(a - \frac{\delta}{2}, a + \frac{\delta}{2}) \subset A \ \text{ e } \ (b - \frac{\delta}{2}, b + \frac{\delta}{2}) \subset B,$$

e então

$$(a + b - \frac{\delta}{2} - \frac{\delta}{2}, a + b + \frac{\delta}{2} + \frac{\delta}{2}) \subset A + B,$$

i.e.,

$$B_\delta(x) = B_\delta(a + b) \subset A + B,$$

mostrando que $A + B$ é um aberto de $\mathbb{R}$.

Página 202

03. Dado $a \in \overline{A \cap B}$. Então, $\exists (x_n) \subset A \cap B$ tal que $x_n \to a$.

Em particular temos que $(x_n) \subset A$ e tal que $x_n \to a$, e disso segue que $a \in \overline{A}$. Analogamente se mostra que $a \in \overline{B}$. Assim, concluímos que $a \in \overline{A} \cap \overline{B}$. Pela arbitrariedade da escolha do ponto a concluímos que

$$\overline{A \cap B} \subset \overline{A} \cap \overline{B}.$$

A contenção contrária é falsa pois, por exemplo, sendo $A = (a.b)$ e $B = (b, c)$, segue que $\overline{A} = [a, b]$ e $\overline{B} = [b, c]$. Logo, $\overline{A} \cap \overline{B} = \{b\}$. Por outro lado, $A \cap B = \emptyset$, e daí $\overline{A \cap B} = \emptyset$. Logo,

$$\overline{A} \cap \overline{B} = \{b\} \not\subset \emptyset = \overline{A \cap B}.$$

05. Dado $x \in \mathcal{C}$ um elemento qualquer no conjunto de Cantor $\mathcal{C}$. Vamos mostrar que $x \notin \operatorname{int} \mathcal{C}$.

Dado $\delta > 0$. Então, como $\mathbb{R}$ é arquimediano, segue que $\exists n_0 \in \mathbb{N}$ tal que $\frac{1}{n_0} < \delta$.

Pela construção do conjunto de Cantor, no passo k são obtidos 2^k intervalos de comprimento $\ell_k = \frac{1}{3^k}$, $\forall k \in \mathbb{N}$. Então, em particular, no passo n_0 teremos

$$\ell_{n_0} = \frac{1}{3^{n_0}} < \frac{1}{n_0} < \delta.$$

Dessa forma, temos que

$$B(x, \delta) \not\subset \mathcal{C}_{n_0},$$

donde segue que

$$B(x, \delta) \not\subset \bigcap_{n=1}^{\infty} \mathcal{C}_n = \mathcal{C}, \ \forall \delta > 0$$

ou seja, $x \notin \operatorname{int} \mathcal{C}$.

Pela arbitrariedade da escolha de x em $\mathcal{C}$, segue o resultado.

Página 204

03. (a) Sejam $a \in M$ e considere, para um dado $\varepsilon > 0$, a bola aberta $B(a, \varepsilon) \subset M$. Vamos mostrar que $B(a, \varepsilon)$ é um aberto de M. Da fato, dado $x \in B(a, \varepsilon)$. Então, temos que $d(x, a) < \varepsilon$. Dessa forma, tome $\varepsilon_0 = \min\{\frac{d(x,a)}{2}, \frac{\varepsilon - d(x,a)}{2}\} > 0$, e é tal que

$$B(x, \varepsilon) \subset B(a, \varepsilon),$$

segue que $x \in \operatorname{int}(B(a, \varepsilon))$. Como a escolha de x em $B(a, \varepsilon)$ foi arbitrária, concluímos que $B(a, \varepsilon)$ é um aberto de M.

(b) Seja $x \in \operatorname{int} A$ qualquer. Vamos mostrar que x é um ponto interior do conjunto $\operatorname{int} A$. De fato, como $x \in \operatorname{int} A$, segue pela definição de ponto interior ao conjunto A que $\exists \varepsilon > 0$ tal que $B(x, \varepsilon) \subset A$. Disso, segue que $\operatorname{int}(B(x, \varepsilon)) \subset \operatorname{int} A$, e pelo item (a) $B(x, \varepsilon)$ é um aberto de M, ou seja, $\operatorname{int}(B(x, \varepsilon)) = B(x, \varepsilon)$. Ou seja, mostramos que, $\forall x \in \operatorname{int} A$, $\exists \varepsilon > 0$ tal que $B(x, \varepsilon) \subset \operatorname{int} A$. Logo, pela definição de ponto interior temos que $x \in \operatorname{int}(\operatorname{int}(A))$. Ou seja, concluímos que $\operatorname{int} A$ é um aberto de M.

Por fim, mostremos que ∂A é um fechado de M. Para isto, basta mostrar que $(\partial A)^{\complement}$ é um aberto de M. Primeiramente, observe que $(\partial A)^{\complement}$ é dado por

$$(\partial A)^{\complement} = \{x \in M \ : \ B(x, \varepsilon) \cap A = \emptyset \ \text{ou} \ B(x, \varepsilon) \cap A^{\complement} = \emptyset, \text{ para algum } \varepsilon > 0\}.$$

Isto posto, seja $a \in (\partial A)^{\complement}$. Logo, $\exists \varepsilon > 0$ tal que $B(a, \varepsilon) \cap A = \emptyset$ ou $B(a, \varepsilon) \cap (\partial A)^{\complement} = \emptyset$. Vamos analisar cada caso:

- Se $B(a,\varepsilon) \cap A = \emptyset$, então $B(a,\varepsilon) \subset A^{\complement}$. Assim, tomando $x \in B(a,\varepsilon)$, como pelo item (a) tal bola é um aberto de M, segue que $\exists \varepsilon_0 > 0$ tal que $B(x,\varepsilon_0) \subset B(a,\varepsilon) \subset A^{\complement}$, ou seja, obtemos que $B(x,\varepsilon_0) \cap A = \emptyset$, donde segue que $x \in A^{\complement}$. Pela arbitrariedade da escolha de x segue que $B(a,\varepsilon) \subset (\partial A)^{\complement}$. Logo, $a \in \operatorname{int}((\partial A)^{\complement})$.
- Se $B(a,\varepsilon) \cap A^{\complement} = \emptyset$, então $B(a,\varepsilon) \subset A$, e pelos mesmos argumentos feitos acima mostramos que $B(a,\varepsilon) \subset (\partial A)^{\complement}$ e, portanto, $a \in \operatorname{int}((\partial A)^{\complement})$.

Logo, em qualquer dos casos acima mostramos que, dado $a \in (\partial A)^{\complement}$, segue que $a \in \operatorname{int}((\partial A)^{\complement})$, i.e., $(\partial A)^{\complement}$ é um aberto de M, donde segue que ∂A é um fechado de A.

Página 207

03. Para provar a igualdade desejada, provaremos duas afirmações:
Af 01. $(A \cup B)' \subset A' \cup B'$:
Dado $x \in (A \cup B)'$, i.e., x é um ponto de acumulação do conjunto $A \cup B$. Então, $\forall \varepsilon > 0$, $\exists w \in A \cup B$ tal que $w \in B(x,\varepsilon) \setminus \{x\}$.

Então, $w \in A$ ou $w \in B$, e é tal que $w \in B(x,\varepsilon) \setminus \{x\}$.

Assim, segue que $x \in A'$ ou $x \in B'$, i.e., $x \in A' \cup B'$, e, pela arbitrariedade da escolha do x, segue a Af. 01.

Af 02. $A' \cup B' \subset (A \cup B)'$:
Dado $x \in A' \cup B'$. Logo, $x \in A'$ ou $x \in B'$. Analisemos cada caso:

- se $x \in A'$, então $\exists (x_n) \subset A \subset A \cup B$ tal que
$$x_n \neq x,\ \forall n \text{ e } x_n \to x.$$
- se $x \in B'$, então $\exists (x_n) \subset B \subset A \cup B$ tal que
$$x_n \neq x,\ \forall n \text{ e } x_n \to x.$$

Em qualquer dos casos acima segue que $x \in (A \cup B)'$. Pela arbitrariedade da escolha de x, segue a Af 02.

Pelas afirmações 01 e 02 segue o resultado.

Página 211

08.
(a) Seja $Y = (1,2) \cup \{0,3,4\} \cup \{\frac{1}{n} : n \in \mathbb{N}\}$. Note que $1 \in Y$ (quando $n = 1$). Assim, escreva $Y = W \cup Z$, onde
$$W = [1,2) \text{ e } Z = \{0,3,4\} \cup \{\frac{1}{n} : n \in \mathbb{N},\ n > 1\}.$$
Como Z é um conjunto enumerável, segue pelo Corolário 6.7 que $\operatorname{int} Z = \emptyset$. Logo, nenhum ponto de W é interior a Y. Assim, basta verificar o interior de $W = [1,2)$.

Note que $B(1,\varepsilon) \not\subset Y$ e $B(2,\varepsilon) \not\subset Y$, $\forall \varepsilon > 0$. Resta verificar os pontos em $(1,2)$. De fato, $\forall x \in (1,2)$, tome $\varepsilon = \min\{\frac{|x-1|}{2}, \frac{|2-x|}{2}\}$, e então temos que $B(x,\varepsilon) \subset (1,2) \subset Y$.

Portanto, concluímos que $\operatorname{int} Y = (1,2)$.

Determinemos agora o fecho de Y. Como $Y \subset \overline{Y}$, vamos mostrar que também temos $2 \in \overline{Y}$. De fato, basta tomar a sequência (x_n) dada por $x_n = 2 - \frac{1}{n}$, $\forall n$, e é tal que $x_n \to 2$. Logo, $2 \in \overline{Y}$, concluindo então que

$$\overline{Y} = Y \cup \{2\}.$$

Assim, concluímos também que Y não é fechado pois $2 \in \overline{Y}$, mas $2 \notin Y$, e então $\overline{Y} \not\subset Y$. O conjunto Y também não é aberto, pois, por exemplo, $\frac{1}{2} \in Y$, mas $\frac{1}{2} \notin \text{int}Y$.

(b) Seja $K \subset \mathbb{R}$ compacto e defina $S = \{x + y : x, y \in K\}$. Para mostrar que S é compacto, vamos provar duas afirmações:

Af. 01. S é limitado. De fato, como K é compacto, em particular é limitado, e disso segue que $\exists M > 0$ tal que $|x| \leq M$, $\forall x \in K$. Então, dado $s \in S$, segue que $\exists \alpha, \beta \in K$ tais que $s = \alpha + \beta$, e tais que

$$|s| = |\alpha + \beta| \leq |\alpha| + |\beta| \leq M + M = 2M.$$

Logo, vale a Afirmação 1.

Af. 02. S é fechado de $\mathbb{R}$.

Seja $(s_n) \subset S$ uma sequência em S tal que $s_n \to s$. Para mostrar que S é fechado, precisamos mostrar que $s \in S$. De fato, como $s_n \in S$, $\forall n$, segue que existem $x_n, y_n \in K$ tais que

$$s_n = x_n + y_n,$$

onde (x_n) e (y_n) são duas sequências em K.

Como K é limitado, segue pelo Teorema de Bolzano-Weierstrass que existe subsequência (x_{n_k}) convergente, digamos que

$$s_{n_k} \to s'. \qquad (*)$$

Tome $(x_{n_k}) \subset (x_n)$ e $(y_{n_k}) \subset (y_n)$ subsequências de (x_n) e (y_n), respectivamente [com mesmos índices], que sejam convergentes, digamos

$$x_{n_k} \to a \text{ e } y_{n_k} \to b$$

(a convergência de (x_{n_k}) e de (y_{n_k}) estão garantidas pelo Teorema de Bolzano-Weierstrass, pois (x_n) e (y_n) são limitadas visto que estão em K, que é limitado, e disso, destacamos estas duas subsequências convergentes).

Além disso, temos que

$$x_{n_k} + y_{n_k} \to a + b \in S,$$

pela definição do conjunto S.

Logo, escrevendo $s_{n_k} = x_{n_k} + y_{n_k}$, e notando que (s_{n_k}) é subsequência de (s_n) [pois (s_{n_k}) é formada por (x_{n_k}) e (y_{n_k}) e $x_{n_k} + y_{n_k} \in S$, $\forall n_k$, e então $(s_{n_k}) \subset (s_n) = (x_n + y_n)$], temos $(s_{n_k}) \subset S$ com $s_{n_k} \to a + b \in S$.

Pela unicidade do limite, por $(*)$ segue que $s' = a + b$.

Como (s_n) é convergente, então qualquer subsequência de (s_n) converge para o mesmo limite, donde segue que $s_n \to s = a + b \in S$, ou seja, S é fechado, provando a Afirmação 02.

Pelas afirmações 01 e 02, segue pelo Teorema de Heine-Borel que S é um compacto de $\mathbb{R}$.

(c) Veja o exercício 03 da Seção 6.4.

Capítulo 7

Página 225

05. Seja $a \in A'$ e sejam $f, g : A \to \mathbb{R}$ tais que $f(x) \leq g(x)$, $\forall x \in A$.

Suponha que $\exists \lim_{x \to a} f(x) = L_1$ e que $\exists \lim_{x \to a} g(x) = L_2$. Vamos mostrar que $L_1 \leq L_2$.

Dado $\varepsilon > 0$.

Como $\exists \lim_{x \to a} f(x) = L_1$, então $\exists \delta_1 > 0$ tal que

$$\forall x \in A : 0 < |x - a| < \delta_1 \Rightarrow |f(x) - L_1| < \frac{\varepsilon}{2},$$

i.e.,

$$L_1 - \frac{\varepsilon}{2} < f(x) < \frac{\varepsilon}{2} + L_1, \text{ sempre que } 0 < |x - a| < \delta_1. \qquad (*)$$

Como $\lim_{x \to a} g(x) = L_2$, então $\exists \delta_2 > 0$ tal que,

$$\forall x \in A : 0 < |x - a| < \delta_2 \Rightarrow |g(x) - L_2| < \frac{\varepsilon}{2},$$

i.e.,

$$L_2 - \frac{\varepsilon}{2} < g(x) < L_2 + \frac{\varepsilon}{2}, \text{ sempre que } 0 < |x - a| < \delta_2. \qquad (**)$$

Tome $\delta = \min\{\delta_1, \delta_2\} > 0$. Assim, $\forall x \in A$ tal que $0 < |x - a| < \delta$, valem $(*)$ e $(**)$. Como por hipótese $f(x) \leq g(x)$, $\forall x \in A$, usando $(*)$ e $(**)$, temos $\forall x \in B(a, \delta) \setminus \{a\}$:

$$L_1 - \frac{\varepsilon}{2} < f(x) \leq g(x) < L_2 + \frac{\varepsilon}{2},$$

i.e.,

$$L_1 < L_2 + \varepsilon, \; \forall \varepsilon > 0,$$

ou seja,

$$L_1 \leq L_2,$$

como queríamos mostrar.

08. Af. 01. $\lim_{x \to 0} f(x) = 0$. Dado $\varepsilon > 0$. Tome $\delta = \varepsilon$. Assim, $\forall x \in \mathbb{R}$ tal que $0 < |x - 0| < \delta$, temos que

$$|f(x) - 0| = |f(x)| = \begin{cases} |x|, \text{ se } x \in \mathbb{Q} \\ |-x|, \text{ se } x \notin \mathbb{Q} \end{cases} = |x| < \delta = \varepsilon.$$

Ou seja, $|f(x) - 0| < \varepsilon$, sempre que $0 < |x - 0| < \delta$, provando que $\lim_{x \to 0} f(x) = 0$.

Af. 02. $\nexists \lim_{x \to a} f(x)$, se $a \neq 0$.
Seja $(x_n) \subset \mathbb{Q}$ tal que $x_n \to a$. Então

$$f(x_n) = x_n \to a \qquad (*)$$

Mas, se tomarmos uma sequência de números irracionais $(y_n) \subset \mathbb{I}$ tal que $y_n \to a$, então

$$f(y_n) = -y_n \to -a \qquad (**),$$

ou seja, pela Proposição 7.6 (Heine) concluímos por $(*)$ e $(**)$ que $\nexists \lim_{x \to a} f(x)$.

Página 234

08. (i) $\Rightarrow$ (ii). Suponha que $\lim_{x\to+\infty} f(x) = L \in \mathbb{R}$. Seja (x_n) uma sequência contida em $(a, +\infty)$ tal que $x_n \to +\infty$.

Vamos mostrar que $f(x_n) \to L$.

Dado $\varepsilon > 0$. Como $\lim_{x\to+\infty} f(x) = L$, então $\exists M > 0$ tal que, $\forall x > M$, implica em

$$|f(x) - L| < \varepsilon. \qquad (*)$$

Como $x_n \to +\infty$, então, para $M > 0$ acima, segue que $\exists n_0 \in \mathbb{N}$ tal que, $\forall n \geq n_0$, implica em $x_n > M$.

Em particular, de $(*)$ tem-se que $|f(x_n) - L| < \varepsilon$, o que mostra que $f(x_n) \to L$.

(ii) $\Rightarrow$ (i). Para provar esta implicação, provaremos que, se (i) for falsa, então (ii) também será falsa. Assim, suponha que (i) seja falsa.

Então, $\exists \varepsilon_0 > 0$ tal que, $\forall M > 0$, $\exists x > M$ tal que $|f(x) - L| \geq \varepsilon_0$.

Em particular, para $M = n$, $\forall n \in \mathbb{N}$, segue que $\exists x_n > M$ tal que $|f(x_n) - L| \geq \varepsilon_0$. Portanto, temos $x_n \to +\infty$, mas $f(x_n) \not\to L$. Logo, (i) não vale.

09. Vamos mostrar que

$$\lim_{x\to+\infty} f(x) = L \Leftrightarrow \lim_{x\to 0^+} f(\frac{1}{x}) = L.$$

Dado $\varepsilon > 0$.

Suponha que $\lim_{x+\infty} f(x) = L$. Então, $\exists M > 0$ tal que, $\forall x > M$, implica em $|f(x) - L| < \varepsilon$.

Tome $y = \frac{1}{x}$. Então, segue que $y \to 0^+$ quando $x \to +\infty$. Além disso,

$$y = \frac{1}{x} < \frac{1}{M}.$$

Portanto, temos $x = \frac{1}{y}$ e disso

$$|f(\frac{1}{y}) - L| = |f(x) - L| < \varepsilon,$$

sempre que

$$0 < \frac{1}{y} < \frac{1}{M},$$

ou seja, concluímos que

$$\lim_{y\to 0^+} f(\frac{1}{y}) = L.$$

Reciprocamente, suponha que $\lim_{x\to 0^+} f(\frac{1}{x}) = L$.

Então, para o $\varepsilon > 0$ dado, segue que $\exists \delta > 0$ tal que, $\forall x \in (0, \delta)$, implica em

$$|f(\frac{1}{x}) - L| < \varepsilon.$$

Escreva $\frac{1}{x} = w$. Então temos que $w \to +\infty$ quando $x \to 0^+$. Além disso, para todo x tal que $0 < x < \delta$, segue que

$$w = \frac{1}{x} > \frac{1}{\delta} := M$$

e então, $\forall w > M$, segue que

$$|f(w) - L| = |f(\frac{1}{x}) - L| < \varepsilon,$$

i.e., mostramos que $\lim_{w \to +\infty} f(w) = L$, concluindo o exercício.

Página 241

04. (a) Basta lembrar que

$$x = \operatorname{arcsenh} y \Leftrightarrow y = \operatorname{senh} x = \frac{e^x - e^{-x}}{2} \Leftrightarrow 2y = e^x - \frac{1}{e^x},$$

e, escrevendo $e^x = w$, vamos obter

$$w^2 - 2yw - 1 = 0 \Leftrightarrow w = \frac{2y \pm \sqrt{4y^2 + 4}}{2} \Leftrightarrow w = y \pm \sqrt{y^2 + 1},$$

e disso, lembrando que $e^x > 0$, segue que

$$e^x = y + \sqrt{y^2 + 1} \Leftrightarrow x = \ln(y + \sqrt{y^2 + 1}).$$

(b) Dado $N > 0$, precisamos achar $M > 0$ tal que, $\forall x < -M$, implique em $f(x) < -N$.

Como $x < -M$, e^x é crescente e e^{-x} é decrescente, temos que $e^x < e^{-M}$ e $e^{-x} > e^M$ e então $-e^{-x} < -e^M$. Logo $e^x - e^{-x} < e^{-M} - e^M$ e, portanto,

$$f(x) = \operatorname{senh}(x) = \frac{e^x - e^{-x}}{2} < \frac{e^{-M} - e^M}{2} = -\frac{e^M - e^{-M}}{2} = -\operatorname{senh}(M).$$

Escrevendo $N = \operatorname{senh} M$, determinamos que $M = \operatorname{arcsenh}(N) > 0$, ou seja, $\forall N > 0$ obtemos $M > 0$ ($M = \operatorname{arcsenh}(N)$) tal que $\operatorname{senh} x < -N$ sempre que $x < -M$, i.e., provamos que

$$\lim_{x \to -\infty} \operatorname{senh} x = -\infty.$$

(c)

$$\lim_{y \to 0} \frac{1}{y} \operatorname{arcsenh} y = \lim_{y \to 0} \frac{1}{y} \cdot \ln(y + \sqrt{y^2 + 1}) = \lim_{y \to 0} (y + \sqrt{y^2 + 1})^{\frac{1}{y}} =$$

$$= \ln \lim_{y \to 0} (y + \sqrt{y^2 + 1})^{\frac{1}{y}} =$$

$$= \ln \lim_{y \to 0} (1 + y - 1 + \sqrt{y^2 + 1})^{\frac{1}{y}} =$$

$$= \ln \left[\lim_{y \to 0} (1 + y - 1 + \sqrt{y^2 + 1})^{\frac{1}{y - 1 + \sqrt{y^2 + 1}}} \right]^{\frac{y - 1 + \sqrt{y^2 + 1}}{1} \cdot \frac{1}{y}} =$$

$$= \ln e^{\lim_{y \to 0} \frac{y - 1 + \sqrt{y^2 + 1}}{y}} = \lim_{y \to 0} \frac{y - 1 + \sqrt{y^2 + 1}}{y} \cdot \frac{y - 1 - \sqrt{y^2 + 1}}{y - 1 - \sqrt{y^2 + 1}} =$$

$$= \lim_{y \to 0} \frac{y^2 - 2y + 1 - y^2 - 1}{y(y - 1 - \sqrt{y^2 + 1})} = \lim_{y \to 0} \frac{-2y}{y(y - 1 - \sqrt{y^2 + 1})} = \frac{-2}{-2} = 1.$$

Capítulo 8

Página 254

07. Sejam $(a_n), (b_n)$ tais que $a_n \to a$ e $b_n \to b$. Como (a_n) e (b_n) são convergentes, segue que elas são limitadas, i.e., $\exists M_1, M_2 > 0$ tais que

$$|a_n| \leq M_1 \quad \text{e} \quad |b_n| \leq M_2.$$

Seja $f : \mathbb{R} \to \mathbb{R}$ contínua. A mostrar: $\lim\limits_{n\to\infty} a_n f(b_n) = af(b)$.

Dado $\varepsilon > 0$. Como $a_n \to a$, então $\exists n_1 \in \mathbb{N}$ tal que

$$\forall n \geq n_1 \Rightarrow |a_n - a| < \frac{\varepsilon}{2(|f(b)|+1)}. \qquad (I)$$

Como f é contínua, para o $\varepsilon > 0$ dado, $\exists \delta > 0$ tal que,

$$\forall x, y \in \mathbb{R},\ |x - y| < \delta \Rightarrow |f(x) - f(y)| < \frac{\varepsilon}{2M_1}.$$

Ainda, como $b_n \to b$, então $\exists n_2 \in \mathbb{N}$ tal que,

$$\forall n \geq n_2 \Rightarrow |b_n - b| < \delta.$$

Pela continuidade de f, segue que

$$|f(b_n) - f(b)| < \frac{\varepsilon}{2M_1},\ \forall n \geq n_2. \qquad (II)$$

Tome $n_0 = \max\{n_1, n_2\} \in \mathbb{N}$. Assim, $\forall n \geq n_0$, valem (I) e (II).

Vamos avaliar $|a_n f(b_n) - af(b)|$, $\forall n \geq n_0$. Subtraindo e somando $a_n f(b)$, teremos

$$\begin{aligned} |a_n f(b_n) - af(b)| &= |a_n f(b_n) - a_n f(b) + a_n f(b) - af(b)| \leq \\ &\leq |a_n| \cdot |f(b_n) - f(b)| + |f(b)| \cdot |a_n - a| < \\ &< |a_n| \cdot |f(b_n) - f(b)| + (|f(b) + 1|)|a_n - a| < \\ &< M_1 \cdot \frac{\varepsilon}{2M_1} + (|f(b)|+1) \cdot \frac{\varepsilon}{2(|f(b)|+1)} = \frac{\varepsilon}{2} + \frac{\varepsilon}{2} = \varepsilon. \end{aligned}$$

Logo, mostramos que

$$\lim_{n\to 0} a_n f(b_n) = af(b),$$

i.e., a sequência $(a_n(f_{b_n}))$ é convergente, e converge para $af(b)$.

08. Dado $\varepsilon > 0$. Então, $\exists n_0 \in \mathbb{N}$ tal que

$$\frac{1}{n_0} < \frac{\varepsilon}{3},$$

pois $\mathbb{R}$ é arquimediano. Por hipótese, em particular, temos que $g_{n_0} : \mathbb{R} \to \mathbb{R}$ é contínua no ponto a. Assim, pela continuidade da g_{n_0} segue que $\exists \delta > 0$ tal que $\forall x$ tal que

$$|x - a| < \delta \Rightarrow |g_{n_0}(x) - g_{n_0}(a)| < \frac{\varepsilon}{3}.$$

Assim, estimando $|f(x) - f(a)|$, obtemos

$$\begin{aligned} |f(x) - f(a)| &= |f(x) - g_{n_0}(x) + g_{n_0}(x) - g_{n_0}(a) + g_{n_0}(a) + f(a)| \leq \\ &\leq |f(x) - g_{n_0}(x)| + |g_{n_0}(x) - g_{n_0}(a)| + |g_{n_0}(a) - f(a)|. \end{aligned}$$

Como $|f(x)-g_{n_0}(x)| < \frac{1}{n_0} < \frac{\varepsilon}{3}$, $|g_{n_0}(a)-f(a)| < \frac{1}{n_0} < \frac{\varepsilon}{3}$, em virtude da hipótese e a propriedade arquimediana, e como $|g_{n_0}(x) - g_{n_0}(a)| < \frac{\varepsilon}{3}$, devido à continuidade de g_{n_0}, concluímos que

$$|f(x) - f(a)| \leq |f(x) - g_{n_0}(x)| + |g_{n_0}(x) - g_{n_0}(a)| + |g_{n_0}(a) - f(a)| <$$
$$< \frac{\varepsilon}{3} + \frac{\varepsilon}{3} + \frac{\varepsilon}{3} = \varepsilon.$$

Ou seja, mostramos que, para o $\varepsilon > 0$ dado, $\exists\delta > 0$, tal que $\forall x \in \mathbb{R}$ tal que $|x - a| < \delta$, implica em $|f(x) - f(a)| < \varepsilon$, ou seja, mostramos que f é contínua em a.

09. Seja $(x_n) \subset [a, b]$ uma sequência. Logo, (x_n) é limitada. Então, pelo Teorema de Bolzano-Weierstrass, segue que existe uma subsequência (x_{n_k}) de (x_n), convergente, digamos que $x_{n_k} \to c$.

Como $x_n \in [a, b], \forall n$, então $x_{n_k} \in [a, b]$, $\forall n_k$. Logo, $c \in [a, b]$.

Como f é contínua em $[a, b]$, temos que

$$x_{n_k} \to c \Rightarrow f(x_{n_k}) \to f(c).$$

Como por hipótese

$$|f(x_n) - x_n| < \frac{1}{n}, \forall n \in \mathbb{N},$$

em particular,

$$|f(x_{n_k}) - x_{n_k}| < \frac{1}{n_k},$$

ou seja,

$$-\frac{1}{n_k} < f(x_{n_k}) - x_{n_k} < \frac{1}{n_k},$$

o que, somando x_{n_k} nessa cadeia de desigualdades, vem:

$$x_{n_k} - \frac{1}{n_k} < f(x_{n_k}) < x_{n_k} + \frac{1}{n_k}.$$

Aplicando o Teorema do Sanduíche para sequências, vamos concluir que $c \leq f(c) \leq c$, ou seja, $f(c) = c$, como queríamos mostrar.

Página 258

04. Seja $f : [a, b] \to \mathbb{R}$ côncava com $f(a) < f(b)$. Então, pelo T.V.I., segue que, para todo $d \in \mathbb{R}$ tal que

$$f(a) < d < f(b), \qquad (I)$$

implica que $\exists c \in [a, b]$ tal que $f(c) = d$.

Resta mostrar a unicidade. Por absurdo, suponha que existam $c_1, c_2 \in [a, b]$, tais que $f(c_1) = f(c_2) = d$. Sem perda de generalidade, assuma que

$$a \leq c_1 < c_2 \leq b.$$

Seja $t \in [0, 1]$ tal que $c_2 = tc_1 + (1 - t)b$. Assim,

$$f(c_2) = f(tc_1 + (1 - t)b) \geq tf(c_1) + (1 - t)f(b),$$

e, como $f(c_2) = f(c_1) = d$, obtemos

$$d \geq td + (1 - t)f(b),$$

e então $d - dt \geq (1-t)f(b)$, donde segue que

$$f(b) \leq d. \qquad (II)$$

Por hipótese, temos $f(a) < f(b)$, o que, juntamente com (II), segue que

$$f(a) < f(b) \leq d,$$

uma contradição com (I). Isso prova a unicidade.

07. Seja $f : [0,1] \to \mathbb{R}$ contínua tal que $f(0) = f(1)$. Defina $g : [0, \frac{1}{2}] \to \mathbb{R}$ por

$$g(x) = f(x + \frac{1}{2}) - f(x).$$

Então, g é contínua em $[0, \frac{1}{2}]$, pois f o é. Além disso,

$$g(0) = f(\frac{1}{2}) - f(0),$$

e

$$g(\frac{1}{2}) = f(1) = f(\frac{1}{2}) = f(0) - f(\frac{1}{2}),$$

ou seja, $g(0) = -g(\frac{1}{2})$ donde segue que

$$g(0) < 0 < g(\frac{1}{2}) \text{ ou } g(\frac{1}{2}) < 0 < g(0).$$

Como g é contínua, em qualquer dos dois casos acima segue pelo T.V.I. que $\exists c \in [0, \frac{1}{2}]$ tal que $g(c) = 0$, i.e.,

$$f(c + \frac{1}{2}) - f(c) = 0 \Rightarrow f(c + \frac{1}{2}) = f(c).$$

10. Seja $h : [a,b] \to \mathbb{R}$ definida por

$$h(x) = g(x) - f(x).$$

Então, como vale que $f(x) < g(x)$, $\forall x \in [a,b]$, segue que

$$h(x) > 0, \forall x \in [a,b]. \qquad (*)$$

Como h é contínua em $[a,b]$, pelo Teorema de Weierstrass segue que h possui um valor mínimo[2]. Seja $c \in [a,b]$ tal que $h(c) = \min\{h(x) : x \in [a,b]\}$.

Então

$$h(c) \leq h(x) = g(x) - f(x), \forall x \in [a,b],$$

onde $h(c) > 0$, devido a $(*)$.

Logo, denotando por $m = h(c) > 0$, concluímos que

$$g(x) - f(x) \geq h(c) = m > 0.$$

[2]E máximo também, mas para este exercício só vai interessar o valor mínimo.

Página 262

03. Primeiramente, mostramos que $f : [1, +\infty) \to \mathbb{R}$, $f(x) = \frac{1}{x^2}$ é uniformemente contínua. De fato, para $\varepsilon > 0$ dado, precisamos encontrar um $\delta > 0$, tal que $\forall x, y \in [1, +\infty)$ tais que $|x - y| < \delta$ implique em $|f(x) - f(y)| < \varepsilon$. Assim, dados $x, y \geq 1$, temos que

$$|f(x) - f(y)| = \left|\frac{1}{x^2} - \frac{1}{y^2}\right| = \left|\frac{y^2 - x^2}{x^2y^2}\right| = \frac{|x - y| \cdot |x + y|}{x^2y^2} \leq \frac{|x| + |y|}{x^2y^2}|x - y|,$$

e como $x, y \geq 1$ segue que $\frac{1}{x^2}, \frac{1}{y^2} \leq 1$, e, disso,

$$|f(x) - f(y)| \leq \frac{|x| + |y|}{x^2y^2}|x - y| \leq \left(\frac{|x|}{x^2 \cdot 1} + \frac{|y|}{1 \cdot y^2}\right)|x - y| =$$

$$= \left(\frac{1}{x} + \frac{1}{y}\right)|x - y| \leq (1 + 1)|x - y| = 2|x - y|.$$

Assim, dado $\varepsilon > 0$, basta tomar $\delta = \frac{\varepsilon}{2}$, e daí $\forall x, y \in [1, +\infty)$ tais que $|x - y| < \delta$, segue que

$$|f(x) - f(y)| \leq 2|x - y| < 2\delta = 2 \cdot \frac{\varepsilon}{2} = \varepsilon,$$

mostrando que f é uniformemente contínua em $[1, +\infty)$.

Mostremos agora, que $f : (0, +\infty) \to \mathbb{R}$, $f(x) = \frac{1}{x^2}$ não é uniformemente contínua. De fato, para $\varepsilon_0 = 1 > 0$, temos que $\forall \delta > 0$, tome $n \in \mathbb{N}$ tal que $\frac{1}{2n} < \delta$ (tal n existe pela propriedade arquimediana de $\mathbb{R}$). Assim, tomando $x = \frac{1}{n}$ e $y = \frac{1}{2n}$ em $(0, +\infty)$, teremos

$$|x - y| = \left|\frac{1}{n} - \frac{1}{2n}\right| = \frac{1}{2n} < \delta,$$

mas

$$|f(x) - f(y)| = \left|\frac{1}{\frac{1}{n^2}} - \frac{1}{\frac{1}{4n^2}}\right| = 3n^2 \geq 3 > 1 = \varepsilon_0,$$

mostrando que f não é uniformemente contínua em $(0, +\infty)$.

Página 266

01. Sejam $f, g : I \to \mathbb{R}$ limitadas e de Lipschitz. Então, $\exists K_1, K_2 > 0$ tais que

$$|f(x)| \leq K_1 \text{ e } |g(x)| \leq K_2, \forall x \in I.$$

Além disso, sendo f de Lipschitz, então $\exists M_1, M_2 > 0$ tais que

$$|f(x) - f(y)| \leq M_1|x - y| \text{ e } |g(x) - g(y)| \leq M_2|x - y|, \forall x, y \in I.$$

Então,

$$\begin{aligned}
|(fg)(x) - (fg)(y)| &= |f(x)g(x) - f(y)g(y)| = \\
&= |f(x)g(x) - f(x)g(y) + f(x)g(y) - f(y)g(y)| \leq \\
&\leq |f(x)| \cdot |g(x) - g(y)| + |g(y)| \cdot |f(x) - f(y)| \leq \\
&K_1 \cdot M_2|x - y| + K_2 \cdot M_1|x - y| = \\
&= (K_1M_2 + K_2M_1)|x - y| = L|x - y|,
\end{aligned}$$

onde definimos $L = K_1M_2 + K_2M_1 > 0$.

Logo, obtemos $L > 0$ tal que

$$|(fg)(x) - (fg)(y)| \leq L|x - y|,$$

i.e., fg é de Lipschitz.

03. A função $f : [0,1] \to \mathbb{R}$ dada por $f(x) = \sqrt{x}$ é uniformemente contínua pois é contínua no compacto $[0,1]$ (Proposição 8.13).

Porém, f não é de Lipschitz em $[0,1]$. De fato, supondo por absurdo que o seja, então $\exists L > 0$ tal que

$$|f(x) - f(y)| \leq L|x - y|, \forall x, y \in [0,1].$$

Em particular, tomando $x = 0$ e $y = 0 + \frac{1}{n}$, $\forall n \in \mathbb{N}$, teremos

$$|f(0) - f(\frac{1}{n})| \leq L|0 - \frac{1}{n}|, \forall n \in \mathbb{N},$$

i.e.,

$$\frac{1}{\sqrt{n}} \leq L\frac{1}{n}, \forall n,$$

donde segue que $n \leq L^2$, $\forall n \in \mathbb{N}$, ou seja, teríamos $\mathbb{N}$ limitado superiormente em $\mathbb{R}$, um absurdo, pois $\mathbb{R}$ é arquimediano! Portanto, f não é de Lipschitz.

05. (a) Conforme dado, se $\alpha = 1$, então f é de Lipschitz e, portanto, por proposição, é uniformemente contínua. Falta verificar então quando $\alpha \in (0,1)$. Dado $\varepsilon > 0$. Tome $\delta = \sqrt[\alpha]{\frac{\varepsilon}{M}}$ (note que este δ independe da escolha de x do domínio). Assim, $\forall x_1, x_2 \in I$ tais que $|x_1 - x_2| < \delta$, temos, por f ser de Hölder

$$|f(x_1) - f(x_2)| \leq M|x_1 - x_2|^\alpha < M\left(\sqrt[\alpha]{\frac{\varepsilon}{M}}\right)^\alpha = M\frac{\varepsilon}{M} = \varepsilon.$$

Ou seja, f é uniformamente contínua, como queríamos mostrar.

(b) Se $\alpha > 1$, então $\alpha - 1 > 0$. Assim, pela condição de Hölder, e por ser contínua (mais ainda, uniformemente contínua), temos

$$|f(x_1) - f(x_2)| \leq M|x_1 - x_2| = M|x_1 - x_2| \cdot |x_1 - x_2|^{\alpha-1}$$

e daí

$$0 \leq \left|\frac{f(x_1) - f(x_2)}{x_1 - x_2}\right| \leq M|x_1 - x_2|^{\alpha-1}.$$

portanto, fazendo $x_2 \to x_1$, e pelo critério do sanduíche, temos $|x_1 - x_2|^{\alpha-1} \to 0$ e $\frac{f(x_1) - f(x_2)}{x_1 - x_2} \to f'(x_1)$, ou seja,

$$0 \leq |f'(x_1)| \leq 0 \Longrightarrow f'(x_1) = 0.$$

Como x_1 é qualquer no interior de I, temos $f'(x) = 0$, $\forall x \in \text{int}I$, donde segue que f é constante no interior de I.

(c) De fato, para $f : [0,+\infty) \to \mathbb{R}$, $f(x) = \sqrt{x}$, dados $x, y \in [0,+\infty)$, com $x \geq y > 0$, então notamos que

$$xy \geq y^2,$$

e então, extraindo a raiz quadrada,

$$\sqrt{xy} \geq \sqrt{y^2} = y,$$

e, multiplicando por -2, vamos obter $-2y \geq -2\sqrt{xy}$.

Dessa forma, somando $x + y$ na desigualdade acima, vamos obter

$$x - y \geq x - 2\sqrt{xy} + y = (\sqrt{x} - \sqrt{y})^2,$$

e então

$$|f(x) - f(y)| = |\sqrt{x} - \sqrt{y}| = \sqrt{(\sqrt{x} - \sqrt{y})^2} \leq 1 \cdot |x - y|^{\frac{1}{2}},$$

ou seja, neste caso concluímos que f é de Hölder, com $M = 1$ e $\alpha = \frac{1}{2}$.

Capítulo 9

Página 269

02. Dado que $1 = f'(1) = \lim\limits_{h \to 0} \dfrac{\ln(1+h)}{h}$, vamos mostrar que $f'(x) = \frac{1}{x}$:

$$f'(x) = \lim_{h \to 0} \frac{\ln(x+h) - \ln x}{h} = \lim_{h \to 0} \frac{\ln\left(\dfrac{x+h}{x}\right)}{h} =$$

$$= \lim_{h \to 0} \frac{\ln\left(1 + \dfrac{h}{x}\right)}{h} = \lim_{h \to 0} \frac{\ln\left(1 + \dfrac{h}{x}\right)}{\dfrac{h}{x} \cdot x} =$$

$$= \frac{1}{x} \lim_{h \to 0} \frac{\ln\left(1 + \dfrac{h}{x}\right)}{\dfrac{h}{x}}.$$

Se $h \to 0$, então, para $x \neq 0$ temos que $\frac{h}{x} \to 0$, e daí

$$f'(x) = \frac{1}{x} \lim_{\frac{h}{x} \to 0} \frac{\ln\left(1 + \dfrac{h}{x}\right)}{\dfrac{h}{x}} = \frac{1}{x} f'(1) = \frac{1}{x}.$$

04. (a) Note que

$$\lim_{h \to 0} \frac{f(x+h) - f(x-h)}{h} = \lim_{h \to 0} \frac{f(x+h) - f(x) + f(x) - f(x-h)}{h} =$$

$$= \lim_{h \to 0} \frac{f(x+h) - f(x)}{h} + \lim_{-h \to 0} \frac{f(x + (-h)) - f(x)}{-h} = f'(x) + f'(x) = 2f'(x).$$

Portanto,

$$f'(x) = \frac{1}{2} \lim_{h \to 0} \frac{f(x+h) - f(x-h)}{h}.$$

(b) Não, pois se f for derivável implica que $f'(x)$ é o limite acima, e não o contrário, ou seja, deveríamos ter a existência do limite acima para garantir que f é derivável. Por exemplo, $f : \mathbb{R} \to \mathbb{R}$ dada por $f(x) = |x|$ é tal que $\nexists f'(0)$. No entanto, neste caso temos

$$\frac{1}{2} \lim_{h \to 0} \frac{f(0+h) - f(0-h)}{h} = \frac{1}{2} \lim_{h \to 0} \frac{|h| - |-h|}{h} = 0.$$

Página 271

02. Note que

$$f'_{-}(0) = \lim_{h\to 0^-} \frac{f(0+h)-f(0)}{h} = \lim_{h\to 0^-} \frac{f(h)}{h} = \begin{cases} \lim\limits_{h\to 0^-} \dfrac{h^2}{h} & , h \in \mathbb{Q} \\ 0 & , h \notin \mathbb{Q} \end{cases} = 0.$$

Do mesmo modo se mostra que $f'_{+}(0) = 0$. Logo, $\exists f'(0) = 0$.

05. Sejam $f, g, h : I \to \mathbb{R}$ tais que

$$f(x) \le g(x) \le h(x), \ \forall x \in I. \qquad (*)$$

Dado $a \in I \cap I'$ tal que $f(a) = h(a)$ e $f'(a) = h'(a)$. Como $f(a) = h(a)$ e como vale (*), segue que

$$g(a) = f(a) = h(a). \qquad (**)$$

Logo, de (*) e (**) podemos escrever

$$f(x) - f(a) \le g(x) - g(a) \le h(x) - h(a).$$

Tome $x \in (a, a+\delta)$, onde $\delta > 0$ (pois se $a \in I \cap I'$, em particular, temos que $a \in I \cap I'^{+}$). Então $x - a > 0$. Disso, montando os quocientes

$$\frac{f(x)-f(a)}{x-a} \le \frac{g(x)-g(a)}{x-a} \le \frac{h(x)-h(a)}{x-a}.$$

Assim, pelo Teorema do Sanduíche usual,

$$= f'_{+}(a) = \lim_{x\to a^+} \frac{f(x)-f(a)}{x-a} \le \lim_{x\to a^+} \frac{g(x)-g(a)}{x-a} \le \lim_{x\to a^+} \frac{h(x)-h(a)}{x-a} = h'_{+}(a),$$

e, como existem $f'_{+}(a) = h'(a) = f'(a) = f'_{+}(a)$, segue que

$$\exists \lim_{x\to a_+} \frac{g(x)-g(a)}{x-a} = f'(a) = h'(a),$$

i.e., temos que

$$\exists g'(a)_{+} = f'(a) = h'(a).$$

Do mesmo modo, tomando $x \in I \cap I'_{-}$, mostraremos que

$$\exists g'_{-}(a) \lim_{x\to a_-} \frac{g(x)-g(a)}{x-a} = f'(a) = h'(a),$$

e, portanto, $\exists g'(a) = h'(a) = f'(a)$.

08. (a) Como $f(0) = g(0) = h(0)$, tem-se que

$$f(x) - f(0) \le g(x) - g(0) \le h(x) - h(0) \qquad (*)$$

Supondo f, g, h deriváveis em 0, segue que existem $f'(0)$, $g'(0)$ e $h'(0)$ e

$$f'(0) = f'_{+}(0), \ g'(0) = g'_{+}(0) \ \text{ e } \ h'(0) = h'_{+}(0).$$

Logo, dado $x \in [0, b)$, $x > 0$, dividindo (*) por $x - 0$, segue que

$$\frac{f(x)-f(0)}{x-0} \le \frac{g(x)-g(0)}{x-0} \le \frac{h(x)-h(0)}{x-0}.$$

Passando o limite com $x \to 0^+$, teremos pelo Teorema do Sanduíche que

$$\lim_{x\to 0^+} \frac{f(x)-f(0)}{x-0} \le \lim_{x\to 0^+} \frac{g(x)-g(0)}{x-0} \le \lim_{x\to 0^+} \frac{h(x)-h(0)}{x-0},$$

i.e.,

$$f'(0) \le g'(0) \le h'(0).$$

(b) Pelas mesmas condições do item anterior, e adicionando-se a hipótese de que $f'(0) = h'(0)$, então, para $x \in [0, b)$, da desigualdade

$$\frac{f(x)-f(0)}{x-0} \le \frac{g(x)-g(0)}{x-0} \le \frac{h(x)-h(0)}{x-0}.$$

Passando o limite com $x \to 0^+$, teremos pelo Teorema do Sanduíche que

$$f'(0) \le \lim_{x\to 0^+} \frac{g(x)-g(0)}{x-0} \le h'(0),$$

e, como $f'(0) = h'(0)$, segue que

$$\exists \lim_{x\to 0^+} \frac{g(x)-g(0)}{x-0} = f'(0) = h'(0),$$

o qual denotaremos por $g'(0)$.

(c) Sendo $g : [0, +\infty) \to \mathbb{R}$,

$$g(x) = \begin{cases} 0 & , \text{ se } \ x = 0 \\ x^2 \operatorname{sen}\left(\frac{1}{x}\right) & , \text{ se } \ x > 0 \end{cases},$$

teremos apenas a derivada à direita:

$$g'_+(0) = \lim_{x\to 0^+} \frac{g(x)-g(0)}{x-0} = \lim_{x\to 0^+} \frac{x^2 \operatorname{sen}\frac{1}{x} - 0}{x} = \lim_{x\to 0^+} x \operatorname{sen}\frac{1}{0} = 0,$$

visto que não faz sentido determinar $g'_-(0)$, pois g está definida em $[0, +\infty)$.

A função derivada será, $\forall x \in (0, +\infty)$:

$$g'(x) = x^2 \cos\frac{1}{x}\left(-\frac{1}{x^2}\right) + 2x \operatorname{sen}\frac{1}{x} =$$

$$2x \operatorname{sen}\frac{1}{x} - \cos\frac{1}{x}, \ \forall x > 0.$$

Verifiquemos se $\exists \lim\limits_{x\to 0^+} g'(x)$: considere as sequências (x_n) e (y_n) dadas por

$$x_n = \frac{1}{2n\pi} \quad \text{e} \quad y_n = \frac{1}{2n\pi + \pi}.$$

Note que $x_n \to 0$ e $y_n \to 0$. Porém,

$$g'(x_n) = 2\frac{1}{2n\pi} \operatorname{sen}(2n\pi) - \cos(2n\pi) \to -1,$$

e

$$g'(y_n) = 2\frac{1}{2n\pi + \pi} \operatorname{sen}(2n\pi + \pi) - \cos(2n\pi + \pi) \to 1.$$

Logo, tem-se que $x_n, y_n \to 0$, mas

$$g'(x_n) \to -1 \quad \text{e} \quad g'(y_n) \to 1,$$

concluindo que g' não é contínua em $x = 0$.

Página 275

03. Suponha que $\exists\, f'(a) = L$, $a \in I$. Assim, segue que para $h \in \mathbb{R}$ tal que $a + h \in I$, pondo

$$f(a+h) = f(a) + L \cdot h + r(h), \tag{A.2}$$

segue que

$$\lim_{h \to 0} \frac{r(h)}{h} = 0.$$

Escreva $x = a + h$, e disso $h = x - a$. Assim, (A.2) fica

$$f(x) = f(a) + L \cdot (x-a) + r(x-a), \tag{A.3}$$

e é tal que

$$\lim_{x \to a} \frac{r(x-a)}{x-a} = 0.$$

Defina $\eta_f : I \to \mathbb{R}$ por

$$\eta_f(x) = \begin{cases} \frac{r(x-a)}{x-a} & \text{se } x \neq a \\ 0 & \text{se } x = a \end{cases}.$$

Afirmamos que η_f é contínua em a. De fato, basta usar o limite acima e notar que

$$\lim_{x \to a} \eta_f(x) = \lim_{x \to a} \frac{r(x-a)}{x-a} = 0 = \eta_f(a).$$

Dessa forma, a igualdade (A.3) pode ser reescrita como

$$f(x) = f(a) + L \cdot (x-a) + r(x-a) \cdot \frac{(x-a)}{(x-a)} = f(a) + L \cdot (x-a) + \eta_f(x) \cdot (x-a) =$$

$$= f(a) + (x-a) \cdot (L + \eta_f(x)),$$

como desejávamos.

Reciprocamente, suponha que $\exists \eta_f : I \to \mathbb{R}$ tal que $\eta_f(a) = 0$, com η_f contínua em a, e

$$f(x) = f(a) + (x-a)(L + \eta_f(x)), \ \forall x \in I.$$

Então

$$\frac{f(x) - f(a)}{x-a} = L + \eta_f(x),$$

e passando o limite quando $x \to a$, obtemos

$$\lim_{x \to a} \frac{f(x) - f(a)}{x-a} = \lim_{x \to a} (L + \eta_f(x)) = L + \eta_f(a) = L + 0 = L.$$

Logo, temos que

$$\exists \lim_{x \to a} \frac{f(x) - f(a)}{x-a} = L := f'(a),$$

como queríamos mostrar.

Página 291

02. Sem perda de generalidade, suponha que $\alpha < \beta$ e defina $f : [\alpha, \beta] \to \mathbb{R}$ por $f(t) = \cos tx$, $x \neq 0$. Tal função é contínua em $[\alpha, \beta]$ e derivável em (α, β), com $f'(t) = -x \operatorname{sen} tx$. Assim, pelo T.V.M. segue que existe $c \in (\alpha, \beta)$ tal que

$$f'(c) = \frac{f(\beta) - f(\alpha)}{\beta - \alpha},$$

e daí

$$f(\beta) - f(\alpha) = f'(c)(\beta - \alpha),$$

ou seja,

$$\cos \beta x - \cos \alpha x = -x \operatorname{sen}(cx)(\beta - \alpha),$$

e, disso,

$$\begin{aligned} |\cos \beta x - \cos \alpha x| &= |x \operatorname{sen}(cx)(\beta - \alpha)| \leq \\ &\leq |x| \cdot \underbrace{|\operatorname{sen}(cx)|}_{\leq 1} \cdot |\beta - \alpha| \leq \\ &\leq |x| \cdot |\beta - \alpha|. \end{aligned}$$

Dividindo a desigualdade obtida por $|x| \neq 0$ segue que

$$\left| \frac{\cos \alpha x - \cos \beta x}{x} \right| \leq |\beta - \alpha|.$$

03. Defina $f : [0, +\infty) \to \mathbb{R}$ por $f(x) = \sqrt{x}$. Assim, dado $h > 0$, temos que f é contínua em $[1, 1+h]$ e derivável em $(1, 1+h)$, com derivada

$$f'(x) = \frac{1}{2\sqrt{x}}.$$

Logo, pelo T.V.M. segue que $\exists c \in (1, 1+h)$ tal que

$$f(1+h) - f(1) = f'(c)(1 + h - 1),$$

i.e.,

$$\sqrt{1+h} - \sqrt{1} = \frac{1}{2\sqrt{c}} h \Rightarrow \sqrt{1+h} = 1 + \frac{1}{2\sqrt{c}} h.$$

Como $c \in (1, 1+h)$, temos que $\sqrt{c} > 1$ e então $0 < \dfrac{1}{\sqrt{c}} < 1$. Logo,

$$\sqrt{1+h} = 1 + \frac{1}{2\sqrt{c}} h < 1 + \frac{1}{2 \cdot 1} h = 1 + \frac{1}{2} h.$$

07. Defina $h : [a, b] \to \mathbb{R}$ por $h(x) = f(x) - g(x)$. Temos que h é contínua em $[a, b]$ e derivável em (a, b). Logo, pelo T.V.M. segue que $\exists c \in (a, b)$ tal que

$$h'(c) = \frac{h(b) - h(a)}{b - a},$$

ou seja,

$$\frac{f(b) - g(b) - [f(a) - g(a)]}{b - a} = h'(c) = f'(c) - g'(c).$$

Como por hipótese $f(a) = g(a)$, segue que

$$f'(c) - g'(c) = \frac{f(b) - g(b)}{b - a},$$

ou seja,

$$f(b) - f(a) = (f'(c) - g'(c))(b - a) \qquad (*)$$

Como por hipótese $f'(x) < g'(x)$ para $x \in (a, b)$, segue que $f'(c) - g'(c) < 0$, e como $b - a > 0$, temos que (*) nos fornece

$$f(b) - f(a) < 0 \Rightarrow f(b) < f(a).$$

09. Pelo T.V.M. aplicado em $f : [0, 1] \to \mathbb{R}$ temos que $\exists x_1 \in (0, 1)$ tal que

$$f(1) - f(0) = f'(x_1)(1 - 0),$$

e então $f'(x_1) = f(1) - f(0) = 2 = 0 = 2$.

Ainda, pelo T.V.M., considerando f em $[1, 2]$, segue que $\exists x_2 \in (1, 2)$ tal que

$$f(2) - f(1) = f'(x_2)(2 - 1),$$

e então $f'(x_2) = f(2) - f(1) = 4 - 2 = 2$.

Logo, temos que no intervalo $[x_1, x_2] \subset [0, 2]$ tem-se que $f'(x_1) = f'(x_2) = 2$, e como f' é contínua em $[x_1, x_2]$ e derivável em (x_1, x_2), estamos nas hipóteses do Teorema de Rolle, e disso segue que $\exists x_0 \in (x_1, x_2) \subset (0, 2)$ tal que

$$f''(x_0) = 0.$$

11. Seja f derivável tal que $f(0) = 1$ e $f'(x) = x^2 f(x)$. Defina $g : \mathbb{R} \to \mathbb{R}$ por $g(x) = f(x)f(-x)$. Então,

$$g'(x) = (f(x)f'(x))' = f(x)f'(-x)(-1) + f'(x)f(-x),$$

e, como $f'(x) = x^2 f(x)$, $\forall x$, segue que

$$g'(x) = -f(x)f'(-x) + f'(x)f(-x) =$$

$$= -f(x)x^2 f(-x) - x^2 f(x)f(-x) = 0,$$

ou seja,

$$g'(x) = 0, \ \forall x \in \mathbb{R}.$$

Logo, $g(x) = c$, $\forall x$, onde c é uma constante real. Em particular, para $x = 0$, vem (e lembrando que por hipótese temos que $f(0) = 1$)

$$c = g(0) = f(0) \cdot f(0) = 1 \cdot 1 \Rightarrow c = 1,$$

e daí temos que

$$f(x) \cdot f(-x) = g(x) = 1,$$

como desejávamos.

14. Defina $f : [x, y] \to \mathbb{R}$ por $f(t) = \ln t$, onde $0 < x \leq y$.

Logo, f é contínua em $[x, y]$ e derivável em (x, y), com $f'(t) = \frac{1}{t}$. Assim, pelo T.V.M segue que $\exists$ c entre x e y tal que

$$f(y) - f(x) = f'(c)(y - x) = \frac{1}{c}(y - x),$$

ou seja,

$$\ln y - \ln x = \frac{1}{c}(y - x),$$

onde $r \leq x < c < y$, e daí $\frac{1}{c} \leq \frac{1}{r}$, e com isso segue que

$$\ln y - \ln x = \frac{1}{c}(y - x) \leq \frac{1}{r}(y - x).$$

15 Defina $\varphi : (0, +\infty) \to \mathbb{R}$ por

$$\varphi(x) = \ln x + \frac{1}{x}.$$

Assim, temos que

$$\varphi'(x) = \frac{1}{x} - \frac{1}{x^2} = \frac{x-1}{x^2}.$$

Assim, temos que

- $\forall x \in (0, 1]$, temos $0 < x \leq 1$ e então

$$-1 < x - 1 \leq 0 \quad \text{e} \quad x^2 > 0.$$

Logo, $\forall x \in (0, 1]$, tem-se que

$$\varphi'(x) = \frac{x-1}{x^2} \leq 0,$$

e, portanto, φ é decrescente em $(0, 1]$. Portanto, para $0 < x \leq 1$, segue que $\varphi(x) \geq \varphi(1)$, ou seja,

$$\ln x + \frac{1}{x} \geq \ln 1 + 1 = 1,$$

i.e.,

$$\ln x \geq 1 - \frac{1}{x}, \; \forall x \in (0, 1].$$

- $\forall x \in [1, +\infty)$ temos $g \geq 1$, e então $x - 1 \geq 0$ e $x^2 \geq 1 > 0$. Logo, concluímos que

$$\varphi'(x)\frac{x-1}{x^2} \geq 0.$$

Logo, φ é crescente em $[1, +\infty)$. Assim, $\forall x \geq 1$ temos $\varphi(x) \geq \varphi(1)$, i.e.,

$$\ln x + \frac{1}{x} \geq \ln 1 + 1 = 1,$$

ou seja,

$$\ln x \geq 1 - \frac{1}{x}, \; \forall x \geq 1.$$

Conclusão: $\forall x \in (0, +\infty)$, tem-se que

$$\ln x \geq 1 - \frac{1}{x}.$$

17. Seja $x \in I$ tal que $x > 0$ e considere a restrição $f : [0, x] \to \mathbb{R}$, que é tal que $f(0) = 0$ (se considerar $x < 0$, basta trabalhar no intervalo $[x, 0]$, e a prova será idêntica). Defina também a função $g : [0, x] \to \mathbb{R}$, $g(x) = x^n$.

Logo, f e g são contínuas em $[0, x]$ e deriváveis em $(0, x)$, e daí, pelo Teorema do Valor Médio de Cauchy segue que existe c entre 0 e x tal que

$$[f(x) - f(0)] \cdot g'(c) = [g(x) - g(0)] \cdot f'(c),$$

e, como $f(0) = 0$, $g'(x) = nx^{n-1}$, temos

$$f(x) \cdot n \cdot c^{n-1} = (x^n - 0) \cdot f'(c) \Rightarrow f(x) = \frac{x^n f'(c)}{n\, c^{n-1}}.$$

Página 301

02. Escreva

$$f:(-1,1)\to\mathbb{R},\ f(x)=\frac{1}{1-x}=1+x+...+x^n+\frac{x^{n+1}}{1-x}. \tag{A.4}$$

Pela Fórmula de Taylor infinitesimal em torno de 0 temos

$$f(h)=f(0+h)=f(0)+f'(0)h+\frac{f''(0)}{2!}h^2+...+\frac{f^{(n)}(0)}{n!}h^n+r(h),$$

onde $\lim\limits_{h\to0}\frac{r(h)}{h^n}=0$. Comparando-a com (A.4), obtemos

$$f(0)=1,\ f'(0)=1,\ \frac{f''(0)}{2!}=1\Rightarrow f''(0)=2,\ ...,\ \frac{f^{(n)}(0)}{n!}=1$$

e então $f^{(n)}(0)=n!$, e é tal que

$$\lim_{h\to0}\frac{r(h)}{h^n}=\lim_{h\to0}\frac{h^{n+1}}{h^n(1-h)}=\lim_{h\to0}\frac{h}{1-h}=0.$$

04. Dado $h\in\mathbb{R}$ tal que $a+\in I$. Assim, pela Fórmula de Taylor infinitesimal, temos

$$f(a+h)=f(a)+f'(a)h+\frac{f''(a)}{2!}h^2+r_1(h),$$

e

$$g(a+h)=g(a)+g'(a)h+\frac{g''(a)}{2!}h^2+r_2(h),$$

onde $\lim\limits_{h\to0}\frac{r_1(h)}{h^2}=0$ e $\lim\limits_{h\to0}\frac{r_2(h)}{h^2}=0$.

Como $f(x)\geq g(x)$, $\forall x\in I$, em particular temos que $f(a+h)\geq g(a+h)$, e disso segue que

$$f(a)+f'(a)h+\frac{f''(a)}{2!}h^2+r_1(h)\geq g(a)+g'(a)h+\frac{g''(a)}{2!}h^2+r_2(h).$$

Como $f(a)=g(a)$ e $f'(a)=g'(a)$, simplificando vem que

$$\frac{f''(a)}{2}h^2+r_1(h)\geq\frac{g''(a)}{2}h^2+r_2(h).$$

Tomando $h\neq0$, segue que $h^2>0$ e daí, dividindo por h^2, obtemos

$$\frac{f''(a)}{2}+\frac{r_1(h)}{h^2}\geq\frac{g''(a)}{2}+\frac{r_2(h)}{h^2},$$

e passando o imite com $h\to0$ vamos concluir que $f''(a)\geq g''(a)$.

05. Expandindo a Fórmula de Taylor para $f(a+h)$ e $f(a-h)$ vamos obter

$$f(a+h)=f(a)+f'(a)h+\frac{f''(a)}{2!}h^2+r_1(h),$$

e

$$f(a-h)=f(a)+f'(a)(-h)+\frac{f''(a)}{2!}(-h)^2+r_2(-h),$$

onde $\lim\limits_{h\to0}\frac{r_1(h)}{h^n}=0$ e $\lim\limits_{h\to0}\frac{r_2(-h)}{(-h)^n}=0$.

Calculando a operação $f(a+h)-2f(a)+f(a-h)$, vamos obter

$$f(a+h)-2f(a)+f(a-h)=$$

$$=f(a)+f'(a)h+\frac{f''(a)}{2!}h^2+r_1(h)-2f(a)+f(a)-f'(a)h+\frac{f''(a)}{2!}h^2+r_2(-h)=$$

$$=\frac{f''(a)}{h^2}+r_1(h)+\frac{f''(a)}{h^2}+r_2(-h).$$

Dividindo por h^2, obtemos

$$\frac{f(a+h)-2f(a)+f(a-h)}{h^2}=\frac{f''(a)}{2}+\frac{r_1(h)}{h^2}+\frac{f''(a)}{2}+\frac{r_2(-h)}{(-h)^2},$$

e fazendo a passagem ao limite com $h\to 0$ segue o resultado.

06. Basta abrir a Fórmula de Taylor para f e g em $x=a$. Assim,

$$\lim_{x\to a}\frac{f(x)}{g(x)}=\lim_{x\to a}\frac{f(a)+f'(a)(x-a)+...+\frac{f^{(n)}(a)}{n!}(x-a)^n+r_1(x-a)}{g(a)+g'(a)(x-a)+...+\frac{g^{(n)}(a)}{n!}(x-a)^n+r_2(x-a)},$$

onde $\lim\limits_{x\to a}\dfrac{r_1(x-a)}{(x-a)^n}=0$ e $\lim\limits_{x\to a}\dfrac{r_2(x-a)}{(x-a)^n}=0$.

Como $f(a)=f'(a)=...f^{(n-1)}(a)=g(a)=g'(a)=...g^{(n-1)}(a)=0$, obtemos

$$\lim_{x\to a}\frac{f(x)}{g(x)}=\lim_{x\to a}\frac{\frac{f^{(n)}(a)}{n!}(x-a)^n+r_1(x-a)}{\frac{g^{(n)}(a)}{n!}(x-a)^n+r_2(x-a)}=$$

$$=\frac{\lim\limits_{x\to a}\dfrac{f^{(n)}(a)}{n!}+\dfrac{r_1(x-a)}{(x-a)^n}}{\lim\limits_{x\to a}\dfrac{g^{(n)}(a)}{n!}+\dfrac{r_2(x-a)}{(x-a)^n}}=\frac{f^{(n)}(a)}{g^{(n)}(a)}.$$

07. (a) Suponha que f é não decrescente, i.e., para todos $\alpha<\beta\in(a,b)$,

$$\alpha<\beta\Rightarrow f(\alpha)\leq f(\beta).$$

Tome $h>0$ tal que $\beta=\alpha+h$. Assim, pela Fórmula de Taylor infinitesimal segue que

$$f(\alpha+h)=f(\alpha)+f'(\alpha)h+r(h),$$

onde $\lim\limits_{h\to 0}\dfrac{r(h)}{h}=0$. Como f é não decrescente, temos

$$f(\alpha)\leq f(\beta)=f(\alpha+h)=f(\alpha)+f'(\alpha)h+r(h),$$

e daí

$$f(\alpha)\leq f(\alpha)+f'(\alpha)h+r(h)$$

e então

$$f'(\alpha)h+r(h)\geq 0\Rightarrow f'(\alpha)+\frac{r(h)}{h}\geq 0,$$

e passando o limite com $h\to 0$ segue que $f'(\alpha)\geq 0$.

(b) Não. Tome, por exemplo, $f:\mathbb{R}\to\mathbb{R}$, $f(x)=-x^3$. Neste caso, f é tal que $x>y\Rightarrow f(x)<f(y)$. No entanto, $f'(0)=0$.

(c) $f''(x) > 0, \forall x \in (a, b)$, logo f é convexa em (a, b) e, portanto, possuirá no máximo um ponto de mínimo local nesse intervalo.

09. Desenvolvendo a Fórmula de Taylor com resto de Lagrange em $x = a \in (0, 1)$, temos

$$f(x) = f(a) + f'(a)(x-a) + \frac{f''(c)}{2}(x-a)^2,$$

onde c está entre 0 e 1.

Quando $x = 0$, temos

$$f(0) = f(a) + f'(a)(-a) + \frac{f''(c_1)}{2}(-a)^2, \text{ com } c_1 \text{ entre } 0 \text{ e } a,$$

e quando $x = 1$,

$$f(1) = f(a) + f'(a)(1-a) + \frac{f''(c_2)}{2}(1-a)^2, \text{ com } c_2 \text{ entre } a \text{ e } 1.$$

Como $f(0) = f(1)$, temos

$$f(a) + f'(a)(-a) + \frac{f''(c_1)}{2}(-a)^2 = f(a) + f'(a)(1-a) + \frac{f''(c_2)}{2}(1-a)^2$$

e daí vamos obter

$$f'(a) = \frac{f''(c_1)}{2}a^2 - \frac{f''(c_2)}{2}(1-a^2). \tag{A.5}$$

Assim,

$$|f'(a)| \leq \frac{|f''(c_1)|}{2}a^2 + \frac{|f''(c_2)|}{2}(1-a^2) \leq \frac{K}{2}a^2 + \frac{K}{2}(1-a^2) =$$
$$= Ka^2 - Ka + \frac{K}{2} = Ka(a-1) + \frac{K}{2} \leq \frac{K}{2},$$

onde esta última desigualdade segue pelo fato de que $a - 1 \leq 0$ pois $a \leq 1$. Ou seja, concluímos que, para todo $a \in (0, 1)$, vale que

$$|f'(a)| \leq \frac{K}{2}.$$

Por fim, pondo $a = \frac{1}{2}$, de (A.5) vamos obter a estimativa

$$f'\left(\frac{1}{2}\right) = \frac{f''(c_1)}{2}\frac{1}{4} - \frac{f''(c_2)}{2}\frac{1}{4},$$

e, passando o módulo, vamos obter

$$\left|f'\left(\frac{1}{2}\right)\right| \leq \frac{|f''(c_1)|}{2}\frac{1}{4} + \frac{|f''(c_2)|}{2}\frac{1}{4} \leq \frac{K}{8} + \frac{K}{8} = \frac{K}{4}.$$

10. (a) Dado $h > 0$, desenvolvendo a Fórmula de Taylor com o resto de Lagrange em $x \in (0, \infty)$ como abaixo, obtemos

$$f(x+2h) = f(x) + f'(x) \cdot 2h + \frac{f''(c)}{2!}(2h)^2,$$

onde c entre x e $x + 2h$. Logo,

$$2f'(x)h = f(x+2h) - f(x) - \frac{f''(c)}{2} \cdot 4h^2.$$

Logo, isolando $f'(x)$ e passando o módulo, vamos obter

$$|f'(x)| \leq \frac{|f(x+2h)| + |f(x)|}{2h} + |f''(c)| \cdot h \leq \frac{M_0}{h} + M_2 \cdot h.$$

(b) Defina $g : (0, \infty) \to \mathbb{R}$ por $g(t) = \dfrac{M_0}{t} + M_2 \cdot t$. Examinemos os pontos críticos de g: temos que

$$g'(t) = -\frac{M_0}{t^2} + M_2,$$

temos que $\nexists g'(t)$ se, e somente, se $t = 0$, mas este caso de ponto crítico g não está definida. Logo, basta verificar onde $g'(t) = 0$:

$$g'(t) = 0 \Leftrightarrow = -\frac{M_0}{t^2} + M_2 = 0 \Leftrightarrow t = \frac{\sqrt{M_0}}{\sqrt{M_2}},$$

e, como $g''(t) = \frac{M_0}{t^3} > 0 \; \forall t \in (0, \infty)$, segue que g assume um mínimo em $t = \frac{\sqrt{M_0}}{\sqrt{M_2}}$. Assim, o h que minimiza a desigualdade do item (a) é dado por $h = \frac{\sqrt{M_0}}{\sqrt{M_2}}$. Nesse caso, teremos

$$|f'(x)| \leq \frac{\sqrt{M_0}}{\sqrt{M_2}} \cdot M_2 + M_0 \cdot \frac{\sqrt{M_2}}{\sqrt{M_0}} = \frac{2M_0 \cdot M_2}{\sqrt{M_0} \cdot \sqrt{M_2}},$$

e, elevando ao quadrado, vamos obter

$$|f'(x)| \leq 4M_0 \cdot M_2,$$

e como tal desigualdade vale para todo $x \in (0, \infty)$, em particular vale para o x que produz o supremo na parte esquerda da desigualdade acima, ou seja, segue que

$$M_1^2 \leq 4M_0 \cdot M_2.$$

11. Desenvolvendo a Fórmula de Tylor com resto de Lagrange, vamos obter

$$f(x+h) = f(x) + f'(x)h + \frac{f''(c)}{2}h^2,$$

onde c entre x e $x+h$. Como $f(x) \geq 0$, e $f''(x) \leq 1$, $\forall x$, obtemos a estimativa

$$0 \leq f(x+h) = f(x) + f'(x)h + \frac{f''(c)}{2}h^2 \leq f(x) + f'(x)h + \frac{h^2}{2},$$

ou seja, obtemos

$$f(x) + f'(x)h + \frac{h^2}{2} \geq 0,$$

que se trata de uma inequação de segundo grau na variável h, e ela é maior ou igual a zero quando o discriminante Δ for menor ou igual a zero, ou seja, quando

$$[f'(x)]^2 - 4 \cdot \frac{1}{2} f(x) \leq 0,$$

donde segue que $[f'(x)]^2 \leq 2 \cdot f(x)$ e, disso, $C = 2$.

Página 309

03. A função g deverá ser, além de convexa, crescente. Assim, para todos $x, y \in \mathrm{D}_{(g \circ f)}$ e $\lambda \in [0,1]$, temos que

$$(g \circ f)(\lambda x + (1-\lambda)y) = g(f(\lambda x + (1-\lambda)y)).$$

Como $f(\lambda x + (1-\lambda)y) \le \lambda f(x) + (1-\lambda)f(y)$, devido à convexidade da f, pelo fato de g ser crescente, vem que

$$g(f(\lambda x + (1-\lambda)y)) \le g(\lambda f(x) + (1-\lambda)f(y));$$

e, pela convexidade da g, concluímos que

$$(g \circ f)(\lambda x + (1-\lambda)y) \le g(\lambda f(x) + (1-\lambda)f(y)) \le \lambda g(f(x)) + (1-\lambda)g(f(y)) =$$

$$= \lambda(g \circ f)(x) + (1-\lambda)(g \circ f)(y).$$

05. Defina $f : (0, +\infty) \to \mathbb{R}$ por $f(x) = x \ln x$.

Note que f é convexa. De fato, basta notar que

$$f''(x) = \frac{1}{x} > 0, \ \forall x \in (0, +\infty).$$

Assim, por teorema, segue que f é convexa.

Assim, dados $a, b > 0$, tome $\lambda = \frac{a}{a+b}$. Logo, $1 - \lambda = \frac{b}{a+b}$ e, $\forall x, y \in (0, +\infty)$, teremos

$$f\left(\frac{x+y}{a+b}\right) = f\left(\frac{a}{a+b} \cdot \frac{x}{a} + \frac{b}{a+b} \cdot \frac{y}{b}\right) \le \frac{a}{a+b} f\left(\frac{x}{a}\right) + \frac{b}{a+b} f\left(\frac{y}{b}\right) =$$

$$= \frac{a}{a+b} \cdot \frac{x}{a} \ln \frac{x}{a} + \frac{b}{a+b} \cdot \frac{y}{b} \ln \frac{y}{b} = \frac{x}{a+b} \ln \frac{x}{a} + \frac{y}{a+b} \ln \frac{y}{b}.$$

Portanto,

$$\left(\frac{x+y}{a+b}\right) \ln \frac{x+y}{a+b} = f(\frac{x+y}{a+b}) \le \frac{x}{a+b} \ln \frac{x}{a} + \frac{y}{a+b} \ln \frac{y}{b},$$

donde segue o resultado.

06. Como $f : [a, b] \to \mathbb{R}$ é contínua e $f(a) < 0 < f(b)$, pelo Teorema do Valor Intermediário segue que existe $c \in (a, b)$ tal que $f(c) = 0$.

Resta mostrar a unicidade.

Suponha que existam $c_1, c_2 \in (a, b)$ tais que $f(c_1) = f(c_2) = 0$. Sem perda de generalidade, assuma que $a < c_1 < c_2 < b$. Escreva c_1 como uma combinação convexa de a e c_2, ou seja, escreva

$$c_1 = \lambda a + (a - \lambda)c_2, \text{ com } \lambda \in [0, 1].$$

Assim, sendo f convexa, temos

$$f(c_2) = f(c_1) = f(\lambda a + (1-\lambda)c_2) \le \lambda f(a) + (1-\lambda)f(c_2) =$$

$$= \lambda f(a) + f(c_2) - \lambda f(c_2).$$

Logo, concluímos que $\lambda f(a) - \lambda f(c_2) \ge 0$, ou seja,

$$f(a) \ge f(c_2) = 0,$$

mas $f(a) < 0$, por hipótese. Absurdo! Portanto, $c_1 = c_2$, ou seja, segue a unicidade.

Capítulo 10

Página 320

01. Por exemplo, uma variante da função de Dirichlet, como
$f : [0,1] \to \mathbb{R}$ dada por $f(x) = \begin{cases} 1, & \text{se } x \in \mathbb{Q} \\ -1, & \text{se } x \notin \mathbb{Q} \end{cases}$

É fácil ver que $\underline{\int}_0^1 f = -1$ e $\overline{\int}_0^1 f = 1$ e, portanto, f não é integrável. Porém, repare que $|f(x)| = 1$, $\forall x \in [0,1]$, logo, se verifica facilmente que $|f|$ é integrável, com $\int_0^1 |f| = 1$ (complete os detalhes deste esboço da solução).

03. Tome a partição regular $P = \{0,1,2\}$ (ou seja, $t_0 = 0, t_1 = 1$ e $t_2 = 2$) e considere a função $f : [0,2] \to \mathbb{R}$ dada por $f(x) = \sqrt{x^4 + 2}$.

Como $f'(x) = \dfrac{2x^3}{\sqrt{x^4+2}} \geq 0$ para todo $x \in [0,2]$, segue que f é crescente em $[0,2]$, e daí o supremo de f em cada subintervalo $[t_{i-1}, t_i]$, $i = 1,2$ coincide com $f(t_i)$ e o ínfimo coincide com $f(t_{i-1})$. Calculando as somas inferior e superior para f em relação à partição P dada, obtemos, respectivamente,

$$s(f;P) = \sum_{i=1}^{2} \inf_{x \in [t_{i-1}, t_i]} f(x) \cdot (t_i - t_{i-1}) = \sqrt{0^4+2} \cdot 1 + \sqrt{1^4+2} \cdot 1 = \sqrt{2} + \sqrt{3},$$

e

$$S(f;P) = \sum_{i=1}^{2} \sup_{x \in [t_{i-1}, t_i]} f(x) \cdot (t_i - t_{i-1}) = \sqrt{1^4+2} \cdot 1 + \sqrt{2^4+2} \cdot 1 = \sqrt{3} + 3\sqrt{2}.$$

Como

$$s(f;P) \leq \int_0^2 f \leq S(f;P),$$

segue o resultado.

04. Seja $P_n = \{0, \frac{\pi}{2n}, \frac{2\pi}{2n}, \frac{3\pi}{2n}, ..., \frac{n\pi}{2n} = \frac{\pi}{2}\}$ uma partição regular do intervalo $[0, \frac{\pi}{2}]$, onde $t_i = i \cdot \frac{\pi}{2n}$. Como $f(x) = \sin x$ é crescente no intervalo $[0, \frac{\pi}{2}]$ segue que

$$M_i = \sup_{x \in [t_{i-1}, t_i]} f(x) = f(t_i) = \sin t_i.$$

Note também que cada subintervalo tem comprimento $t_i - t_{i-1} = \dfrac{\pi}{2n}$.
Montando a soma superior de f em relação à partição regular P_n, temos

$$S(f;P_n) = \sum_{i=1}^{n} M_i(t_i - t_{i-1}) = \sum_{i=1}^{n} \sin t_i \frac{\pi}{2n} = \frac{\pi}{2n} \sum_{i=1}^{n} \sin t_i =$$

$$= \frac{\pi}{2n} \frac{\cos \frac{t_1}{2} - \cos\left[\left(n + \frac{1}{2}\right) t_1\right]}{2 \sin \frac{t_1}{2}} = \frac{\pi}{2n} \frac{\cos \frac{\pi}{4n} - \cos\left(\left(n + \frac{1}{2}\right) \frac{\pi}{2n}\right)}{2 \sin \frac{\pi}{4n}} =$$

$$= \frac{\pi}{2n} \frac{\cos \frac{\pi}{4n} - \cos\left(\frac{\pi}{2} + \frac{\pi}{4n}\right)}{2 \sin \frac{\pi}{4n}}.$$

Isto responde o item (a), ou seja,

$$S(f;P_n) = \frac{\pi}{2n}\frac{\cos\frac{\pi}{4n} - \cos\left(\frac{\pi}{2} + \frac{\pi}{4n}\right)}{2\sin\frac{\pi}{4n}}.$$

Para responder o item (b), basta passar o limite com n tendendo para $+\infty$. Convém lembrar que usaremos o seguinte limite notável

$$\lim_{x\to 0}\frac{\sin x}{x} = 1$$

nos cálculos seguintes. Assim,

$$\lim_{n\to+\infty} S(f;P_n) = \lim_{n\to+\infty}\frac{\pi}{2n}\frac{\cos\frac{\pi}{4n} - \cos\left(\frac{\pi}{2} + \frac{\pi}{4n}\right)}{2\sin\frac{\pi}{4n}} =$$

$$= \lim_{n\to+\infty} 2\cdot\frac{\pi}{4n}\frac{\cos\frac{\pi}{4n} - \cos\left(\frac{\pi}{2} + \frac{\pi}{4n}\right)}{2\sin\frac{\pi}{4n}}$$

$$= \lim_{n\to+\infty} 2\cdot\frac{\cos\frac{\pi}{4n} - \cos\left(\frac{\pi}{2} + \frac{\pi}{4n}\right)}{2} = 2\cdot\frac{\cos 0 - \cos\frac{\pi}{2}}{2} = 2\cdot\frac{1+0}{2} = 1.$$

Página 329

01. Como $m \le f(x) \le M$, $\forall x \in [a,b]$, integrando no intervalo $[a,b]$ vamos obter

$$\int_a^b m\,dx \le \int_a^b f(x)\,dx \le \int_a^b M\,dx.$$

Como $\int_a^b c\,dx = c\int_a^b dx = c(b-a)$, onde c é uma constante real, segue o resultado.

02. Usando a propriedade $|\int_a^b f| \le \int_a^b |f|$ e o fato de f ser limitada, temos

$$\left|\int_a^b f(x)dx\right| \le \int_a^b |f(x)|dx \le \int_a^b \sup_{x\in[a,b]} |f(x)|dx =$$

$$= \sup_{x\in[a,b]} |f(x)| \int_a^b dx = \sup_{x\in[a,b]} |f(x)|\cdot(b-a).$$

03. Como f é contínua em [0,1] temos que f assume máximo e mínimo em [0,1]. Sejam x_0, x_1 em $[0,1]$ tais que $f(x_0) = \min f$ e $f(x_1) = \max f$ em $[0,1]$. Assim,

$$f(x_0) \le f(x) \le f(x_1) \Rightarrow f(x_0)x^2 \le f(x)x^2 \le f(x_1)x^2.$$

Integrando em $[0,1]$, vamos obter

$$\frac{1}{3}f(x_0) \le \int_0^1 f(x)x^2dx \le \frac{1}{3}f(x_1),$$

ou seja,

$$f(x_0) \le 3\int_0^1 f(x)x^2dx \le f(x_1).$$

E, sendo f contínua no intervalo fechado entre x_0 e x_1, contido em $[0,1]$, segue pelo T. do valor intermediário para funções contínuas que existe c entre x_0 e x_1 tal que

$$f(c) = d = 3\int_0^1 f(x)x^2dx,$$

donde segue o resultado.

05. (a) Sendo f integrável temos que f é limitada em $[a,b]$ e, portanto, existe $M > 0$ tal que

$$|f(x)| \leq M, \ \forall x \in [a,b].$$

Pela integrabilidade de f segue que, dado $\varepsilon > 0$, existe $P = \{a = t_0 < t_1 < ... < t_n = b\}$ partição de $[a,b]$ tal que

$$\sum_{i=1}^{n} \omega(f,[t_{i-1},t_i])(t_i - t_{i-1}) < \frac{\varepsilon}{2M}.$$

Para $x, y \in [t_{i-1}, t_i]$, temos que

$$|f^2(x) - f^2(y)| = |(f(x)+f(y))(f(x)-f(y))| \leq$$

$$\leq (|f(x)| + |f(y)|)|f(x) - f(y)| \leq 2M|f(x) - f(y)| \leq$$

$$\leq 2M\left|\sup_{x\in[t_{i-1},t_i]} f(x) - \inf_{y\in[t_{i-1},t_i]} f(y)\right| = 2M\omega(f;[t_{i-1},t_i]),$$

ou seja,

$$|f^2(x) - f^2(y)| \leq 2M\omega(f;[t_{i-1},t_i]), \ \forall x,y \in [t_{i-1},t_i].$$

Como tal desigualdade vale para todo x, y em $[t_{i-1}, t_i]$, valerá

$$\left|\sup_{x\in[t_{i-1},t_i]} f^2(x) - \inf_{y\in[t_{i-1},t_i]} f^2(y)\right| \leq 2M\omega(f;[t_{i-1},t_i]),$$

ou seja,

$$\omega(f^2;[t_{i-1},t_i]) \leq 2M\omega(f;[t_{i-1},t_i]).$$

Multiplicando por $(t_i - t_{i-1}) > 0$ e somando para cada $i = 1, 2, ..., n$, obtemos

$$\sum_{i=1}^{n} \omega(f^2;[t_{i-1},t_i])(t_i - t_{i-1}) \leq 2M\sum_{i=1}^{n} \omega(f;[t_{i-1},t_i])(t_i - t_{i-1}) < 2M\frac{\varepsilon}{2M} = \varepsilon.$$

Logo, pelo Critério de Darboux, f^2 também é integrável.

(b) Basta considerar $f : [0,1] \to \mathbb{R}$ dada por

$$f(x) = \begin{cases} 1 & \text{se } x \in \mathbb{Q} \\ -1 & \text{se } x \notin \mathbb{Q} \end{cases}$$

Neste caso, para qualquer partição P de $[0,1]$ dada, o ínfimo de f será -1 e o supremo de f será 1, em cada subintervalo $[t_{i-1}, t_i]$ de P. Logo,

$$\underline{\int_0^1} f = -1 \ \text{ e } \ \overline{\int_0^1} f = 1.$$

Portanto, não existe $\int_0^1 f$.

No entanto, $f^2 : [0,1] \to \mathbb{R}$ será $f^2(x) = 1$ e daí

$$\int_0^1 f^2(x)dx = \int_0^1 1\, dx = 1.$$

06. Como $\int_0^1 dx = 1$ temos, juntamente com as propriedades da integral definida:

$$\left|\int_0^1 f(x)dx - \frac{1}{n}\sum_{i=1}^{n} f(\frac{i}{n})\right| = \left|\int_0^1 f(x)dx - \frac{1}{n}\sum_{i=1}^{n} f(\frac{i}{n})\int_0^1 dx\right| =$$

$$= \left|\int_0^1 \left[f(x) - \frac{1}{n}\sum_{i=1}^{n} f(\frac{i}{n})\right] dx\right| = \left|\frac{1}{n}\int_0^1 \left[nf(x) - \sum_{i=1}^{n} f(\frac{i}{n})\right] dx\right| =$$

$$= \left|\frac{1}{n}\int_0^1 \left[f(x) - f(\frac{1}{n}) + f(x) - f(\frac{2}{n}) + ... + f(x) - f(\frac{n}{n})\right] dx\right| \leq$$

$$\leq \frac{1}{n}\left\{\int_0^1 |f(x) - f(\frac{1}{n})|dx + \int_0^1 |f(x) - f(\frac{2}{n})|dx + ... + \int_0^1 |f(x) - f(\frac{n}{n})|dx\right\}$$

$$\leq \frac{1}{n}\left\{\int_0^1 K|x - \frac{1}{n}|dx + ... + \int_0^1 K|x - \frac{n}{n}|dx\right\} =$$

$$= \frac{K}{n^2}\left\{\int_0^1 |nx - 1|dx + ... + \int_0^1 |nx - n|dx\right\} = (\star)$$

Para cada i, notando que

$$|nx - i| = \begin{cases} nx - i, & \text{se } 0 \leq x < \frac{i}{n} \\ i - nx, & \text{se } \frac{i}{n} < x \leq 1 \end{cases}$$

temos

$$\int_0^1 |nx - i|dx = \int_0^{\frac{i}{n}} (nx - i)dx + \int_{\frac{i}{n}}^1 (i - nx)dx,$$

iremos encontrar o valor de cada integral, que, somadas, para $i \in \{1, 2, ..., n\}$, achamos

$$i - \frac{n}{2} - \frac{i^2}{n},$$

portanto,

$$\sum_{i=1}^{n}\int_0^1 |nx - i|dx = \sum_{i=1}^{n}\left[i - \frac{n}{2} - \frac{i^2}{n}\right] =$$

$$= \frac{n(n+1)}{2} - \frac{n^2}{2} - \frac{(n+1)(2n+1)}{6} = \frac{n}{2} - \frac{(n+1)(2n+1)}{6}.$$

Portanto,

$$(\star) = \frac{K}{n^2}\left(\frac{n}{2} - \frac{(n+1)(2n+1)}{6}\right) = \frac{K}{n}\left(\frac{1}{2} - (1 + \frac{1}{n})\frac{2n+1}{6}\right) \leq \frac{K}{2n}.$$

Isto conclui o exercício.

07. Dado $x \in (0,1)$, segue que f é contínua em $[0,x]$ e derivável em $(0,x)$. Logo, estamos nas hipóteses do T.V.M. Portanto, segue que existe $c \in (0,x)$ tal que

$$f(x) - f(0) = f'(c)(x - 0) \Rightarrow f(x) = f'(c) \cdot x.$$

Logo,

$$\left|\int_0^1 f(x)dx\right| \le \int_0^1 |f(x)|dx = \int_0^1 |f'(c)| \cdot |x| dx \le \int_0^1 x\, dx.$$

Como $\int_0^1 x\, dx = \frac{1}{2}$ (calcule as integrais superior e inferior e conclua), temos que

$$\left|\int_0^1 f(x)dx\right| \le \frac{1}{2},$$

donde segue o resultado.

10. Dado $\varepsilon > 0$, defina o conjunto

$$X_\varepsilon = \{x \in [a,b] : |f(x)| \ge M - \varepsilon\}.$$

Afirmamos que X_ε é um intervalo. De fato, defina $h = |f|$. Logo, h é contínua em $[a,b]$ pois f o é. Considere o intervalo aberto $(M-\varepsilon, M) \subset h([a,b])$. Como h é contínua, segue que a pré-imagem de um intervalo é um intervalo, ou seja, $h^{-1}((M-\varepsilon, M)) = (c,d) \subset [a,b]$.

Assim, temos que $(c,d) = X_\varepsilon$ pois

$$x \in (c,d) = h^{-1}((M-\varepsilon, M)) \Leftrightarrow h(x) = |f(x)| \in (M-\varepsilon, M) \Leftrightarrow$$

$$\Leftrightarrow |f(x)| \ge M - \varepsilon \Leftrightarrow x \in X_\varepsilon.$$

Logo,

$$\int_a^b |f(x)|^p dx \ge \int_{X_\varepsilon} |f(x)|^p dx = \int_c^b |f(x)|^p dx \ge$$

$$\ge \int_c^d (M-\varepsilon)^p dx = (M-\varepsilon)^p (d-c),$$

ou seja,

$$(M-\varepsilon)^p (d-c) \le \int_a^b |f(x)|^p dx.$$

Por outro lado,

$$\int_a^b |f(x)|^p dx \le \int_a^b M^p dx = M^p (b-a).$$

Ou seja, mostramos que

$$(M-\varepsilon)^p (d-c) \le \int_a^b |f(x)|^p dx \le M^p (b-a).$$

Elevando à potência $\frac{1}{p}$, obtemos

$$(M-\varepsilon)(d-c)^{\frac{1}{p}} \le \left(\int_a^b |f(x)|^p dx\right)^{\frac{1}{p}} \le M(b-a)^{\frac{1}{p}}.$$

Passando o limite com $p \to \infty$ segue o resultado.

11. Seja $P = \{a = t_0 < t_1 < ... < t_n = b\}$ partição de $[a,b]$ para f, e defina $g : [a+c, b+c] \to \mathbb{R}$ por

$$g(y) = f(y-c).$$

Defina $\tilde{P} = \{a + c = t_0 + c < t_1 + c < ... < t_n + c = b + c\}$ partição de g em $[a + c, b + c]$, ou seja, $\tilde{P}$ é a partição P transladada c unidades de $[a, b]$. Assim,

$$S(g; \tilde{P}) = \sum_{i=1}^{n} M_i(t_i + c - (t_{i-1} + c)) = \sum_{i=1}^{n} M_i(t_i - t_{i-1}),$$

onde

$$M_i = \sup_{y \in [a+c, b+c]} g(y) = \sup_{y \in [a+c, b+c]} f(y - c),$$

e como $y \in [a + c, b + c]$, segue que $a + c \leq y \leq b + c$, ou seja, $a \leq y - c \leq b$, e disso, denotando $z = y - c$, concluímos que $a \leq z \leq b$,e, portanto, a igualdade acima fica

$$M_i = \sup_{y \in [a+c, b+c]} f(y - c) = \sup_{z \in [a,b]} f(z).$$

Portanto, concluímos que

$$S(g; \tilde{P}) = \sum_{i=1}^{n} \sup_{z \in [a,b]} f(z)(t_i - t_{i-1}) = S(f; P).$$

Analogamente concluímos que

$$s(g; \tilde{P}) = s(f; P).$$

Por fim, como f é integrável em $[a, b]$, por hipótese, segue que, dado $\varepsilon > 0$, existe Q partição de $[a, b]$ tal que

$$S(f; Q) - s(f; Q) < \varepsilon.$$

Assim, construindo a partição $\tilde{Q}$ a partir da partição Q acima estabelecida, como fizemos anteriormente, deslocando c unidades o intervalo $[a, b]$, segue que

$$S(g; \tilde{Q}) = S(f; Q) \quad \text{e} \quad s(g; \tilde{Q}) = s(f; Q),$$

donde segue que

$$S(g; \tilde{Q}) - s(g; \tilde{Q}) = S(f; Q) - s(f; Q) < \varepsilon,$$

ou seja, g é integrável em $[a + c, b + c]$, com

$$\int_{a+c}^{b+c} g = \int_{a}^{b} f.$$

Página 339

02. Suponha A, i.e., que $\varphi'(t) = f(\varphi(t))$ para todo $t \in [a, b]$ e $\varphi(t_0) = c$. Então, pelo T.F.C. segue que

$$\varphi(t) - \varphi(t_0) = \int_{t_0}^{t} \varphi'(s)ds = \int_{t_0}^{t} f(\varphi(s))ds,$$

e, como $\varphi(t_0) = c$, segue B.

Reciprocamente, suponha B, ou seja, que $\varphi(t) = c + \displaystyle\int_{t_0}^{t} f(\varphi(s))\, ds$ para todo $t \in [a, b]$.

Ponha $c = \varphi(t_0)$. Então

$$\varphi(t) = \varphi(t_0) + \int_{t_0}^{t} f(\varphi(s))ds.$$

Sendo $\varphi : [t_0 - \varepsilon, t_0 + \varepsilon] \to [a, b]$ derivável, temos que φ é contínua em $[t_0 - \varepsilon, t_0 + \varepsilon]$. Logo, $f \circ \varphi$ é contínua nesse intervalo. Assim, para todo $t \in [t_0 - \varepsilon, t_0 + \varepsilon]$, definindo

$$F(t) = \int_{t_0}^{t} (f \circ \varphi)(s)ds,$$

temos por Teorema que F é derivável com $F'(t) = (f \circ \varphi)(t)$, ou seja,

$$F'(t) = \frac{d}{dt}F(t) = \frac{d}{dt}\left(\int_{t_0}^{t} f(\varphi(s))ds\right) = f(\varphi(t)).$$

Assim, sendo φ derivável, e $\varphi(t) = \varphi(t_0) + F(t)$, teremos

$$\varphi'(t) = F'(t) = f(\varphi(t)).$$

03. Vamos analisar $\int_a^b [f(x) + (x - m)f'(x)]dx$:

$$\int_a^b [f(x) + (x - m)f'(x)]dx = \int_a^b f(x)dx + \int_a^b (x - m)f'(x)dx. \tag{A.6}$$

Vamos aplicar o teorema da integração por partes para a integral $\int_a^b (x - m)f'(x)dx$. Considerando $u = x - m$ e $dv = f'(x)dx$, vamos obter $du = dx$ e $v = f(x)$. Logo,

$$\int_a^b (x - m)f'(x)dx = (x - m)f(x)|_a^b - \int_a^b f(x)dx =$$

$$= (b - m)f(b) - (a - m)f(a) - \int_a^b f(x)dx =$$

$$= (b - \frac{a + b}{2})f(b) - (a - \frac{a + b}{2})f(a) - \int_a^b f(x)dx =$$

$$= \frac{b - a}{2}(f(b) + f(a)) - \int_a^b f(x)dx,$$

ou seja, obtemos

$$\int_a^b (x - m)f'(x)dx = \frac{b - a}{2}(f(b) + f(a)) - \int_a^b f(x)dx. \tag{A.7}$$

Juntando (A.6) e (A.7) obtemos

$$\int_a^b [f(x) + (x - m)f'(x)]dx = \int_a^b f(x)dx + \frac{b - a}{2}(f(b) + f(a)) - \int_a^b f(x)dx,$$

e, portanto, o resultado segue.

04. (a) Como f é contínua em x_0, dado $\varepsilon > 0$, segue que $\exists \delta > 0$ tal que, $\forall y$, $|y - x_0| < \delta$, implique em $|f(y) - f(x_0)| < \varepsilon$, ou seja, teremos

$$-\varepsilon < f(y) - f(x_0) < \varepsilon.$$

Somando $f(x_0)$ em toda a cadeia de desigualdades, vem:

$$f(x_0) - \varepsilon < f(y) < f(x_0) + \varepsilon.$$

Integrando em $[x_0, x_0 + \delta]$, vem

$$\int_{x_0}^{x_0+\delta} (f(x_0) - \varepsilon)dy \leq \int_{x_0}^{x_0+\delta} f(y)dy \leq \int_{x_0}^{x_0+\delta} (f(x_0) + \varepsilon)dy,$$

e, uma vez que $f(x_0) - \varepsilon$ e $f(x_0) + \varepsilon$ são constantes, o resultado do item (a) segue facilmente.

(b) Dado $\varepsilon > 0$. Pelo item (a), tomando $\delta = h > 0$, teremos

$$(f(x_0) - \varepsilon)h \leq \int_{x_0}^{x_0+h} f(y)dy \leq (f(x_0) + \varepsilon)h,$$

ou seja,

$$f(x_0) - \varepsilon \leq \frac{\int_{x_0}^{x_0+h} f(y)dy}{h} \leq f(x_0) + \varepsilon.$$

Logo, subtraindo $f(x_0)$ em toda a cadeia de desigualdades, obtemos

$$-\varepsilon \leq \frac{\int_{x_0}^{x_0+h} f(y)dy}{h} - f(x_0) \leq \varepsilon,$$

ou seja,

$$\left| \frac{\int_{x_0}^{x_0+h} f(y)dy}{h} - f(x_0) \right| \leq \varepsilon,$$

sempre que $h > 0$. Ou seja,

$$\lim_{h \to 0+} \frac{\displaystyle\int_{x_0}^{x_0+h} f(y)dy}{h} = f(x_0).$$

06. Dados $x, y \in [a, b]$ quaisquer, com $x \neq y$, segue por hipótese que $\int_x^y f(s)ds = 0$. Como f é contínua, pelo Teorema do Valor Médio para integrais segue que existe um c entre x e y tal que

$$\int_x^y f(s)ds = f(c)(y - x).$$

Então, por hipótese teremos

$$f(c)(y - x) = 0 \Rightarrow f(c) = 0,$$

e, como tal igualdade vale para quaisquer escolhas de x e de y em $[a, b]$, cada qual determinará um $c \in [a, b]$, onde concluiremos que $f(c) = 0$, segue que $f(c) = 0$, $\forall c \in [a, b]$, o que conclui o exercício.

08. Seja $x \in (a, b)$. Como f derivável em (a, b), segue que é derivável em (a, x) e, portanto, contínua. Assim, pelo T.V.M. segue que existe $c \in (a, x)$ tal que

$$f(x) - f(a) = f'(c)(x - a).$$

Como $f(a) = 0$, obtemos

$$f(x) = f'(c)(x - a).$$

Integrando em $[a, b]$, e notando que $|f'(x)| \leq M$, $\forall x$, vamos obter

$$\left| \int_a^b f(x)dx \right| = \left| \int_a^b f'(c)(x - a)dx \right| \leq M \int_a^b (x - a)dx =$$

$$= M \left. \frac{(x - a)^2}{2} \right|_a^b = \frac{M(b - a)^2}{2}.$$

12.(a) Trata-se da desigualdade de Young. Como $f : \mathbb{R} \to \mathbb{R}$ dada por $f(x) = e^x$ é convexa, temos que

$$u \cdot v = e^{\ln(u \cdot v)} = e^{\ln v + \ln v} = e^{\frac{p}{p} \ln u + \frac{q}{q} \ln v} =$$

$$= e^{\frac{1}{p}\ln u^p + \frac{1}{q}\ln v^q} = f(\frac{1}{p}\ln u^p + \frac{1}{q}\ln v^q),$$

e, como $f(x) = e^x$ é convexa e $\frac{1}{p} + \frac{1}{q} = 1$, segue que

$$u \cdot v = f(\frac{1}{p}\ln u^p + \frac{1}{q}\ln v^q) \leq \frac{1}{p}f(\ln u^p) + \frac{1}{q}f(\ln v^q) =$$

$$= \frac{1}{p}e^{\ln u^p} + \frac{1}{q}e^{\ln v^q} = \frac{1}{p}u^p + \frac{1}{q}v^q.$$

(b) Sejam $f, g : [a, b] \to \mathbb{R}$ integráveis tais que $f, g \geq 0$, $\forall x \in [a, b]$. Usando $u = f$ e $v = g$, da desigualdade do item (a), obtemos

$$f \cdot g \leq \frac{f^p}{p} + \frac{g^q}{q}.$$

Integrando em $[a, b]$, obtemos

$$\int_a^b f \cdot g\, dx \leq \int_a^b \left(\frac{f^p}{p} + \frac{g^q}{q}\right) dx = \frac{1}{p}\int_a^b f^p dx + \frac{1}{q}\int_a^b g^q dx,$$

e, como $\displaystyle\int_a^b f^p dx = 1 = \int_a^b g^q dx$, o resultado segue.

(c) Considere agora $u = \dfrac{|f|}{\left(\int_a^b |f|^p\right)^{\frac{1}{p}}} \geq 0$ e $v = \dfrac{|g|}{\left(\int_a^b |g|^q\right)^{\frac{1}{q}}} \geq 0$.

Aplicando a desigualdade de (a), segue:

$$\frac{|f|}{\left(\int_a^b |f|^p\right)^{\frac{1}{p}}} \cdot \frac{|g|}{\left(\int_a^b |g|^q\right)^{\frac{1}{q}}} \leq \frac{\left(\frac{|f|}{\left(\int_a^b |f|^p\right)^{\frac{1}{p}}}\right)^p}{p} + \frac{\left(\frac{|g|}{\left(\int_a^b |g|^q\right)^{\frac{1}{q}}}\right)^q}{q}.$$

Logo,

$$\frac{|f \cdot g|}{\left(\int_a^b |f|^p\right)^{\frac{1}{p}}\left(\int_a^b |g|^q\right)^{\frac{1}{q}}} \leq \frac{|f|^p}{\int_a^b |f|^p} \cdot \frac{1}{p} + \frac{|g|^q}{\int_a^b |g|^q} \cdot \frac{1}{q}.$$

Integrando em $[a, b]$ e notando que $\frac{1}{p} + \frac{1}{q} = 1$, o resultado segue.

(d) Pelo Teorema Fundamental do Cálculo, para qualquer $x \in [0, 1]$ temos $f(x) = \int_0^x f'(t)dt$ (pois $f(0) = 0$). Logo, pela Desigualdade de Cauchy-Schwarz estabelecida no item anterior (i.e., quando $p = q = 2$),

$$|f(x)| = \left|\int_0^x f'(t)dt\right| = \left|\int_0^x f'(t) \cdot 1dt\right| \leq \sqrt{\int_0^x f'(t)^2 dt} \cdot \sqrt{\int_0^x 1^2 dt} =$$

$$= \sqrt{\int_0^x f'(t)^2 dt} \cdot \sqrt{x} \leq \sqrt{\int_0^x f'(t)^2 dt}.$$

Página 344

02. Observe que $f(x) = \operatorname{sen} x = f^{(4)}(x)$; $f'(x) = \cos x = f^{(5)}(x)$; $f''(x) = \operatorname{sen} x$; $f'''(x) = -\cos x$.

Pela Fórmula de Taylor com resto integral, na forma apresentada no exercício anterior, temos

$$f(x) = f(a) + f'(a)(x-a) + \frac{f''(a)}{2!}(x-a)^2 + \frac{f'''(a)}{3!}(x-a)^3 + \frac{f^{(4)}(a)}{4!}(x-a)^4 + r(x),$$

onde

$$r(x) = \frac{1}{4!}\int_a^x f^{(5)}(t)(x-t)^4 dt.$$

Para $a = 0$ teremos $f(0) = 0$, $f'(0) = 1$, $f''(0) = 0$, $f'''(0) = -1$, $f^{(4)}(0) = 0$, e então vamos obter

$$f(x) = x - \frac{x^3}{3!} + r(x),$$

com

$$|r(x)| = \left|\frac{1}{4!}\int_0^x \cos t(x-t)^4 dt\right| \leq \frac{1}{4!}\int_0^x |x-t|^4 dt,$$

e, como $0 \leq x \leq \frac{1}{2}$, obtemos

$$|r(x)| \leq \frac{1}{4!}\left.\frac{(t-x)^5}{5}\right|_0^x = \frac{1}{5!}(-0+x^5) = \frac{1}{5!}x^5 \leq \frac{1}{5!}\left(\frac{1}{2}\right)^5.$$

Página 348

01. Defina $G(x) = \int_a^x g(t)dt$. Logo, por teorema segue que G é contínua e derivável com $G' = g$. Pelo teorema da integração por partes, vem (note que $G(a) = 0$):

$$\int_a^b fg = \int_a^b fG' = f \cdot G|_a^b - \int_a^b f'G. \tag{A.8}$$

Vamos analisar a integral $\int_a^b f' \cdot G$ da igualdade acima. Note que por hipótese temos que f é monótona. Sem perda de generalidade, assuma que f seja crescente. Como f também é derivável, tem-se que $f' > 0$, $\forall x \in [a,b]$. Além disso, sendo f' e G contínuas em $[a,b]$, por um dos teoremas do valor médio para integrais, segue que existe $c \in [a,b]$ tal que

$$\int_a^b f'G = G(c)\int_a^b f' = G(c)[f(b) - f(a)]. \tag{A.9}$$

Juntando (A.8) e (A.9), obtemos

$$\int_a^b fg = f(b)G(b) - G(c)(f(b) - f(a)).$$

Logo,

$$\int_a^b fg = f(a)G(c) + f(b)[G(b) - G(c)] = f(a)\int_a^c g + f(b)\left[\int_a^b g - \int_a^c g\right] =$$

$$= f(a)\int_a^c g + f(b)\int_c^b g.$$

Página 352

01. Temos que $u \in [t_{i-1}, t_i]$, então segue que $t_{i-1} \leq u$ e é tal que

$$c_1 \leq x_i \leq t_i \leq t_{i-1} + ||P||.$$

Logo, $c_1 \leq t_{i-1} + ||P||$, e subtraindo $||P||$, vem

$$c_1 - ||P|| \leq t_{i-1} \leq u,$$

ou seja,

$$c_1 - ||P|| \leq u. \tag{A.10}$$

Além disso, temos que $u \leq t_i$, e também temos

$$t_i - ||P|| \leq t_{i-1} \leq t_i \leq c_2,$$

e então, somando $||P||$, vamos obter a desigualdade $t_i \leq c_2 + ||P||$, e, como $u \leq t_i$, concluímos que

$$u \leq c_2 + ||P||. \tag{A.11}$$

Juntando (A.10) e (A.11), segue o resultado.

02. Basta observar que

$$\sum f(\xi_i)g(\eta_i)(t_i - t_{i-1}) = \sum f(\xi_i)g(\xi_i)(t_i - t_{i-1}) +$$

$$+ \sum f(\xi_i)(g(\eta_i) - g(\xi_i))(t_i - t_{i-1}).$$

O segundo somatório tende a zero quando $||P|| \to 0$ pois $|f(\xi_i)| \leq M$, para algum $M > 0$ (f é limitada).

Capítulo 11

Página 363

02. A função limite $f : [0,1] \to \mathbb{R}$ será dada por

$$f(x) = \lim_{n\to\infty} f_n(x) = \lim_{n\to\infty} \frac{nx^2}{1+nx} = \lim_{n\to\infty} \frac{x^2}{\frac{1}{n} + x} = x.$$

Verifiquemos se $f_n \to f$ uniformemente.

$$f_n'(x) = \frac{(1+nx)2nx - nx^2 n}{(1+nx)^2} = \frac{nx(2+nx)}{(1+nx)^2} > 0,\ \forall n,\ \forall x \in [0,1].$$

Logo, f_n é crescente, $\forall n \in \mathbb{N}$ e, portanto,

$$d_n = \sup_{x\in[0,1]} |f_n(x) - f(x)| = \sup_{x\in[0,1]} |\frac{nx^2 - x - nx^2}{1+nx}| = |\frac{-x}{1+nx}|\Big|_{x=1} = \frac{1}{1+n}$$

Assim, temos que

$$\lim_{n\to\infty} d_n = \lim_{n\to\infty} \frac{1}{1+n} = 0,$$

e, portanto, temos que $f_n \to f$ uniformemente.

05. Como $g : X \to \mathbb{R}$ é limitada, então $\exists M > 0$ tal que $|g(x)| \leq M$, $\forall x \in X$. Como $f_n \rightrightarrows f$ em X, segue que, dado $\varepsilon > 0$, $\exists n_0 \in \mathbb{N}$, tal que

$$|f_n(x) - f(x)| < \frac{\varepsilon}{M},\ \forall n \geq n_0.$$

Assim,

$$|f_n(x)g(x) - f(x)g(x)| = |f_n(x) - f(x)| \cdot |g(x)| < \frac{\varepsilon}{M} \cdot M = \varepsilon,$$

i.e.,

$$f_n g \rightrightarrows fg.$$

Página 372

01. (a) A função limite será

$$f(x) = \lim_{n\to\infty} e^{-nx^2} = 0,$$

i.e., $f : [1, 2] \to \mathbb{R}$, $f(x) \equiv 0$. Afirmamos que a convergência para a função identicamente nula é uniforme. De fato, sendo

$$d_n \sup_{x\in[1,2]} |f_n(x) - f(x)| = \sup_{x\in[1,2]} |e^{-nx^2} - 0| = \sup_{x\in[1,2]} \frac{1}{e^{nx^2}}.$$

Note que, sendo $g(x) = e^{-nx^2}$, temos que

$$g'(x) = -2nxe^{-nx^2} = -\frac{2n}{e^{nx^2}} < 0,\ \forall n,\ \forall x \in (1, 2).$$

Logo, g é decrescente, e disso segue que

$$d_n = \sup_{x\in[1,2]} \frac{1}{e^{nx^2}} = \max_{x\in[1,2]} \frac{1}{e^{nx^2}} = \left.\frac{1}{e^{nx^2}}\right|_{x=1} = \frac{1}{e^n},$$

e então

$$\lim_{n\to\infty} d_n = \lim_{n\to\infty} \frac{1}{e^n} = 0,$$

e disso segue que (f_n) converge uniformemente para $f \equiv 0$.

(b) Como $f_n \rightrightarrows f$, segue que

$$\lim_{n\to\infty} \int_1^2 f_n(x)dx = \int_1^2 \lim_{n\to\infty} f_n(x)dx = \int_1^2 0\, dx = 0.$$

Capítulo 12

Página 380

01. Como $\sum |g_n|$ converge uniformemente em X, segue que, dado $\varepsilon > 0$, $\exists n_0 \in \mathbb{N}$ tal que

$$\sum_{j=n}^{m} |g_j(x)| < \frac{\varepsilon}{K},\ \forall m > n \geq n_0, \qquad (*)$$

onde $K > 0$ é tal que $|f_n(x)| \leq K$, $\forall n \in \mathbb{N}$, $\forall x \in X$, de acordo com a hipótese.

Então, de posse de $(*)$, temos que, $\forall m > n \geq n_0$, vale:

$$\left|\sum_{j=n}^{m} f_j(x) \cdot g_j(x)\right| \leq \sum_{j=n}^{m} |f_j(x)| \cdot |g_j(x)| \leq \sum_{j=n}^{m} K \cdot |g_j(x)| =$$

$$= K \sum_{j=n}^{m} |g_j(x)| < K \cdot \frac{\varepsilon}{K} = \varepsilon.$$

Portanto, $\sum f_n g_n$ converge uniformemente em X.

04. Dado $c > 0$, vamos considerar dois casos:

CASO 1. $0 < c \leq 1$: pelo teste M de Weierstrass, temos

- $|f_n(x)| = \left|\dfrac{(\tanh x)^n}{n!}\right| = \dfrac{|\tanh x|^n}{n!} \leq \dfrac{1}{n!} := M_n$;
- $\displaystyle\sum_{n=1}^{\infty} M_n = \sum_{n=1}^{\infty} \frac{1}{n!}$, que converge.

Logo, $\sum_{n=1}^{\infty} f_n(x)$ converge uniformemente em $[-c, c]$, com $0 < c \leq 1$.

CASO 2. $c > 1$: Novamente, pelo teste M de Weierstrass, teremos:

- $|f_n(x)| = \dfrac{|\tanh x|^n}{n!} < \dfrac{c^n}{n!} := M_n$;
- $\displaystyle\sum_{n=1}^{\infty} M_n = \sum_{n=1}^{\infty} \frac{c^n}{n!}$, que será convergente, pelo teste da razão do limite de séries numéricas:

$$\lim_{n\to\infty} \frac{c^{n+1}}{(n+1)!} \cdot \frac{n!}{c^n} = \ldots = \lim_{n\to\infty} \frac{c}{n+1} = 0 < 1.$$

Portanto, $\sum f_n(x)$ converge uniformemente em $(-c, c)$, com $c > 1$.

Os Casos 1 e 2 concluem o exercício.

05. Como f_1 é limitada, segue que $\exists M > 0$ tal que $|f_1(x)| \leq M$, $\forall x \in [a, b]$. Assim, de

$$\frac{|f_n(x)|}{|f_{n-1}(x)|} \leq r,$$

segue que

$$|f_n(x)| \leq r|f_{n-1}(x)| \leq r^2|f_{n-2}(x)| \leq \ldots \leq r^{n-1}|f_1(x)| \leq r^{n-1}M.$$

Ou seja, a série $\sum f_n$ é tal que

- $|f_n(x)| \leq Mr^{n-1}$, $\forall n \in \mathbb{N}$, onde $0 < r < 1$;
- a série $\sum Mr^{n-1} = M \sum r^{n-1}$ é convergente, pois é uma série geométrica de razão $r \in (0, 1)$.

Logo, pelo Teorema do Teste M de Weierstrass segue que $\sum f_n$ converge uniformemente em $[a, b]$.

Página 391

09. Para todo $x \in (-1, 1)$ temos as séries geométricas

$$\frac{1}{1-x} = \sum_{n=0}^{\infty} x^n \quad \text{e} \quad \frac{1}{1+x} = \frac{1}{1-(-x)} = \sum_{n=0}^{\infty} (-1)^n x^n,$$

que converge uniformemente em $(-1, 1)$, e, como $f_n(x) = x^n$ e $g_n(x) = (-1)^n x^n$ são integráveis para todo n, temos que, $\forall x \in (-1, 1)$:

$$-\ln(1-x) = \int_0^x \frac{dt}{1-t} = \int_0^x \sum_{n=0}^{\infty} t^n dt = \sum_{n=0}^{\infty} \int_0^x t^n dt = \sum_{n=0}^{\infty} \frac{x^{n+1}}{n+1};$$

e

$$\ln(1+x) = \int_0^x \frac{dt}{1+t} = \int_0^x \sum_{n=0}^{\infty} (-1)^n t^n dt = \sum_{n=0}^{\infty} (-1)^n \int_0^x t^n dt =$$
$$= \sum_{n=0}^{\infty} (-1)^n \frac{x^{n+1}}{n+1}.$$

Assim, $\forall x \in (-1,1)$, vale

$$\ln \frac{1+x}{1-x} = \ln(1+x) - \ln(1-x) = \sum_{n=0}^{\infty} \frac{(-1)^n x^{n+1}}{n+1} + \sum_{n=0}^{\infty} \frac{x^{n+1}}{n+1} =$$

$$= \sum_{n=0}^{\infty} (1+(-1)^n) \frac{x^{n+1}}{n+1} = 2x + 0 + 2\frac{x^3}{3} + 0 + 2\frac{x^5}{5} + \ldots =$$
$$= 2\left(a + \frac{x^3}{3} + \frac{x^5}{5} + \frac{x^7}{7} + \ldots\right).$$

Por fim, para determinar uma aproximação para $\ln 5$ usando os três primeiros termos da série, note que

$$\frac{1+x}{1-x} = 5 \Leftrightarrow x = \frac{2}{3} \in (-1,1),$$

e, disso,

$$\ln 5 = \ln \frac{1+\frac{2}{3}}{1-\frac{2}{3}} \approx 2\left(\frac{2}{3} + \frac{(\frac{2}{3})^3}{3} + \frac{(\frac{2}{3})^5}{5}\right) = \ldots = \frac{1924}{1215}.$$

Índice Remissivo

$B^{\complement}$, 20
$\aleph_0$, 90
$\cap$, 17
$\circ$, 37
$\cup$, 16
$\emptyset$, 14
$\mathcal{P}(X)$, 24
$\mathfrak{c}$, 103
$\sim$, 87
$\subset$, 15
$\operatorname{card} A$, 89
$\times$, 26
$f : A \to B$, 32
ínfimo, 71

aleph-zero, 90
aplicação, 32
associatividade, 50
associatividade da contenção, 15

bijetiva, função, 40
Bolzano-Weierstrass, 145

campo de existência, 32
Cantor-Bernstein, Teor., 93
cardinalidade, 89
classe C^1, 278
classe C^2, 278
combinação convexa, 303
complementar de um conj., 20
completo, 78
composta, limite, 225
comutatividade, 50
conjunto, 13
conjunto das partes, 24
conjunto de Cantor, 200
conjunto separável, 105
conjunto universo, 14
conjunto vazio, 14
contínua, função, 243
contínuo, 103
contenção, 14
continuidade uniforme, 260
contradomínio, 32
convergência simples, 358
convergência uniforme, 358
corpo, 49
cortes, 77
cota inferior, 69
cota superior, 69
crescente, sequência, 124
Critério de Cauchy para séries, 166

Darboux, critério, 322
De Morgan, leis, 21
decrescente, sequência, 124
derivada, 267
derivada de ordem n, 293
desigualdade de Young, 309
desigualdade triangular, 67
desigualdades, cadeia de, 66
diferença entre conjuntos, 19
diferença simétrica, 22
diferencial, 274
distributividade, 50
divisão, 52
domínio, 32

enumerável, conj., 95
equivalentes, conjuntos, 87
espaço fundamental, 14

Fórmula de Taylor com resto de Lagrange, 300
Fórmula de Taylor com resto integral, 344
Fórmula de Taylor infinitesimal, 298
família de conjuntos, 28
finito, conjunto, 89

forma polar, 389
fração continuada, 77
função, 32
função composta, 37
função convexa, 303
função inversa, 45
função Tomé, 252
função área, 333
função de Hölder, 266
função de Lipschitz, 287
função derivada, 282
função inversa, 43

identidade, função, 39
iguais, conjuntos, 15
imagem, 32
imagem direta, 32
imagem inversa, 35
inferior, soma, 312
infinito, conjunto, 89
injetiva, função, 39
integração por partes, 338
integral definida, 315
integral inferior, 314
integral superior, 314
inteiros, 14
intersecção, 17
intervalo, 63
intervalos fechados encaixados, 144
inversa à direita, 43
inversa à esquerda, 42, 43
inverso, 50
irracionais, 14

lei do corte, 52
lim. exponencial fund., 235, 238
lim. trigonométrico fund., 235
limitado inferiormente, 69
limitado superiormente, 69
limite de sequência, 115
limite de sequência numérica, 116
limites notáveis, 235
Lipschitz, função, 263

máximo local, 281
módulo, 65
matriz, 54
matriz inversa, 42
monótona, sequência, 124
mudança de variável de integração, 338

número cardinal, 89
número complexo, 387
número de Euler, 238
números complexos, 57
não enumerável, conj., 95
naturais, 14
neutro aditivo, 50
norma da partição, 349

ordem, relação de, 60
ordenado, corpo, 59
oscilação, 322

pares ordenados, 26
partição, 311
partição pontilhada, 351
pertinência, 13
plano cartesiano, 26
polinômio de Taylor de ordem n, 297
ponto aderente, 152
ponto de acumulação, 205
ponto isolado, 244
potência, 57, 87
potência de cardinais, 109
pré-imagem, 35
produto cartesiano, 26
produto de cardinais, 108

quociente, 52

racionais, 14
raio, 66
raio de convergência, 382
reais, 14, 77, 78
refinamento, 313
reflexividade da contenção, 15
relação de Euler, 388
relações de Euler, 388
restrição, 41

série, 157
série absolut. conv., 176
série alternada, 178
série convergente, 158
série de funções, 375
série de Maclaurin, 386
série de potências, 381
série de Taylor, 386
série divergente, 158
série geométrica, 160
série harmônica, 164
série harmônica, 165
série hiper-harmônica, 354

sequência, 113
sequência de Cauchy, 147
sequência de Cauchy de funções, 361
sequência de funções, 357
sequências numéricas, 113
simétrico, 50
sobrejetiva, função, 39
soma de cardinais, 106
soma de Riemann, 349, 351
subconjunto, 15
subconjunto limitado, 69
subsequência, 115
subtração, 51
superior, soma, 312
supremo, 71

T.V.M, 284
teorema da conv. absoluta, 176
Teorema de Rolle, 284
Teorema do Sanduíche, 219
Teorema do Valor Médio (Lagrange), 284
Teorema do Valor Médio para integrais, 345
Teorema fundamental do cálculo, 337
termo geral da série, 157
Teste M de Weierstrass, 377
teste da comparação, 167
teste da integral, 353
teste da raiz, 173
teste da razão, 170
teste da série alternada (Leibniz), 179
teste de Leibniz, 179
transformação, 32
transitividade da contenção, 15

união, 16
unicidade do limite, 218

Valor absoluto, 65
variáveis dependentes, 32
variáveis independentes, 32
Venn, diagrama, 16

Referências

[01] AKOY, A.G.; Khamsi, M. A. *A problem book in real analysis*. Springer, 2010.

[02] FIGUEIREDO, D. G. *Análise* I. 2a ed. Rio de Janeiro, LTC Editora, 1996.

[03] LIMA, E. L. *Curso de análise*. Vol. 1. Col. Projeto Euclides. 4a ed. Rio de Janeiro, Impa, RJ, 4a ed., 1982.

[04] STILLWELL, J. *The real numbers: an introduction to set theory and analysis*. Cham, Springer, 2013.

[05] HRBACEK, K.; JECK, T. J. *Introduction to set theory*. 3ª ed. New York/Basel, Marcel Dekker, Inc., 1999.

[06] BARTLE, R.; SHERBERT, D. R. *Introduction to real analysis*. 3ª ed. New York, John Wiley & Sons, Inc., 2000.

[07] ROSENLICHT, M. *Introduction to analysis*. New York, Dover Publications, Inc., 1968.

[08] SOHAD, H. H. *Basic Real Analysis*. 2nd Ed. Birkhäuser, 2014.

[09] SIERPINSKI, W. *Cardinal and ordinal numbers*. 2nd. ed. Warszawa, Polish Scientific Publishers/Tom 34, 1965.

[10] ZAHN, M. *Introdução aos cardinais de Cantor*. Rio de Janeiro, Ed. Ciência Moderna, 2017.

[11] ZAHN, M. *Teoria elementar das funções*. Rio de Janeiro, Ed. Ciência Moderna, 2009.

GRÁFICA PAYM
Tel. [11] 4392-3344
paym@graficapaym.com.br